Die Chemie der Bau- und Betriebsstoffe des Dampfkesselwesens

Von

Dipl.-Ing. **R. Stumper**
Vorsteher der chemisch-metallographischen Versuchsanstalt
der Burbacher Hütte
(Vereinigte Hüttenwerke Burbach-Eich-Düdelingen)

Mit 101 Textabbildungen

Berlin
Verlag von Julius Springer
1928

ISBN-13: 978-3-642-90453-0 e-ISBN-13: 978-3-642-92310-4
DOI: 10.1007/978-3-642-92310-4

Meiner lieben Mutter

zu eigen

Vorwort.

Das Dampfkesselwesen durchläuft zur Zeit ein Stadium sehr lebhafter Entwicklung, die sich nicht nur durch ein beschleunigtes Tempo, sondern vor allem durch den die gesamte Energiewirtschaft umgestaltenden Übergang zum Höchstdruckdampf auszeichnet. Es ist stets nutzbringend, am Wendepunkt solcher Entwicklungen einen Rückblick auf das bisher Errungene und einen Ausblick auf das Kommende zu werfen: ein derartiger Rundblick über das vorliegende Gebiet zeigt eine schier nicht zu bewältigende Fülle von Betriebserfahrungen und Forschungsergebnissen, aus denen aber der rote Leitfaden einer Zusammenarbeit von Wissenschaft und Technik nur sporadisch hervorleuchtet. Dieser Mißstand äußert sich zweifellos am eindruckvollsten in den chemischen Fragen des Dampfkesselwesens. Trotzdem, oder besser, gerade dadurch, daß dieses Gebiet die erstaunlichste Mannigfaltigkeit an Einzeltatsachen und Teilergebnissen hervorgebracht hat, fehlen ihm die allgemeinen Gesichtspunkte, so daß man oft geradezu in ganz entgegengesetzt gedeuteten Beobachtungen zu ersticken vermeint.

Gewiß, ein sachgemäßes Ordnen hat auch hier bereits zu empirischen Regeln geführt, aber erst im letzten Jahrzehnt hat sich das Bedürfnis nach einer gründlichen theoretischen Beherrschung aller einschlägigen Probleme Bahn gebrochen. Daß hier die chemische Industrie mit ihren neuartigen Hochdruckverfahren bahnbrechend war, ist nicht zu leugnen. In diesem Zusammenhang müssen die anregenden Arbeiten über die Vorgänge im Dampfkessel der Vereinigung der Großkesselbesitzer, des Vereins deutscher Ingenieure, des Vereins deutscher Eisenhüttenleute, der Kesselüberwachungsvereine, sowie verschiedener in- und ausländischer Hochschulen und Forschungsstätten besonders rühmend hervorgehoben werden.

Man darf also ohne Übertreibung behaupten, daß wir erst jetzt — und zwar wohl nur dem Drange der allgemeinen wirtschaftlichen Not folgend — damit beginnen, die theoretischen Grundlagen der Dampfkesselchemie zu schaffen.

In der vorliegenden Schrift ist beabsichtigt einen Überblick über die chemischen Probleme des Dampfkesselwesens zu geben. Ein Hauptgewicht wurde dabei auf die theoretische Behandlung dieser Fragen gelegt, um dadurch in bescheidenem Maße etwas dazu beizutragen, die Zusammengehörigkeit von Wissenschaft und Technik zu erhärten. Die Eigenart der Dampfkesselchemie besteht darin, daß sich in ihr sozusagen sämtliche Richtungen der exakten Naturwissenschaften kreuzen und gegenseitig befruchten. Diese Eigenart gibt denn auch diesem Buch sein besonderes Gepräge. Das Herausarbeiten der theoretischen Zusammenhänge stützt sich auf scheinbar ganz entlegene Wissenszweige. Es kam mir darauf an, die Anschauungen der physikalischen Chemie möglichst weitgehend in das hier zu behandelnde Gebiet zu verweben. Aus diesem Grunde nehmen die allgemeinen theoretischen Erörterungen einen etwas breiteren Platz ein, als das sonst in Fachbüchern der Fall sein dürfte. Dabei handelt es sich aber nicht bloß um eine einfache Zusammenstellung der physikalisch-chemischen Grundlagen, verbunden mit einem Zusammentragen von aus dem Schrifttum gesammelten Betriebs- und Forschungsergebnissen, sondern zugleich um eine Mitverarbeitung eigener Betriebserfahrungen, Untersuchungen und Überlegungen. Eine mehrjährige Tätigkeit in dem belgischen Dampfkesselüberwachungsverein ermöglichte diesen Versuch. Die versuchsmäßige Durchprüfung einer Reihe von Problemen, die mit der Herstellung und Weiterverarbeitung der Kesselbaustoffe, mit der Korrosion und der Kesselsteinbildung zusammenhängen und die mich jetzt noch beschäftigen, konnte ich allerdings erfolgreich erst in meiner jetzigen Stellung in Angriff nehmen. Es ist mir deshalb eine angenehme Pflicht, an dieser Stelle der Generaldirektion der Vereinigten Hüttenwerke Burbach-Eich-Düdelingen, insbesondere Herrn Dr. J. P. Arend, Direktor an der Zentralverwaltung, und meinem Werksdirektor, Herrn Dr. A. Wagener, meinen aufrichtigsten Dank für ihr weitgehendes Entgegenkommen auszusprechen.

Die vorliegende Schrift befaßt sich vornehmlich mit der Chemie der Bau- und Betriebsstoffe des Dampfkesselwesens. Sie entsprang dem Bedürfnis, eine Lücke in der Fachliteratur auszufüllen, denn die Werke über Dampfkessel behandeln im allgemeinen und im besonderen vorzugsweise den konstruktiven oder wärmetechnischen Teil unter Vernachlässigung der chemischen Probleme. Anderseits fehlen im chemischen Schrifttum Werke, in denen die besonderen, praktischen und theoretischen Verhältnisse des Dampfkesselwesens zusammenfassend dargelegt werden. Wenn ich mich zur Herausgabe der vorliegenden Schrift entschlossen habe, so ermutigte mich hierzu meine Dampfkesselpraxis, während derer ich mich durch alle in dieser Schrift niedergelegten Fragen durcharbeiten mußte und deshalb das Fehlen eines Werkchens, das die chemischen Eigenschaften der Bau- und Betriebsstoffe des Kesselwesens unter besonderer Betonung ihrer gegenseitigen Beeinflussungen im Betrieb zusammenfassend behandelt, unangenehm empfinden mußte.

Dieser Stoff ist so ausgedehnt und reichhaltig, daß ich mir notgedrungen Einschränkungen auferlegen mußte. So kommt es, daß die Auswahl der behandelten Fragen, vielleicht etwas willkürlich erscheinen wird und daß einzelne Abschnitte möglicherweise unnötig breit, andere wieder zu knapp ausgefallen sind. Auch bringt es meine Betrachtungsweise mit sich, daß den theoretischen Erörterungen eine ziemlich große

Bedeutung — vielleicht unter Vernachlässigung anderer Fragen — beigemessen wurde. Schließlich ist es eine unvermeidliche Folge der gewählten Einteilung, daß an verschiedenen Stellen unliebsame Wiederholungen auftreten. Ich bin mir dieser Mängel wohl bewußt und werde deshalb auch jede sachliche Kritik mit Dank anerkennen. Bei der ungeheuren Fülle der sehr zerstreut vorliegenden Literatur kann mir ferner manches entgangen sein; ich bitte daher um Nachsicht und Hinweis.

Diese Schrift zerfällt in fünf Hauptteile; der erste behandelt die Baustoffe, der zweite die Betriebsstoffe, der dritte und vierte das Verhalten der Bau- und Betriebsstoffe im Betrieb und schließlich beschäftigt sich der letzte Abschnitt mit der Aufbereitung des Speisewassers. Anfangs war ein weiterer Abschnitt über die chemischen und metallographischen sowie die feuerungstechnischen Untersuchungsmethoden vorgesehen, jedoch nahmen nach wiederholter Umarbeit die erwähnten Hauptteile bereits solche Ausmaße an, daß von einem weiteren Kapitel Abstand genommen wurde. Im Literaturnachweis sind dafür die wichtigsten Bücher über die Untersuchungsmethoden eingefügt und hier sei schon auf die vortrefflichen Werke von Goerens, Preuss-Berndt-v. Schwarz, Strache-Lant, F. Fischer und Mitarbeiter, Seufert, Wa. Ostwald, Litinsky, Blacher, Tillmans, Kolthoff, Michaelis, Lunge-Berl, Zchimmer, sowie auf die Ausschußberichte des Vereins deutscher Eisenhüttenleute hingewiesen.

Es bleibt mir schließlich noch übrig, allen denen zu danken, die sich mit Rat und Tat an dem Zustandekommen dieser Schrift beteiligt haben. Es sind dies außer der Direktion der Vereinigten Hüttenwerke Burbach-Eich-Düdelingen die folgenden Herren: mein ehemaliger Chef, Herr R. Vinçotte, Direktor des belgischen Kesselüberwachungsvereins, der mir in bereitwilligster Weise die Veröffentlichung verschiedener Betriebs- und Forschungsergebnisse gestattete; die Herren O. Dony-Hénault, Professor an der Universität Brüssel, F. Foerster, Professor an der Technischen Hochschule Dresden, Dipl.-Ing. P. Medinger, Staatschemiker in Luxemburg, denen ich manche praktische und theoretische Anregungen auf dem Gebiete der Korrosionsforschung verdanke; ferner Herr H. Le Chatelier, Paris, der verschiedene meiner Arbeiten durch wohlwollenden Rat unterstützte, und Herr Direktor Dr. P. Goerens, der mir interessante Gefügebilder von Kesselblechschäden aus der Krupp'schen Versuchsanstalt zur Verfügung stellte. Ein ganz besonderer Dank gebührt meiner lieben Weggenossin für ihre unermüdliche Hilfe bei der Abschrift des Manuskriptes, bei der Korrektur und der Aufstellung des Namen- und Sachverzeichnisses.

Saarbrücken V, Burbach / Luxemburg, Dezember 1927.

Der Verfasser.

Inhaltsübersicht.

Vierter Teil: Das Verhalten der Kesselbaustoffe im Betriebe

Einleitung.

Die Dampfkesselanlagen verfolgen den Zweck, die in den Brennstoffen aufgespeicherte chemische Energie in Wärme umzuwandeln und die erzeugte Wärme auf dem Wege über gespannten oder ungespannten Dampf dem Menschen nutzbar zu machen. Die Verwendung des Wasserdampfes ist mannigfaltig; je nach der Art der Anwendung unterscheidet man drei Hauptanwendungsgebiete:

I. Thermodynamische Ausnutzung findet der gespannte Wasserdampf in den Dampfmaschinen, Turbinen, Dampfstrahlgebläsen, Druckfässern usw., wo es gilt, die Spannkraft des Dampfes in mechanische Arbeit umzusetzen.

II. Thermische Auswertung wird dem Wasserdampf in Heizanlagen, Verdampfungsapparaten, Destillationskolonnen, Sterilisatoren und dergleichen zuteil.

III. Chemische Verwertung findet der Wasserdampf dort, wo er als H_2O wirken soll, also in der chemischen Industrie, z. B. bei der Wasserstofferzeugung nach dem Reduktionsverfahren, bei der Fettverseifung und schließlich auch im Wassergasgenerator.

Von diesen Verwendungsgebieten ist die thermodynamische Ausnutzung bei weitem die wichtigste: es gibt keine einzige Industrie, die nicht auf mechanische Arbeit angewiesen ist. Und als Energiequelle beherrscht immer noch auf lange Zeit hinaus der Brennstoff die Lage.

Trotz aller Versuche, den Energieinhalt der Brennstoffe auf kürzerem Wege als über Wärme und Dampf auszunutzen, bleibt der Dampfkesselbetrieb das Herz unserer Industrie. Die neueren Bestrebungen der Technik auf dem Gebiete des Hochdruckdampfes mit seinen erheblichen wärmewirtschaftlichen Vorteilen beweisen, daß hier noch längst nicht alle Entwicklungsmöglichkeiten erschöpft sind.

Es hat aber keineswegs an Vorschlägen gefehlt, um die Energie der Brennstoffe unter Vermeidung des Umweges über Wärme und Dampf nutzbar zu machen. Wohl die interessanteste dieser Bestrebungen ist die direkte Umwandlung der chemischen in elektrische Energie. Da dieses Problem theoretisch soweit gelöst ist, aber noch nicht praktisch durchführbar ist, dürfte ein kurze Darstellung der Grundtatsachen hier von Interesse sein. F. Haber hat die prinzipielle Möglichkeit dargetan, die chemischen Vorgänge der Verbrennung elektromotorisch wirksam zu machen. Die Hauptreaktionen der Verbrennung:

$$C + O_2 = CO_2$$
$$2\,CO + O_2 = 2\,CO_2$$
$$2\,H_2 + O_2 = 2\,H_2O$$

sind daher in dem Sinne zu leiten, daß sie Elektrizität statt Wärme liefern. Das Element, welches Wasserstoff und Sauerstoff elektromotorisch betätigt, ist längst in der Groveschen Knallgaskette bekannt. Jedoch sind die in dieser Richtung unternommenen Versuche einer technischen Ausnutzung bis jetzt daran gescheitert, daß die Anwendung der sehr teuren Platinelektroden sich als unumgänglich notwendig erwies und daß außerdem dieses Metall infolge Vergiftungserscheinungen seine Wirksamkeit rasch einbüßt.

Die Versuche, die Oxydation des Kohlenstoffes unter direkter Stromerzeugung erfolgen zu lassen, haben zu den sogenannten Brennstoffelementen geführt. Die technische Wichtigkeit dieser Brennstoffverwertung erhellt wohl am besten aus der Tatsache, daß neuerdings der bekannte Kohlenforscher F. Fischer das Brennstoffelement in das Programm der wirtschaftlichen Kohlenausnutzung aufgenommen hat. Das Brennstoffelement hat etwa den zehnfachen Wirkungsgrad der Dampfmaschine.

E. Baur[1] und W. D. Treadwell[2] haben ein Brennstoffelement zusammengestellt, indem sie bei höheren Temperaturen einen Kohlenstab gegen mit Sauerstoff gesättigtes Silber oder gegen geschmolzenes Kupferoxyd schalten. Die unter diesen Versuchsbedingungen gemessene elektromotorische Kraft beträgt 1,15 Volt und entspricht fast genau dem theoretisch zu erwartenden Potential der Umwandlung: $2\,C + O_2 = 2\,CO$.

K. A. Hoffmann und K. Ritter[3] schlagen ein Brennstoffelement vor, das bei gewöhnlicher Temperatur arbeitet. In dieser Zusammenstellung wird Buchenholzkohle durch eine alkalische Hypochloritlösung zu Kohlensäure oxydiert, wobei eine Spannung von 0,90 Volt auftritt. Trotzdem diese Versuche noch zu keinen technisch verwertbaren Ergebnissen geführt haben, erkennt man ohne weiteres, daß der Brennstoffverwertung neue Horizonte geöffnet werden, und daß die Zukunft noch manches auf dieser Linie liegende Problem zu lösen hat.

Überblickt man die historische Entwicklung der Dampfenergiewirtschaft, so bemerkt man ein stetiges Anwachsen des Dampfdruckes und der Dampftemperatur. Während vor einem Vierteljahrhundert die Be-

[1] E. Baur, Zeitschr. f. Elektrochem. 1916, S. 409.
[2] W. D. Treadwell, ebenda 1916, S. 414.
[3] K. A. Hoffmann u. K. Ritter, Ber. d. Dtsch. Chem. Ges. 1914, S. 2333.

triebsspannungen kaum 10 Atm. überschritten, sind heutzutage Dampfkessel von 15 Atm. die Regel. Die letzte Entwicklung des Dampfturbinenbaues fordert noch bedeutend höhere Dampfdrucke, so daß Betriebsspannungen von 20—30 Atm. keine Seltenheit mehr sind, und daß die Höchstdruckanlagen von 30—100 Atm. sich tagtäglich vermehren. Es ist nicht zu verkennen, daß die chemische Industrie hier bahnbrechend gewirkt hat: man vergegenwärtige sich bloß die Ammoniaksynthese von Haber und Bosch, die Bergiussche Kohlenverflüssigung, und die Hyperspannungen des Franzosen Claude. Die Erfahrungen dieser Industriezweige geben die Gewähr, daß auch im Dampfkesselbetrieb bei Verwendung von Höchstdruckdampf vollkommen betriebssicher gearbeitet werden kann. Die Dampfenergiewirtschaft steht demgemäß vor einer tiefgreifenden Umwälzung, die zweifellos zu einer Neugestaltung der Kraftanlagen führen wird. Die moderne Technik befindet sich also vor einem ausgedehnten Problemkomplex, der alle Zweige des technischen Denkens und Schaffens in Anspruch nehmen wird. Die Behauptung, daß die Chemie in der Lösung dieser Fragen eine Hauptrolle spielen wird, dürfte wohl auf keinen ernstlichen Widerspruch stoßen: Die beiden Haupteinwände, die gegen die Einführung höchster Dampfspannungen immer wieder geltend gemacht werden, sind die Baustofffrage und die Speisewasserfrage. Wie weit nun die Chemie an der Lösung dieser Fragen beteiligt ist, geht aus folgendem hervor: Als Baustoff werden neuerdings legierte Stähle, vornehmlich Nickelstähle, vorgeschlagen, deren mechanische Eigenschaften in erster Linie von der chemischen Zusammensetzung abhängig sind. Die Speisewasserfrage ist ein rein chemisches Problem von solcher Wichtigkeit, daß Ryan[1] die Behauptung aufstellen konnte, die Hindernisse bei der chemischen Speisewasseraufbereitung für Hochdruckkessel seien derart, daß sie vorläufig in den meisten Industrieanlagen der Verwendung von Hochdruckdampf entgegenstehen.

So sehen wir, daß die Eignung der Bau- und Betriebsstoffe der Dampfkesselanlagen vorerst von ihrer chemischen Zusammensetzung abhängt. Es liegt nun in der Natur der Sache, daß die rein chemische Fragestellung sich als ungenügend erweist, und daß als unentbehrlichstes Hilfsmittel der Forschung die physikalisch-chemische Betrachtungsweise mit herangezogen werden mußte. Fragen wie: thermische Behandlung der Baustoffe, Reaktionsgeschwindigkeiten und Gleichgewichte bei der Wasserreinigung, der Kesselsteinbildung, den Kesselanfressungen, kolloidale Zerteilung der Verunreinigungen des Wassers und anderes mehr werden erfolgreich nur vom physikalisch-chemischen Standpunkt aus bearbeitet.

[1] Ryan, Mechanical Engineer (1926) Nr. 1.

Außerdem wird man von der analytischen Chemie Methoden zur Untersuchung der Bau- und Betriebsstoffe verlangen. Diese Angaben mögen genügen, um darzutun, wie innig die Chemie mit dem Dampfkesselbetrieb verwachsen ist.

Bevor zum eigentlichen Thema dieses Bändchens, der Dampfkesselchemie, übergegangen wird, mögen einige allgemeine, einleitende Darlegungen hier Platz finden.

I. Teile der Dampfkesselanlage.

An jedem Dampfkessel lassen sich zwei Hauptteile unterscheiden: die Feuerung und der Kessel. Ersterer ist das Mittel zur Wärmeerzeugung, letzterer bildet das Mittel zur Wärmeausnutzung.

Die Dampfkesselanlage setzt sich aus folgenden Bestandteilen zusammen (Abb. 1):

a) Die Feuerung dient zur Verbrennung der Heizstoffe unter geeigneter, wirtschaftlicher Zuführung der benötigten Luftmenge. Die

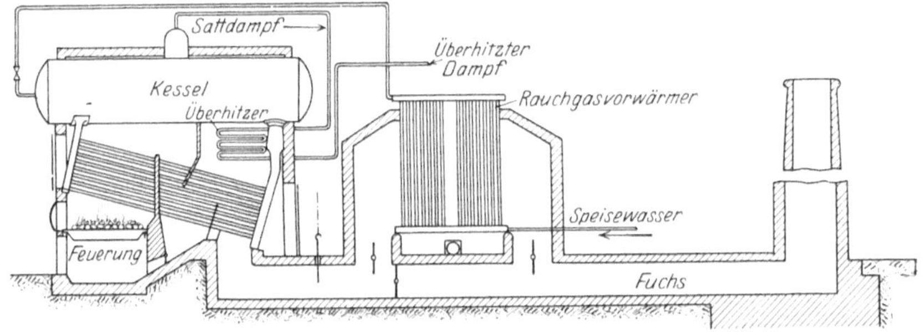

Abb. 1. Schema einer Dampfkesselanlage.

Feuerung gliedert sich räumlich in verschiedene Teile, und zwar den Arbeitsraum oder die eigentliche Feuerung, die Heizzüge, in denen die erzeugte Wärme an den Kessel abgegeben wird, den Rauchgaskanal und schließlich den Schornstein, der den nötigen Zug schafft. Die festen Brennstoffe werden von Hand oder maschinell aufgegeben und gelangen so auf den Rost, auf welchem sie verbrennen. Die unverbrennlichen Rückstände fallen teils als Asche in die Aschengrube und teils werden sie als Schlacke periodisch abgezogen. Bei automatischen Rosten erfolgt die Abschlackung von selbst. Die Verbrennungsluft durchstreicht den Rost und dann die Kohlenschicht. Es ist daher wichtig, daß die Kohlenschicht der Luft keinen übermäßigen Widerstand entgegenstellt, sei es durch Verschlackung oder sei es durch zu dichtes Aufbringen der Kohlenschicht. Auch darf kein zu geringer Widerstand herrschen, da sonst Luftüberschuß und dadurch Wärmeverluste eintreten. Hieraus ist ersichtlich, daß die Abmessung und die Art des Rostes den Anforderungen des Kessels entsprechen müssen. Auch nimmt die Schichthöhe des Brennstoffes auf dem Rost einen optimalen Wert an, der am besten für jeden Brennstoff versuchsweise festgestellt wird. Dieser Punkt ist von besonderer Wichtigkeit für die Wirtschaftlichkeit des Dampfkesselbetriebes und die Erziehung des Heizpersonales.

Die flüssigen und gasförmigen Brennstoffe werden durch besondere Brenner in die Feuerung eingeführt und entzündet. Auch arbeitet man heute mit Kohlenstaubfeuerungen, bei welchen in ähnlicher Weise Kohlenstaub eingeblasen und verbrannt wird.

Die erzeugte Flamme strahlt einen Teil ihrer Wärme gegen die Kesselwandung und die Feuerungswände aus. Die heißen Verbrennungsgase geben in den Heizzügen den größten Teil ihrer fühlbaren Wärme an den Kessel ab und gelangen dann durch den Abzugskanal oder Fuchs in den Schornstein. Zur besseren Ausnutzung der Wärme schaltet man hinter den Kessel einen Speisewasservorwärmer, Ekonomiser, ein.

b) Der Dampfkessel ist ein allseitig geschlossenes eisernes Gefäß, in dem das eingeführte Speisewasser verdampft wird. Der Wasserspiegel teilt das Kesselinnere in den Wasser- und den Dampfraum, deren gegenseitiges Verhältnis so beschaffen sein muß, daß ersterem bei größeren, plötzlichen Schwankungen der Dampfentnahme eine gewisse Pufferwirkung zukommt. Zur Erhöhung dieser Wirkung hat man neuerdings spezielle Dampfspeicher in die Praxis eingeführt, die besonders bei Anlagen mit schroffen Belastungsspitzen am Platze sind.

Die Heizgase belecken den größtmöglichen Teil der Kesseloberfläche: Die direkt dem Feuer ausgesetzte Kesselwandung nennt man die direkte Heizfläche, während die indirekte Heizfläche denjenigen Teil der Kesseloberfläche ausmacht, der den Heizgasen ausgesetzt ist. Die Wärme wird demgemäß teils durch Strahlung, teils durch Leitung an den Kessel abgegeben. Die Heizzüge sind meistens durch geeignete Konstruktion des Mauerwerkes gebildet, was zu diesem weiteren Bestandteil der Anlage führt.

c) Das Kesselmauerwerk hat einen dreifachen Zweck: Es gibt dem Kesselaggregat die nötige Stabilität, bildet die Heizzüge und verhindert tunlichst die Wärmeverluste an die Umgebung. Es wird durch eiserne Träger — die Verankerung oder grobe Armatur — versteift.

d) Die Kesselausrüstung oder feine Armatur begreift die Sicherheits- und Speisevorrichtungen. Es sind dies: Sicherheitsventile, Speisepumpe, Speiseventil, Wasserstandsanzeiger, Ablaßhahn, Manometer und dergleichen mehr.

e) Der Überhitzer ist ein von den Heizgasen umspültes Röhrensystem, in welchem der Rohdampf getrocknet und auf eine höhere als die durch den Dampfdruck bedingte Temperatur überhitzt wird. Da durch diese Vorrichtung das Volumen des Gases vergrößert wird, bedeutet die Überhitzung in dem Dampfmaschinen- und Dampfturbinenbetrieb eine beträchtliche Wärmeersparnis. Außerdem wird hierdurch die Kondensation des Dampfes in den Leitungen hintangehalten.

f) Der Vorwärmer (Ekonomiser) dient zum Vorwärmen des Kesselspeisewassers, welches zu diesem Zwecke durch ein Röhrensystem geleitet wird, das durch die heißen Abgase geheizt wird. Es gibt neuerdings auch Einrichtungen, welche zur Vorwärmung Abdampf, Zwischendampf und sogar Frischdampf verwenden. Die Wirtschaftlichkeit der Frischdampfvorwärmung ist oft angezweifelt worden. Dieses Verfahren mag daher nur in Ausnahmefällen zur Anwendung kommen, so z. B. bei niedrigen Gestehungskosten des Dampfes (Kohlenbergwerke, Hüttenwerke mit billigen Abgasen und ähnliche) oder auch, wie später dargelegt wird, zur thermischen Reinigung des Speisewassers.

g) Die Wasserreinigung bezweckt die Aufbereitung des Speisewassers. Je nach den vorherrschenden Verhältnissen kann sie verschiedene Einrichtungen erfordern: Absitzbehälter und Filteranlagen zur Beseitigung der suspendierten Verunreinigungen; Enthärtungsapparate zur Entfernung der Kesselsteinbildner; Entgaser zur Entlüftung und schließlich Entöler, die dazu dienen, das Kondenswasser der Dampfmaschinen von mitgerissenem Schmieröl zu befreien.

h) Die Kontrollapparate dürfen in keinem modernen Kesselbetrieb fehlen, denn sie allein ermöglichen eine stetige Einsicht in die Wirtschaftlichkeit der Anlage. Es kommen hierfür in Betracht: Wassermesser, Druck-, Temperatur- und Zugmesser, Apparate für chemische Untersuchungen der Abgase, zur chemischen Kontrolle der Reinigeranlagen usw. Außerdem soll ein kleines chemisches Laboratorium vorhanden sein, welches es erlaubt, die einschlägigen Bau- und Betriebsmaterialien systematisch zu untersuchen.

II. Die Kesselbauarten.

Die Einteilung der Dampfkessel kann von verschiedenen Gesichtspunkten aus erfolgen. Je nach dem Betriebsdruck unterscheidet man:

Niederdruckkessel	bis etwa 6	Atm.
Mitteldruckkessel	von 6—15	„
Hochdruckkessel	von 15—30	„
Höchstdruckkessel	über 30	„

Die Kesselbauarten lassen sich auf eine Reihe von Grundtypen zurückführen, die teils in reiner Form, teils kombiniert in der Technik vorkommen. Es sind dies:

1. Die Walzenkessel. — In ihrer einfachsten Bauart, einem einfachen zylindrischen Hohlkörper mit Unterfeuerung, finden sie heutzu-

tage keine Verwendung mehr. Der mehrfache Walzenkessel, auch Batteriekessel genannt, besteht aus mehreren über- und nebeneinander befindlichen Walzen, die untereinander mit Stutzen verbunden sind (Abb. 2).

Nachteile: Die Reinigung der Bleche vom Kesselstein ist in den unteren und mittleren Walzen erschwert und wird deshalb oft unterlassen. Dadurch leiden die im ersten Feuer liegenden Bleche.

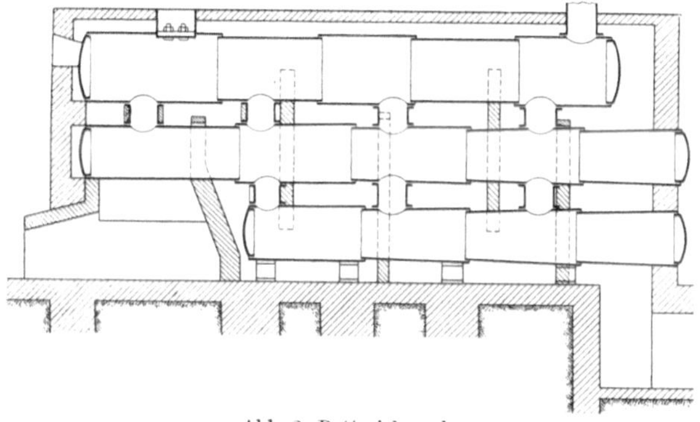

Abb. 2. Batteriekessel.

2. Die Flammrohrkessel. — Es sind dies einfache Walzenkessel mit Innenfeuerung, die sich in weiten, glatten oder gewellten Rohren (den Flammrohren), die von Boden zu Boden durchgehen, befindet. Man unterscheidet Ein-, Zwei- und Dreiflammrohrkessel (Abb. 3).

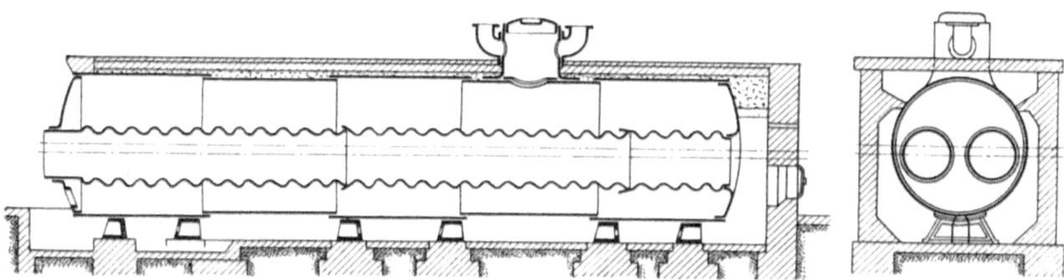

Abb. 3. Zweiflammrohrkessel.

Nachteile: Die Flammrohrbleche werden thermisch sehr hoch beansprucht und leiden daher sehr durch Korrosion und Kesselstein. Wassermangel ist sehr gefährlich, weshalb das Anbringen von Sicherheitspfropfen dringend anzuraten ist. Die Wasserzirkulation ist gering, besonders an den Böden. Hier sammelt sich deshalb der Schlamm in größeren Massen an.

3. Die Heizrohrkessel. — Der Lokomotivkessel ist der vorbildliche Typus dieser Kesselbauart. Zwischen beiden Böden sind viele enge Rohre so eingesetzt, daß sie innen von den Heizgasen durchstrichen und außen von dem Wasser umspült werden (Abb. 4).

Nachteile: Intensive Kesselsteinbildung an den Heizrohren, die aber ziemlich leicht zu reinigen sind. An den Einwalzstellen der Böden entstehen dadurch leicht Undichtheiten.

4. Die Wasserrohrkessel. — In der Hauptsache bestehen diese Kessel aus einem System mit Wasser gefüllter Rohre, die von außen beheizt werden. Diese Rohre sind beiderseits in Kammern eingewalzt, die mit Oberkesseln in Verbindung stehen (Abb. 5). Man unterscheidet Schrägrohr- und Steilrohrkessel, sowie Einkammer-, Mehrkammer- und Sektionalkessel. Der große Vorteil dieser Kessel ist die Vergrößerung der Heizfläche.

Nachteile: Die schwer zu reinigenden Wasserrohre leiden sehr unter der Kesselsteinbildung und dem Rostangriff. Die unteren Rohre verziehen sich, da die Wärmeausdehnung behindert ist.

Außer diesen Haupttypen der Kesselbauarten gibt es kombinierte

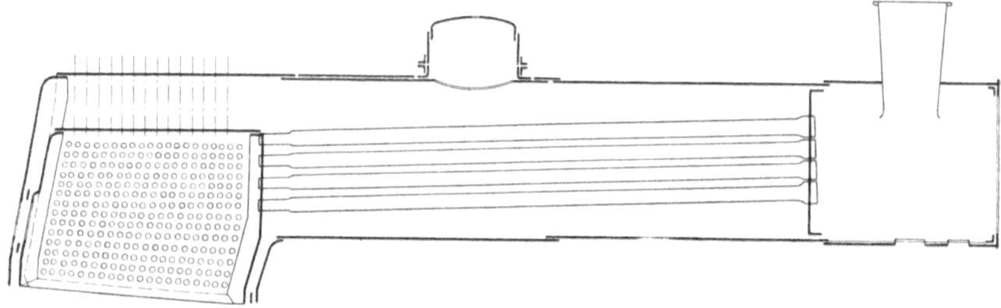

Abb. 4. Lokomotivkessel (Heizrohrkessel).

Systeme, auch Vertikalkessel u. a., auf die hier nicht eingegangen werden kann.

Die Mehrzahl der bisher bekannten Konstruktionen von Hochdruckkesseln sind lediglich Abarten der bekannten Typen, insbesondere der Wasserrohrkessel. Hierüber äußert der bekannte Fachmann Münzinger[1] sich wie folgt: „Fast alle bisher bekannt gewordenen Konstruktionen von ‚normalen‘ Höchstdruckkesseln, d. h. von Kesseln mit unmittelbarer Beheizung, selbsttätigem Wasserumlauf und ruhender Heizfläche sind unter Anlehnung an das System entworfen, das die betreffende Fabrik für normale Dampfspannungen auszuführen pflegt. ... Die Voraussetzungen sind aber bei Kesseln für normale Drücke und bei Höchstdruckkesseln so verschieden, daß es in vielen Fällen ein Unding ist, das bei niedriger Dampfspannung bewährte System sklavisch auch auf Höchstdruckkessel anzuwenden.“ Ich gebe diesen Passus wieder, weil er auch auf andere Fragen des Hochdruckwesens anwendbar ist, namentlich das Speisewasserproblem.

[1] Hochdruckdampf. VDI-Verlag. Berlin 1924, S. 8.

Höchstdruckkessel von ganz neuartigem Prinzip sind der Atmos-Kessel und der Benson-Kessel[1].

Der Atmoskessel, der von dem Schweden Blomquist geschaffen wurde, besteht im wesentlichen aus sechs wagerechten Wasserrohren von

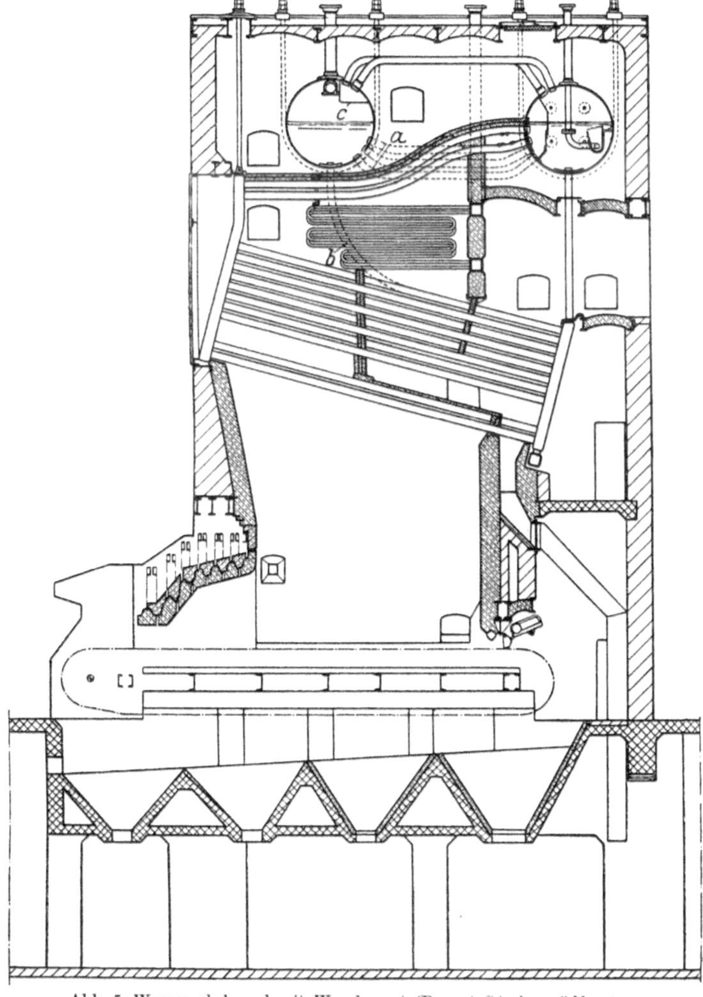

Abb. 5. Wasserrohrkessel mit Wanderrost (Bauart Steinmüller).

300 mm Durchmesser und 2500 mm feuerberührter Länge. Die Rohre sind um ihre Achse drehbar und machen 300—330 Umdrehungen in der Minute. Der Betriebsdruck beträgt 100 Atm.

[1] Vgl. Münzinger, Höchstdruckdampf. Berlin: Julius Springer, 1916.

Der Benson-Kessel ist ein beheiztes System von Schlangenrohren, in denen das Wasser bis zum kritischen Punkt gebracht werden soll (224 Atm.). Der wärmetechnische Vorteil besteht darin, daß beim kritischen Punkt die Verdampfungswärme gleich Null wird.

III. Die Kennzahlen des Dampfkessels und Dampfkesselbetriebes.

Jeder Dampfkessel ist durch eine Reihe von konstruktiv festgelegten Kennziffern charakterisiert, von denen Rostfläche und Heizfläche die wichtigsten sind. Die Beanspruchung eines Kessels im Betrieb wird zweckmäßig auf diese Flächen bezogen, so daß sich weitere Verhältniszahlen ergeben.

a) Rostbelastung. — Unter Rostbelastung versteht man die stündlich pro 1 qm Rostfläche verbrannte Brennstoffmenge. Sie ist abhängig vom Dampfverbrauch, vom Brennstoff und von der Zugstärke.

b) Kesselbelastung. — Die Kesselbelastung wird durch die stündlich pro 1 qm Heizfläche verdampfte Wassermenge bestimmt.

Die Leistung des Dampfkessels wird an Hand der Verdampfungsziffer beurteilt. Sie zeigt an, wieviel Kilogramm Dampf durch 1 kg Brennstoff erzeugt werden, oder bei Gasfeuerungen, wieviel Kilogramm Dampf durch 1 cbm Gas erzeugt werden. Da aber die Betriebsverhältnisse äußerst schwankend sind, bezieht man diese Bruttowerte auf Normaldampf, d. h. man berechnet, wieviel Kilogramm Normaldampf von 639 kcal durch 1 kg Brennstoff erzeugt worden wären. Bezeichnet man mit D die Bruttoverdampfungsziffer, mit D′ die Nettoverdampfungsziffer und mit C den Wärmeinhalt von 1 kg Dampf unter den jeweilig herrschenden Betriebsverhältnissen, so besteht die Gleichung

$$D' = \frac{D \cdot C}{639}.$$

Die Verdampfungsziffer hängt vor allem von dem Brennstoff ab, sodann aber auch vom Kesselsystem und von der Belastung.

Der Wirkungsgrad eines Dampfkessels ist das Verhältnis:

$$\frac{\text{ausgenutzte Wärme}}{\text{zugeführte Wärme}}.$$

Um über die Wirtschaftlichkeit einer Anlage Aufschluß zu erhalten, muß periodisch ihr Wirkungsgrad festgestellt werden. Man erreicht dies durch den Verdampfungsversuch oder, in größeren Betrieben mit automatischen Meßvorrichtungen, durch tägliche Auswertung der Meßergebnisse. Der Verdampfungsversuch gibt die genaueren und zuverlässigeren Resultate, so daß bei der Abnahme nur der direkte Versuch Gültigkeit hat. Die Untersuchung der Dampfkesselanlage erstreckt sich vornehmlich auf folgende Ermittlungen:

1. Verdampfungsziffer,
2. Verluste,
3. Heizwert des Brennstoffes.

Die Kenntnis der Bruttoverdampfungsziffer erlaubt die Berechnung der pro 1 kg Kohle von Dampf mitgeführten Wärmemenge, anderseits ist die zugeführte Wärme pro 1 kg Brennstoff im Heizwert gegeben, so daß sich der Wirkungsgrad leicht berechnen läßt.

Die Wärmeverluste im Dampfkesselbetrieb sind sehr verschiedener Natur, wie aus der folgenden Zusammenstellung hervorgeht:

1. Unverbrannte Brennstoffe.

a) Rostverluste, hervorgerufen dadurch, daß unverbrannte Brennstoffteile zwischen den Roststäben in den Aschenfall gelangen.

b) Abschlackverluste; die Herdrückstände enthalten unverbrannte Kohleteilchen.

c) Flugstaubverluste, der Flugstaub enthält Kokspartikel.

d) Rußverluste.

e) Verluste durch unverbrannte Gase.

2. Fühlbare Wärme.

a) Wärmeverluste durch Aufgeben von nassen Brennstoffen.

b) Wärmeverluste beim Abschlacken.

c) Wärmeverluste durch die Abgase.

d) Wärmeverluste durch Leitung und Strahlung.

Der Verdampfungsversuch erlaubt die Aufstellung der sogenannten Wärmebilanz, welche eine klare Einsicht in die Wirtschaftlichkeit der Anlage gestattet und insbesondere die einzelnen Verluste zahlenmäßig ausdrückt.

Erster Teil.

Die Baustoffe.

Die hauptsächlichsten Bau- und Werkstoffe der Dampfkesselanlagen sind nachstehend zusammengestellt:

1. Schweißeisen (Bleche, Niete),
2. Flußeisen (Bleche, Rohre, Niete, Verankerung),
3. Gußeisen (Ekonomiser, Rohrleitungen, Armaturteile, Roststäbe),
4. Legierte Stähle (Bleche für Hochdruckkessel, Niete, Feuerbüchsen),
5. Stahlformguß (Armaturteile, Roststäbe),
6. Kupfer (Feuerbüchsen),
7. Legierungen (Armaturteile, Rohre),
8. Feuerfeste Materialien (Feuerungsgewölbe),
9. Bausteine, Ziegel und ähnliches (Mauerwerk),
10. Wärmeschutzmittel.

Von diesen Baustoffen ist das Eisen weitaus der wichtigste. Die Erzeugung von hochgespanntem Dampf verlangt eine unbedingte Betriebssicherheit des Baustoffes, an den deshalb bestimmte Güteanforderungen gestellt werden. Trotzdem die Frage der Blechqualität von jeher die erhöhte Aufmerksamkeit des Kesselbauers beansprucht hat und dadurch sogar die anderen Baustoffe teilweise vernachlässigt worden sind, legen dennoch die leider immer wiederkehrenden Explosionen ein beredtes Zeugnis dafür ab, daß es immer noch versteckte Material-, Konstruktions- oder Bedienungsfehler oder auch ungenügend erkannte Einflüsse des Betriebes auf den Baustoff gibt.

I. Die metallischen Bau- und Werkstoffe.

Die Güteanforderungen, die an die einzelnen Teile des Dampferzeugers gestellt werden, sind den Beanspruchungen, denen sie ausgesetzt werden, angepaßt. Die hauptsächlichsten Werkstoffe, abgesehen von Armaturteilen, sind Walzprodukte, die noch weiter verarbeitet werden. Von wichtigen Kesselteilen sind zu erwähnen:

Mantelbleche (Feuerbleche, Bördelbleche),
Böden,
Flammrohre,
Wasserrohre,
Rauchrohre,
Wasserkammern, Trommeln,
Verbindungselemente (Laschen, Niete, Stehbolzen).

Diese Teile unterliegen im Betrieb dauernden und wechselnden Zug- und Druck-, sowie auch Schubbeanspruchungen; sie sind ferner mannigfaltigen thermischen und chemischen Einflüssen ausgesetzt, die mit steigenden Betriebsdrücken und Temperaturen zunehmen.

Während früher im Dampfkesselbau ausschließlich Schweißeisen verwendet wurde, nahm dieser Baustoff infolge des Aufschwunges des Flammofen- und des Thomasprozesses und des damit einhergehenden Rückganges des Puddelverfahrens immer mehr an Bedeutung ab und ist heute fast vollständig durch das Flußeisen verdrängt worden. Zum Kesselbau wird Siemens-Martin-Material vorgeschrieben, weil der Herdofenprozeß im Vergleich zum Thomasprozeß einen reineren Werkstoff liefert und auch die bessere Überwachung der Herstellung und die genauere Einhaltung bestimmter Qualitätsgrenzen gestattet. Die neuere Entwicklung des Hochdruckwesens scheint wiederum eine Richtungsänderung in der Qualitätsfrage mit sich zu bringen, da jetzt schon von berufener Seite damit angefangen wird, die legierten Stähle dem unlegierten Flußeisen vorzuziehen.

Die Eigenschaften des Baustoffes hängen in erster Linie von seiner chemischen Beschaffenheit ab. Bisher haben in Deutschland die Analysenvorschriften keine Aufnahme in die Abnahmebedingungen über Werkstoffe für Dampfkessel gefunden, dagegen sind in anderen Ländern Analysengrenzen vorgeschrieben.

In den jüngst erschienenen deutschen Werkstoffvorschriften für Landdampfkessel[1] ist die neue Bestimmung aufgenommen worden, daß dem Sachverständigen auf Verlangen chemische Zusammensetzung der Schmelzung und Ort der Herstellung bekannt gegeben werden müssen, und daß er der Herstellung jederzeit beiwohnen darf. Die alte Streitfrage über den Wert der Analysenbefunde bei der Beurteilung der Blechqualitäten hat also eine mittlere Lösung gefunden; mit der Weiterentwicklung des Hochdruckwesens wird jedenfalls noch eine weitere Verschärfung der diesbezüglichen Abnahmebedingungen eintreten, die voraussichtlich zur Aufnahme von Analysenvorschriften, sicherlich aber zu metallographischen Prüfverfahren führen wird, wie dies bereits für U-Bootbaustoffe der Fall ist.

Die Gütevorschriften für Kesselbaustoffe sehen Zerreißversuche und neuerdings auch Kerbschlagversuche vor; es werden außerdem verschiedene andere mechanische Versuche, die dem besonderen Verwendungszwecke angepaßt sind, verlangt. In den neuen Werkstoffvorschriften[2] hat man alle Bezeichnungen und Benennungen den deutschen

[1] Die neuen deutschen Werkstoff- und Bauvorschriften für Landdampfkessel. Beuth-Verlag, Berlin 1926.

[2] Die neuen deutschen Werkstoff und Bauvorschriften. (1926.) Ferner Richtlinien f. d. Anforderungen a. d. Werkstoff u. Bau von Hochleistungskesseln. Ver. d. Großkesselbesitzer. Berlin: Julius Springer 1926.

Industrienormen angepaßt. Die alten Bezeichnungen Schweißeisen und Flußeisen hat man fallen gelassen und dafür die Namen Schweißstahl und Flußstahl eingeführt.

A. Schweißstahl.

Der durch das Puddelverfahren im teigigen Zustande gewonnene Schweißstahl wurde früher wegen seiner Zähigkeit für Bördelungen, Krempungen und Niete mit Vorliebe angewandt. Jedoch enthält er meistens grobe Schlackeneinschlüsse, die sehr nachteilig auf den Materialzusammenhang einwirken. Diese Einschlüsse haben ein für das Schweißeisen typisches Aussehen, das auf Abb. 6 wiedergegeben ist. Sie bestehen aus zwei Gefügebestandteilen, von denen die helleren, dendritischen Primärkristalle aus dem Eisensilikat 2 $FeO.SiO_2$ bestehen, während die dunkle Grundmasse ein Eutektikum dieses Silikates mit Eisenoxydul darstellt. Außer diesem Merkmal zeigt der Schweißstahl bei der makroskopischen Ätzung eine eigentümliche Bänderung der Seigerungen, die mit der Natur des Herstellungsverfahrens (Paketieren) zusammenhängt. Die chemischen Kennzeichen des Schweißeisens sind niedrige Kohlenstoff- und Mangangehalte und oftmals hoher Phosphorgehalt. Dementsprechend besteht das Mikrogefüge aus fast reinem Ferrit. Der Schweißstahl hat heute für Bleche keine Bedeutung mehr, die neuen Vorschriften empfehlen ihn nur noch für Niete, für andere Teile ist er allerdings nicht verboten.

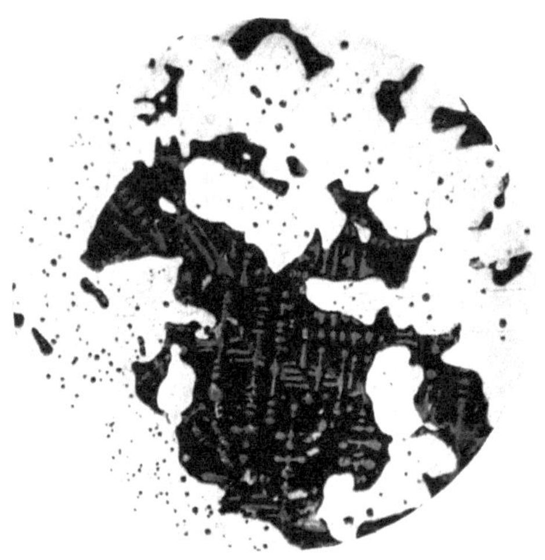

Abb. 6. Schlackeneinschlüsse in Schweißeisen (60 × vergr.).

Die Prüfungsvorschriften für Nieteisen sehen vor:

Zugversuch, Biegeversuch, Stauch- und Lochversuch mit den folgenden Anforderungen: Zugfestigkeit 35—40 kg/qmm bei einer Dehnung von mindestens 20%.

Das Nieteisen soll in kaltem Zustande, ohne rissig zu werden, so gebogen und glatt aufeinander geschlagen werden können, daß die beiden Enden der Länge nach aufeinander zu liegen kommen.

Ein Probestück Nieteisen, dessen Länge doppelt so groß ist wie der Durchmesser, soll sich in warmem Zustand auf mindestens ein Drittel der Länge niederstauchen und dann lochen lassen, ohne aufzureißen. Die Niete selbst werden dem Stauch- und Lochversuch unterworfen, wobei der Nietschaft denselben Anforderungen genügen muß, wie vorstehend angegeben ist.

B. Flußstahl.

Das Flußeisen wird im flüssigen Zustand gewonnen und in Kokillen gegossen, wo es erstarrt um dann bei geeigneter Temperatur ausgewalzt zu werden. Durch die Volumenabnahme beim Erstarren entsteht im Kopf ein Schwindungshohlraum, Lunker genannt. Bei der Erstarrung werden weiter, infolge der bekannten physikalisch-chemischen Gesetze (Raoultsches Gesetz über die Abnahme der Erstarrungstemperatur mit zunehmendem Verunreinigungsgrad), die Verunreinigungen im zuletzt erstarrenden Blockteil angereichert (Blockseigerung).

Die neuen Bestimmungen schreiben vor, daß sämtliche Walzplatten geprüft werden müssen, und zwar ist die Längsprobe gefallen, und es werden nur mehr Querproben von der Mitte des Kopfendes und vom Rande des Fußendes entnommen, da die Mitte des Kopfendes — entsprechend der Mitte des Blockkopfes — am meisten verunreinigt ist, wohingegen am Rande des Fußendes der Blechtafel der Baustoff am reinsten ist. Jeder Walzplatte werden zwei Zerreißproben und zwei Abschreckbiegeproben entnommen. Bei Werkstoff für Kessel unter 15 Atm. kann von der Kerbschlagprobe Abstand genommen werden. In die neuen Baustoffvorschriften sind außer Martin- (M) und Thomas- (T) Material auch Elektrostahl (E) und Nickelstahl (Ni) aufgenommen worden. Die Anforderungen an Bleche und Kesselteile aus Flußstahl enthalten gegenüber den alten Vorschriften wesentliche Neuerungen.

Der Flußstahl darf keine geringere Zugfestigkeit als 35 kg/qmm und in der Regel keine höhere Zugfestigkeit als 56 kg/qmm haben. (Bisherige Grenzwerte 43—51 kg/qmm.) Für die Mindestdehnung aller Bleche ist die folgende Zahlentafel maßgebend:

Festigkeit kg/qmm:		$\geqq 35$ %	$\geqq 36$ %	$\geqq 37$ %	$\geqq 41$ %	$\geqq 43$ %	$\geqq 44$ %	$\geqq 45$ %	$\geqq 46$ %	$\geqq 51$ %	$\geqq 53$ %
Proben Querschnitt	bis 500	27	26	25	24	23	22	21	20	18	18
	über 500—1000	29	28	27	26	24	23	22	21	19	18
	über 1000—1500	30	29	28	27	25	24	23	22	20	20
	über 1500—2000	31	30	29	28	26	25	24	23	21	20

Es kommen bis auf weiteres vier Blechsorten in Anwendung (bisher drei):

I. Bleche mit 35—44 kg/qmm
II. „ „ 41—50 „
III. „ „ 44—53 „
IV. „ „ 47—56 „

Diesen Blechqualitäten entsprechen etwa die folgenden Grenzwerte der Kohlenstoff- und Mangangehalte:

		C	Mn
Blechsorte	I: 35—44 kg/qmm	0,05—0,10%	0,38—0,45%
„	II: 41—50 „	0,15—0,20%	0,40—0,55%
„	III: 44—53 „	0,15—0,30%	0,55—0,65%
„	IV: 47—56 „	0,25—0,33%	0,55—0,70%

Bördelbleche und Feuerbleche (d. h. Bleche, die im ersten Feuerzuge liegen und voraussichtlich einer Temperatur von über 700° ausgesetzt sind) dürfen nur bis 50 kg Höchstfestigkeit haben, oder es muß ein Sonderwerkstoff gleicher Zähigkeit verwendet werden. Für gebördelte Bleche, die nicht von den Heizgasen bestrichen werden und für Mantelbleche, die weder gebördelt noch von den Heizgasen bestrichen werden, kann in besonderen Fällen auch eine Blechsorte von höherer Festigkeit, als für Sorte IV angegeben, zugelassen werden.

Bei dem Abschreckbiegeversuch sind die Probestäbe gleichmäßig auf niedrige Kirschrotglut ($\cong$ 650°) zu erwärmen, hierauf in Wasser von 28° abzuschrecken und dann um einen Dorn von vorgeschriebener Dicke zu biegen: Dabei dürfen keine Risse entstehen. Die Kerbzähigkeit soll bei Blechen der Sorte I (35—44 kg) 10 mkg/qcm, bei Blechen der Sorte II (41—50 kg) 8 mkg/qcm betragen. Für Bleche höherer Festigkeit sind besondere Vereinbarungen zu treffen. Für die flußeisernen Winkeleisen, Niete, Anker und Stehbolzen, Wasser- und Ankerrohre sind ebenfalls genaue Prüfvorschriften und Anforderungen ausgearbeitet. In den neuen Baustoffvorschriften haben drei weitere Teile Beachtung gefunden: Stahlguß, andere Werkstoffe und Kesselteile. Bemerkenswert, aber folgerichtig, ist die Aufnahme von Schliffuntersuchung und chemischer Analyse für den Stahlguß.

1. Chemische Zusammensetzung und Festigkeitseigenschaften.

Das technische Eisen enthält eine Reihe von Nebenbestandteilen, die seine Festigkeitseigenschaften in verschiedener Weise beeinflussen. Von bestimmendem Einfluß ist der Kohlenstoffgehalt, der sich deshalb in genau einzuhaltenden Grenzen bewegen muß.

Mit steigendem Gehalt an Kohlenstoff, wie auch an Mangan und Phosphor, wächst die Zugfestigkeit und sinkt die Dehnung und die Querschnittsverminderung.

Silizium wirkt in ähnlicher Weise, aber bei den üblichen Gehalten weniger stark ausgeprägt.

Der Schwefel wird als neutral angesehen.

In welchen Grenzen sich der Gehalt an C, Mn, P und S bewegen soll, mag an Hand der neuesten amerikanischen Dampfkesselvorschriften nahegelegt werden:

Feuerbleche und Bördelbleche sollen im Herdofen hergestellt werden und folgender Analyse entsprechen.

	Bördelblech %	Feuerblech %
C bis 19 mm dick	—	0,25
über 19 mm dick	—	0,30
Mn bis 19 mm dick	0,30—0,60	0,30—0,50
über 19 mm dick	0,30—0,60	0,30—0,60
P saure Fütterung	0,05	0,04
basische Fütterung . . .	0,04	0,05
S	0,05	0,04
Zugfestigkeit kg/qmm (= Kz)	38,7—45,7	38,7—45,7
Dehnung	1050 : Kz	1035 : Kz

Zur Berechnung der Festigkeit aus den Analysenbefunden sind verschiedentlich Formeln bekannt gegeben worden. Eine praktisch bewährte Formel für gewalztes unsiliziertes Flußeisen ist die folgende:

Zugfestigkeit (kg/qmm) = 25 + 56 C + 20 Mn + 50 P.

Der Einfluß der einzelnen Nebenbestandteile auf die mechanischen Eigenschaften des technischen Eisens läßt sich folgenderweise zusammenstellen:

1. Kohlenstoff. — Bekanntlich ist der Kohlenstoff das wichtigste Legierungselement des Eisens. Die Abhängigkeit der Festigkeitseigenschaften vom C-Gehalt ist in Abb. 7 graphisch dargestellt. Das Diagramm ist der neueren Veröffentlichung Wendts[1] entnommen. Die untere ausgezogene Linie entspricht den Werten für den ausgeglühten Zustand, während die obere gestrichelte Linie die ungefähren Werte für den gehärteten, d. i. martensitischen Zustand darstellt. Die untere gestrichelte Linie gibt den Verlauf der Dehnung wieder.

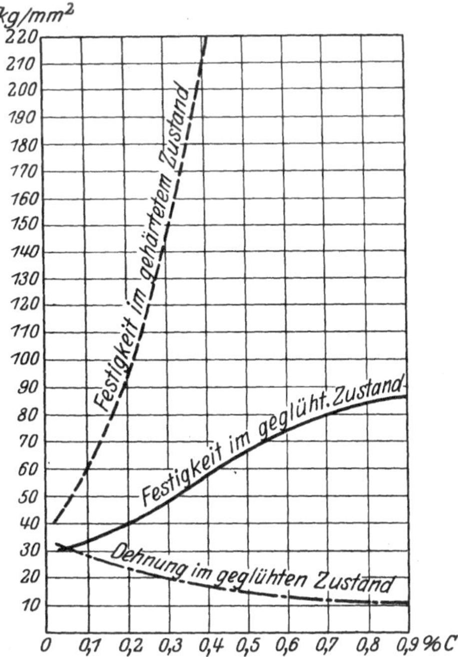

Abb. 7. Festigkeitseigenschaften des reinen Kohlenstoffstahls (Wendt).

Mit steigendem C-Gehalt steigt die Härtbarkeit, mithin auch die

[1] Kruppsche Monatshefte 1922, S. 141.

Temperaturempfindlichkeit, so daß höhere Kohlenstoffgehalte ($C > 0,3\%$) im Dampfkesselbau nicht angehen.

Das Mikrogefüge des weichen Flußeisens besteht der Hauptsache nach aus Ferritkörnern mit einem dem C-Gehalt proportionalen Anteil an Perlit.

2. Mangan. — Der Manganzusatz im weichen Eisen wirkt in ähnlicher Weise wie der Kohlenstoff, jedoch soll das Mangan hauptsächlich als Desoxydations- und Entschwefelungsmittel bei der Herstellung dienen, indem er dem flüssigen Bad den Sauerstoff und den Schwefel unter Bildung der betreffenden Mn-Verbindungen entzieht und in die Schlacke überführt. Der Mangangehalt eines Flußeisenbleches ist daher gewissermaßen ein Wertschätzer des Reinheitsgrades des Materiales. Ein gut ausgegartes weiches Flußeisen besitzt einen Mn-Gehalt von 0,4—0,5%. Für Baustoffe, die nachträglich mehrfachen Erhitzungen ausgesetzt sind, wie Flammrohr-, Wellrohrbleche u. a., erhöht man den Mn-Gehalt bis auf 0,6%.

3. Phosphor. — Wie aus den oben angegebenen Zahlen hervorgeht, soll der P-Gehalt möglichst niedrig gehalten werden. Seine nachteilige Wirkung beruht auf der Herabsetzung der Zähigkeit: Phosphor macht das Eisen in der Kälte spröde. Ein weiterer Nachteil besteht darin, daß das Erstarrungsintervall des Eisens vergrößert wird, was zu starken lokalen Ausseigerungen führt, die dann im Material Stellen geringerer Widerstandsfähigkeit bilden und so zu Anrissen und folglich zu Brüchen führen können.

4. Schwefel. — Der Schwefel beeinflußt die Zugfestigkeit bei den praktisch vorkommenden Gehalten nicht. Er macht jedoch das Eisen rotbrüchig und setzt seine Schweißbarkeit herunter. Auch dieser Bestandteil neigt zu Entmischungen.

5. Silizium. — Der Siliziumgehalt der Kesselbaustoffe ist im allgemeinen niedrig. Er rührt von dem Ferro-Siliziumzusatz her, der ebenfalls als Mittel zur Desoxydation und zur Beruhigung des flüssigen Stahles beigegeben wird. Da dem Silizium die Eigenschaft zukommt, die Ausbildung von Gasblasen und von Seigerungen zu vermindern, so trifft man oft Bleche, besonders aber Siederohre an mit einem Si-Gehalt von 0,20—0,30%.

6. Sauerstoff. — Der Sauerstoff befindet sich im Eisen als FeO- und MnO-Einschlüsse, auch als SiO_2- und Al_2O_3-Einschlüsse. Er beeinflußt die Warmbildsamkeit in schädlicher Weise. Die Rolle des Sauerstoffes im Eisen ist aber noch nicht geklärt, da es bis jetzt keine absolut zuverlässigen Bestimmungsmethoden gibt. Jedoch ist dieses aussichtsreiche Gebiet seit Jahren mit Erfolg von Prof. P. Oberhoffer in Aachen in Angriff genommen worden[1], [2].

---

[1] Stahleisen 1913, S. 105; 1919, S. 145; 1920, S. 812; 1921, S. 1449; 1923, S. 1151; 1924, S. 113; 1925, S. 1341 u. 1379; 1926, S. 1045.

[2] In einer neueren grundlegenden Arbeit hat Wimmer (Werkstoffausschuß Nr. 50 des V. d. E. 1924) die Abhängigkeit der wichtigsten physikalischen und tech-

2. Der Einfluß der Zusammensetzung auf die chemische Widerstandsfähigkeit des Eisens.

Das Problem der Abrostung und Anfressungen spielt im Dampfkesselbetrieb eine solch lebenswichtige Rolle, daß einige Angaben über den Einfluß der einzelnen Nebenbestandteile des Eisens auf seine Abrostungsgeschwindigkeit unbedingt am Platze sind.

Nachstehend werden die bisher bekanntgegebenen Versuchsergebnisse zusammengestellt, wobei wir aber nur die uns hier besonders interessierenden Abrostungen des Eisens in wässerigem Medium (die sogenannte Under-Water-Corrosion) berücksichtigen werden. Auf einen wichtigen Punkt muß aufmerksam gemacht werden: Zum Vergleich der Rostlust verschiedener Eisensorten werden oft Kurzversuche in Säurelösungen vorgeschlagen. Es ist aber grundfalsch, die hierbei gewonnenen Resultate ohne weiteres auf den eigentlichen Rostangriff des Eisens zu übertragen, da in letzterem der Sauerstoff und nicht die Wasserstoffionenkonzentration die Hauptrolle spielt. Verfasser hat z. B. vergleichende Untersuchungen über den Einfluß des Phosphorgehaltes (von 0,070—0,500% P) auf die Säureangreifbarkeit und auch auf die Rostangreifbarkeit des Thomasflußeisens angestellt. Die Ergebnisse gipfelten darin, daß mit steigendem Phosphorgehalt der Säureangriff des Eisens zunimmt — eine Tatsache, die dem Metallographen übrigens seit langem bekannt ist —, während der Rostangriff im Leitungswasser und in Kochsalzlösungen mit steigendem Phosphorgehalt des Eisens zwar nur wenig beeinflußt wird, aber mit deutlich abnehmender Tendenz. Wenn aber in nachstehenden Zeilen verschiedentlich die Säureangreifbarkeit erwähnt wird, so geschieht das entweder nur der Vollständigkeit halber, oder auch weil keine anderen Versuchsergebnisse vorliegen.

1. Kohlenstoff. — Über den Einfluß des Kohlenstoffgehaltes auf die Neigung des Flußeisens zur Rostbildung liegen die umfangreichen Untersuchungen von Chappell[1], Aitchison[2], Hadfield und Friend[3] vor,

nischen Eigenschaften des Eisens vom Sauerstoffgehalt untersucht. Das Einsatzmaterial hatte folgende Zusammensetzung C 0,05%, Mn 0,38%, P 0,045%, Si 0,035% und die synthetisch hergestellten Versuchsschmelzen ergaben wachsende Sauerstoff gehalte von 0,038—0,192%. Die Resultate gipfeln in den folgenden Feststellungen:

1. Streckgrenze, Festigkeit, Dehnung, Kontraktion, Brinellhärte und Kerbzähigkeit nehmen mit wachsendem O_2-Gehalt zum Teil sehr stark ab.

2. Die Warmbildsamkeit verschlechtert sich bei Anwesenheit von O_2 sehr bedeutend; die Rotbruchgrenze liegt bei etwa 0,130%.

3. Die Kaltverformbarkeit nimmt ebenfalls ab.

[1] Chappell, C.: J. Iron Steel Inst. 85, 1912, S. 270.

[2] Aitchison, L.: Trans. Faraday Soc. 11, 1915, S. 212. Friend, J. N.: J. Iron Steel Inst. Carnegie Schol. Mem. 11. 1922; 12. 1923.

[3] Hadfield, R. A. and Friend, J. N. J. Iron Steel Inst. 93, 1916, S. 48.

aus denen mit ziemlich guter Übereinstimmung hervorgeht, daß mit steigendem Kohlenstoffgehalt die Rostneigung zunimmt, allerdings nur bis zu dem eutektoiden Punkt von 0,9% C, von wo ab der Rostangriff mit weiter steigendem C-Gehalt schwächer wird. Die Angreifbarkeit der verschiedenen Gefügearten ist ebenfalls verschieden: die geringste (Säure-) Angreifbarkeit besitzt der Martensit, dann folgen in zunehmender Reihenfolge: Perlit, Sorbit und Troostit. Letztere Gefügeart ist im Vergleich zu den anderen durch eine besonders hohe Angreifbarkeit ausgezeichnet.

2. Mangan. — Die Versuche von Burgess und Aston[1], Hadfield und Friend[2], F. N. Speller[3] legen dar, daß der Rostwiderstand des Eisens praktisch unabhängig ist von den üblich vorkommenden Mangangehalten. Es ist aber dabei nicht zu vergessen, daß der Einfluß des Mangans in erster Linie davon abhängig ist, in welcher Form es vorliegt: Befindet es sich in fester Lösung im Metall, so sind die obigen Befunde zweifellos zutreffend; ist es aber vornehmlich in Form von Schlackeneinschlüssen im Eisen verteilt, so ist zu erwarten, daß der Rostangriff mit steigendem Mn-Gehalt zunimmt, besonders wenn es als Mangansulfid vorhanden ist.

3. Phosphor. — Diegel[4] gibt an, daß hochphosphorhaltiges Eisen widerstandsfähiger gegen Rostangriff ist als phosphorarmes Eisen. Nach F. N. Speller[5] haben die normalen Gehalte von 0,02—0,1% P keinen Einfluß. Versuche des Verfassers bestätigen diese Ergebnisse hinsichtlich des Rostangriffes, jedoch wurde in bezug auf die Säurelöslichkeit festgestellt, daß diese mit steigendem Phosphorgehalt zunimmt.

4. Schwefel. — Die Rolle des Schwefels beim Rost- und Säureangriff des Eisens besteht darin, daß er in Form von Sulfideinschlüssen dem Eisen einen heterogenen Aufbau verleiht, wodurch dem elektromotorischen Gegensatz zwischen den Sulfiden und dem reinen Metall Gelegenheit geboten werden kann, sich zu betätigen. Diese Einschlüsse sind eine erste Ursache der lokalen Anfressungen, die im Kesselbetrieb als sogenannte pockennarbige Abrostungen bekannt sind.

5. Silizium. — Dieses Element hat in den praktisch vorkommenden Grenzen keinen direkten Einfluß auf den Rostwiderstand. Indirekt wirkt ein Siliziumzusatz in gewissem Sinne rosthindernd, indem er die Entmischungserscheinungen beim Erstarren des flüssigen Eisens in den Kokillen etwas verhindert.

Wir kommen nun zu den absichtlich zum Zwecke der Erhöhung des Rostwiderstandes dem Eisen zugefügten Elementen.

---

[1] Burgess, C. F. and Aston, J.: Trans. Amer. Electroch. Soc. **22**, 1912, S. 241.
[2] Hadfield, R. A. and Friend, J. N.: J. Iron Steel Inst. **93**, 1916.
[3] Speller, F. N.: Corrosion, Mc Graw Hill Book Cy, New York 1926.
[4] Diegel: Verhandl. d. Ver. Beförder. Gewerb. **82**, 1903, S. 93, 137, 163.
[5] Speller, F. N.: Corrosion. 1926.

6. Kupfer. — Ein Kupferzusatz von 0,1—0,3% verleiht dem Flußeisen einen erhöhten Rostwiderstand gegenüber den atmosphärischen Einflüssen, dagegen ist er belanglos für die Korrosion in flüssigem Medium [1].

7. Nickel. — Der Rostwiderstand des Eisens wird durch Nickelzusätze erheblich erhöht; bei einem Nickelgehalt von 75% wird (nach Burgess und Aston) der Rostangriff praktisch Null.

8. Chrom. — Die nichtrostenden Eisen-Chromlegierungen erfreuen sich in England und Amerika einer großen Beliebhteit. Am meisten verbreitet ist der sogenannte stainless steel mit etwa 13% Cr. In Deutschland scheint man sich eher den quaternären Nickel-Chromlegierungen (z. B. Kruppscher V_2A-Stahl) zugewandt zu haben.

C. Gußeisen.

1. Chemische Zusammensetzung und mechanische Eigenschaften.

In den Dampfkesselanlagen werden aus Gußeisen gefertigt: Rohre, Wasservorwärmer, Armaturteile, Roststäbe, Feuerungsteile usw. Die Eigenschaften des Gußeisens sind einerseits von der chemischen Zusammensetzung und andererseits aber auch von physikalischen Faktoren, wie Erstarrungsgeschwindigkeit und Gießtemperatur, abhängig. Von vorwiegendem Einfluß ist wiederum der Kohlenstoff: es kommt aber nicht so sehr auf seine absolute Menge, wie auf seinen Zustand an. Im Grauguß ist er hauptsächlich als Graphit vorhanden, während er im weißen Hartguß in gebundener Form, als Zementit Fe_3C auftritt. Im phosphorreichen Gußeisen tritt als neuer Gefügebestandteil das ternäre P-C-Eutektikum, Steadit genannt, hinzu.

Die mechanischen Eigenschaften des Graugusses sind nun abhängig von dem Gehalte und der Ausbildungsform der ständigen Eisenbegleiter, insbesondere vom Graphit und dem Gefügeanteil an Zementit. Eine Verbesserung des Gußeisens kann, wie neuerdings Piwowarsky [2] gezeigt hat, durch geeignete Zusätze vornehmlich von Aluminium, Titan und Nickel, erzielt werden.

Der Einfluß der normalen Eisenbegleiter auf die Eigenschaften des Graugusses ist sehr eingehend von Wüst und seinen Mitarbeitern [3] untersucht worden. Die Hauptergebnisse dieser Arbeiten sind die folgenden:

---

[1] Aus der äußerst großen Zahl von Veröffentlichungen über diese Fragen seien herausgegriffen: Buck, D. M.: Iron Age **91**, 1913, S. 931. — Ders.: Ebenda **95**, 1915, S. 1231. — Bauer: Stahleisen **41**, 1921, S. 37 u. 76. — Daeves: Ebenda **46**, 1926, S. 609. — Ders.: Ebenda **46**, 1926, S. 1857.

[2] Stahleisen 1925, S. 289.

[3] Wüst und Kettenbach: Ferrum 1913/14, S. 51. — Wüst und Meißner: Ebenda 1913/14, S. 97. — Wüst und Stotz: Ebenda 1914/15, S. 89. — Wüst und Miny: Ebenda 1916/17, S. 97.

1. **Kohlenstoff.** — Von ausschlaggebender Bedeutung ist die Menge und die Form des vorhandenen Graphits. Je mehr Graphit vorhanden ist, desto geringer ist der Materialzusammenhang und je gröber die Graphitblätter ausgebildet sind, desto größer sind die Spaltflächen und um so kleiner wird die Festigkeit. Alle Faktoren, welche die Abscheidung des Graphits und die Ausbildung großer Lamellen fördern, wirken also nachteilig auf die Festigkeitseigenschaften des Graugusses (Zug-, Biegefestigkeit, Härte- und Kerbzähigkeit). Die Erstarrungs- bzw. Abkühlungsgeschwindigkeit und der Siliziumgehalt sind die praktisch wichtigsten Regulatoren der Festigkeit, indem eine langsame Erstarrung die Graphitbildung fördert. Siliziumzusatz wirkt in demselben Sinne, was durch die chemische Verwandtschaft von Si und C erklärlich wird.

2. **Silizium.** — Dieses Element beeinflußt als Förderer der Graphitausscheidung die Festigkeitseigenschaften in negativem Sinne.

3. **Mangan.** — Die Festigkeitseigenschaften werden im allgemeinen durch steigenden Mn-Gehalt verbessert.

4. **Phosphor.** — Mit steigendem P-Gehalt fallen die Festigkeitseigenschaften des Graugusses, vor allem die Kerbzähigkeit und die Durchbiegung; bis 0,3% P steigt die Zug- und die Biegefestigkeit, um dann aber stark abzufallen.

5. **Schwefel.** — In großen Zügen kann man sagen, daß Eisen- und Manganschwefel sich entgegenwirken: Mit steigendem Eisensulfidgehalt steigen Zug- und Biegefestigkeit (von 0,1% S ab) rasch an, während die Kerbzähigkeit kaum verändert wird; mit steigendem Mangansulfidgehalt sinkt die Kerbzähigkeit, fallen auch die Biegefestigkeit und die Durchbiegung, während die Zugfestigkeit keine ausgesprochene Richtungsänderung erfährt.

6. **Sauerstoff.** — Die neuen Arbeiten von Oberhoffer[1] ergaben, daß der Sauerstoff eine Steigerung der Zug- und Biegefestigkeit, sowie der Härte, dagegen eine Verminderung der Kerbzähigkeit bewirkt.

In hohem Maße werden die Festigkeitseigenschaften des Graugusses von der Erstarrungsgeschwindigkeit beeinflußt. Alle Faktoren, welche mithin einen Einfluß auf die Abkühlungsgeschwindigkeit ausüben, wirken deshalb auch auf die Eigenschaften des Gusses ein. Es sind dies vor allem Gießtemperatur, Natur und Dimensionen der Form, Querschnitt des Gußstückes und ähnliches.

Der Einfluß der Temperatur auf die Festigkeit des Graugusses ist in den im Dampfkesselbetrieb vorkommenden Grenzen nur geringfügig. Dies trifft aber nicht für die Feuerungsteile zu, die bisweilen über Rotglut erhitzt werden können.

---

[1] Stahleisen 1924, S. 113.

Wechselndes Erhitzen und Abkühlen von Grauguß ruft eine Volumenzunahme hervor, die bisher auf eine Oxydation des Graphits zurückgeführt wurde[1]. Die neuesten Untersuchungen[2] sprechen aber eher für die Oxydation des Eisens selbst, da der Sauerstoff bei den in Frage stehenden Temperaturen eine größere Affinität zum Eisen als zum Graphit besitzt. Verfasser[3] kann diese Ansicht an Hand seiner Untersuchungen über den Verschleiß der Roststäbe erhärten.

2. Sondergußeisen.

Ein neuer Baustoff, der Perlitguß, ist in letzter Zeit für hochbeanspruchte Gußstücke vorgeschlagen worden. Das Gefüge dieses Materials ist nur aus Perlit und feinen Graphitadern (Abb. 8) aufgebaut, der Gehalt an gebundenem C soll daher dem Perlit = 0,9% C möglichst nahe kommen. Die guten Festigkeitseigenschaften (30—40 kg/mm² Festigkeit) sind auf die stahlartige perlitische Grundmasse zurückzuführen. Die Herstellung des Perlitgusses geschieht durch Einsatz einer besonderen Gattierung und durch Einhaltung von besonderen Abkühlungsvorschriften (Anwärmen der Formen). Die Zusammensetzung entspricht folgender Analyse: C 2,5—3,0% ; Si 0,6—1,5% ; Mn 0,4—0,8% ; P und S $\backsimeq$ 0,1%.

Die Frage des Ekonomiserbaustoffes ist durch die Herstellung von Edelguß in eine neue Phase getreten, so daß einige weitere Angaben hier notwendig erscheinen. Bis in die letzte Zeit hinein kam fast ausschließlich normaler Grauguß für diese Zwecke zur Verwendung. Neuerdings werden auch gewalzte Rohre aus Flußeisen vorgeschlagen, jedoch erwies sich dieses als weniger zuverlässig. Vor allem wirft man den flußeisernen Ekonomiserrohren eine höhere Rostabnutzung vor als den gußeisernen Rohren. Der übliche Grauguß weist eine Zugfestigkeit von 10—20 kg/qmm auf, die für die Betriebsdrücke von mehr als 20 kg offenbar ungenügend ist. Es hat sich nun herausgestellt, daß die Zugfestigkeit des Gußeisens um so höher ist, je mehr Perlit vorhanden ist. So ist man dazu übergegangen, den Perlitguß und auch andere Gußarten (Edelguß, Spezialguß) herzustellen, deren Festigkeit sich zwischen 26 und 40 kg bewegt. Das Gefüge dieses Gusses ist, wie schon angedeutet, von der Gattierung und der Abkühlungsgeschwindigkeit abhängig. Die Abhängigkeit des Gefüges des Gußeisens von der chemischen Zusammensetzung ist vor allem durch den Gehalt an Kohlenstoff und Silizium bedingt. Maurer[4] hat ein Diagramm entworfen, das die Gefügebeschaffenheit auf Grund des Kohlenstoff- und Siliziumgehaltes darstellt.

---

[1] Oberhoffer: Das technische Eisen, 2. Aufl. S. 569. Berlin: Julius Springer, 1925.
[2] Stahleisen 1926, S. 114. [3] Chal. Ind. 1925, Nr. 12.
[4] Maurer: Kruppsche Monatshefte 1924, S. 115.

Im perlitischen Gußeisen können folgende Gefügebestandteile vorkommen: Zementit (bzw. Ledeburit) mit Perlit im weißen Gußeisen, Graphit mit Ferrit und Perlit im ferritischen Gußeisen und Graphit mit Perlit im Grauguß. Maurer bringt diese drei Gruppen von Gefügebestandteilen unter Anlehnung an die bekannten Guilletschen Diagramme in ein

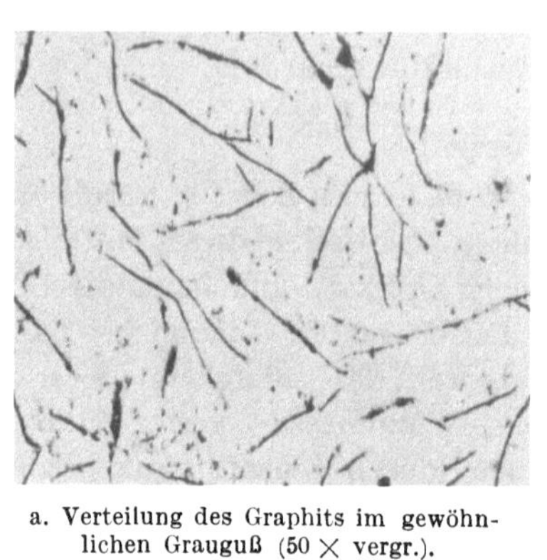

a. Verteilung des Graphits im gewöhnlichen Grauguß (50 × vergr.).

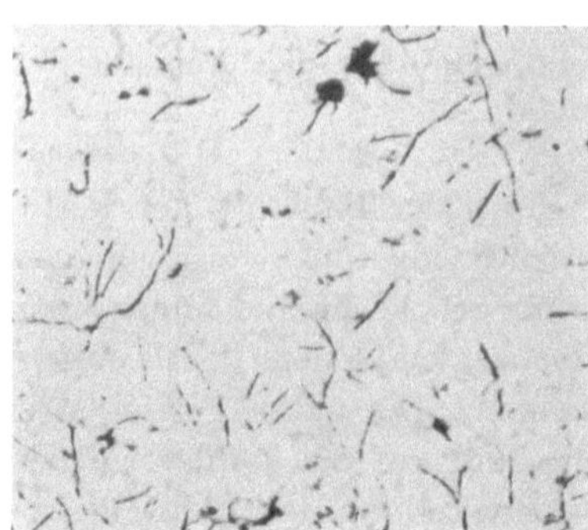

b. Verteilung des Graphits im Perlitguß (50 × vergr.).

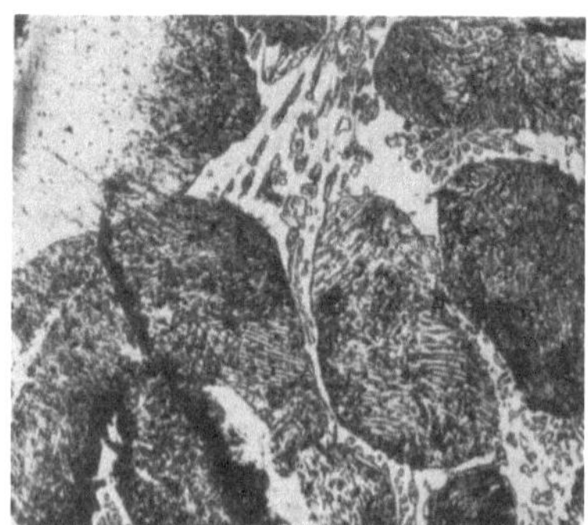

c. Gefügebild von gewöhnlichem Grauguß (175 × vergr.).

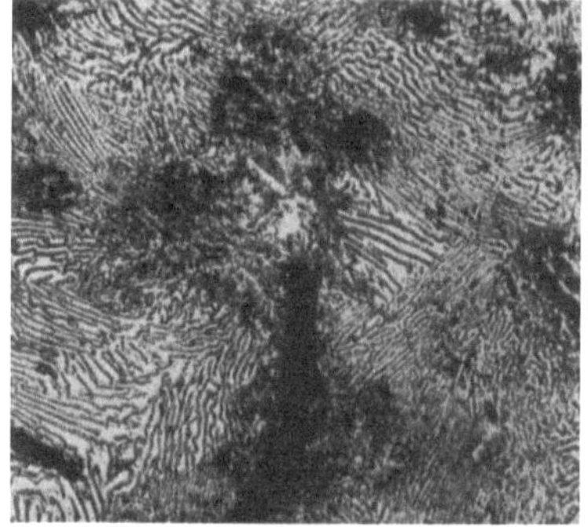

d. Gefügebild von Perlitguß (300 × vergr.).

Abb. 8a—d. Vergleich des Gefügeaufbaues von gewöhnlichem Grauguß und Perlitguß.

Schaubild, auf dessen X-Achse die Si-Gehalte und auf dessen Y-Achse die Kohlenstoffgehalte aufgetragen sind (Abb. 9). Das Schaubild[1] läßt drei Gebiete erkennen I, II, III, die den oben genannten drei Gruppen entsprechen, mit den beiden dazwischenliegenden Übergangsgebieten IIa und IIb.

Der Hartguß enthält den Kohlenstoff als Zementit; man stellt ihn durch Abschrecken des Gußeisens her. Im Dampfkesselbetriebe kommt er als Baustoff für Roststäbe in Frage.

[1] Ein neues, verbessertes Schaubild von Klingenstein stellt den Gefügeaufbau des Gußeisens in Funktion der Summe Kohlenstoffgehalt + Siliziumgehalt und der Wandstärke des Werkstückes dar.

3. Einfluß der Zusammensetzung auf den Widerstand gegen Rostangriff und Korrosion.

1. **Kohlenstoff.** — Das weiße, zementithaltige Gußeisen ist viel widerstandsfähiger gegen Rost- und Säureangriff als der porösere Grauguß. Die Widerstandsfähigkeit hängt nicht von der absoluten Menge des Kohlenstoffes ab, sondern von dem Anteil an gebundenem C.

2. **Silizium.** — Der Einfluß des Siliziums ist einerseits mittelbar, indem er die Graphitbildung und damit auch den Rostangriff des Gußeisens fördert und andererseits unmittelbar, indem die feste Lösung Eisen-Silizium mit steigendem Si-Gehalt widerstandsfähiger gegen chemische Einflüsse ist. Es werden für säurefeste Behälter Gußeisenarten vorgeschlagen, die bis 18% Si enthalten. Die üblichen Si-Gehalte bewegen sich aber nur bis 2,5% Si, so daß sich praktisch die Frage stellt, wie der Rostwiderstand sich bis zu diesem Gehalt verhält. Friend und Marshall[1] haben Versuche hierüber angestellt, welche das einigermaßen überraschende Resultat ergaben, daß, bei sonst fast gleicher Zusammensetzung, der Si-Gehalt keinen großen Einfluß auf den Rost- und Säureangriff ausübt.

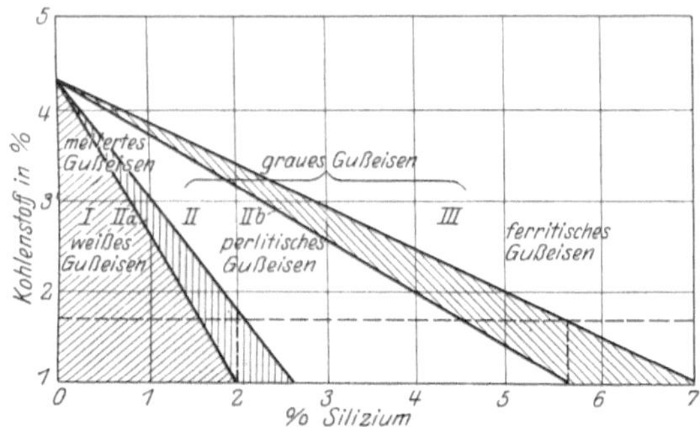

Abb. 9. Gußeisendiagramm nach Maurer.

3. **Mangan**[2]. — Dieses Element setzt den Rostangriff in geringem Maße herab.

4. **Phosphor.** — Der Einfluß dieses Bestandteiles ist bis zu 3,4 % gering, jedoch mit rostfördernder Tendenz.

5. Nickel und Kobalt. — Diese beiden Elemente bewirken eine Verminderung des Rostangriffes[3].

Der Schwefel bildet im Gußeisen wie auch im Flußeisen[4] Lokalelemente, Sulfid/Eisen, in denen das Eisen als lösliche Anode figuriert. Auf diese Weise bewirken die sulfidischen Einschüsse eine Erhöhung des Rostangriffes.

---

[1] Friend, N.: The corrosion of Iron. J. Iron and Steel Inst. Carnegie Scholarship Memoirs **11**, S. 37.

[2] Heyn und Bauer: Mitt. Materialpr.-Amt 1908.

[3] Bauer und Piwowarsky: Stahleisen 1920, S. 1300.

[4] Stumper, C. R.: Compt. rend. 1923, S. 1316.

4. Der Baustoff für Roststäbe.

Zur Herstellung der Roststäbe wird im allgemeinen Grauguß verwendet. Neuerdings ist auch Hartguß und Stahlguß für diesen Zweck zur Verwendung gekommen. Früher wurden schmiedeeiserne Roststäbe angewendet, jedoch findet dieser Baustoff nur mehr eine beschränkte Verwendung in Schiffskesseln, in die vorzugsweise zu dritt gekoppelte Stäbe (sogenannte Triostäbe) eingebaut werden. Das Hauptaugenmerk der Verbraucher ist natürlich auf ein billiges und dauerhaftes Material gerichtet. Der Verschleiß der Roststäbe ist nun aber angesichts ihres hohen thermischen und chemischen Beanspruchungsgrades sehr groß, und es ist daher leicht verständlich, wenn als Baustoff fast nur billiges Rohmaterial genommen wird. Das beständige Auswechseln der untauglich gewordenen Stäbe gilt vielfach als einzige Lösung der Roststabfrage, jedoch entspricht diese einfache Lösung keineswegs dem Geiste der modernen Technik, die immer mehr von den Ergebnissen wissenschaftlicher Forschungsarbeiten Gebrauch macht. Die Bestrebungen der modernen Feuerungskunde schlagen verschiedene Wege ein, die zu einer Erhöhung der Lebensdauer der Roste führen sollen. Sie bewegen sich dabei der Hauptsache nach in folgenden Richtungen:

1. **Verbesserung der konstruktiven Anordnung der Roststäbe.** — Man sucht vor allem durch geeignete Konstruktionen eine intensive Kühlung der Stäbe herbeizuführen, sei es durch Luft- oder Wasserkühlung der hohlen Stäbe oder durch Oberflächenvergrößerung, welche eine bessere Kühlung durch die vorbeistreichende Luft bewirken soll.

2. **Veredelung der Roststaboberfläche durch geeignete Schutzüberzüge.** — Es kommen hier vor allem die noch näher zu besprechenden Verfahren: Kalorisieren, Alitieren, Schoopieren und dergleichen in Betracht.

3. **Auswahl eines passenden Baustoffes.** — Die Lösung dieses Problems setzt die gründliche Kenntnis des Verhaltens der einzelnen in Frage kommenden Elemente im Feuer voraus.

Diese drei Wege, die der Verbesserung der Roststäbe offen stehen, haben bis jetzt schon zu guten Teilergebnissen geführt. Die ideale Lösung liegt wohl in der Kombination eines guten Baustoffes mit einer geeigneten Form. Vor allem gilt es aber vorerst in das Spiel aller Faktoren, die den Verschleiß günstig oder ungünstig beeinflussen, eine gründliche Einsicht zu erhalten.

Im allgemeinen muß der Rost den zu verfeuernden Brennstoffen angepaßt sein: Stückgröße, Backfähigkeit der Kohle, chemische Natur und Schmelzpunkt der Aschen sind die wichtigsten Anhaltspunkte bei der Wahl einer Rostform. Je feinkörniger der Brennstoff ist, je magerer er anfällt und je weniger backfähig er ist, desto enger müssen die Rostspalten bemessen werden. Bei niedrig schmelzender Asche ist ein schwer schmelzbarer Baustoff zu wählen. Je größer die Beanspruchung der Rostfläche ist, desto besser muß der Baustoff sein. Aus diesen kurzen Angaben geht schon hervor, daß die rationelle Lösung der Roststabfrage keineswegs so einfach ist, wie man vielfach anzunehmen beliebt.

Über die Materialbeschaffenheit der Roststäbe liegen in der Literatur nur spärliche Angaben vor. Nur über feuerbeständiges Gußeisen sind etwas ausführlichere Vorschläge zu finden. Das zur Anfertigung der Roststäbe verwendete Gußeisen soll möglichst arm an Phosphor und an Schwefel sein. Diese Forderungen sind durch praktische Erfahrung und theoretische Forschungen begründet: Der Phosphor erhöht bis zu einem Gehalt von 0,3—0,6% die Zug- und Biegefestigkeit, steigt er über diesen Gehalt, so sinkt die Festigkeit. Die Zähigkeit wird durch den Phosphor besonders stark heruntergesetzt[1]. Die Einwirkung des Phosphors auf das Gefüge des Gußeisens ist mannigfaltig: in den praktisch vorkommenden Grenzen beeinflußt er die Graphitausscheidung nicht. Im Gefüge des phosphorhaltigen grauen Gußeisens tritt der Phosphor als neuer Bestandteil auf, und zwar als ternäres Kohlenstoff-Phosphoreutektikum, das man mit dem Namen Steadit belegt hat. Im weißen Gußeisen befindet sich das bei der Abkühlung der Schmelze zuletzt erstarrende ternäre Eutektikum zwischen Zementit und Mischkristallen eingebettet. Der Phosphor hat einen sehr nachteiligen Einfluß auf die Schmelzbarkeit des Gußeisens, indem er den Schmelzpunkt stark herunterdrückt. Nach Oberhoffer setzt 1% Phosphor den Schmelzpunkt des Eisens um etwa 57° herunter. Bei Roststäben ist eine Erweichung des Baustoffes doppelt gefährlich, da hierdurch die Schlacke leichter anbackt, was beim Schüren und Abschlacken der Feuer zu mechanischer Abnutzung führt. Am natürlichsten läßt sich der Einfluß des Phosphors auf die Lebensdauer der Roststäbe auf Grund des Zustandsdiagrammes erklären, aus dem hervorgeht, daß das ternäre Eutektikum Eisen-Kohlenstoff-Phosphor bei 950° schmilzt. Demgemäß beginnt der Materialzusammenhang von dieser Temperatur an wesentlich abzunehmen, und es wird auch das gefährliche Festbacken der Schlacke an dem stellenweise sinternden Roststab erleichtert.

Der Einfluß des Schwefels auf die Eigenschaften des Gußeisens ist nicht so durchsichtig wie der des Phosphors, da er stark abhängig von den übrigen Begleitelementen, besonders vom Mangan, ist. Die Festig-

[1] Wüst und Stotz: Ferrum 1914/15, S. 89.

keitseigenschaften scheinen davon abhängig zu sein, ob der Schwefel als Eisen- oder als Mangansulfid zugegen ist, wobei im allgemeinen diese beiden Verbindungsformen einen entgegengesetzten Einfluß haben sollen. Die Rolle des Schwefels im Roststab liegt nicht so sehr in seiner den Rotbruch bedingenden Eigenschaft, als in seiner leichten Oxydierbarkeit, was zu einer Auflockerung des Gefüges führt.

Zwecks Erhöhung der Dauerhaftigkeit ist öfters vorgeschlagen worden, die Roststäbe aus gehärtetem Gußeisen (Hartguß) herzustellen. So empfiehlt man entweder ganz gehärtete Stäbe oder auch solche mit gehärteter Brennbahn, was durch Vergießen in eiserne Formen erreicht wird. Durch die erhöhte Abkühlungsgeschwindigkeit bildet sich das weiße Hartgußgefüge. Die Härtung der Brennbahn bewirkt man durch Abschrecken derselben auf einer Eisenplatte. Die Meinungen über die Widerstandsfähigkeit des Graugusses und des weißen Gußeisens sind aber geteilt. Noch neuerdings gibt R. Hopfelt[1] dem Grauguß den Vorzug, während die Untersuchungen des Verfassers zu einem entgegengesetzten Ergebnis geführt haben. Gemäß dem Vorschlag des deutschen Normenausschusses[2] soll die chemische Zusammensetzung des feuerbeständigen Gußeisens folgender Analyse entsprechen:

Kohlenstoff	3,5—4,0%	Phosphor	0,30%
Silizium	1,0—2,0%	Schwefel	0,08%
Mangan	0,5—0,8%		

Das zur Anfertigung der Stäbe verwendete Gußeisen soll möglichst phosphor- und schwefelarm sein, was man durch Zusammenschmelzen von P- und S-armen Roheisen- und Stahlsorten erzielt. Sehr oft kommt auch das phosphorarme ($P < 0,1\%$) Hämatitroheisen zur Verwendung.

Über andere Baustoffe ist nichts Näheres bekannt, außer dem Bestreben, möglichst hoch schmelzende Eisen- und Stahlarten anzuwenden. Vergleicht man die Schmelzpunkte der verschiedenen Eisensorten, so wäre demgemäß der Gebrauch von möglichst reinem Eisen anzuraten:

Eisen	Schmelzpunkt
Chemisch reines Eisen . . .	1528°
Schweißeisen	1500°
Flußeisen	1300—1450°
Gußeisen	1050—1200°

Die Annahme, daß die Betriebsdauer der Roststäbe mit steigendem Schmelzpunkt der Baustoffe steigt, ist aber nur bedingt richtig, da bei

[1] Hopfelt, R.: Z. d. V. I. **13**, 1925, S. 411.

[2] Oberhoffer: Das technische Eisen 2. Aufl., S. 578. Berlin: Julius Springer 1925.

den schmiedeeisernen und flußeisernen Stäben andere Nachteile, namentlich das Verziehen durch die Hitze, auftreten, welche die Lebensdauer noch stärker in negativem Sinne beeinflussen, als der chemische Verschleiß.

D. Preßmuttereisen.

Es bleibt, bevor zu den legierten Flußstählen übergegangen wird, noch ein Wort über den Werkstoff der Schraubenmuttern zu sagen. Je nach dem Herstellungsverfahren unterscheidet man Kalt- oder Warmpreßmuttereisen. Das erstere ist meist weiches Flußeisen, während zu Warmpreßmuttereisen in der Regel phosphorreiches Material genommen wird, da ein Gehalt von 0,2—0,45% P die Herstellung eines sauberen und scharfen Gewindes erleichtert. Die Korngröße des Eisens wird durch Phosphorzusatz gewaltig erhöht, so daß bei niederem C-Gehalt die Bruchfläche sehr grobkristallinisch und silberglänzend wird. Das Gefüge dieser Eisen-Phosphorlegierungen zeigt eine sehr eigentümliche Ader- und Netzwerkstruktur der einzelnen Mischkristalle. Ein Beispiel dieser Gefügeerscheinung ist auf Abb. 10 und 11 wiedergegeben. Es handelt sich hier um ein Preßmuttereisen mit 0,350% P, man erkennt deutlich die innerhalb eines Mischkristalles gleichartig ausgebildete Netzstruktur, deren Relief bei schiefer Beleuchtung (Abb. 11) besonders plastisch hervortritt. Die Natur und die Ursache dieser Schichtungen im Fe-P-Mischkristall sind bisher noch nicht aufgeklärt.

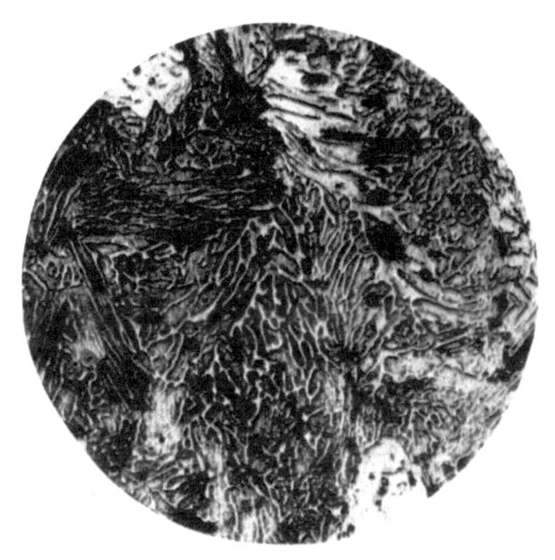

Abb. 10. Preßmuttereisen (120 × vergr.).

Abb. 11. Preßmuttereisen (schief beleuchtet) (120 × vergr.).

E. Legierte Stähle.

1. Nickelstähle.

Als Baustoffe für die Hauptteile der Hochdruckkessel haben seit einigen Jahren Nickelstähle bis zu 5% Ni Eingang in die Dampftechnik gefunden. Kleinere Armaturteile werden auch aus Edelstählen hergestellt, namentlich aus rostsicherem Chrom-Nickelstahl.

Die Festigkeit der bisher üblichen Kesselbleche liegt zwischen 34 und 56 kg/qmm. Diese Werte gelten aber nur für die Temperatur von 20°. Es stellt sich deshalb die Frage, wie sich die Festigkeitseigenschaften des weichen Flußeisens bei höheren Wärmegraden, insbesondere bei den Betriebstemperaturen, verhalten. Vergleicht man dann auf diese Weise

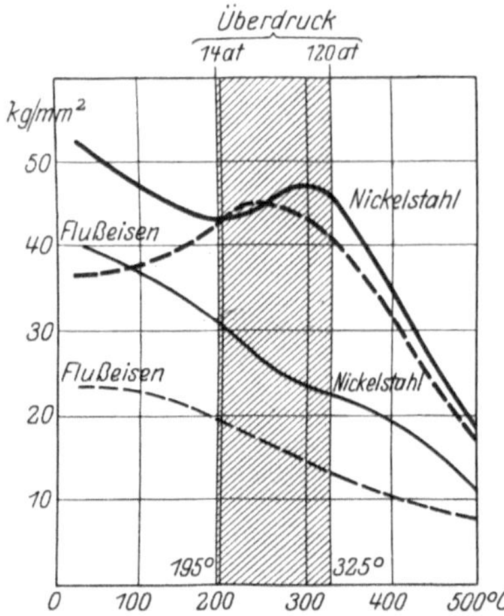

Abb. 12. Festigkeitseigenschaften von unlegiertem und legiertem weichen Flußeisen (Goerens).

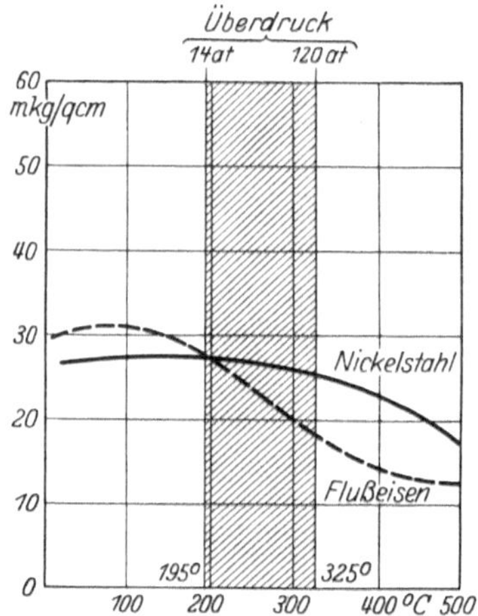

Abb. 13. Kerbzähigkeit von unlegiertem und legiertem weichen Flußeisen (Goerens).

▬▬▬ = Festigkeit, ——— = Streckgrenze.

die legierten Stähle mit dem normalen Baustoff, so ergibt sich ein genaues Bild des Wertes der neuen Baustoffe. Diese wertvolle Untersuchung ist in jüngster Zeit in der Kruppschen Versuchsanstalt unter der Leitung von P. Goerens[1] gemacht worden. Abb. 12 zeigt die Temperaturabhängigkeit der Zugfestigkeit und der Streckgrenze eines Siemens-Martin-Flußeisens von 36 kg/qmm und eines 5%igen Nickelstahles von 52 kg/qmm Festigkeit. Das Temperaturgebiet für Sattdampf von 14—120 Atm. Überdruck ist durch Schraffur angegeben (195—325° C). Die Festigkeitskurven beider Werkstoffe weisen in diesem Gebiet Höchstwerte auf, die für den ersteren bei 240° und für den zweiten bei 300° liegen. Beim Überschreiten dieser Temperatur fällt bei beiden Baustoffen die Festigkeit rasch ab.

[1] Z. d. V. I. 1924, Nr. 3. — Kruppsche Monatshefte 1925, S. 185. — Feuerungstechn. 1925, S. 13.

Die Streckgrenzenkurven haben beide ein Maximum bei 20°. Die starke Überlegenheit des Ni-Stahles äußert sich besonders in der Streckgrenze, die im Temperaturbereich des Betriebes rund den 1,5fachen Betrag der Streckgrenze des Flußeisens beträgt, so daß die Gefahr dauernder Deformation und ihrer Folgeerscheinungen wesentlich geringer wird.

Abb. 13 gibt die Kurven der Kerbzähigkeit der gleichen Betriebsstoffe wieder. Auch hier erkennt man die Überlegenheit des Ni-Stahles über das weiche Flußeisen, besonders bei den Temperaturen oberhalb 220°.

Für die Praxis der Kesselkonstruktion ist die genaue Kenntnis der Streckgrenzen und der Festigkeiten der Baustoffe bei höheren Temperaturen besonders wichtig. Dieses Zahlenmaterial ist für fünf verschiedene Baustoffe, und zwar S.-M.-Flußeisen 34—41, 40—47 und 44—51 kg/qmm, sowie Nickelstahl 44—52 und 50—60 kg/Festg., von der Kruppschen Versuchsanstalt ermittelt worden und in den Kruppschen Monatsheften 1925, S. 190/191 zusammengestellt. Ein sehr großer Vorteil des Nickelstahles liegt weiter in seiner Unempfindlichkeit gegen Alterung und Rekristallisation. Während das weiche Flußeisen durch Kaltdeformation über die Streckgrenze hinaus, verbunden mit nachfolgendem mäßigem Erhitzen, unterhalb des Ac_3-Umwandlungspunktes grobkristallin und spröde wird, besitzt der Nickelstahl nach den Versuchen von P. Goerens diese gefährliche Eigenschaft nicht.

Man hat auch Nickelstahl dort anzuwenden versucht, wo Rostbeständigkeit erwünscht war. Jedoch wird der Widerstand gegen Oxydation durch Nickelzusätze nur wenig gehoben, während der Säureangriff durch Nickelzusatz vermindert wird[1].

Das Gefüge der im Dampfkesselbau verwendeten Nickelstähle ist perlitisch.

2. Rostfreie Stähle.

Zur Anwendung kommen hochprozentige, niedrig gekohlte Chromstähle (etwa 13% Cr sog. Stainless Steel), sowie auch quaternäre Chromnickelstähle. Der Nickelzusatz verstärkt die Passivität der Chromstähle, während ein Nickelzusatz dem unlegierten Eisen keine wesentliche Erhöhung des Rostschutzes zu verleihen vermag. Von den Cr-Ni-Stählen ist besonders der von Strauß und Maurer bearbeitete Kruppsche V_2A-Stahl hervorzuheben[2]. Es ist dies eine Legierung mit 18—20% Cr und 7—8% Ni. Verfasser hat an diesem Stahl eingehende Korrosionsversuche angestellt und festgestellt, daß er sowohl oxydations- wie säurebeständig ist[3]. Die wichtigsten Resultate dieser Untersuchung sind in

[1] Rapatz, F.: Die Edelstähle. Berlin: Julius Springer 1925, S. 99.
[2] Kruppsche Monatshefte 1920, S. 129.
[3] R. Stumper: Rev. Mét. 1923, S. 642.

nachstehender Tabelle zusammengestellt. Zum Vergleich wurde ein Blechstück aus weichem Flußeisen von genau denselben Abmessungen gleichzeitig untersucht und die Resultate auf dieses Material bezogen.

Elektrolyt %		Versuchsdauer	Relative Korrosion des V_2H-Stahles (Thomaseisen = 100)
Salzsäure	1	40 Stunden	0
	5	40 „	0
	10	40 „	5,6
	20	7 „	10,1
Schwefelsäure	1	6 Tage	0
	2	6 „	0
	5	6 „	0
	10	3 „	0
	20	1 Tag	0,5
Kochsalzlösung (18°) .	1	4 Tage	1
	3	$5^1/_2$ „	1
Wasserdampf- und Luftgemisch von 45° . .		3 „	0
Leitungswasser 18° . .		3 „	0

Auf einen Nachteil der Chrom-Nickelstähle muß jedoch aufmerksam gemacht werden: das edle elektro-chemische Potential dieser Stähle hat eine sehr starke Erhöhung der Abrostung des unedleren Eisens zur Folge, falls Cr-Ni-Stähle innerhalb eines Elektrolyten mit Eisen leitend verbunden ist. In diesem Falle kann der elektromotorische Gegensatz beider Stoffe in Tätigkeit treten, es bildet sich ein Element, in welchem das Eisen als Anode gelöst wird; auf diese Weise kann die Rostgeschwindigkeit des Eisens um 500—750% erhöht werden.

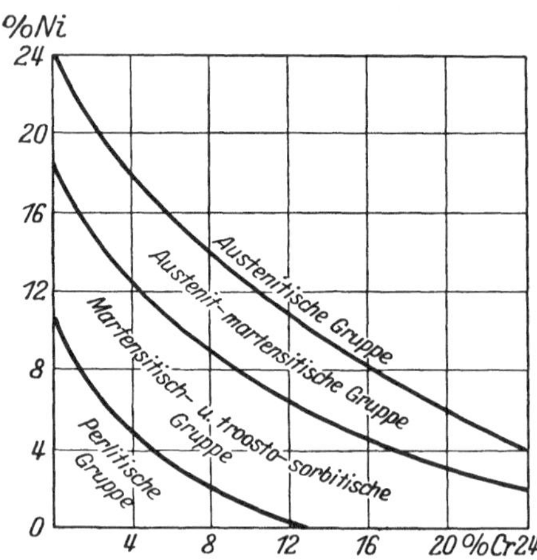

Abb. 14. Gefügeaufbau der Chrom-Nickel-Stähle.

In der Praxis muß deshalb diesem Umstand Rechnung getragen werden, und es sind jedenfalls leitende Verbindungen von Cr-Ni-Stahl mit Eisenteilen dort zu vermeiden, wo letzteres geschützt werden soll[1].

Die rostfreien Stähle sind, wie erwähnt, quaternäre Chrom-Nickelstähle. Der Gefügebau und die Einteilung dieser Stähle sind auf Abb. 14

[1] Das eigentümliche elektromotorische Verhalten der rostsicheren Stähle ist neuerdings von B. Strauß untersucht worden (Stahleisen 1925, S. 1198).

ersichtlich; je nach dem Chrom- und Nickelgehalt hat man es mit perlitisch-ferritischem Gefüge, mit martensitisch- und troosto-sorbitischem, mit austenitisch-martensitischem oder mit rein austenitischem Gefügeaufbau zu tun; Merkmale, die auch eine Einteilung der betreffenden Stahlarten abgeben.

F. Kupfer und kupferhaltige Legierungen.

Im Dampfkesselwesen kommt Kupfer hauptsächlich als Baustoff der Feuerbüchsen in Frage. Messing und Rotguß finden Verwendung für Rohre, Armaturteile und ähnliches.

Kupfer hat eine Zugfestigkeit von 22 kg/qmm, die für je 20° Temperaturerhöhung um rund 1 kg/qmm steigt. Als schädlichste Verunreinigung ist das Kupferoxyd zu nennen, das die Festigkeit stark herabsetzt.

G. Leichtschmelzbare Legierungen.

Zu den üblichen Sicherheitsvorrichtungen der Dampfkessel gehören, außer dem Sicherheitsventil, noch die *Speiserufer*. Dies sind besondere Vorrichtungen, die rechtzeitig auf die Gefahr des Wassermangels aufmerksam machen sollen. Der *Black*sche Speiserufer ist wohl der verbreitetste: er besteht aus einem Rohr, das im Kesselinnern bis zum zulässigen niedrigsten Wasserstande reicht. Oben am Rohr befindet sich eine Dampfpfeife, deren Eintrittsöffnung durch einen Pfropfen aus einer leichtschmelzbaren Legierung abgesperrt ist. Das Rohr ist bei normalem Wasserstande vollständig mit Wasser gefüllt. Wenn nun der Wasserspiegel unter das niedrigste Niveau sinkt, tritt Dampf in das Rohr ein, der Pfropfen schmilzt und das Alarmsignal ertönt. Die betreffende Legierung ist nach dem Betriebsdruck des Kessels zu wählen. Am besten eignen sich hierfür Metalle oder Legierungen mit einem bestimmten Schmelzpunkt, keineswegs aber solche Legierungen, die ein Schmelzintervall haben. Am zweckentsprechendsten sind daher entweder reine Metalle oder eutektische Legierungen. Im folgenden seien einige solcher Legierungen mit dem zugehörigen Schmelzpunkt angeführt.

I. *Binäre eutektische Legierungen.*

Zusammensetzung	Schmelzpunkt
58,0% Wismuth, 42,0 Zinn	137°
65,5% „ 43,5 Blei	125°
60,0% „ 46,0 Cadmium	146°
63,0% Zinn, 37,0 Blei	180°
70,0% „ 30,0 Cadmium	177°

II. *Ternäre eutektische Legierungen.*

Zusammensetzung	Schmelzpunkt
41,0% Wismuth, 27,5 Zinn, 31,5 Cadmium	103°
34,0% Blei, 32,0 „ 34 „	145°

Eine andere Sicherheitseinrichtung sind die „Schmelzpfropfen“, die besonders in Flammrohr-, Lokomobil- und Lokomotivkessel eingebaut werden. In die Feuerbleche wird ein hohler, aus Rotguß oder Eisen gefertigter Pfropfen eingeschraubt, der durch einen Konus aus schmelzbarer Legierung ausgefüllt ist. Sobald der Wasserspiegel die niedrigst zulässige Höhe erreicht, ist der obere Teil des Pfropfens vom Dampf umgeben. Die Legierung wird dann höher erhitzt, schmilzt und das austretende Dampf- und Wassergemisch dämpft das Feuer oder löscht es aus. Der gebräuchlichste Stoff für diese Pfropfenverschlüsse ist Blei. Bei Dampfkesselexplosionen muß stets Sorge getragen werden, diese Schmelzpfropfen zu untersuchen, da sie untrügliche Anzeichen von vorher aufgetretenem Wassermangel geben. Es kann jedoch auch vorkommen, daß die Pfropfen nicht mehr funktionieren, falls sie zu lange gebraucht werden, ohne nachkontrolliert oder eventuell ersetzt worden zu sein.

So hatte beispielsweise Verfasser die Explosion eines Flammrohrkessels zu untersuchen, die offensichtlich auf Wassermangel zurückzuführen war. Jedoch war der Schmelzpfropfen äußerlich intakt. Bei genauer Untersuchung erwies es sich, daß das Blei ganz oxydiert war und der Sicherheitskonus aus kompakter Mennige bestand. Durch die Feuergase war das Blei im Laufe der Zeit oxydiert worden, und da durch die Oxydation eine Raumvergrößerung eintrat, blieb das Material im Pfropfen stecken. Bei Wassermangel reichte die Temperatur nicht aus, um das erst bei 900° schmelzende Oxyd rasch genug zu erweichen.

II. Die nichtmetallischen Bau- und Werkstoffe.

A. Feuerfeste Baustoffe.

Die Wahl eines geeigneten Baustoffes für Dampfkesselfeuerungen richtet sich hauptsächlich nach der im Verbrennungsraum zu erwartenden Temperatur, der Feuerungsbelastung und der Natur des Brennstoffes. Die neuere Entwicklung des Kesselwesens, insbesondere der Kohlenstaubfeuerungen, hat es mit sich gebracht, daß die sogenannte Kesselqualität der feuerfesten Steine eine wesentliche Verbesserung erfahren hat, und daß diese Gütebezeichnung schärfer definiert wurde.

Von den vielen technisch verwerteten feuerfesten Erzeugnissen sind nur die aus Quarz und aus Ton hergestellten Steine für die Kesselfeuerungen von Interesse. Je nach dem Mengenanteil an sauren (SiO_2) und basischen (Al_2O_3) Bestandteilen unterscheidet man:

1. Quarzsteine,
2. Schamottesteine,
3. Quarz-Schamottesteine.

Die sauren Quarzsteine bestehen aus Kieselsäure (SiO_2) mit einem nur etliche Prozente ausmachenden Zusatz eines Bindemittels, das entweder kalkiger oder toniger Natur sein kann. Die kalkgebundenen Quarzsteine bezeichnet man als Silikasteine. Ihre mittlere Zusammensetzung bewegt sich innerhalb folgender Grenzen:

SiO_2	95—97%
CaO	1— 2%
Al_2O_3	2— 3%
Fe_2O_3	1— 3%

Die tongebundenen Steine sind unter dem Namen Tondinas bzw. deutscher Dinas bekannt (im Gegensatz zu den englischen Dinassteinen). Sie enthalten etwas mehr Tonerde und entsprechend weniger SiO_2.

Die basischen Schamottesteine nähern sich der Zusammensetzung des reinen gebrannten Kaolins von der molekularen Zusammensetzung $Al_2O_3 \cdot 2\,SiO_2$, dessen Tonerdegehalt 45,5% beträgt. Da das Zweistoffsystem $Al_2O_3 - SiO_2$ für die hier in Betracht kommenden feuerfesten Materialien die Grundlage bildet, so wird in Abb. 15 dieses Zustandsdiagramm wiedergegeben. Der Schmelzpunkt der Verbindung $Al_2O_3 \cdot 2\,SiO_2$ liegt bei 1750°. Das Diagramm zeigt ein schwach ausgebildetes Maximum bei 1820°, das der Verbindung $Al_2O_3 - SiO_2$ entspricht. Die Untersuchung der aus der Schmelze bei diesem Punkt sich ausscheidenden Kristalle ergab, daß sie mit dem Mineral Sillimanit identisch sind. Dieser Bestandteil findet sich auch in vielen keramischen Massen vor. Die Schmelzpunktkurve erlaubt die ungefähre Lage des Schmelzpunktes für die Schamottematerialien herauszulesen, jedoch muß bemerkt werden, daß sehr grobkörniges Material ein noch nicht im Gleichgewicht befindliches System darstellt und so erhebliche Abweichungen von der theoretischen Kurve aufweisen kann.

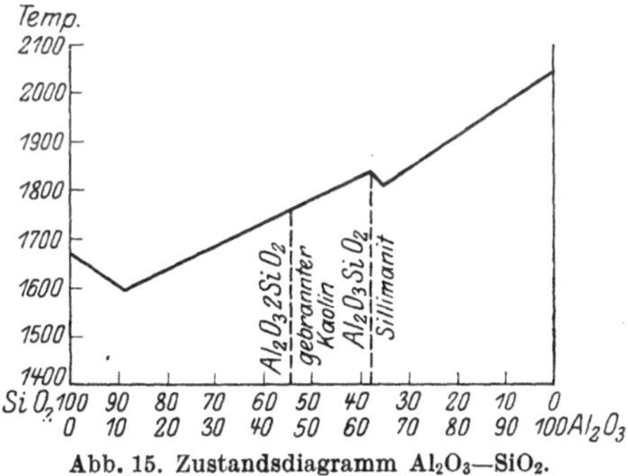

Abb. 15. Zustandsdiagramm Al_2O_3—SiO_2.

Je nachdem man nun den Tonerdegehalt des Schamottematerials über den theoretischen Gehalt von 45,5% bringt oder durch SiO_2-Zusatz unter diesem Prozentsatz hält, unterscheidet man die hochfeuerfesten Massen von den einfach feuerfesten Baustoffen. In der Praxis werden die Tonerdegehalte der üblichen Schamottesteine unter 45,5% gehalten. Ihre chemische Zusammensetzung ist die folgende: SiO_2: 50—60%; Al_2O_3: 36—45%; CaO: 1%; Fe_2O_3: 1—3%.

Die Quarzschamottesteine nehmen eine Mittelstellung zwischen den Quarz- und den Schamottesteinen ein. Man nennt sie deshalb auch halbsaure Steine. Der Kieselsäuregehalt bewegt sich zwischen 65 und 80%, der Tonerdegehalt zwischen 15 und 30%.

Die theoretischen Beziehungen zwischen Feuerfestigkeit und chemischer Zusammensetzung der Schamottesteine sind zwar im Zustandsdiagramm Abb. 15 zu erkennen, doch liegen in der Praxis die Verhältnisse verwickelter, weil andere Faktoren die Feuerbeständigkeit beeinflussen. So hat beispielsweise Le Chatelier[1] nachgewiesen, daß die Erweichungstemperatur des Tones durch relativ geringen Druck um 100 und mehr Grad vermindert wird. Dagegen ist Quarz in dieser Beziehung viel widerstandsfähiger.

Die Anforderungen, die an Dampfkesselsteine gestellt werden, sind keineswegs für alle in Betracht kommenden Materialien identisch. Es liegt auf der Hand, daß ein Stein, der unmittelbar mit der glühenden Kohlenschicht oder sogar mit flüssiger Schlacke in Berührung gelangt, viel widerstandsfähiger sein muß, als ein Fuchsstein. Im allgemeinen verlangt man von den feuerfesten Materialien die folgenden Eigenschaften:

1. Feuerfestigkeit,
2. Beständigkeit bei Temperaturwechsel,
3. Mechanische Festigkeit bei hohen Temperaturen,
4. Indifferenz gegen chemische Einflüsse,
5. Druckfestigkeit.

Diese Eigenschaften hängen sowohl von der chemischen Zusammensetzung wie von der physikalischen Beschaffenheit ab. Wichtige physikalische Faktoren sind: Dichte, Porosität, Gefüge, Wärmeleitfähigkeit und andere. Es kommt nun vor, daß verschiedene Faktoren sich entgegenarbeiten, so zwar, daß eine Eigenschaft des Steines eine andere Eigenschaft ausschaltet. So ist beispielsweise ein poröser Stein gasdurchlässiger und weniger widerstandsfähig gegen chemische Agenzien als ein dichter Stein, jedoch ist er widerstandsfähiger gegen Temperaturwechsel. Ein dichter Stein hat bessere mechanische Eigenschaften als ein poröser Stein, dagegen ist er nicht so raumbeständig. Hieraus ersieht man zur Genüge, wie schwer es ist, strenge Richtlinien für die Beurteilung feuerfester Materialien zu schaffen. Immerhin kann über die verlangten Eigenschaften folgendes ausgesagt werden:

Die Schwerschmelzbarkeit ist die wichtigste Eigenschaft der feuerfesten Baustoffe. Die praktische Ermittlung des Schmelzpunktes erfolgt bekanntlich nicht, wie dies in der Metallurgie üblich ist, durch direkte Messung, sondern vermittels Vergleichskörpern, den sogenannten

[1] Le Chatelier: Cpt. Rend. **163**, S. 948.

Segerkegeln. Auch gibt diese Methode keineswegs den Schmelzpunkt an, sondern lediglich ein auf Grund praktischer Erwägungen konventionell festgelegtes Stadium der Erweichung. Bei der Erhitzung von feuerfesten Steinen müssen deshalb die drei folgenden Punkte streng voneinandergehalten werden:

1. **Der Erweichungspunkt,** entsprechend der Temperatur der beginnenden Erweichung.

2. **Der Segerschmelzpunkt.** Er gibt an, bei welcher Temperatur ein konisch geformtes Probestück sich soweit deformiert hat, daß die Kegelspitze sich vollständig umgebogen hat und die Kegelseitenfläche bzw. die Unterlage berührt.

3. **Der wirkliche Schmelzpunkt,** entsprechend der Temperatur der vollständigen Verflüssigung. Die feuerfesten Steine besitzen mithin ein Intervall der Verflüssigung, dessen Außenpunkte oftmals etwa 600° auseinanderliegen und innerhalb dessen der Segerkegelschmelzpunkt liegt. Es leuchtet ein, daß die Angabe der Segerkegelnummer keineswegs für die Beurteilung genügt, sondern daß der Erweichungspunkt eine mindestens ebenso große, wenn nicht größere Wichtigkeit hat. Der Erweichungspunkt hängt stark von der Druckbelastung ab, so daß technologisch die Feststellung der Druckerweichungskurve eines feuerfesten Steines bei wachsender Temperatur viel bedeutungsvoller ist als die Angabe der Kegelnummer. Diese Erkenntnis scheint sich in den letzten Jahren immer mehr Bahn geschaffen zu haben, und es ist dringend notwendig, daß diese Untersuchungsmethode baldmöglichst normalisiert wird.

Die Erweichungstemperatur der Kesselsteine muß nun oberhalb der höchsten in der Feuerung auftretenden Temperatur liegen. Nach Litinsky[1] dürften die nachstehenden Segerkegelschmelzpunkte genügen:

a) Thermisch hoch beanspruchte Feuerungsteile: Segerkegel Nr. 31 bis 33 (= 1700°).

b) Weniger stark beanspruchte Partien: Kegel 26 (= 1580°).

c) Feuerfeste Ausmauerungsteile des Fuchses: minderwertige, billige Steinsorten.

Diese Angaben sind ungenügend, besonders im Hinblick auf die Kohlenstaub-, Gas- und Ölfeuerungen, da hier viel höhere Temperaturen und andere Einwirkungen vorkommen als in den gewöhnlichen Rostfeuerungen. Die nächste Zukunft muß deshalb diesen Punkt aufklären und die Güteanforderungen weiterhin präzisieren.

Die Widerstandsfähigkeit gegen Temperaturschwankungen betrifft vor allem die Bausteine des Feuerungsgewölbes, da diese

---

[1] Litinsky, L.: Schamotte und Silika. O. Spamer 1925. — Ders.: Feuerungstechnik 1925, S. 72.

infolge des Lufteintrittes beim Beschicken, Schüren usw. und beim Auslöschen des Feuers besonders starken Abkühlungen ausgesetzt sind. Die Empfindlichkeit gegen plötzlichen Temperaturwechsel ist nun abhängig von der chemischen Zusammensetzung, dem Gefüge, der Porosität und auch von der Brenntemperatur. Es ist nicht gleichgültig, in welcher allotropen Modifikation die Kieselsäure vorhanden ist, da diese Umwandlungen von Volumenänderungen begleitet sind. Eine Übersicht über diese Umwandlungen ist in nachstehender Tabelle gegeben (nach W. Streger[1]:

SiO_2-Modifikation	Umwandlungstemperatur	Volumenzunahme (V.) beim Erhitzen
α-Quarz $\rightleftarrows$ β-Quarz	575°	0,45% (L.)
α-Cristobalit $\rightleftarrows$ β-Cristobalit	230°	2,0—3,5%
α-Tridymit $\rightleftarrows$ β-Tridymit	120°	0,3%

Hieraus wird die große Empfindlichkeit der Silikasteine gegen Temperaturschwankungen begreiflich, sodann auch die Tatsache, daß für Feuerungsgewölbe allgemein nur die widerstandsfähigeren Schamottesteine zur Anwendung kommen.

Die Empfindlichkeit der Steine hängt auch von den oben angegebenen Faktoren ab, und zwar sind hier besonders der Einfluß der Porosität und der sie bedingenden Brenntemperatur erwähnenswert. Je lockerer das Gefüge, desto größer die Widerstandsfähigkeit, und je höher die Brenntemperatur, desto dichter das Gefüge. Angesichts der für die Kieselsäure geltenden Verhältnisse nimmt die Temperaturempfindlichkeit natürlich mit steigendem SiO_2-Gehalt zu.

Die mechanische Festigkeit bei hoher Temperatur ist wohl die wichtigste Eigenschaft der feuerfesten Baustoffe, denn die Feuerbeständigkeit allein genügt nicht, um einen Stoff als Baumaterial geeignet zu machen. Desgleichen gibt die Druckfestigkeit bei gewöhnlicher Temperatur, die zwischen 60 und 200 kg/qcm schwanken kann, keinen genügenden Anhaltspunkt für das Verhalten desselben Steines bei hoher Temperatur. Die Ermittlung der Festigkeitseigenschaften bei hohen Temperaturen erfolgt im Laboratorium in geeigneten Versuchsöfen, von denen das belgische Coppée-Modell wohl die vollkommenste Art ist, da hier die Versuche an ganzen Steinen vorgenommen und die Längenveränderungen mittels eines Kathetometers direkt abgelesen werden. Dieser Erhitzungsversuch erlaubt die Aufnahme einer Ausdehnungskurve, die Feststellung der Brenntemperatur, sowie die Ermittlung der Bruchgrenze. Vermittels einer anderen Versuchsanordnung läßt sich auch

[1] Werkstoffbericht Nr. 52 d. Ver. deutsch. Eisenhüttenleute 1924.

das Schwindmaß bzw. die permanente Ausdehnung mit oder ohne Druck feststellen. Letztere Eigenschaften bedingen die Raumbeständigkeit. Die tonigen Bestandteile erleiden beim Erhitzen, außer der auf dem normalen Ausdehnungskoeffizienten beruhenden Ausdehnung, ein Schwinden, das bei der Abkühlung nicht rückgängig gemacht wird. Das Silikamaterial hingegen wächst beim Erhitzen infolge der allotropen Umwandlung des Quarzes bzw. des Cristobalits. Durch geeignete Mischung von Ton mit Quarz erhält man raumbeständige Steine. Der Erhitzungsversuch liefert also typische Schaubilder, aus deren Verlauf weitgehende Schlüsse gezogen werden können.

Die Widerstandsfähigkeit gegen chemische Einflüsse ist von der chemischen Zusammensetzung wie auch von der Porosität abhängig.

In der Dampfkesseltechnik bestehen die chemischen Agenzien hauptsächlich aus der Schlacke und der Flugasche. Über die Einwirkung der gasförmigen Verbrennungsprodukte, wie Kohlensäure, Wasserdampf, Schwefeldioxyd, des Sauerstoffüberschusses, ist nichts Näheres bekannt, obgleich ihre Einwirkung, wie dies beispielsweise an Hochofensteinen nachgewiesen wurde, nicht zu vernachlässigen ist. Die Einwirkung der Aschenbestandteile auf die Steine ist nun von den folgenden Faktoren abhängig:

1. Temperatur,
2. chemische Zusammensetzung,
3. Schmelzbarkeit der Asche.

Die Verbrennungskammern der Kohlenstaubkessel sind wegen der hier herrschenden Temperaturen in besonderem Maße der chemischen Einwirkung ausgesetzt. Je niedriger nun der Schmelzpunkt der Asche ist, desto dünnflüssiger wird sie, und desto größer ist ihr Angriffsvermögen auf die Steine. Eine zähflüssige Asche hat aber den Nachteil, daß sie an den Wandungen festbackt, und daß dann bei ihrer mechanischen Entfernung das Mauerwerk beschädigt wird. Die chemische Wechselwirkung zwischen Schlacke und Stein hängt weiterhin von ihren Zusammensetzungen ab. Im allgemeinen gilt die Regel, daß saure Asche nicht mit basischen Steinen und, umgekehrt basische Asche nicht mit sauren Steinen in Berührung kommen soll. Je nach der Zusammensetzung der Kohlenasche wird man also kieselsäurereicheres oder tonreicheres Material zu wählen haben.

Der Schmelzpunkt hängt von der chemischen Zusammensetzung ab und wird praktisch nach der Segerkegelmethode bestimmt. Die Ofenatmosphäre wirkt auf den Schmelzpunkt der Asche ein. Fieldner und Hall[1] haben nämlich nachgewiesen, daß eine Asche von bestimmter Analyse erhebliche Unterschiede der Segertemperatur aufweist, je nach-

---

[1] U. S. Bureau of Mines 1918, Nr. 129.

dem die Gasphase oxydierender oder reduzierender Natur ist. Auffallenderweise ist der Schmelzpunkt in stark oxydierender und stark reduzierender Atmosphäre am höchsten und nimmt mit steigender Mischung bis zu einem flachen Minimum ab. Diese Versuchsergebnisse müssen aber an europäischen Kohlenaschen wiederholt und überprüft werden. Die Kohlenasche enthält der Hauptsache nach Kieselsäure, Tonerde, Eisenoxyd, Kalk und Magnesia, daneben Alkalien, Sulfat und Phosphorsäure. Die Schmelzbarkeit der Asche beurteilt man vielfach nach dem Verhältnis

$$\frac{[SiO_2 + Al_2O_3]}{[FeO + Fe_2O_3 + CaO + MgO]}.$$

Je größer sich diese Verhältniszahl stellt, desto schwerer schmelzbar ist die Asche.

Prost gibt noch ein anderes Maß der Schmelzbarkeit: Bezeichnet man mit O_1 das Säurestoffgewicht der Tonerde, mit O_2 den Sauerstoffgehalt der Kieselsäure und mit O_3 die Summe der Sauerstoffgehalte der Oxyde von Eisen, Kalzium und Magnesium, so errechnet sich eine Verhältniszahl Q nach folgender Gleichung:

$$Q = \frac{(O_1)^2}{(O_2) \cdot (O_3)}.$$

Die Verhältniszahl Q gibt dann ein ungefähres Maß der Schmelzbarkeit ab:

$Q > 3$	Schmelzpunkt	1500°
$Q = 1{,}5 - 2$ u. 3	„	1450°
$Q = 1 - 1{,}5$ u. 2	„	1350°
$Q < 1$	„	1200°

Diese Methode ist neuerdings von Roszak[1] nachgeprüft worden und hat nach diesen Ergebnissen eine Genauigkeit von rund ± 100°.

Die Beurteilung der Widerstandsfähigkeit eines feuerfesten Baustoffes muß sich nach den vorhergehenden Erwägungen auf eine Reihe von Ermittlungen stützen, namentlich auf die Natur der Brennstoffe, die Verbrennungstemperatur und die Zusammensetzung der Brennstoffasche. Man kann alsdann das Baumaterial den lokalen Verhältnissen anpassen, indem man für saure Aschen einen sauren Stein und für basische Aschen einen tonerdereichen Schamottestein wählt. Für die einzelnen thermisch beanspruchten Teile des Kesselmauerwerkes kommen je nach dem Beanspruchungsgrad verschiedene Steine in Frage: Die mit der glühenden Kohlen- und Schlackenschicht in Berührung stehenden Teile werden meist mit guten Schamottesteinen ausgemauert; das Gewölbe und die Wangen des Verbrennungsraumes, wie die Heizzüge, die mit der Flamme unmittelbar in Berührung kommen, werden

[1] Chal. Ind. 1925, S. 14.

ebenfalls aus Schamottematerial gefertigt; für die von den heißen Verbrennungsgasen beleckten Teile, Heizzüge, Fuchskanäle, unterer Teil des Schornsteines, nimmt man feuerfeste Steine, die an der unteren Grenze des feuerfesten Gebietes (Segerkegel 26 = 1500°) liegen. Rauchgase von hoher Temperatur verlangen ein feuerfestes Futter der Schornsteine; bei gewöhnlichen Verhältnissen (Rauchgase von 350°) kann man ein Futter von Ring- oder Hartbrandstein nehmen.

Bußmann[1] hat Lieferungsbedingungen für feuerfeste Hochleistungskesselsteine ausgearbeitet, die sich auf Materialien, die unter 75% SiO_2 enthalten, erstrecken und deren wichtigste Punkte hier zusammengestellt seien;

a) Feuerfestigkeit. — Je nach den praktisch vorkommenden Temperaturen unterscheidet Bußmann drei Qualitäten:

Qualität I: Steine, die einer dauernden Temperatur von 1750—1770° standhalten;

Qualität II: Steine, die bei einer dauernden Temperatur von 1690 bis 1730° widerstandsfähig sind, und

Qualität III: Steine, die dauernd 1630—1670° ertragen können. Die angegebenen Temperaturen müssen ohne Änderung der Form und Festigkeit ertragen werden können.

b) Zusammensetzung und Beschaffenheit. — Angabe der chemischen Zusammensetzung, der Porosität im Anlieferungszustand und nach dem Brennen bei Sk. 14, die Raumbeständigkeit nach dem 1., 2., 3. und 4. achtstündigen Brande bei Sk. 14; die Widerstandsfähigkeit gegen Schlackenangriff, Widerstandsfähigkeit gegen Temperaturwechsel, die Forderung einer minimalen Druckfestigkeit von 130 kg/qmm. Weitere Angaben sind im Original oder in dem Werke Litinskys nachzusehen.

Die feuerfesten Mörtel (Schamottepulver, Klebsand usw.) sollen sich desto mehr der Zusammensetzung und den Eigenschaften der verwendeten Bausteine nähern, je höher die Betriebstemperatur ist[2].

B. Ziegel, Backsteine und Wärmeschutzmittel.

Die ersteren Baumaterialien werden bei der Herstellung des Außenmauerwerkes, zur Ausmauerung des Fuchses und des Schornsteines verwendet und sind in der Regel poröse Tonerzeugnisse. Die bessere Qualität, welche bei 1000° hart brennt, besteht aus kalkarmem Ton, während die gemeinen Ziegel aus kalkhaltigem Lehm und Mergel angefertigt werden. Zu verwerfen sind grobe Einschlüsse von Kalkstein (CaO). Die rote Färbung der Ziegel rührt von Eisenoxydulsilikat her.

---

[1] Mitt. V. El.-Werke 1923, S. 384. Zitiert nach Litinsky, a. a. O.

[2] s. auch „Feuerungstechnik" 1927, S. 229: J. Herbing, „Brennstoffaschen und feuerfestes Material in ihrer gegenseitigen Einwirkung bei verschiedenen Kesselfeuerungen".

Das Format der gewöhnlichen Ziegelsteine ist in Deutschland auf 250—120—65 mm normalisiert; die Druckfestigkeit beträgt 150 kg/qcm.

Als Verbindungsmittel nimmt man Kalkmörtel für das nicht mit dem Kessel in Berührung stehende Mauerwerk, während alle unmittelbar an den Kessel anstoßenden Teile mit Lehmmörtel abzudichten sind, da der Kalkmörtel die Kesselbleche angreift.

Die Wärmeisolierung der Kesselteile, Rohrleitungen wird durch sehr verschiedene Stoffe bewerkstelligt, von denen die folgenden zu erwähnen sind:

Kieselgur, Kork, Glaswolle, Asbest, Tierhaare, Seidenabfälle, Torf, Hochofengichtstaub, Aluminiumfolien usw. Der Nutzen dieser Isolierungsstoffe ist genügend bekannt; beispielsweise errechnet sich die jährliche Kohlenersparnis bei einem 20 m langen Rohr von 159 mm Durchmesser und 4,5 mm Wandstärke, das von Heizdampf von 12 Atm. und 325° durchströmt wird, zu 80—90 t [1]. Die Wärmeverluste, die bei nackten Dampfleitungen bei Mitteldruckbetrieb auftreten, betragen hier je Quadratmeter Rohr- und Flanschoberfläche mindestens 2500 kcal je Stunde. Bei hohem Dampfdruck, Überhitzung sowie auch bei besonders ungünstigen atmosphärischen Verhältnissen steigt dieser Verlust über 3000 kcal [2].

Zweiter Teil.

Betriebsstoffe.

I. Die Brennstoffe.

A. Allgemeines.

Die Brennstoffe sind die Energiespender der Dampfkesselanlagen. Man kann ihre Einteilung von verschiedenen Gesichtspunkten aus vornehmen: so trennt man die natürlichen von den künstlichen Brennstoffen. Erstere werden ohne weiteres in ihrem Naturzustand verwendet, während letztere vorerst eine mechanische, thermische oder chemische Behandlung durchmachen. Die künstlichen Brennstoffe sind meistens Veredelungsprodukte von hoch- oder minderwertigen Rohstoffen. Je nach dem Verwendungszweck legt man hierbei den Hauptwert auf die anfallenden Gase, Teere oder Brennstoffrückstände. Eine mechanische Aufbereitung der Brennstoffe erfolgt in den Kohlenwäschen beim Brikettieren und bei der Rückgewinnung der Koksbestandteile aus Feuerungsrückständen. Die thermische Behandlung der festen Brennstoffe ist die Entgasung oder Verkokung, ein trockener Destillationsprozeß, der je

[1] Spalkhaver-Schneiders-Rüster: Die Dampfkessel, 2. Aufl. S. 403. Berlin: Julius Springer.

[2] Mitteilung Nr. 3 der Wärmestelle des Ver. deutsch. Eisenhütten 1921. — Eberle: Z. V. d. I. 1908, S. 481.

nach der Temperatur (Hochtemperatur- [1000°] oder Tieftemperatur- [500°] verkokung) verschiedenartige Produkte liefert. Die chemische Veredelung der festen Brennstoffe ist immer mit einer Erhitzung verbunden. Ihr typischer Vertreter ist die Vergasung, welche die restlose Überführung der Brennstoffe in brennbares Gas bezweckt (Generatorgas, Wassergas, Mischgas, Blaugas usw.).

Die neueren Veredelungsverfahren trachten danach, aus minderwertigen Brennstoffen hochwertige Produkte zu liefern, das Bergius-Verfahren der Druckhydrierung und die Fischer-Tropsch-Benzinsynthese sind wohl die verheißungsvollsten Beispiele hierfür.

Eine andere Einteilung der Brennstoffe ordnet dieselben nach ihrem Aggregatzustand in gasförmige, flüssige und feste Brennstoffe. Nachstehende Zusammensetzung gibt eine Übersicht der wichtigsten Brennstoffe.

	Aggregatzustand:		
	Fest	Flüssig	Gasförmig
Natürliche Brennstoffe	Stroh, Holz, Torf Braunkohle Steinkohle Anthrazit Ölschiefer Graphit	Erdöl	Erdgas
Künstliche Brennstoffe	Holzkohle Gaswerkskoks Metallurgischer Koks Braunkohlenkoks Halbkoks Briketts Naphtalin	Aus Erdöl: Benzin Petroleum Masut Aus Kohlen: Teere Teeröle Aus Holz: Holzteer	Leuchtgas Kokereigas Generatorgas Wassergas Mischgas Blaugas Hochofengas

In den Dampfkesseln werden meistens feste Brennstoffe verfeuert, jedoch mehren sich die mit gasförmigen und flüssigen Brennstoffen beheizten Kessel von Tag zu Tag.

Eine weitere Einteilungart der Brennstoffe ist die Einordnung nach der Herkunft, und, für die Kohlen, auch nach Stückgröße und Reinheitsgrad.

B. Feste Brennstoffe.

Die Kohle interessiert die Dampftechnik in erster Linie. Reine Koksfeuerungen sind zwar auch anzutreffen, aber meistens wird der Koks mit Kohlen vermischt. Holz- und Torffeuerungen sind für mitteleuropäische Verhältnisse von geringem Interesse, so daß hier vornehmlich die Stein- und Braunkohle zu besprechen sind.

1. Ursprung und Entstehung der Kohle.

Unsere Kenntnisse über den Werdegang der Kohle sind in letzter Zeit, besonders durch die Arbeiten von H. und R. Potonié, Kuckuck, F. Fischer, Schrader, Bergius, Marcusson, Donath u. a., so weit gefördert worden, daß sie zu einem gewissen Abschluß gekommen sind. Wenn auch noch manche Unstimmigkeit zwischen einzelnen Forschern besteht, so ist doch das Problem in den großen Zügen klargestellt.

Die zwei wichtigsten Fragen des Problemkomplexes betreffen die Natur der Ausgangsprodukte bei der Kohlenbildung und die eigentliche Natur des Umwandlungsprozesses.

An diese Fragen lassen sich eine Reihe von geologischen und chemischen Teilfragen anknüpfen. Strache-Lant[1] haben diese wesentlichen Fragen mit den diesbezüglichen Antworten nach dem jetzigen Stand der Forschung zusammengestellt. Nachfolgend ist dieser Übersicht, textlich etwas gekürzt, Platz gewährt.

1. Ist die Kohle anorganischen oder organischen Ursprungs?

Diese Frage ist schon durch die Untersuchungen von Gümbel dahingehend beantwortet worden, daß die Kohle organischen Ursprungs ist.

2. Ist die Kohle pflanzlichen oder tierischen Ursprungs?

Im wesentlichen haben zur Kohlenbildung Pflanzenstoffe gedient, obwohl auch tierische Reste eine Rolle gespielt haben.

3. Lieferten Landpflanzen oder Meerpflanzen den Rohstoff zur Kohlenbildung?

Im Wesentlichen kommen Landpflanzen (Baumstämme) in Betracht.

4. Sind die Kohlenablagerungen ortseigen (autochthon) oder ortsfremd (allochthon)?

Die Bildung ist in überwiegendem Maße autochthon; etwa ein Zehntel aller Kohlenvorkommen ist durch Aufschwemmungen entstanden.

5. Inwiefern sind Druck und Temperatur bei der Kohlenbildung beteiligt?

Anscheinbar ist die Bildung der Steinkohle nur unwesentlich durch Druck und Temperatur beeinflußt worden.

6. Welches Klima herrschte zur Zeit der Entwicklung der Pflanzen, die sich dann in Kohle verwandelt haben?

Man ist sich darüber einig, daß das Klima feucht und frostfrei gewesen sein muß, jedoch ist es noch nicht klar, ob zur Karbonzeit ein gemäßigt tropisches oder nur ein subtropisches bzw. ozeanisches Klima herrschte.

7. Verwandeln sich die Pflanzenreste der Reihe nach in Torf, Braunkohle, Steinkohle und Anthrazit, oder hat jede dieser Arten einen anderen Ausgangsstoff und verwandelt sich auch weiterhin Torf in Braunkohle und diese in Steinkohle?

Die neueren Untersuchungsergebnisse weisen darauf hin, daß die an-

[1] Strache-Lant: Kohlenchemie (Akadem. Verlagsgesellsch.) 1924. S. 4.

gegebenen Stoffe die Produkte eines kontinuierlichen Prozesses, der sogenannten Inkohlung (v. Gümbel), sind und nur bestimmte Phasen dieses Prozesses kennzeichnen.

8. Ist der Rohstoff, aus welchem die Kohlen entstanden, im wesentlichen Zellulose oder Lignin?

Die Arbeiten von F. Fischer und seinen Mitarbeitern deuten darauf hin, daß die Zellulose während der Vertorfung zum größten Teil durch Gärung verschwindet, und daß hauptsächlich das Lignin als Ausgangsstoff der Bildung der Huminsäuren und der Humuskohle zu betrachten ist. Diese Anschauung wird aber von anderen Forschern, wie Marcusson, R. Potonié u. a., angegriffen.

Als Muttersubstanz der Kohle wurde früher ausschließlich und wird noch heute von verschiedenen Forschern die Zellulose angenommen. Nach dieser Ansicht gestaltet sich der Stammbaum der Kohle wie folgt:

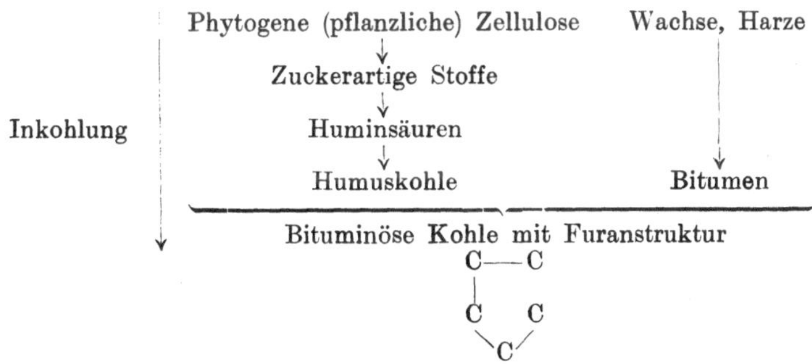

Hiernach wird die zu den Kohlenhydraten gehörende Zellulose zunächst durch Hydrolyse in zuckerähnliche Stoffe übergeführt, diese werden dann in die dunkeln Huminsäuren umgewandelt, und schließlich bildet sich daraus das Bitumen. Die Kohle besteht schließlich aus einem Gemenge von Humuskohle und Bitumen.

F. Fischer nimmt als Muttersubstanz der Kohle das Lignin an und stellt folgenden Stammbaum auf:

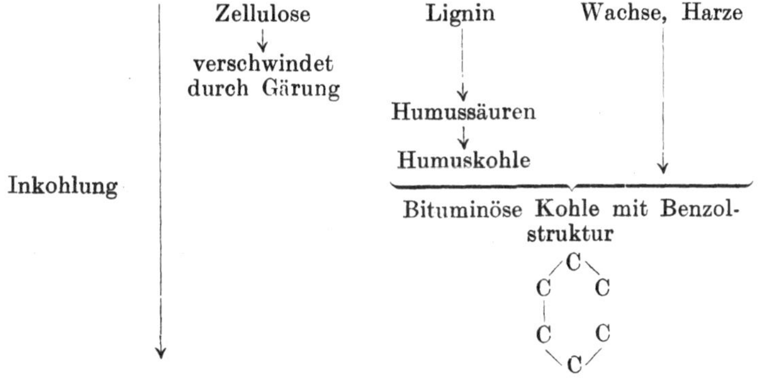

Nach dieser Ansicht verschwindet die Zellulose während des Torfstadiums durch bakterielle Gärung; das Lignin bleibt erhalten und geht dann mit der Zeit fortschreitend in Humussäure und Humuskohle über; das Bitumen wird von den Umwandlungsprodukten der Wachse und Harze gebildet.

Was nun den Wahrscheinlichkeitsgrad der beiden skizzierten Theorien anbetrifft, so scheint die Ansicht F. Fischers sich am meisten der Wahrheit zu nähern. Auf ein tieferes Eindringen in diese Frage muß hier verzichtet werden[1].

2. Chemische Natur und Konstitution der Kohle.

Die Angabe, daß die organische Substanz der Kohle aus Kohlenstoff, Wasserstoff, Sauerstoff, Stickstoff und Schwefel besteht, ist nicht genügend. Vielmehr wird von der Chemie ein weitgehender Aufschluß über den Aufbau des Kohlenmoleküls verlangt. Die ungeheure Mannigfaltigkeit der Kohlen, ihre komplexe chemische Struktur und schließlich eine ihnen eigene, gewisse chemische Trägheit sind wohl die Hauptursachen, welche das Studium der Kohle erschweren. Die Muttersubstanzen verschiedener Art und Zusammensetzung, wie Zellulose, Lignin, Wachse, Harze, Fette, Proteinkörper, sind in wechselnden Mengenverhältnissen, örtlich und zeitlich getrennt, das Opfer der Inkohlung geworden. Sodann ist auch die chemische Konstitution der Ausgangsprodukte, wie Zellulose und Lignin, noch nicht genügend geklärt, um eine definitive Klärung der Frage zuzulassen. Wie schon oben gesagt, stehen sich zwei Grundanschauungen über die chemische Konstitution der Kohle gegenüber: einerseits die Annahme, der Furanring liege dem Kohlemolekül zugrunde und andererseits die Ansicht, der Benzolring sei das aufbauende Strukturelement der Kohle. Es bleibt der Zukunft vorbehalten, diese Fragen endgültig zu klären.

Tidewell und Wheeler[2] haben die mikroskopische Untersuchungsmethode auf die Kohlen ausgedehnt und dabei vier verschiedene Produkte trennen können, die verschiedene spezifische Gewichte und verschiedenartigen Gefügeaufbau besitzen. Diese Körper wurden mit den Bezeichnungen Vitrain, Clarain, Fusain und Durain belegt.

---

[1] Fischer, F. und Schrader H.: Brennstoffchemie 1921, S. 37. Diskussion über obige Arbeit (Klever, Jonas, Keppeler, Bube, Bergius, Hofmann, Graefe, Fischer und Schrader). Ebenda 1921, S. 213. — Fischer, F.: Ebenda 1921, S. 229. — Fischer, F. und Schrader, H.: Ebenda S. 237. — Dies.: Ebenda 1922, S. 65. — Dies.: Ebenda 1922, S. 341. — Donath und Lissner: Ebenda 1922, S. 231. — Marcusson: Z. angew. Chem. 1922, S. 165. — Schrauth, W.: Ebenda 1923, S. 161. — Fischer, F.: Ebenda 1924, S. 132. — Donath: Ebenda 1924, S. 136. — Erdmann: Ebenda 1924, S. 177.

[2] Journ. Chem. Soc. London **117**, 1920. S. 794.

Die Zusammensetzung der Kohle ist also hoch kompliziert; man kann jedoch an jeder trockenen Kohle vier Hauptgruppen von Bestandteilen unterscheiden, die leicht voneinander getrennt werden können:

1. der benzollösliche Anteil → Bitumen,
2. der sodalösliche Anteil → Humussäuren,
3. der in den üblichen Lösungsmitteln unlösliche Anteil → Restkohle,
4. die mineralischen Begleitstoffe → Asche.

Über die ersten drei Gruppen von Bestandteilen sind unsere Kenntnisse zur Zeit sehr mangelhaft; unser Wissen über die Aschenbestandteile ist wesentlich gründlicher, wenn auch hier manche Punkte, die zwar theoretisch ergründet sind, von dem Feuerungstechniker ungenügend gewürdigt werden. Dies trifft zu z. B. für die Umwandlung der schwefelhaltigen Bestandteile, die Bildung von Karbonaten bei der Verbrennung usw.

Die mikroskopische Untersuchung der Kohle hat weiterhin ihre Kolloidnatur wahrscheinlich gemacht. Sie soll in Form eines wasserunlöslichen Gels (Hydrogels) vorliegen. Dem heutigen Stande der Kolloidchemie gemäß ist unter einem Kolloid keine besondere Natur, sondern nur ein besonderer Zustand der Materie zu verstehen, und zwar ist es die Teilchengröße, die diesen Zustand bestimmt.

Die Ausgangsstoffe der Kohlenbildung sind im wesentlichen Zellulose und Lignin der Bäume, sowie auch Wachse und Harze vegetabilischer Herkunft. Als Ausgangsstadium werden vertorfte Waldsümpfe angesehen, so daß als weiterer Rohstoff der Faulschlamm hinzuzuzählen ist. Dieser ist eine Ablagerung von Mikroorganismen, Algen, Wasserpflanzen, die mit tierischen Überresten durchsetzt ist und die durch einen hohen Fett- und Proteingehalt kennzeichnet ist.

Die Inkohlung liefert nun, nach den heutzutage geltenden Anschauungen, eine Reihe von Zersetzungsprodukten, nach deren gegenseitigen Mengenverhältnissen man die einzelnen Inkohlungsstufen unterscheidet. Diese Stoffe sind, ausgehend von der Zellulose und dem Lignin, die folgenden: zuckerartige Stoffe und Pentosane, Huminsäuren, Humine und Restkohle. Nachstehend ist eine von Strache-Lant[1] entworfene Übersicht gegeben über die annähernden Grenzen, innerhalb deren die einzelnen Bestandteile der Kohlen in verschiedenen Inkohlungsprodukten enthalten sind.

[1] Strache-Lant: a. a. O. S. 266.

	Holz	Torf	Braunkohle	Steinkohle	Anthrazit
H_2O grubenfeucht	20—30	75—90	30—60	2—20	0—3
H_2O lufttrocken	10—20	20—25	15—20	1—6	0—2
Anorganische Substanz	0,20—0,57	1—10	5—20	3—12	1—5
Zellulose	33—70	0,15	—	—	—
Pentosane und Zuckerstoffe	14—29	5—10	—	—	—
Lignin	23—53	6—40	2—27	—	—
Wachse und Harze	0,2—21	1,5—13	3—25	0,1—6,6	—
Huminsäuren	—	40—60	1,8—98	—	—
Humine	—	0,10	2,70	2,3	—
Restkohle	—	—	0—43	86—97	98—89
S-haltige Stoffe (auf S gerechnet)	Spuren	0,1—0,2	0,07—10	0,04—6	0,2—1
N-haltige Stoffe (auf N gerechnet)	0,04—0,10	0,7—3,4	0,4—2,5	0,6—2,5	0,2—1,5

Bezogen auf Reinkohle.

3. Torf[1].

Torf ist ein aus der Anhäufung und Zersetzung vorwiegend pflanzlicher Reste entstandenes braun bis schwarz gefärbtes, in grubenfeuchtem Zustande weiches, sehr wasserreiches (kolloidales) organisches Gestein mit weniger als 40% anorganischen Beimengungen (bezogen auf H_2O-freies Material), das bedeutende Mengen von alkalilöslichen Huminsäuren enthält.

Vorkommen: Die wichtigsten Torfmoore Europas nehmen nach Kuckuck folgende Flächen ein:

Rußland	380 000 qkm	Norwegen	12 000 qkm
Finnland	65 000 ,,	Irland	11 000 ,,
Schweden	52 000 ,,	Dänemark	3 000 ,,
Deutschland	23 000 ,,	Holland	2 000 ,,

Die Mächtigkeit dieser Moore erreicht bisweilen 10 m. Der Rohtorf hat einen Wassergehalt von 80—90%, der vor seiner Verwendung durch besondere Trocknungsverfahren soweit wie möglich heruntergedrückt wird. Der Entwässerung wirkt nun die Kolloidnatur des Torfes entgegen, so daß auch die handelstrockne Ware immerhin noch 25% Wasser enthält.

Die Zusammensetzung der aschenfreien Trockensubstanz schwankt innerhalb folgender Grenzen:

C	H	O	N
47—67%	5,2—6,2%	31—46%	0,60—2,50%

Der Aschegehalt kann zwischen 1 und 40% schwanken; durchschnittlich liegt er aber unter 10%.

[1] Die nachstehenden Begriffsbestimmungen für „Torf", „Braunkohle", „Steinkohle" und „Anthrazit" sind dem vorzüglichen Werk „Kohlenchemie" von Strache-Lant (1924) entnommen. Vgl. auch Brennstoffchemie 1922, S. 311.

Der mittlere Heizwert eines handelstrocknen Torfes (25% H_2O) mit etwa 8% Asche beträgt 3500 kcal.

4. Braunkohle.

Braunkohle ist ein aus der Anhäufung und Zersetzung vorwiegend pflanzlicher Reste entstandenes, braun bis schwarz gefärbtes, kompaktes oder erdiges organisches Gestein mit weniger als 40% anorganischen Beimengungen (bezogen auf wasserfreies Material), das beträchtliche Mengen von alkalilöslichen Huminsäuren enthält.

Vorkommen: Die europäischen Braunkohlenvorräte sind für:

Deutschland	20	Milliarden Tonnen
Böhmen	18	,, ,,
Österreich	0,2	,, ,,
Ungarn	1,1	,, ,,
Südslavischer Staat	1,7	,, ,,
Restliches Europa etwa	2	,, ,,
	43,0	Milliarden Tonnen.

Je nach der Entstehungsart und Beschaffenheit unterscheidet man die holzartigen und erdigen Humuskohlen (Lignite), die blätterigen Faulschlammkohlen und die Wachskohlen. Von diesen drei Arten interessieren nur die Humusbraunkohlen den Kesselbetrieb. Abarten dieser Gattung sind die holzartige Braunkohle, die gewöhnliche Braunkohle, die erdige Braunkohle und die Pech- oder Glanzkohle.

Die Braunkohle enthält 45—60% Wasser und 5—10% Asche, sie backt nicht und wird hauptsächlich zur Brikettierung verwendet.

Die Elementarzusammensetzung der aschenfreien Braunkohle schwankt innerhalb der folgenden Grenzen:

C	H	N + O
55—73%	51,1—6,2%	14—36%

Der Stickstoffgehalt beträgt im Mittel 1%.

Der Heizwert der reinen Kohlensubstanz ist rund 7000 kcal, jener der Rohbraunkohle 3000—6000 kcal.

5. Steinkohle.

Steinkohle ist ein aus der Anhäufung und Zersetzung vorwiegend pflanzlicher Reste entstandenes, schwarz gefärbtes, kompaktes oder erdiges organisches Gestein mit weniger als 40% anorganischen Beimengungen (bezogen auf wasserfreies Material), das keine beträchtlichen Mengen von alkalilöslichen Huminsäuren enthält und dessen Sauerstoffgehalt der Reinkohlensubstanz 4% übersteigt.

Vorkommen: Die wichtigsten Steinkohlenfundorte Europas liegen in dem nordwesteuropäischen Steinkohlengürtel, der von England ausgehend, über Frankreich, Belgien, Aachen, Holland, Westfalen bis nach Oberschlesien reicht.

Die Steinkohlenvorräte Europas bis 2000 m Tiefe betragen ungefähr (Strache-Lant):

Deutschland	213	Milliarden Tonnen
England	140	„ „
Polen und Tschechoslovakei	108	„ „
Rußland	57	„ „
Frankreich	16	„ „
Belgien	11	„ „
Spitzbergen	10	„ „
Holland	4	„ „
	558	Milliarden Tonnen.

Die Einteilung der Steinkohlen erfolgt auf Grund von Laboratoriumsversuchen. Es sind verschiedene Klassifikationen veröffentlicht worden, die aber nicht alle technisch verwertbar sind. Zur Kennzeichnung der Kohlenarten werden folgende Merkmale herangezogen:

Gehalt an flüchtigen Bestandteilen, bzw. Koksausbeute,
Aussehen und Härte des Kokskuchens,
Backfähigkeit,
Länge der Flamme bei der Verbrennung,
Kohlenstoffgehalt,
Gehalt an disponiblem Wasserstoff.

Nachstehend sind die bekanntesten Einteilungen zusammengestellt:

Einteilung nach Gruner[1].

Kohlenart	Elementare Zusammensetzung C %	H %	O + N %	Koksausbeute	Koksaussehen	Verdampfungsvermögen von 1 kg reiner Kohle bei 112° und Wasser von 0° kg
I. Trockne Steinkohle mit langer Flamme (Flammkohle)	75 bis 80	5,5—4,5	19,5—15,0	55—60	pulverförmig, höchst zusammengefrittet	6,7—7,5
II. Fette Steinkohle mit langer Flamme (Gaskohle)	80 bis 85	5,8—5,0	14,2—10,0	60—68	geschmolzen, stark zerklüftet	7,6—8,3
III. Eigentliche fette Kohle (Schmiedekohle)	84 bis 89	5,0—5,5	11,0—5,5	68—74	geschmolzen, bis mittelmäßig kompakt	8,4—9,2
IV. Fette Steinkohle mit kurzer Flamme (Kokskohle)	88 bis 91	5,5—4,5	6,5—5,5	74—82	geschmolzen, sehr kompakt, wenig zerklüftet	9,2—10
V. Magere oder anthrazitische Steinkohle	90 bis 93	4,5—4,0	5,5—3,0	82—90	gefrittet oder pulverförmig	9,0—9,5

[1] Gruner: Ann. Min. Belgique 1873.

Einteilung nach Mahler[1].

Kohlenart	Flüchtige Bestandteile der Reinkohle	Koksaussehen	Heizwert
I. Anthrazit	3—5	pulverförmig	8100—8300 WE
II. Anthrazitische Magerkohlen. .	6—14	gefrittet	8300—8800 „
III. Halbfette und Kokskohlen . .	15—25	geschmolzen, kompakt	8700—8900 „
IV. Fette Eßkohlen	25—30	stark gebläht	8700—8900 „
V. Fette Gaskohlen	30—40	geschmolzen und porös	8400—8700 „
VI. Cannelcoal . .	50	nicht geschmolzen	8400 „
VII. Flammkohle . .	30—40	„	7800—8600 „

Einteilung nach Le Chatelier[2].

Kohlenart	C %	H %	O + N %	Heizwert	Flüchtige Bestandteile	Koksaussehen
I. Trockene Steinkohle(Flammkohle)	80—84	5,5	13—10	8200	35—40	kaum gefrittet
II. Fettkohle mit langer Flamme (Gaskohlen)	84—88	5	8—10	8600	30—35	zusammengebacken
III. Fettkohle mit kurzer Flamme (Kokskohlen) . .	86—90	5—4,5	9—5	8700	16—23	„
IV. Kurzflammige und magere Steinkohle	90—93	4,5—3,5	5—3	8600	6—14	kaum gefrittet,
V. Anthrazit	95	2	4—2	8200	3	pulverförmig

Im allgemeinen genügen die Angaben über den Gehalt eines festen Brennstoffes an flüchtigen Bestandteilen, über das Aussehen der entstehenden Flamme und die Natur des Koksrückstandes, um beurteilen zu können, welche Kohlenart vorliegt und wie sich diese Kohle auf dem Rost verfeuern läßt. Die Bewertung eines Brennstoffes erfolgt jedoch wesentlich besser an Hand der Elementarzusammensetzung. Aus dieser errechnet man den disponiblen Wasserstoff $\left(H - \frac{O}{8}\right)$. Je größer die Menge an disponiblem Wasserstoff ist, desto größer ist bei einem gegebenen Kohlenstoffgehalt die gebildete Menge von Kohlenwasserstoffen, desto länger ist die sich bildende Flamme, und desto mehr neigt diese Kohle zur Rußbildung.

Eine Einteilung der Kohlenarten nach diesem Gesichtspunkte folgt nachstehend (Keppeler).

Die Einteilung der Kohlen nach rein chemischen Merkmalen wie: Elementarzusammensetzung, disponibler Wasserstoff, oder Aufhäuser-

[1] Mahler: Etudes sur les combustibles.

[2] Le Chatelier: Le chauffage industriel 1920, S. 195.

Steinkohlentypen:

Kohlentype	Elementarzusammensetzung der Reinkohle %	Disponibler Wasserstoff %	Menge des Koksrückstandes bei der Entgasung %	Beschaffenheit des Koksrückstandes	Menge des entwickelten Gases; Beschaffenheit der Flammen	Vertreter des Kohlentypes
I. Trockene Kohle (Sandkohle), Flammkohle	70—80 C 5,5—4,5 H 19,5—15,5 O	2,5—3	50—60	pulverförmig, höchstens zusammengefrittet. Spez. Gew. 1,25	50—40 langflammig	Schlesische Kohlen
II. Fette Kohle (Backkohle), Gaskohle	80—85 C 5,8—5 H 14,2—10 O	3,7—4	60—80	geschmolzen, stark gebläht. Spez. Gew. 1,28—1,3	40—32 langflammig	Saar- und Ruhrkohlen
III. Fette Kohle (Backkohle), Eßkohle	84—89 C 5,5—5 H 10,5—6 O	etwa 4,2	68—74	geschmolzen mittelmäßig fest. Spez. Gew. 1,30	32—26 mäßig lange Flamme	Ruhrkohlen
IV. Fette Kohle (Backkohle) Kokskohle	88—91 C 5,4—4,5 H 6,5—4,5 O	4,0—4,7	74—82	geschmolzen, sehr fest. Spez. Gew. 1,3—1,35	26—18 kurzflammig	Ruhrkohlen
V. Magere Kohle (anthrazitische Kohle), und Anthrazit	90—95 C 4,5—2 H 5,5—3 O	3,8—1,5	82—92	weniger gefrittet bis pulverförmig. Spez. Gew. 1,35—1,41	18—8 sehr kurzflammig	westfälische sowie sächs. Anthraz.

sche Wertziffer [unter dieser Bezeichnung ist das Molekularverhältnis disponibler Wasserstoff zu Kohlenstoff

$$\left(H - \frac{O}{8} : \frac{C}{12}\right)$$

zu verstehen], ist, den ihnen zugrunde liegenden Begriffen gemäß, eindeutig und klar, weil zahlenmäßig ausdrückbar. Die Einteilung der Steinkohlen nach ihrem Verhalten beim Erhitzen erfolgt, abgesehen von der gewichtsmäßigen Feststellung des Verkokungsrückstandes, nach rein qualitativen Gesichtspunkten: Aussehen und Beschaffenheit des Kokskuchens und Aussehen der Flamme. Die Einteilung nach diesen Merkmalen allein ermangelt somit scharf faßbarer Begriffe, so daß nur die kombinierten Einteilungen einigermaßen befriedigend sind. Das Aufstellen von Einteilungen wird ferner dadurch erschwert, daß keine scharfen Grenzen zwischen den einzelnen Kohlengattungen aufzustellen sind und daß einzelne Merkmale sowohl für die eine Gattung wie für die andere gelten. So sind beispielsweise die Begriffe Kokskohle, Gaskohle, Eßkohle, Flammkohle, Magerkohle so schwankend, daß sie je nach dem Kohlengebiet und der Kohlenkategorie eine verschiedene Bedeutung haben können. Neuerdings sucht man deshalb möglichst eindeutige Beziehungen zwischen den einzelnen Merkmalen aufzustellen. Diese

Bestrebungen werden vor allem von englischen Forschern (Drakeley, Parr), sowie auch von Blacher[1] gefördert.

Die Bewertung einer Kohle für Dampfkesselfeuerungen erfolgt im großen Ganzen nach folgenden Gesichtspunkten:

1. Natur der Kohle,
2. Gehalt an Unverbrennbarem (Wasser und Asche),
3. Heizwert,
4. Gestehungspreis.

Für gewöhnliche Rostfeuerungen darf keine zu stark backende Kohle verwendet werden, da sonst der sich bildende Kokskuchen den Zutritt der primären Verbrennungsluft verhindert. Zu trockene, also nicht backende Stückkohlen dürfen aber auch nicht verfeuert werden, um den Luftüberschuß nicht zu groß zu gestalten. Dagegen kann eine feinere Körnung von trockener Kohle verfeuert werden, falls sie eine dem Kesselsystem angepaßte Flammenlänge hat. Bei kleinen Feuerungsräumen (Dampfer) kann man anthrazitische, kurzflammige Brennstoffe verwenden. Bei großen Feuerräumen, mit starker Heizflächenbeanspruchung, müssen langflammige Brennstoffe genommen werden. Hier ist aber der Anwendung der langflammigen Brennstoffe wiederum eine Grenze gezogen, da der diesen Charakter bedingende hohe Gehalt an flüchtigen Bestandteilen zu Rußbildung und zu hohen Kaminverlusten durch unverbrannt abziehende Gase führt. Für die großen Feuerungsräume der Wasserrohrkessel nimmt man eine trockene, langflammige Kohle.

Die Abhängigkeit des Wirkungsgrades der Dampfkessel von dem Gehalt an flüchtigen Bestandteilen ist von Constamm und Schläpfer[2] untersucht worden.

Die wichtigsten Schlußfolgerungen dieser Arbeit sind die Feststellungen, daß bei Innenfeuerungen mit Planrost die Brennstoffe mit 16 bis 23% flüchtigen Bestandteilen und höchsten Heizwert die beste Verdampfung ergeben und daß auf dem Planrost mit Handbeschickung und Luftzuführung von unten ohne künstlichen Zug keine vollständige Verbrennung erfolgt.

Verfasser hat während seiner Tätigkeit in Belgien festgestellt, daß dort für Kesselbeheizung fast ausschließlich halbfette Kohlen verwendet werden. Es wird ein mittlerer Gehalt an flüchtigen Bestandteilen von 15% angestrebt; diese Qualität hat die besten Betriebsergebnisse gezeitigt.

Der Wert einer Kohle nimmt mit steigendem Gehalt an brennbarer Substanz zu. Es liegt auf der Hand, daß Wasser- und Aschegehalt möglichst niedrig gehalten werden müssen, besonders wenn der Ver-

[1] Blacher: Feuerungstechnik 1925, S. 69, 84 und 95.
[2] Z. V. d. I. 1909, S. 1837, 1880, 1929 und 1972.

braucher seine Kohle von weither beziehen muß. In diesem Falle wird pro Gewichtseinheit brennbarer Reinkohle ein hohes Gewicht mit befördert, das die Transportkosten erhöht und mithin den Gestehungspreis unnötigerweise belastet. Der Heizwert der Kohlen wird mit steigendem Asche- und Wassergehalt vermindert. Vor allem wird der Wirkungsgrad der Kesselanlage von den Verunreinigungen des Brennstoffes beeinflußt: er fällt nämlich nicht proportional dem Gehalt an Wasser und an Asche, sondern stärker.

Eine alte Streitfrage zwischen Theorie und Praxis ist die Frage, ob die Kohle vor dem Verfeuern angefeuchtet werden soll. Daß eine zu große Durchnässung verlustbringend ist, ist selbstverständlich. Eine mäßige Anfeuchtung der Kohle ist angezeigt, wenn es sich um kleinstückige, magere Kohle handelt. Wenn Kohlengrus in trockenem Zustande verfeuert wird, so besteht nämlich die Gefahr, daß kleinere Kohlenteilchen von dem Luftstrom mit fortgerissen werden und auch, daß unnötig viel unverbrannte Kohle in den Aschenfall gelangt.

Die ganze Frage dreht sich schließlich darum, festzustellen, ob die Verluste bei Verfeuerung nasser Kohle größer oder kleiner sind als die Verluste bzw. die Vorteile, die bei der Verfeuerung trockener Kohle entstehen, und diese Frage ist nur an Hand von genau aufgestellten und vergleichbaren Wärmebilanzen zu lösen. Diese Versuche stehen aber bisher noch aus.

6. Anthrazitkohle.

Der Anthrazit ist eine Abart der Glanzkohle; er enthält keine alkalilöslichen Huminsäuren und sein Sauerstoffgehalt ist niedriger als 4%. Er ist reich an Kohlenstoff, arm an Wasserstoff, enthält nur wenig flüchtige Bestandteile und bildet das Endprodukt des natürlichen Inkohlungsprozesses.

7. Koks[1].

Der bei der Entgasung der Kohle entfallende Rückstand wird Koks genannt. Man unterscheidet Gaskoks und Hüttenkoks. Die Tieftemperaturverkokung liefert den Halbkoks. Die chemische Zusammensetzung des Kokses bezogen auf Reinsubstanz schwankt innerhalb geringer Grenzen:

C: 93—97% H: 0,50—2% N + O: 2—6% S: 1—2%.

Die Elementaranalyse des Saarkokses ergibt im Durchschnitt, bei einem Aschegehalt von etwa 10—12%, bezogen auf aschefreie Substanz, die folgenden Zahlen:

Kohlenstoff	95—96%
Wasserstoff	0,60—0,65%
Sauerstoff und Stickstoff	2,50—2,80%
Schwefel	0,90—1,00%

[1] Simmersbach: Kokschemie, 2. Aufl. Berlin: Julius Springer. 1914.

C. Flüssige Brennstoffe.

Als flüssige Brennstoffe werden Erdölrückstände (Masut) und manchmal auch Teer verwendet. Der Heizwert dieser Stoffe beträgt für erstere etwa 10000 WE. und für den Teer etwa 8900 WE. Trotzdem die Ölfeuerungen viel leistungsfähiger als die Kohlenfeuerungen sind, kommen sie wegen des hohen Ölpreises für Mitteleuropa nur selten in Frage.

D. Gasförmige Brennstoffe.

Die gasförmigen Brennstoffe besitzen vor den festen Brennstoffen die Vorteile, daß ihre Verbrennung besser geregelt werden kann, daß sie reinere Abgase geben und daß durch geeignete Vorwärmung höhere Verbrennungstemperaturen erreicht werden. In Betracht zu ziehen sind vor allem Generatorgas, Wassergas, Mischgas, Mondgas, Leuchtgas, Kokereigas und Hochofen- (Gicht-) gas. In der Dampftechnik finden nur das Hochofengas und das Kokereigas eine ausgedehnte Verwendung. Die mittlere Zusammensetzung beider Gasarten ist nachstehend gegeben.

	CO_2	CO	C_nH_m	CH_4	H_2	Heizwert
Hochofengas	6—10	25—30	—	0—1	2	1000 kcal.
Koksofengas	0—3	8—12	3—5	25—30	50 %	4500 „

E. Der Heizwert.

1. Begriffsbestimmungen.

Für die Beurteilung der Güte eines Brennstoffes ist vor allem der Heizwert maßgebend, der angibt, welche Wärmemenge der Brennstoff bei seiner Verbrennung entwickelt. Die Einheit dieser Wertbestimmung ist bekanntlich die Kilogrammkalorie, abgekürzt WE oder kcal. Der Heizwert ist mithin der quantitative Ausdruck für den Energieinhalt eines Brennstoffes, bezogen auf die Gewichtseinheit (kg). Je nach den Bedingungen, unter denen die Verbrennung vor sich geht, nimmt die Verbrennungswärme verschiedene Werte an.

Vorerst muß unterschieden werden zwischen der Verbrennung bei konstantem Druck und der Verbrennung bei gleichbleibenden Volumen. Verläuft die Verbrennung bei gleichbleibendem Volumen, was z. B. bei der üblichen Heizwertbestimmung in der Mahlerschen Bombe immer der Fall ist, so zeigt der Heizwert den Unterschied zwischen der inneren Energie der Ausgangskörper: Brennstoff + Verbrennungssauerstoff bzw. Luft, und der Verbrennungsprodukte an. Bei gleichbleibendem Druck, was in den Dampfkesselfeuerungen stets der Fall ist, ist im allgemeinen das auf die Ausgangstemperatur bezogene Endvolumen der Verbrennungsgase von dem Ausgangsvolumen verschieden.

Die Arbeit, die zur Volumenänderung aufgewandt werden muß, tritt also hier zu dem Heizwert noch hinzu. Nach Mollier[1] ist dann

[1] Hütte, 25. Aufl., S. 527.

der Heizwert gleich dem Unterschied der Wärmeinhalte vor und nach der Verbrennung, bezogen auf die Ausgangstemperatur. Das Vorzeichen der Volumenänderungsarbeit ist verschieden, je nachdem bei der Verbrennung eine Kontraktion oder eine Ausdehnung stattfindet. Man kann hierbei drei Fälle unterscheiden:

1. Erfolgt die Verbrennung bei konstantem Druck ohne Volumenveränderung, so haben die Heizwerte bei konstantem Volumen und bei konstantem Druck denselben Wert.

Beispiel: Verbrennung des Kohlenstoffes:

$$C + O_2 = CO_2.$$

2. Ist die Verbrennung bei konstantem Druck von einer Volumenverminderung begleitet, so müssen die Verbrennungsgase sich ausdehnen, um das Ausgangsvolumen wieder herzustellen. Die innere Energie des Systems verringert sich dabei um den Betrag der entsprechenden adiabatischen Volumenvergrößerung. Wenn das Volumen sich um 1 Mol (22,4 L) verringert, beträgt die Arbeit bei atmosphärischem Druck 224 mkg oder 0,55 kcal. Die Verbrennungsgase vermindern also ihre innere Energie um soviel mal 0,55 kcal, wie Molvolumen durch Kontraktion verschwinden. Bezeichnet man mit H_D den Heizwert bei konstantem Druck, mit H_V denjenigen bei konstantem Volumen und mit n die molare Volumenänderung bei der Verbrennung, so ergibt sich also die Beziehung:

$$H_D = H_V + 0{,}55\,n.$$

Beispiel: Verbrennung des Kohlenoxydes

$$CO + {}^1/_2\,O_2 = CO_2.$$

3. Verläuft die Verbrennung bei konstantem Druck unter Volumenvergrößerung, so ist der Heizwert bei konstantem Volumen größer als derjenige bei konstantem Druck und zwar besteht zwischen beiden die Beziehung:

$$H_D = H_V - 0{,}55\,n.$$

Beispiel: Verbrennung des Benzols:

$$C_6H_6 + 7{}^1/_2\,O_2 = 6\,CO_2 + 3\,H_2O.$$

Zusammenfassend ergibt sich somit das folgende Gesetz: Für jedes bei der Verbrennung entstehende Mol Gas sind von dem Heizwert bei konstantem Volumen 0,55 kcal abzuziehen und für jedes verschwindende Mol 0,55 kcal hinzuzufügen, um den Heizwert bei konstantem Druck zu erhalten.

Die Anzahl Mole, um die sich das Volumen der Verbrennungsgase ändert, erhält man auf Grund der folgenden Überlegungen: die Volumina der festen und flüssigen Brennstoffe sind gegenüber denjenigen der Gase zu vernachlässigen. Die gebräuchlichsten Brennstoffe bestehen aus Kohlenstoff, Wasserstoff, Schwefel, Sauerstoff und Stickstoff, abgesehen von der Feuchtigkeit und der Asche, die vorerst nicht in Betracht gezogen werden. Je ein Atom Kohlenstoff und Schwefel geben bei der Verbrennung je ein Volumen CO_2 oder SO_2, das gleich ist dem Volumen Sauerstoff, das zu ihrer Verbrennung benötigt wird. Der gebundene Sauerstoff des Brennstoffes reicht nicht aus, um den Wasserstoff zu verbrennen, ein Anteil Wasserstoff muß also von dem gasförmigen Sauerstoff verbrannt werden. Diesen Anteil nennt man disponiblen Wasserstoff, er entspricht $\left(H-\frac{O}{8}\right)$, wenn H und O die Gewichtsprozente Wasserstoff und Sauerstoff des Brennstoffes andeuten. Bei der Verbrennung des disponiblen Wasserstoffes tritt eine Volumenverminderung ein, die gleich dem verbrauchten gasförmigen Sauerstoff ist. Im Kilogramm Brennstoff sind enthalten $10\left(H-\frac{O}{8}\right)$ g disponibler Wasserstoff. Die Volumenverminderung, die bei der Verbrennung eines Mols Wasserstoff (= 2 g) eintritt, beträgt $1/2$ Mol; folglich beträgt sie für 1 g Wasserstoff $1/4$ Mol. Die Kontraktion bei der Verbrennung von $10\left(H-\frac{O}{8}\right)$ g Wasserstoff beträgt demgemäß:

$$\frac{10}{4}\left(H-\frac{O}{8}\right)=2{,}5\left(H-\frac{O}{8}\right).$$

Die Umrechnung des Heizwertes bei konstanten Volumen in den Heizwert bei konstantem Druck erfolgt nun an Hand der Formel:

$$H_D = H_V + 0{,}55\cdot 2{,}5\left(H-\frac{O}{8}\right) = H_V + 1{,}37\left(H-\frac{O}{8}\right).$$

Der numerische Wert des Korrekturgliedes $1{,}37\left(H-\frac{O}{8}\right)$ ist von der Zusammensetzung des Brennstoffes abhängig. Die mittleren Werte dieses Korrekturgliedes sind in folgender Tabelle zusammengestellt:

Brennstoff	Korrektur: $1{,}37\cdot\left(H-\frac{O}{8}\right)$	Korrektur: in % des Heizwertes
Holz	1 kcal	0,02
Torf	2 „	0,04
Braunkohle	4 „	0,06
Gaskohle	5,5 „	0,06
Eßkohle	5,7 „	0,06
Kokskohle	5,7 „	0,06
Magerkohle	3 „	0,03
Anthrazit	3 „	0,02

Der Unterschied zwischen den beiden Heizwerten ist also sehr gering und liegt unterhalb der Fehlergrenzen der Bestimmungsmethode, so daß man ihn praktisch vernachlässigen kann[1].

[1] Bei gasförmigen Brennstoffen liegen die Verhältnisse anders. Die Kompressionsarbeit beträgt hier pro Gewichtseinheit H_2 nicht 1,37 (H_2), sondern 4,05 (H_2).

Der Einfluß der Bezugstemperatur läßt sich ebenfalls rechnerisch ermitteln. In diesem Falle sind die Wärmeinhalte vor und nach der Verbrennung verschieden. Bezeichnet man mit H_0 den Heizwert bei 0°, mit H_t denjenigen bei t°, mit C_1 die spezifische Wärme der Ausgangsprodukte, mit C_2 die spezifische Wärme der Verbrennungsprodukte, so erhält man die Gleichung:

$$H_0 - \int_0^t C_2 \, dt = - \int_0^t C_1 \, dt + H_t .$$

$$H_t = H_0 + \int_0^t (C_2 - C_1) \, dt .$$

Das Integral $\int_0^t (C_2 - C_1)$ drückt den Unterschied der Wärmeinhalte zwischen den Temperaturen 0° und t° aus. Man kann diesen Unterschied auf elementarem Wege folgendermaßen fassen: Den Bezeichnungen H_0 und H_t kommt dieselbe Bedeutung wie oben zu; C_1 sei die mittlere spezifische Wärme des Brennstoffes zwischen 0° und t°, C_2 diejenige der Luft und C_3 diejenige des Verbrennungsgases. M_1 sei die Menge des Brennstoffes und M_2 diejenige der Verbrennungsluft. Der Wärmeinhalt I_1 des Ausgangsgemisches ist dann:

$$I_1 = H_0 + (M_1 C_1 + M_2 C_2)\, t$$

und der Wärmeinhalt I_2 der Verbrennungsprodukte:

$$I_2 = (M_1 + M_2)\, C_3\, t.$$

Die Differenz beider Wärmeinhalte ist gleich dem Heizwert H_t:

$$H_t = H_0 + [M_1 C_1 + M_2 C_2 - (M_1 + M_3) C_3]\, t$$

oder

$$H_t = H_0 + [M_1 (C_1 - C_3) + M_2 (C_2 - C_3)]\, t .$$

Die Differenz beider Heizwerte wird also um so kleiner, je geringer die Differenz zwischen den spezifischen Wärmen der Ausgangs- und Endprodukte wird. Nach Mollier beträgt die Differenz der Heizwerte des Kohlenoxydes bei 0° und bei 200° nur 7 kcal (= 0,25%). Diese Erörterungen stellen somit klar, daß der Heizwert von den Verbrennungsbedingungen und der Bezugstemperatur praktisch unabhängig ist.

Wird hingegen der Verbrennungsprozeß so geführt, daß die Verbrennungsprodukte eine Änderung ihres Aggregatzustandes erfahren, so liegen die Verhältnisse wesentlich anders. Die Brennstoffe enthalten Kohlenstoff, Wasserstoff, Sauerstoff, Schwefel und Stickstoff, die bei der Verbrennung zu Kohlendioxyd, Wasser und Schwefeldioxyd oxydiert werden. Werden die Verbrennungsgase so weit abgekühlt, daß der gebildete Wasserdampf zu flüssigem Wasser kondensiert, so tritt zu dem Heizwert die Verdampfungswärme der entsprechenden Wassermenge hinzu. Eine Abkühlung unterhalb 0°, die eine weitere Umwandlung des flüssigen Wassers in Eis zur Folge hat, ist praktisch bedeutungslos. Diese Überlegungen führen zu den Begriffen des oberen und des unteren Heizwertes.

1. Der obere Heizwert gibt die bei der Verbrennung einer Gewichtseinheit des Brennstoffes entwickelte Wärmemenge bei einer Bezugstemperatur von 0° an, unter der Annahme, daß der gesamte Wasserdampf zu flüssigem Wasser kondensiert wird.

2. Der untere Heizwert gibt die bei der Verbrennung einer Gewichtseinheit des Brennstoffes entwickelte Wärme bei einer Bezugstemperatur von 0° an, unter der Annahme, daß der gesamte Wasserdampf in dampfförmigem Zustande verbleibt.

Der Wassergehalt der Verbrennungsprodukte hat im allgemeinen einen dreifachen Ursprung:

1. Das eigentliche Verbrennungswasser, das durch die Verbrennung des im Brennstoff chemisch gebundenen Wasserstoffes entsteht. Dieser Wert ist ziemlich konstant, da der Wasserstoffgehalt der meisten festen Brennstoffe nur wenig um den Wert von 5% schwankt, so daß pro Kilo Brennstoff rund 0,450 kg Wasserdampf entstehen ($= W_1$).

2. Das ständige Begleitwasser der Brennstoffe, bestehend aus der eigentlichen Grubenfeuchtigkeit und einer mehr oder weniger zufälligen Menge Zusatzwasser ($= W_2$).

3. Der Wassergehalt der Verbrennungsluft, der aber meist nicht in Betracht gezogen wird.

Aus den obigen Begriffsbestimmungen geht hervor, daß der untere Heizwert eines Brennstoffes um die Kondensationswärme des Verbrennungswassers ($W_1 + W_2$) niedriger als der obere Heizwert ausfällt. Bezeichnet man demnach mit H_0 den oberen Heizwert, mit H_u den unteren Heizwert, W_1 das eigentliche Verbrennungswasser und W_2 die Feuchtigkeit des Brennstoffes, so erhält man, unter Heranziehung der Regnault schen Formel der Kondensationswärme:

$$H_u = H_0 - (W_1 + W_2)(606{,}5 - 0{,}305\,t)$$

(t = Versuchstemperatur).

Die Bestimmung des Heizwertes erfolgt in der Mahlerschen Bombe. Die Bedingungen, unter denen die Verbrennung hier ausgeführt wird, sind nun wieder von denjenigen der praktischen Verbrennung verschieden. So wird die Verbrennung bei konstantem Volumen und in einer reinen Sauerstoffatmosphäre unter einem Druck von 25 Atm. vollzogen. Sodann ist die Bezugstemperatur die des umgebenden Raumes, bei der der Wasserdampf bis auf einen minimalen Bruchteil verflüssigt wird. Gibt man, wie dies üblich ist, etwas Wasser in die Bombe, so muß das gesamte Verbrennungswasser in flüssigem Zustande ausfallen.

Unter den angegebenen Versuchsbedingungen erhält man einen Heizwert, den wir mit H_B bezeichnen wollen und der in die folgenden Anteile zerlegt werden kann:

1. Der absolute Heizwert bei konstantem Volumen H;

2. Die Verflüssigungswärme des Wassers ($W_1 + W_2$) (606,5—0,305 t).

3. Der Schwefel verbrennt unter den vorliegenden Versuchsbedingungen nicht zu Schwefeldioxyd, sondern zu Schwefeltrioxyd. Der Heizwert fällt also um die Differenz zwischen den Bildungswärmen von SO_3 und SO_2 höher aus.

4. Der Stickstoff wird in der Bombe zu Salpetersäureanhydrid N_2O_5 oxydiert, während er in der Feuerung in elementarer Form entweicht. Die Wärmetönung dieser Umsetzung kommt also hier hinzu.

5. Die Verdünnungswärme der Schwefelsäure im Wasser.

6. Die Verdünnungswärme der Salpetersäure.

Die vier letzten Anteile des Heizwertes H_B sind auf Grund der Bildungswärme der betreffenden Substanzen in gelöstem Zustande zu berechnen. Die Bildungswärme eines Grammmolekels SO_2 in gelöstem Zustande beträgt nach Landolt-Börnstein 78,78 kcal; diejenige der Schwefelsäure in wässeriger Lösung 141, 7 kcal. Die Differenz zwischen beiden Werten beträgt 62,9 kcal, mithin für die Gewichtseinheit Schwefel 1,9 kcal.

Die Wärmetönung für die Verbrennung des Stickstoffes zu Stickstoffpentoxyd (N_2O_5) beträgt pro Mol Stickstoff (in gelöstem Zustande) 28,6 WE; mithin für jede Gewichtseinheit N_2: 1,021 kcal.

Der in der Bombe gefundene Heizwert H_B ist nach diesen Erörterungen die Summe der folgenden Wärmetönungen: Oberer Heizwert bei konstantem Volumen + Differenz zwischen den Bildungswärmen der gelösten SO_3 und SO_2 + Bildungswärme der gelösten Salpetersäure. Bezeichnet man mit S und N den prozentualen Gehalt des Brennstoffes an Schwefel und Stickstoff, so ist der richtige obere Heizwert bei konstantem Volumen:

$$H_0 = H_B - (19\,S + 10{,}21\,N).$$

Die Korrekturglieder 19 S und 10,21 N müssen also bei dem Versuch analytisch bestimmt und in Anrechnung gebracht werden.

Der Heizwert der Brennstoffe läßt sich auch aus seiner elementaren Zusammensetzung berechnen, und es sind bisher viele Formeln bekannt gegeben worden. Die wichtigsten dieser Formeln sind die nachstehenden, in denen C, H, O, W und S die entsprechenden Gehalte an Kohlenstoff, Wasserstoff, Sauerstoff, Feuchtigkeit und Schwefel bedeuten:

Formel von Dulong: $$H_0 = 80{,}8\,C + 344{,}62\left(H - \frac{O}{8}\right);$$

Verbandsformel: $$H_u = 81\,C + 290\left(H - \frac{O}{8}\right) - 6\,W + 25\,S;$$

Formel von Mahler: $$H = \frac{34500\,H + 8140\,C - 3000\,(O + N)}{100}.$$

Diese Formeln geben nur annähernde Werte. Da eine direkte Bestimmung des Heizwertes in der Bombe rascher und genauer ist als eine Elementaranalyse, ist das Anwendungsgebiet dieser und ähnlicher Formeln nur beschränkt.

Man unterscheidet ferner die folgenden Heizwerte, die sowohl auf den oberen wie auf den unteren Heizwert bezogen werden können:

Der Nettoheizwert ist der Heizwert der trockenen aschenfreien Reinkohle. Bezeichnet man mit H_1 den experimentell oder rechnerisch bestimmten Heizwert eines Brennstoffes mit W% Feuchtigkeit und A% Asche, und H_2 den Nettoheizwert, so ist der Gehalt an Reinkohle gleich $100 - (W+A)$ und der Nettoheizwert:

$$H_2 = \frac{H_1 \cdot 100}{100 - (W + A)}.$$

Der technische oder Bruttoheizwert ist der aktuelle Heizwert des Brennstoffes im Moment der Verfeuerung. Da die Heizwertbestimmungen fast immer an trockenem Brennstoff vorgenommen werden, interessiert es den Ingenieur zu wissen, welche Wärmemenge pro Kilo Brennstoff im Anlieferungszustand eigentlich seiner Feuerung zur Verfügung steht. Ist H_1 der direkt festgestellte Heizwert und W_A der Wassergehalt der Kohle im Anlieferungszustand, so beträgt der industrielle Heizwert H_i:

$$H_i = \frac{H_1 (100 - W_A)}{100}.$$

Es geht aus den obigen Zeilen hervor, daß zwischen den verschiedenen Heizwerten einfache rechnerische Beziehungen bestehen, die eine Umrechnung der vermittels der Bombe bestimmten Verbrennungswärme in den einzelnen in Frage stehenden Heizwerten ohne weiteres zulassen.

Die verschiedenen Korrekturglieder des experimentell festgestellten Heizwertes werden in der Regel berechnet bis auf die Berechnung des Heizwertes bei konstantem Druck, wodurch der übliche Wert der Verbrennungswärmen zwar nur unwesentlich, aber immerhin um 1—7 kcal beeinflußt wird. Aus diesem Grunde allein ist es angängig, die Angabe der Heizwerte auf 5 und 10 abzurunden und nicht, wie dies manchmal empfohlen wird, eine falsche Genauigkeit durch Angabe der ersten Dezimalstelle vorzutäuschen.

Es stellt sich jetzt die wichtige Frage, welchen Heizwert man den feuerungstechnischen Berechnungen zugrunde legen soll. Für die Beurteilung eines Brennstoffes nach dem Heizwert muß er natürlich stets auf die trockene Substanz bezogen werden, um vergleichbare Werte zu erhalten. Dabei ist nicht zu vergessen, daß der Heizwert allein kein genügendes Kennzeichen ist, sondern daß außer dem Aschen- und Feuchtigkeitsgehalt noch andere Angaben, wie Kohlengattung, Entzündungstemperatur, Verbrennungstemperatur, Beschaffenheit der Aschen, elementare Zusammensetzung, notwendig sind, um von der Güte eines Brennstoffes für Feuerungszwecke ein vollständiges Bild zu entwerfen.

Bei der Beurteilung der Feuerungsanlagen ist es nun nicht gleichgültig, ob man bei den Berechnungen von dem oberen oder von dem unteren Heizwert ausgeht. Die Frage, welchen dieser beiden Werte man wählen soll, ist noch immer nicht endgültig geklärt[1]. In Nordamerika, England und Frankreich bedient man sich des oberen Heizwertes mit der genauen Angabe des Verbrennungswassers, so daß stets die Errechnung des unteren Heizwertes ermöglicht ist. In Deutschland hat man neuerdings die ausschließliche Anwendung des unteren Heizwertes als unhaltbar erklärt, jedoch ist die Frage noch nicht endgültig entschieden. Die Vor- und Nachteile der beiden Heizwerte lassen sich kurz folgendermaßen zusammenfassen:

1. Der obere Heizwert entspricht dem wirklichen, maximalen Energieinhalt des Brennstoffes; er läßt sich ferner experimentell am einfachsten ermitteln.

2. Der untere Heizwert ist der praktisch richtigere Wert, da das Wasser in den Heizzügen nicht zur Verflüssigung kommt und es noch kein technisches Verfahren zur Nutzbarmachung dieses Anteiles gibt.

Es scheint immerhin richtiger zu sein, den oberen Heizwert als Grundlage für die Wärmebilanzen zu nehmen, da die Berechnungen dann auf den wirklich höchsten Energieinhalt des Brennstoffes bezogen werden.

2. Einfluß des Aschegehaltes auf den Heizwert der Kohle.

Ist der Nettoheizwert H einer Reinkohle gegeben, so wird der Einfluß des Aschegehaltes a auf den Bruttoheizwert H_B durch die lineare Gleichung ausgedrückt:

$$H_B = H_N \frac{100 - a}{100}$$

Diese Gleichung wird durch die Erfahrung bestätigt: Ordnet man beispielsweise die gefundenen Bruttoheizwerte der Kohlen eines Gebietes nach steigendem Aschegehalt, so erhält man graphisch eine Gerade. Der direkte Versuch bestätigt noch deutlicher diese lineare Abhängigkeit: Eine Saarkohle mit 2% Asche wurde mit steigenden Mengen einer Sammelprobe von Aschen saarländischer Kohlen vermischt und der Heizwert der trockenen Mischungen bestimmt. Die Resultate sind in der nebenstehenden Abb. 16 graphisch aufgezeichnet; man erkennt ohne weiteres die lineare Abhängigkeit.

[1] Chal. Ind. 1923. Cpt. rend. du Congrès de Chauffage industriel. — Z. bayr. Rev.-V. 1917, S. 19. — Ebenda 1918, S. 1. — Arch. Wärmewirtsch. 1924, S. 153. — Z. V. d. I. 1926. S. 1338.

Die obige Gleichung wird zwecks Berechnung des Nettoheizwertes aus dem gefundenen Bruttoheizwert umgeformt in

$$H_N = H_B \cdot \frac{100}{100 - a}.$$

Diese Gleichung setzt voraus, daß die Aschenbestandteile der Kohlen keinen Einfluß auf die Nettoverbrennungswärme ausüben. Dementsprechend müßte die Berechnung des Nettoheizwertes aus den kalorimetrisch ermittelten Bruttoverbrennungswärmen einer bestimmten, als konstant angenommenen Reinkohle, die aber verschiedene Aschengehalte aufzeigt, einen konstanten Wert ergeben. Verfasser konnte nachweisen, daß diese Voraussetzung nicht durch die Erfahrung bestätigt wird, sondern daß vielmehr der Nettoheizwert natürlicher Kohlen mit steigendem Aschegehalt sinkt. Der Abfall äußert sich vornehmlich bei höheren Aschegehalten (>15–18%).

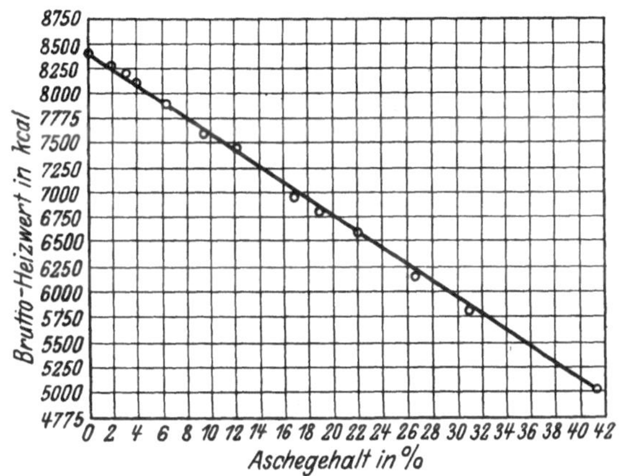

Abb. 16. Abhängigkeit des Bruttoheizwertes vom Aschegehalt.

Abb. 17 zeigt beispielsweise die Ergebnisse einer statistischen Zusammenstellung an belgischen Magerkohlen: Die Abnahme des Nettoheizwertes mit steigendem Aschegehalt tritt klar hervor; bei Kohlen mit mehr als 18—20% Asche liegen die Abweichungen bereits außerhalb der Fehlergrenzen der üblichen kalorimetrischen Methode (Berthelot-Mahlersche Bombe). Dieselbe Erscheinung wurde nicht nur an Saarkohlen und anderen Kohlen wiedergefunden, sondern auch an künstlich aschereicher gemachten Kohlen. Als wichtigste Erklärungsmöglichkeiten für diese Erscheinung kann man in Betracht ziehen:

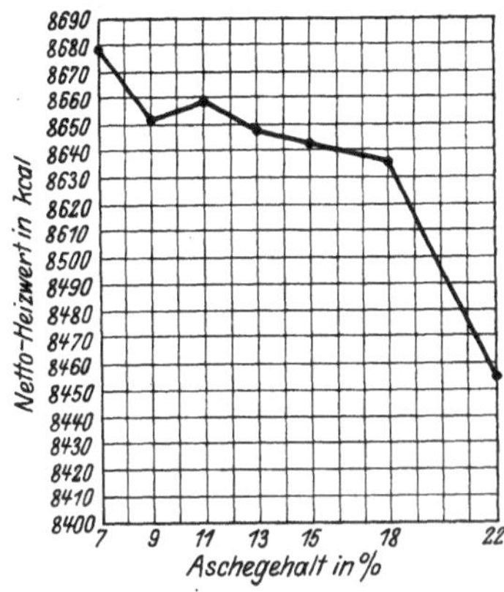

Abb. 17. Abhängigkeit des Nettoheizwertes vom Aschegehalt.

1. Auftreten von irreversiblen endothermen Nebenumsetzungen bei der Verbrennung in der Bombe;

2. Verluste bei der Heizwertbestimmung;
3. Fehlerhafte Aschenbestimmung;
4. Hydratwasser der Aschesubstanz;
5. Veränderung der Elementarzusammensetzung mit steigendem Aschegehalt.

Es wurde versucht, diese einzelnen Punkte durch entsprechende Versuche zu klären, wobei die nachstehenden Schlußfolgerungen sich als zulässig erwiesen: Bei der Aschebestimmung eines festen Brennstoffes ist scharf zu unterscheiden zwischen einem wahren und einem gefundenen Aschegehalt. Ist Hydratwasser in der Aschensubstanz nachweisbar, so ist ferner ein Gesamtgehalt an unverbrennlichen Stoffen zu unterscheiden.

Diese Verschiedenheiten kommen natürlich bei der Berechnung des Nettoheizwertes aus dem kalorimetrisch gefundenen Heizwert zur Auswirkung.

Die Unterschiede zwischen dem wahren und dem analytisch gefundenen Aschegehalt erklären aber nicht restlos die Tatsache, daß der Nettoheizwert mit steigendem Aschegehalt einer Kohle abnimmt, so daß auch mit negativen Wärmetönungen verbundene chemische Umsetzungen (bzw. Lösungsprozesse) der Aschensubstanz bei höheren Temperaturen angenommen werden müssen[1].

Durch diese Feststellungen wird ein Gebiet der Brennstoffchemie eröffnet, das gerade jetzt in eine Zeit fällt, in der das Interesse an der Verwendung minderwertiger Brennstoffe immer mehr zunimmt.

II. Das Wasser.

A. Allgemeines.

Das Wasser ist der Hauptbetriebsstoff der Kesselanlage. In letzter Zeit hat sich immer mehr die Erkenntnis Bahn gebrochen, daß ein einwandfreies Kesselspeisewasser die Grundbedingung für eine gesunde und wirtschaftliche Kraftanlage ist. Die Entwicklung des Dampfkesselbaues, mit ihrer ausgesprochenen Tendenz zu immer höheren Betriebsdrucken, drängt auch dazu, der Speisewasserfrage eine erhöhte Aufmerksamkeit zuzuwenden, da die großen Verdampfungsziffern bei gleichzeitiger Verkleinerung des Kesselinhaltes allzu rasch zu schädlichen Anreicherungen der Salze und des Schlammes im Kesselwasser führen.

Beim Ausarbeiten des Projektes einer neu zu errichtenden Kesselanlage spielt das zur Verfügung stehende Wasser eine nicht hoch genug einzuschätzende Rolle: Das zur Verwendung kommende Kesselsystem soll sich in weitgehendem Maße nach der Beschaffenheit des zur Verfügung

[1] Stumper, R.: Brennstoffchemie 8, 1927, S. 33. — Ders.: Ebenda 8, 1927, S. 261.

stehenden Wassers richten. Bei oberflächlicher oder unsachgemäßer Beurteilung der Wasserverhältnisse sind schon oft später im Betrieb Schwierigkeiten erstanden, deren Beseitigung nur mit hohen Kosten zu erreichen war und sogar manchmal sich als unmöglich erwies. So sind dem Verfasser Fälle bekannt, wo nach kurzer Betriebsdauer die durch das Speisewasser entstandenen Störungen solche Ausmaße annahmen, daß zu ihrer Beseitigung Tiefbohrungen nach neuen Quellen, kilometerlange Rohrleitungen und dergleichen ausgeführt werden mußten. Es ist sogar schon vorgekommen, daß die ganze Anlage abgebrochen und an einen anderen Ort verlegt werden mußte, nur um besseres Speisewasser zur Verfügung zu haben. Viel Mühe und Ärger wie auch viel Geld können also im späteren Betrieb erspart bleiben, wenn man vorher die Wasserfrage sachkundigen Fachleuten zur Beurteilung unterbreitet hat. In den Dampfkesselüberwachungsvereinen, in den regionalen hygienischen Instituten, in den technischen Abteilungen der Universitäten, in den Laboratorien der technischen Hochschulen, sind diesbezügliche Erfahrungen in genügendem Maße gesammelt. Einseitig beeinflußte Beurteilung findet die Speisewasserfrage wohl immer durch die industriellen Unternehmen, welche Dampfkessel oder Wasserreiniger herstellen bzw. vertreiben. Am sichersten wird der Ratsuchende gehen, wenn er sich an neutrale Sachverständige, am besten an die Dampfkesselüberwachungsvereine wendet.

Ein gutes Wasser ist die erste Vorbedingung für einen gesunden Kesselbetrieb. Es stellt sich jetzt die Frage, welche Beschaffenheit das Speisewasser hat und welchen Anforderungen es genügen soll. Diese Fragen können dann erst beantwortet werden, wenn man sich über alle Eigenschaften des Wassers und ihren Einfluß im Kesselbetrieb ein klares Bild machen kann. Es ist deshalb notwendig, vorerst die chemische Natur dieses Betriebsstoffes eingehend zu erörtern. Dieses Kapitel bedarf einer besonders gründlichen Behandlung, da in Ingenieurkreisen vielfach mangelhafte Kenntnisse oder irrtümliche Meinungen über die Chemie des Kesselspeisewassers anzutreffen sind.

B. Die physikalisch-chemischen Grundlagen.

1. Konstitution des Wassers.

Chemisch reines Wasser kommt in der Natur nicht vor. Bisher wurde ein absolut reines Wasser nur einmal, unter Aufwendung von ganz besonderen Vorsichtsmaßregeln, von Kohlrausch und Heydweiller[1] hergestellt. Über den Molekularzustand des Wassers herrscht die allgemein bekannte Ansicht, das Wasser entspräche der chemischen Formel H_2O. Auf dem

[1] Kohlrausch, F. u. Heydweiller, A.: Zeitschr. f. pysikal. Chem. 1894, S. 317.

internationalen Kongreß des Faraday-Institutes im Jahre 1910 wurde das Thema der Konstitution des Wassers zur Diskussion gestellt. An dieser nahmen bekannte Forscher, wie P. A. Guye, Walden, Walker, Sutherland und andere, teil, und es ergab sich die allgemein als richtig angenommene Auffassung, daß das Wasser in seinen drei Aggregatformen verschiedene Molekularzustände aufweist. Der Wasserdampf besteht aus den einfachen sogenannten Hydrolmolekülen: H_2O; das Eis ist ein Polymerisationsprodukt von drei Molekülen H_2O, das Trihydrol: $(H_2O)_3$. Im flüssigen Wasser kommen Mono-, Di- und Trihydrol vor, die miteinander im Gleichgewicht stehen:

$$x\,H_2O \rightleftharpoons z\,(H_2O)_2 \rightleftharpoons y\,(H_2O)_3 .$$

2. Theorie der elektrolytischen Dissoziation (Ionentheorie).

Die verdünnten Lösungen — und solche stellen sämtliche in Frage kommenden Wässer dar — unterliegen, wie zuerst van't Hoff[1] nachgewiesen hat, den Gasgesetzen von Boyle-Mariotte, Gay-Lussac und Avogadro völlig analogen Gesetzmäßigkeiten. Die gelösten Körper üben einen ganz bestimmten von Temperatur und Konzentration abhängigen Druck aus. Dieser Druck, der sogenannte osmotische Druck, kann nur durch besondere Versuchsvorrichtungen wahrgenommen und gemessen werden (durch sogenannte halbdurchlässige Wände). Die Gesetze der verdünnten Lösungen lassen sich folgendermaßen zusammenfassen:

1. Der osmotische Druck ist direkt proportional der Konzentration der Lösung,
2. er ist außerdem proportional der absoluten Temperatur,
3. der osmotische Druck ist unabhängig von der Natur des gelösten Körpers und wird nur durch die Zahl der gelösten Moleküle bestimmt.

Auf Grund dieser Gesetzmäßigkeiten zog van't Hoff den Schluß, daß zwischen den Gasen und den verdünnten Lösungen vollständige Analogie besteht. Die Zustandsgleichung ist daher für Gase und gelöste Körper identisch. Mithin gilt für beide Erscheinungen das bekannte Gesetz:

$$P\,V = R\,T.$$

Die verdünnten Lösungen zeigen bei gleicher Konzentration und bei gleicher Temperatur eine Reihe von übereinstimmenden Eigenschaften, die durch den gleichen osmotischen Druck bestimmt werden: sie besitzen dieselbe Wasserdampfspannung, denselben Siedepunkt und denselben Gefrierpunkt. Löst man mithin ein Molekülgramm irgendeines Stoffes in einem Liter Wasser auf, so ergeben sich ganz bestimmte gesetzmäßige Abweichungen von den oben genannten Eigenschaften des reinen Lösungsmittels. Auf diese Weise wird es dem Physikochemiker ermög-

[1] van't Hoff: Vorlesungen über theoretische Chemie.

licht, Molekulargewichtsbestimmungen durch Siedepunkts-, Gefrierpunkts- oder Dampftensionsmessungen auszuführen. Das gesuchte Molekulargewicht M findet man beispielsweise durch die Methode der Siedepunktserhöhung, indem man die betreffenden Werte in folgende Formel einsetzt:

$$M = k \cdot \frac{100 \cdot p}{\Delta t \cdot P}.$$

Hierbei ist

p = Gewicht der Substanz,
P = Gewicht des Lösungsmittels,
Δt = Siedepunktserhöhung,
k = eine Konstante des Lösungsmittels,

die sog. molekulare Siedepunktserhöhung, die unabhängig von der Natur des gelösten Körpers, aber abhängig von der Natur des Lösungsmittels ist. Für Wässer ist $k = 5{,}2$, d. h. ein Molekülgramm jedweder in 100 g Wasser gelösten Substanz ruft eine Siedepunktserhöhung von 5,2° hervor.

Im Dampfkessel reichern sich die löslichen Salze infolge der Verdampfung an, und es fragt sich, ob die hierdurch bedingte Erhöhung der Verdampfungstemperatur einen nennenswerten Mehrverbrauch an Wärme erfordert. Für jedes in 100 g gelöste Molekülgramm eines beliebigen Salzes beträgt die Temperaturerhöhung 5,2° ohne Berücksichtigung des später zu erörternden Dissoziationsgrades. Es müßten deshalb vom Kochsalz NaCl mit dem Molekulargewicht 58,46 diese Menge in Gramm pro Liter enthalten sein, um eine Temperaturerhöhung von 0,52° zu bewirken. Bei Natriumsulfat (Molekulargewicht 142,07) würde erst eine 14,2%ige Lösung dieselbe Steigerung hervorrufen. Der Mehraufwand an Wärme beträgt pro gelöstes Molekülgramm im Liter rund 0,5 cal. Somit belastet dieser Salzgehalt, bei Annahme eines mittleren Heizwertes des Brennstoffes von 6000 kcal, die Wärmebilanz mit

$$\frac{0{,}5 \cdot 100}{6000} \backsimeq 0{,}01\,\%.$$

Zieht man die Ionenspaltung in Betracht, so berechnet sich dieser Wert zu maximal 0,02%. Der durch die Anreicherung der Salze hervorgerufene Mehrverbrauch an Brennstoff spielt deshalb im Dampfkesselbetrieb eine untergeordnete, sogar eine zu vernachlässigende Rolle. Außerdem mag noch gesagt werden, daß die oben angegebenen Salzkonzentrationen bei gut geführtem Betrieb in der Praxis nicht vorkommen.

Bei der weiteren experimentellen Ausarbeitung der Lösungsgesetze zeigten sich bald auffällige Anomalien, namentlich bei den wässerigen Lösungen von Säuren, Basen und Salzen. Während die wässerigen Lösungen der meisten organischen Körper, wie Rohrzucker, Alkohol, Glyzerin, Harnstoff usw. genau den Gesetzen folgen und somit der Zustandsgleichung gerecht werden, zeigen die Lösungen der Salze, Säuren und Basen osmotische Eigenschaften, die nicht mit den zu erwartenden übereinstimmen. Die Abweichung läßt, in Anlehnung an die Anomalien der Gasdichten durch thermische Dissoziation, eine Vergrößerung der Zahl der gelösten Teilchen vermuten. Van't Hoff dehnte die Zustandsgleichung auch auf diese Fälle aus, indem er den Korrektionsfaktor i in die Gleichung einsetzte. Für die Lösungen der Säuren, Basen und Salze gilt mithin die Gleichung:

$$PV = iRT.$$

Der empirische Faktor i gibt an, das Wievielfache der nach dem Molekulargewicht zu erwartenden Werte die osmotischen Methoden ergeben.

Die Erklärung dieser verwickelten Tatsachen gelang auf ganz unerwartetem Wege dem schwedischen Physikochemiker Svante Arrhenius[1] durch seine epochemachende Theorie der elektrolytischen Dissoziation.

Während reines Wasser den elektrischen Strom so gut wie nicht leitet, besitzen die wässerigen Lösungen der Säuren, Basen und Salze eine mehr oder minder starke Leitfähigkeit. Die Lösungen der Körper, die ein normales Verhalten im Sinne der Zustandsgleichung aufzeigen, leiten den elektrischen Strom nicht. Man nennt die letzteren Substanzen die Nichtelektrolyte, die ersteren dagegen die Elektrolyte. Beim Durchgang der Elektrizität durch die Elektrolytlösungen erleiden diese stoffliche Umwandlungen, die darauf hinweisen, daß der Transport der Elektrizität durch die Lösungen an die Wanderung von Stoffteilchen gebunden ist. Arrhenius brachte beide Erscheinungsgruppen, einerseits das abnorme osmotische Verhalten und andererseits die elektrolytischen Eigenschaften, in ursächlichen Zusammenhang miteinander, wodurch mit einem Schlage die Natur der verdünnten Lösungen aufgeklärt wurde.

Die Arrheniussche Theorie besagt in Kürze, daß die elektrische Leitfähigkeit der Elektrolytlösungen darauf beruht, daß in der Lösung schon vor dem Durchgang der Elektrizität der gelöste Körper in elektrisch geladene Teilchen, die Ionen, gespalten ist. Diese Ionen sind die Träger der Elektrizität; sie sind als selbständige Moleküle wirksam und rufen dadurch den erhöhten osmotischen Druck mit seinen Folgeerscheinungen hervor. Die Theorie der elektrolytischen Dissoziation lehrt also den Zerfall des gelösten Körpers in seine Ionen. Die auf diese Weise freiwerdenden Atome und Atomgruppen sind elektrisch geladen, und zwar, da die Lösung aber elektrisch neutral ist, mit äquivalenten positiven und negativen Einheitsladungen. Nach den Faradayschen Ge-

[1] Arrhenius, S.: Zeitschr. f. physikal. Chem. 1887, S. 631.

setzen beträgt die Einheitsladung pro Ion-Gramm und Wertigkeit 96500 Coulomb. Das positiv geladene Ion wird Kation genannt, da es bei der elektrolytischen Zersetzung zur negativen Elektrode, der Kathode, wandert und dort abgeschieden wird; das negative Anion wird an der positiven Elektrode, der Anode, abgeschieden. Als Beispiel der Ionenabspaltung mögen einige Dissoziationsgleichungen von Salzen, die im Kesselspeisewasser vorkommen, angeführt werden:

Natriumchlorid	$NaCl = Na^{\cdot} + Cl'$
Natriumsulfat	$NaSO_4 = 2\,Na^{\cdot} + SO_4''$
Gips	$CaSO_4 = Ca^{\cdot\cdot} + SO_4''$
Calciumbikarbonat.	$Ca(HCO_3)_2 = Ca^{\cdot\cdot} + 2\,HCO_3'$
Magnesiumsulfat	$MgSO_4 = Mg^{\cdot\cdot} + SO_4''$
Magnesiumchlorid	$MgCl_2 = Mg^{\cdot\cdot} + 2\,Cl''$.

3. Der Dissoziationsgrad.

Die Ionenspaltung der Elektrolyte ist nicht vollständig, weshalb zur genauen Kennzeichnung jedweden Lösungszustandes der Bruchteil γ des in Ionen zerfallenen Moleküles angegeben werden muß. Löst man ein Mol eines Elektrolyten in einem bestimmten Volumen Wasser auf, so gibt γ den Bruchteil des Moles an, der dissoziiert ist, während $(1-\gamma)$ den nicht ionisierten Restbetrag bezeichnet. Die Zahl γ nennt man den Dissoziationsgrad; er schwankt, wie aus der Definition hervorgeht, zwischen 0 und 1 oder, in Prozenten ausgedrückt, zwischen 0 und 100. Der Dissoziationsgrad ist einerseits von der Natur des Elektrolyten und andererseits von den Versuchsbedingungen, besonders der Konzentration, abhängig. Seine Bestimmung kann auf osmotischem oder auf elektrischem (Leitfähigkeitsmessung) Wege erfolgen. Bei den meisten Salzen, den starken Säuren und den starken Basen ist die Dissoziation fast vollständig, dagegen ist sie bei schwachen Säuren und Basen gering. Die Kesselspeisewasser enthalten nur äußerst kleine Mengen gelöster Salze, so daß hier die Dissoziation sozusagen vollständig ist.

4. Die Ionengleichgewichte.

In jeder Lösung eines Elektrolyten besteht zwischen den Ionen und dem undissoziierten Anteil bei gegebener Konzentration ein Gleichgewicht, das dem Massenwirkungsgesetz unterliegt. Befindet sich 1 Mol eines Elektrolyten in V Liter Lösung enthalten, und nennt man den Dissoziationsgrad γ, so sind von jeder Ionenart γ Mol vorhanden, während der undissoziierte Restbetrag $1-\gamma$ beträgt. Die betreffenden Konzentrationen betragen $\frac{\gamma}{V}$ und $\frac{1-\gamma}{V}$. Das Massenwirkungsgesetz sagt nun aus, daß im Gleichgewichtszustand das Verhältnis der Konzentrationen des dissoziierten und des undissoziierten Anteiles eine Konstante bildet.

Mithin nimmt das Ionengleichgewicht eines in zwei Ionen zerfallenen Elektrolyten die Gestalt an:

$$\frac{\frac{\gamma}{V} \cdot \frac{\gamma}{V}}{\frac{1-\gamma}{V}} = \frac{\gamma^2}{(1-\gamma)V} = K \qquad (1)$$

oder:

$$\frac{\gamma^2}{1-\gamma} = KV.$$

Es ergibt sich die Beziehung:

$$\gamma = \frac{-KV + \sqrt{4\,KV + K^2V^2}}{2}. \qquad (2)$$

Die Anwendung des Massenwirkungsgesetzes auf die elektrolytische Dissoziation erlaubt die folgenden Gesetzmäßigkeiten mathematisch abzuleiten:

1. Der Dissoziationsgrad steigt mit der Verdünnung V;
2. der Dissoziationsgrad ist um so größer, je größer die Dissoziationskonstante K ist;
3. der Dissoziationsgrad läßt sich durch Anwendung der Formel (2) für die verschiedenen Konzentrationen berechnen, falls die Konstante K bekannt ist.

Die Zahlentafel gibt eine kurze Übersicht des Dissoziationsgrades der hauptsächlichsten im Kesselbetrieb vorkommenden Salze.

Grad der Ionenspaltung.

Salz	Konzentration (Normalität):			
	0,1 N	0,01 N	0,001 N	0,0001 N
	%	%	%	%
NaCl	85	94	98	99
$NaNO_3$	83	89	98	99
NaOH	88	95	99	100
$NaHCO_3$	52	—	—	—
Na_2CO_3	69	85	93	95
Na_2SO_4	69	84	93	95
$CaCl_2$	75	88	95	97
$Ca(NO_3)_2$	—	90	95	98
$CaSO_4$	—	63	90	—
$MgCl_2$	71	88	96	99
$MgSO_4$	43	68	89	98

Diese Werte sind nach Kohlrausch[1] errechnet bzw. extrapoliert. Man erkennt aus der Tabelle, daß die Salze der einwertigen Ionen (NaCl) in 0,1 normalen Lösungen zu 85%, diejenigen der zweiwertigen Ionen ($MgSO_4$, Na_2CO_3) höchstens zu 70% dissoziiert sind (Noyessche Regel).

[1] Kohlrausch und Holborn: Leitvermögen der Elektrolyte, 2. Aufl. Leipzig: B. G. Teubner.

5. Die Dissoziation des Wassers.

Auch das chemisch reine Wasser unterliegt der elektrischen Dissoziation und seinen Gesetzen. Da jedoch die Leitfähigkeit des reinen Wassers für den elektrischen Strom nur äußerst gering ist, kann auch die Dissoziation des Wassers in elektrisch geladene Ionen nur sehr geringfügig sein. Dennoch ist sie genau meßbar und durch sehr verschiedene Methoden mit hervorragender Übereinstimmung gemessen worden. Die Dissoziation des Wassers liefert ein positiv geladenes Wasserstoffion $H^{\cdot}$ und ein negativ geladenes Hydroxylion OH':

$$H_2O \rightleftarrows H^{\cdot} + OH'.$$

Nach dem Massenwirkungsgesetz führt diese Reaktion zu dem Gleichgewicht:

$$\frac{[H^{\cdot}] \cdot [OH']}{[H_2O]} = K.$$

Die eckigen Klammern bedeuten in der physikalisch-chemischen Schreibweise die Konzentration der umklammerten Molekel- und Ionenarten, gemessen in Molekül- bzw. Iongramm pro Liter. In Anbetracht der Tatsache, daß das Wasser nur sehr wenig dissoziiert ist und daß dadurch die Konzentration der undissoziierten Moleküle H_2O eine zu vernachlässigende Verminderung erleidet, kann man $[H_2O]$ als Konstante annehmen und auf die rechte Seite der Gleichung setzen. Das Dissoziationsgleichgewicht des Wassers ist mithin

$$[H^{\cdot}] \cdot [OH'] = Kw.$$

K_w ist die Dissoziationskonstante des Wassers; ihr Wert beträgt bei 22° rund 10^{-14}. Da nun das chemisch reine Wasser elektrisch neutral reagiert, so müssen gleichviel positive und negative Ionen vorhanden sein. Mithin beträgt die Konzentration sowohl der $H^{\cdot}$- wie der OH'-Ionen

$$[H^{\cdot}] = [OH'] = \sqrt{Kw} = 10^{-7}\,(22°).$$

Aus diesen Zahlenwerten läßt sich berechnen, daß von je 555 Millionen H_2O-Molekülen nur ein einziges dissoziiert ist[1].

Die Dissoziation des Wassers ist stark abhängig von der Temperatur. Die Werte der Dissoziationskonstante K_W für steigende Temperaturen sind in der nachfolgenden Tabelle angegeben[2].

Temperatur:	0	18	25	50	75	100	128	136	218°
$K_W \cdot 10^{14}$:	0,09	0,5	1	4,5	16,9	48	114	220	461.

Diese Werte müssen aber noch durch genaue Messungen überprüft werden, besonders in dem Temperaturgebiet über 100°, da die durch die hohen Temperaturen im Dampfkessel bedingten Gleichgewichts-

[1] Michaelis, L.: Die Wasserstoffionen-Konzentration, 2. Aufl. I. Teil, S. 11. Berlin: Julius Springer.

[2] Washburn, E. W.: Principes de Chimie physique 1925, S. 405.

verschiebungen von großer Bedeutung sind für die Weiterentwicklung des Hochdruckwesens.

6. Die Reaktion einer Flüssigkeit.

Die übliche Wasserchemie prüfte die Reaktion der Flüssigkeiten durch ihr Verhalten gegenüber Lakmuspapier: die saure Reaktion ist durch die Rötung des Lakmuspapiers, die alkalische Reaktion durch die Blaufärbung gekennzeichnet. In der Wasseranalyse werden auch noch andere Indikatoren angewandt, deren Färbung alsdann die Reaktion des Wassers angibt. Diese qualitativen Untersuchungsmethoden sind auf Grund neuerer physikalisch-chemischer Arbeiten durch eine quantitative Methodik ersetzt worden.

Die Ionentheorie hat gelehrt, daß der Träger der sauren Reaktion das Wasserstoffion $H^{\cdot}$ und derjenige der alkalischen Reaktion das Hydroxylion OH' ist. Eine Säure ist mithin ein Stoff, der in wässeriger Lösung Wasserstoffionen abspaltet; eine Base spaltet Hydroxylionen ab. Da in reinem, d. h. neutralem Wasser die Menge der Wasserstoffionen gleich der Menge der Hydroxylionen ist, d. h. die Beziehung

$$[H^{\cdot}] = [OH'] = \sqrt{K_W}$$

erfüllt ist, so läßt sich die Reaktion einer Flüssigkeit durch die Wasserstoffionen bzw. die Hydroxylionenkonzentration quantitativ definieren. Ist der Wert für $[H^{\cdot}]$ größer als 10^{-7} (22°), so hat man es mit einer sauren Reaktion zu tun. Ist $[OH']$ größer als 10^{-7}, so spricht man von einer alkalischen Reaktion. Falls $[H^{\cdot}]$ einer Flüssigkeit bekannt ist, so ist ipso facto auch $[OH']$ definiert, da das Produkt

$$[H^{\cdot}] \cdot [OH']$$

in allen Fällen gleich K_W (z. B. 10^{-14} bei 22°) sein muß.

Aus dieser gegenseitigen zwangsmäßigen Abhängigkeit ergibt es sich, daß es genügt, die Reaktion einer Flüssigkeit entweder durch $[H^{\cdot}]$ oder durch $[OH']$ zu kennzeichnen. Wegen der überragenden Wichtigkeit der Wasserstoffionen in den chemischen Prozessen ist es üblich geworden, die Reaktion der Flüssigkeiten nur durch die Konzentration dieser Ionen, also durch $[H^{\cdot}]$ auszudrücken.

Es ist nun weiter in den physikalisch-chemischen Fachkreisen üblich geworden, diese Konzentration nicht als solche auszudrücken, sondern durch den negativen dekadischen Logarithmus derselben. Diesen Wert nennt man, nach Sörensen, Wasserstoffexponent und drückt ihn durch die Zeichen pH, PH, p_H aus. Zur typographischen Erleichterung ist es zweckmäßig, die Schreibart pH zu gebrauchen.

Es gilt somit:

$$pH = -\log[H^{\cdot}] = \log\frac{1}{[H^{\cdot}]}.$$

Beispiel:

$$[H^{\cdot}] = 10^{-pH}$$
$$[H^{\cdot}] = 10^{-7};\ pH = 7$$
$$[H^{\cdot}] = 5 \cdot 10^{-7} = 10^{-6,301}\,pH = 6,301$$

da

$$[H^{\cdot}] = 10^{(\log 5)-7} = 10^{-6,301}.$$

Bezeichnet man in gleicher Weise die Hydroxylionenkonzentration durch pOH und den negativen Logarithmus von K_W durch pK_W, so folgt

$$pH + pOH = pK_W.$$

In reinem Wasser gilt nach obigem die Gleichung

$$pH = pOH = 7.$$

Die saure Reaktion ist gekennzeichnet durch

$$pH < pOH \text{ und } pH < 7$$

und die alkalische Reaktion durch

$$pH > pOH \text{ und } pH > 7.$$

Je kleiner der Wasserstoffexponent ist, desto größer ist die Wasserstoffionenkonzentration und desto saurer reagiert die Flüssigkeit.

Tillmans[1] hat vorgeschlagen, die Wasserstoffionenkonzentration in Zehntausendstel Milligramm pro Liter anzugeben, was um so leichter möglich ist, als das Atomgewicht des Wasserstoffes = 1 g ist. Wenn man also $[H^{\cdot}] = 10^{-7}$ hat, so heißt das, daß die Flüssigkeit sowohl 10^{-7} Iongramm als auch 10^{-7} g Wasserstoffionen enthält. Tillmans schlägt die Bezeichnungsweise $h^{\cdot}$ für ein 0,0001 mg $H^{\cdot}$ im Liter vor. Um $h^{\cdot}$ aus der Wasserstoffionenkonzentration zu erhalten, braucht man die Zahl nur durch $1 \cdot 10^{-7}$ zu dividieren. Bei dieser Ausdrucksweise bedeutet der Wert 1 gerade den Neutralpunkt.

$$h > 1 = \text{sauer} \quad \text{und} \quad h < 1 = \text{alkalisch.}$$

7. Säuren und Basen.

Das $H^{\cdot}$-Ion ist bekanntlich der Träger der sauren Eigenschaften einer Flüssigkeit. Eine Säure ist mithin ein Körper, der in wässeriger Lösung Wasserstoffionen abspaltet und die $[H^{\cdot}]$ über den Neutralpunkt 10^{-7} bringt. Eine Base hingegen ein solcher, der die Wasserstoffionenkonzentration unter den Wert $[H^{\cdot}] = 10^{-7}$ herabdrückt.

Die Chemie hat von jeher zwischen starken und schwachen Säuren und ebensolchen Basen unterschieden und dabei die Klassifikation auf die Verdrängung der betreffenden Radikale aus neutralen Salzen begründet. Auf Grund der Dissoziationstheorie ergibt sich nunmehr auch die quantitative Erfassung der Stärke des sauren oder basischen Cha-

[1] Tillmans, S.: Zeitschr. f. Unters. d. Nahrungs- und Genußmittel 1919, Heft 1/2.

rakters. Je größer der Dissoziationsgrad, desto mehr Ionen sind in der Lösung und desto stärker ist die betreffende Säure oder Base. Die Dissoziationskonstante gibt mithin das rationellste Maß der Stärke dieser Elektrolyten.

Drückt man, dem Sprachgebrauch der physikalischen Chemie folgend, die Säure durch HA aus, so folgt nach dem Massenwirkungsgesetz:

$$\frac{[H^{\cdot}]\,[A']}{[HA]} = K_{HA}\,.$$

[HA] bedeutet die Konzentration der nicht dissoziierten Säure und K_{HA} die Dissoziationskonstante der Säure.

In einer reinen wässerigen Lösung einer Säure ist

$$[H^{\cdot}] = [A'],$$

daher gilt:

$$\frac{[H^{\cdot}]^2}{[HA]} = K_{HA}$$

und

$$[H^{\cdot}] = \sqrt{K_{HA} \cdot [HA]}.$$

Da in der Natur die Kohlensäure eine große Rolle spielt, so kann an diesem Beispiel das Verhalten der Säuren illustriert werden. In reinen Kohlensäurelösungen ist die Kohlensäure dissoziiert nach folgender Gleichung:

$$H_2CO_3 \rightleftarrows H^{\cdot} + HCO_3'.$$

Die Kohlensäure als zweibasische Säure liefert ein zweites Wasserstoffion durch die Dissoziation des Bikarbonations:

$$HCO_3' \rightleftarrows H^{\cdot} + CO_3''.$$

Für beide Dissoziationsstufen lassen sich nach dem Massenwirkungsgesetz die Dissoziationskonstanten ableiten:

$$\frac{[H^{\cdot}] \cdot [HCO_3']}{[H_2CO_3]} = K_1$$

und

$$\frac{[H^{\cdot}] \cdot [CO_3'']}{[HCO_3']} = K_2.$$

Die numerischen Werte von K_1 und K_2 sind experimentell festgelegt worden, und zwar zu:

$$K_1 = 3{,}04 \cdot 10^{-7}$$
$$K_2 = 6 \cdot 10^{-11}.$$

Demgemäß ist die Dissoziation des Bikarbonations in $H^{\cdot}$ und CO_3'' rund 5000 mal geringer als die erste Dissoziationsstufe. Man kann für einfache Berechnungen die zweite Dissoziationsstufe der Kohlensäure vernachlässigen und nach den obigen Darlegungen setzen:

$$[H^{\cdot}] = [HCO_3'],$$

daher:

$$[H^{\cdot}] = \sqrt{K_1 \cdot [H_2CO_3.]}$$

In Lösungen freier Kohlensäure in Wasser ist die Konzentration der Wasserstoffionen gleich der Quadratwurzel aus dem Produkt der Dissoziationskonstanten und der in Molen ausgedrückten Konzentration der freien Kohlensäure.

Reines Regenwasser, das Kohlensäure aus der Luft bis zum Gleichgewicht aufgenommen hat, enthält 0,3 Vol.% CO_2, d. h. $1{,}35 \cdot 10^{-5}$ Mol CO_2 im Liter. Mithin beträgt die Wasserstoffionenkonzentration einer solchen Flüssigkeit:

$$[H^\cdot] = \sqrt{3{,}04 \cdot 10^{-7} \cdot 1{,}35 \cdot 10^{-5}} = 2 \cdot 10^{-6}$$
$$pH = 5{,}70.$$

Ein solches Wasser reagiert schon deutlich sauer. Das Dissoziationsgleichgewicht der Kohlensäure:

$$\frac{[H^\cdot] \cdot [HCO_3']}{[H_2CO_3]} = K_1$$

läßt sich zwecks Berechnung der $H^\cdot$ umformen in:

$$[H^\cdot] = K_1 \frac{[H_2CO_3]}{[HCO_3']}.$$

Diese Gleichung[1] sagt aus, daß der Säurecharakter einer Kohlensäurelösung steigt mit zunehmendem Gehalt an freier Kohlensäure und abnimmt mit steigendem Bikarbonatgehalt. Es ist deshalb möglich, die Wasserstoffionenkonzentration einer CO_2-Lösung durch Vergrößerung der Bikarbonationkonzentration herabzusetzen. Aus diesen Gründen ist es verständlich, daß die $[H^\cdot]$ der natürlichen Wässer, die meist HCO_3'-Ionen enthalten, um den Wert von $K_1 = 3 \cdot 10^{-7}$ schwankt und die Reaktion meist nur wenig vom Neutralpunkt 10^{-7} abweicht.

Für starke Säuren ist die Gleichung

$$[H^\cdot] = \sqrt{H_{HA}\,[HA]}$$

nicht anwendbar, sondern nur für die mittelstarken und besonders die schwachen Säuren. Bei schwachen Säuren ist der dissoziierte Anteil zu vernachlässigen, so daß man ihn gegenüber der Gesamtkonzentration C vernachlässigen kann. Daher gilt für diese Säuren:

$$H^\cdot = \sqrt{K_{HA} \cdot C}, \tag{1}$$

was für die Kohlensäure zutreffend ist. Bei Säuren hingegen, deren Dissoziationsgrad nicht zu vernachlässigen ist, muß diese Gleichung umgeändert werden.

Da

$$[HA] = \sqrt{C - [H^\cdot]},$$

so ist

$$[H^\cdot] = \sqrt{K_{HA} \cdot (C - [H^\cdot])}$$

[1] Diese Berechnungsweise der $[H^\cdot]$ in natürlichen Wässern ist zuerst von P. Medinger, Luxemburg, vorgeschlagen worden.

und

$$[H^{\cdot}] = \frac{-K_{HA}}{2} + \sqrt{\frac{K^2_{HA}}{4} + K_{HA} \cdot C}. \tag{2}$$

Nach Kolthoff[1] ist die einfache Gleichung (1) anwendbar für Säuren, deren Dissoziationskonstante kleiner als $4 \cdot 10^{-4}$ ist. Liegt die Konstante über diesem Wert, so ist $[H^{\cdot}]$ nach der quadratischen Gleichung (2) zu berechnen.

Die Überlegungen dieses Kapitels gelten, mutatis mutandis, für die wässerigen Lösungen der Basen.

8. Einfluß der gelösten Stoffe auf die Dissoziation des Wassers.

Die Dissoziationskonstante des Wassers wird durch Nichtelektrolyte und Neutralsalze im allgemeinen nur sehr wenig beeinflußt. Nur wenn der gelöste Stoff die Dielektrizitätskonstante des Wassers merklich beeinflußt, wird auch die Konstante K_W verändert (z. B. durch Alkohol). Die neuerdings von Keller[2] aufgefundene Tatsache, daß viele kolloidale wässerige Lösungen eine kleinere Dissoziationskonstante als reines Wasser haben, dürfte zur Erklärung mancher Erscheinungen bei der Kesselreinigung beitragen. Über den Einfluß der Salze in hohen Konzentrationen auf die Konstante K_W gehen die Ansichten noch auseinander.

9. Einfluß des Wassers auf den Dissoziationszustand gelöster Salze (Hydrolyse).

Löst man Salze in reinem Wasser, so setzt man im allgemeinen voraus, daß das Lösungsmittel keine chemische Wirkung auf die gelösten Stoffe ausübt. Dieses trifft aber nur zu für die Salze, die aus einer starken Säure und einer starken Base bestehen, wie NaCl, KNO_3, Na_2SO_4. Das Ionenprodukt $(H^{\cdot}) \cdot (OH')$ ist daher in solchen Lösungen dasselbe wie dasjenige des reinen Wassers.

Besteht hingegen ein großer Unterschied in der Stärke der das Salz bildenden Base und Säure oder sind beide schwache Elektrolyte, so tritt das Wasser mit dem gelösten Salz in Wechselwirkung nach der Gleichung:

$$AB + H_2O \rightleftarrows HA + BOH.$$

In dieser Gleichung bedeuten AB das Salz, HA die entstandene freie Säure und BOH die entstandene Base. Diese Einwirkung des Wassers auf die gelösten Salze nennt man bekanntlich Hydrolyse. Ihre allgemeinen Gesetze lassen sich aus der Koexistenz der folgenden Gleichgewichtsbedingungen ableiten:

---

[1] Kolthoff, I. M.: Der Gebrauch von Farbenindikatoren, 2. Aufl. 1923, 7. Berlin: Julius Springer.

[2] Kolloid. Zeitschr. 1921, S. 193.

$$1.\ A' + B^{\cdot} \rightleftarrows AB \quad \text{und} \quad \frac{[A'] \cdot [B^{\cdot}]}{[AB]} = k$$

$$2.\ A' + H^{\cdot} \rightleftarrows HA \quad \text{und} \quad \frac{[A'] \cdot [H^{\cdot}]}{[HA]} = k_s$$

$$3.\ B^{\cdot} + OH' \rightleftarrows BOH \quad \text{und} \quad \frac{[B^{\cdot}] \cdot [OH']}{[BOH]} = k_b$$

$$4.\ H^{\cdot} + OH' \rightleftarrows H_2O \quad \text{und} \quad [H^{\cdot}] \cdot [OH'] = K_W.$$

Aus diesen Dissoziationskonstanten ergibt sich für die Hydrolyse

$$AB + H_2O \rightleftarrows HA + BOH$$

durch einfache Substitution die Gleichgewichtsbedingung

$$\frac{[HA] \cdot [BOH]}{[AB] \cdot [H_2O]} = \frac{k \cdot K_W}{k_s \cdot k_b} = K_0.$$

Da die Konzentration des Lösungsmittels H_2O praktisch konstant bleibt, kann man sie auf die rechte Seite der Gleichung setzen und so folgt:

$$\frac{[HA] \cdot [BOH]}{[AB]} = [H_2O] \cdot K_0 = K_{hyd}.$$

Andererseits ist praktisch das Salz AB fast stets vollständig dissoziiert, so daß $k = 1$ wird, und die Gleichgewichtsbeziehung sich weiterhin vereinfacht zu

$$\frac{K_W}{k_s \cdot k_b} = K_{hyd}.$$

Die Gesetze der Hydrolyse lassen sich nunmehr an Hand dieser Gleichgewichtsbedingung (der sogenannten Hydrolysenkonstante) ableiten:

1. Die Hydrolyse ist um so größer, je schwächer die freie Säure und die freie Base dissoziiert sind.

2. Die Salze aus einer schwachen Säure und einer schwachen Base werden durch Wasser am weitgehendsten hydrolysiert.

3. Die Salze aus einer schwachen Säure und einer starken Base, wie Na_2CO_3, Na_2S, oder umgekehrt aus einer schwachen Base und einer starken Säure, wie $MgCl_2$, $AlCl_3$, werden um so mehr hydrolytisch zersetzt, je kleiner die Dissoziationskonstante des schwachen Bestandteiles ist.

4. Alle Faktoren, die eine Veränderung der Dissoziationskonstante des Wassers K_W bewirken, rufen eine gleichgerichtete Veränderung der Hydrolyse hervor.

5. Die Hydrolyse wird durch einen Überschuß des Hydrolysenproduktes HA und BOH zurückgedrängt.

Weiterhin läßt sich unter Heranziehen des Ostwaldschen Verdünnungsgesetzes nachweisen, daß die Hydrolyse der Salze aus einem starken und einem schwachen Bestandteil mit wachsender Verdünnung zunimmt, während die Hydrolyse des Salzes, das aus zwei schwachen Bestandteilen zusammengesetzt ist, von der Verdünnung unabhängig ist.

Im Dampfkessel spielt die Hydrolyse eine sehr große Rolle; besonders sind in dieser Hinsicht hervorzuheben die korrosionsfördernden Magnesiumsalze, insbesondere das Magnesiumchlorid, sowie die in allerletzter Zeit so bedeutungsvoll gewordene Hydrolyse des Natriumkarbonates mit der kaustischen Sprödigkeit des Flußeisens als Folgeerscheinung. An Hand dieser beiden Beispiele soll deshalb das Wesen der Hydrolyse etwas näher beleuchtet werden.

a) Hydrolyse eines Salzes aus einer schwachen Säure und einer starken Base: Natriumkarbonat.

Nach der Gleichung

$$AB + H_2O = HA + BOH = HA + B^{\cdot} + OH'$$

liefert ein solches Salz die wenig dissoziierte Säure HA und die stark dissoziierte Base BOH, so daß die Lösung einen Überschuß an OH'-Ionen enthält und alkalisch reagiert. Die Gleichgewichtsbeziehung dieser Hydrolyse

$$\frac{K_W}{k_s \cdot k_b} = K_{hyd.}$$

vereinfacht sich weiterhin, da die Dissoziation der Base vollständig erfolgt und dadurch die Konstante k_b gleich 1 wird, in

$$\frac{K_W}{k_s} = K_{hyd}\,.$$

Demgemäß läßt sich diese Hydrolyse aus dem Ionenprodukt des Wassers und der Dissoziationskonstante der Säure berechnen.

Nach der allgemeinen Gleichung der Hydrolyse

$$AB + H_2O = HA + BOH$$

entstehen gleichviel Moleküle HA und BOH bzw. Ionen OH', folglich beträgt der Hydrolysegrad β, d. h. das Verhältnis des dissoziierten Anteiles zum undissoziierten Anteil des Salzes, wenn C dessen Gesamtkonzentration bedeutet:

$$\beta = \frac{[OH']}{C}\,.$$

Da durch die Hydrolyse $[AH] = [OH']$ wird, kann man setzen:

$$\frac{[OH']^2}{C} = \frac{K_W}{k_s}$$

$$[OH'] = \sqrt{\frac{K_W \cdot C}{k_s}}$$

und

$$[H^{\cdot}] = \sqrt{\frac{K_W \cdot k_s}{C}}$$

Nach dieser Gleichung nimmt die Hydroxylionenkonzentration durch Steigerung der Salzkonzentration zu.

Die Hydrolyse des Natriumkarbonates verläuft nach der Gleichung

$$Na_2CO_3 + H_2O \rightleftarrows NaHCO_3 + NaOH$$

oder

$$CO_3'' + H_2O \rightleftarrows HCO_3' + OH'.$$

Hieraus berechnet sich die Hydrolysenkonstante zu

$$\frac{[HCO_3'] \cdot [OH']}{[CO_3'']} = K_{hyd}.$$

Die Ionenspaltung der Kohlensäure verläuft, wie schon dargelegt, in zwei Stufen

$$H_2CO_3 \rightleftarrows HCO_3' + H^{\cdot}$$

und

$$HCO_3' \rightleftarrows CO_3'' + H^{\cdot}$$

mit den entsprechenden Dissoziationskonstanten K_1 und K_2.

Aus der Gleichgewichtsbedingung der Hydrolyse von Na_2CO_3 ergibt sich, daß diese identisch ist mit

$$\frac{K_W}{K_2} = K_{hyd}.$$

Die Hydrolyse des Natriumkarbonates läßt sich aus der Dissoziationskonstante des Wassers und der zweiten Dissoziationskonstante der Kohlensäure ($6 \cdot 10^{-11}$) leicht berechnen.

Die Abhängigkeit der Hydrolyse von der Temperatur erhellt daraus, daß die Dissoziationskonstante des Wassers stark mit der Temperatur zunimmt. So beträgt z. B. die Hydrolysenkonstante bei 18° $1 \cdot 10^{-4}$, bei 25° $1{,}7 \cdot 10^{-4}$, bei 100° $8 \cdot 10^{-3}$ und bei 218° $77 \cdot 10^{-3}$.

Der Einfluß der Verdünnung auf den Hydrolysegrad ist nach Auerbach und Pick[1] in nachfolgender Tabelle zusammengestellt:

Verdünnung (1 Mol in l Wasser)	Hydrolysegrad 18°	Hydrolysegrad 25°
1000 l	1,3%	1,7%
200	2,2	2,9
100	3,5	4,5
20	8,7	11,3
10	12,4	16
5	27	34

b) Hydrolyse eines Salzes aus einer schwachen Base und einer starken Säure: Magnesiumchlorid. Die wässerige Lösung eines solchen Salzes reagiert sauer infolge der starken Dissoziation der freien Säure. Die Anwendung der Dissoziationsgleichgewichte führt zu denselben Gesetzen, wie die vorhin dargelegten, mit dem Unterschied,

[1] Arb. a. d. Reichs-Gesundheitsamte 1911, S. 272.

daß die Hydrolysenkonstante sich aus dem Ionenprodukt des Wassers und der Dissoziationskonstante der Base errechnet:

$$\frac{K_W}{k_b} = K_{hyd.}$$

Die Wasserstoffionenkonzentration errechnet sich nach der Formel:

$$[H^\cdot] = \sqrt{\frac{K_W}{k_b} \cdot C}$$

und der Hydrolysengrad β

$$\beta = \frac{[H^\cdot]}{C}.$$

Die Hydrolyse des Magnesiumchlorids verläuft nach der Gleichung

$$MgCl_2 + H_2O = MgOH^\cdot + H^\cdot.$$

Da $[MgOH^\cdot] = [H^\cdot]$, so erhält man die Gleichgewichtsbedingung:

$$\frac{[H^\cdot]^2}{[MgCl_2]} = K_{hyd}$$

und

$$[H^\cdot] = \sqrt{K_{hyd}\, C}.$$

Anderseits berechnet sich die Hydrolysenkonstante des $MgCl_2$ aus K_W und der Dissoziationskonstante des $Mg(OH)_2$, so daß sich ergibt:

$$[H^\cdot] = \sqrt{\frac{K_W}{k_{Mg(OH)_2}} \cdot C}.$$

Das Magnesiumhydroxyd ist in zwei Stufen dissoziiert:

$$Mg(OH)_2 \rightleftarrows MgOH^\cdot + OH' \rightleftarrows Mg^{\cdot\cdot} + 2\,OH'.$$

Für die Hydrolyse kommt vor allem die zweite Stufe in Betracht.

Die hydrolytische Spaltung der Magnesiumsalze ist trotz ihrer großen Bedeutung für den Dampfkesselbetrieb noch nicht eingehend untersucht worden. Es liegen bisher nur die folgenden Angaben vor[1]:

$MgCl_2$ (Verdünnung unbekannt) 40° = 0,07%
$MgSO_4$ (V = 5 l) = 0,0047%.

Immerhin zeigt die Praxis des Dampfkessels, daß die Magnesiumsalze bei den Betriebstemperaturen sehr weitgehend hydrolysiert sein müssen, da die Kesselbleche stark durch die frei werdende Salzsäure angefressen werden. Genauere Versuche hierüber hat in jüngster Zeit O. Bauer unter Mitwirkung von O. Vogel und K. Zepf[2] ausgeführt. Sie kommen zur Schlußfolgerung, daß die Hydrolyse der Magnesiumsalze, trotzdem sie bei gewöhnlicher Temperatur nur geringfügig

[1] Landolt-Börnstein.

[2] Bauer, O., Vogel, O. und Zepf, K.: Das Verhalten von Eisen, Rotguß und Messing gegenüber den in Kaliabwässern enthaltenen Salzen und Salzgemischen bei gewöhnlicher Temperatur und bei den im Dampfkessel herrschenden Temperaturen und Drücken (Mitt. Materialpr.-Amt 1925, Sonderheft 1).

ist, unter den im Dampfkessel obwaltenden Betriebsbedingungen so stark ist, daß die Lösungen von $MgCl_2$ und $MgSO_4$, besonders bei höheren Konzentrationen, wie starke Säuren wirken.

10. Die Puffergemische.

Man kann die Wasserstoffionenkonzentration der wässerigen Lösung einer schwachen Säure berechnen, indem man die Gleichgewichtsbedingung

$$\frac{[H^{\cdot}] \cdot [A']}{[HA]} = K$$

umformt in:

$$[H^{\cdot}] = K \cdot \frac{[HA]}{[A']}.$$

Wie aus dieser Gleichung folgt, ist die Wasserstoffionenkonzentration direkt proportional der Dissoziationskonstante, sowie der Gesamtkonzentration der Säure und umgekehrt proportional der Konzentration des Anions. Wenn $[HA] = [A']$, ist $[H^{\cdot}]$ gleich der Dissoziationskonstante K.

Man hat es also in der Hand, durch Vergrößerung der Konzentration der Anionen A', und zwar durch Zusatz eines Neutralsalzes der entsprechenden Säure, das Verhältnis $\frac{[HA]}{[A']}$ beliebig zu gestalten und somit Lösungen von bestimmter $[H^{\cdot}]$ bzw. pH herzustellen. Solche Gemische von schwachen Säuren mit ihren Salzen (bzw. von schwachen Basen mit ihren Salzen) nennt man Puffergemische. Sie besitzen die wichtige Eigenschaft, daß selbst nach Zusatz von geringen Mengen starker Säuren und starker Basen ihre Wasserstoffionenkonzentration sich nur wenig ändert. Die Puffergemische setzen also allen Bestrebungen, ihren Säuregrad zu ändern, einen gewissen Widerstand entgegen: Zusätze von geringen Mengen $H^{\cdot}$- oder OH'-Ionen werden also innerhalb gewisser Grenzen wirkungslos gemacht.

Diese Überlegungen, auf den Kesselbetrieb übertragen, ergeben ganz neue überraschende Anregungen. Der Vorteil einer Pufferlösung im Dampfkessel ist ohne weiteres einzusehen: Entständen durch die Betriebseinflüsse freie Säuren oder freie Basen, so würden ihre schädlichen Einflüsse durch die Pufferwirkung des Kesselwassers automatisch zurückgedrängt bzw. aufgehoben werden. Die Bestrebungen der modernen Dampfkesselchemie müßten also dahin gehen, Puffersysteme zu schaffen, die auch unter den im Dampfkessel obwaltenden Temperaturen und Drücken eine hohe Stabilität und ein großes Puffervermögen aufweisen. Dabei dürfen sie selbstverständlich keine nachteiligen Eigenschaften besitzen. Die natürlichen Wasser enthalten freie Kohlensäure und auch Bikarbonate; sie enthalten also das Puffersystem H_2CO_3/HCO_3'. Daß aber trotzdem dem im Betrieb befindlichen Kesselwasser keine Pufferwirkung zukommt, ist durch die geringe Stabilität des Systems, mit anderen Worten, durch die thermische Zersetzung der Bikarbonate und die Austreibung der Kohlensäure bedingt.

11. Wahre und scheinbare Dissoziationskonstante.

Die Kohlensäure besteht in freiem Zustande nur als Anhydrid CO_2. In ihren wässerigen Lösungen reagiert sie sauer, so daß eine Anlagerung von Wasser an das CO_2-Molekül stattgefunden haben muß:

$$CO_2 + H_2O \rightleftarrows H_2CO_3.$$

Diese Hydratbildung unterliegt nach dem Massenwirkungsgesetz dem Gleichgewicht:

$$\frac{[CO_2] \cdot [H_2O]}{[H_2CO_3]} = K$$

oder, da H_2O konstant bleibt,

$$\frac{[CO_2]}{[H_2CO_3]} = K_3.$$

In einer wässerigen Lösung von Kohlensäure herrschen mithin die drei Gleichgewichte:

$$\frac{[CO_2]}{H_2CO_3} = K_3; \quad \frac{[H^{\cdot}] \cdot [HCO_3']}{[H_2CO_3]} = K_1; \quad \frac{[CO_3''] \cdot [H]}{[HCO_3']} = K_2.$$

Das Verhältnis der Anhydridkohlensäure zu der hydratierten H_2CO_3 ist konstant und nur von der Temperatur und dem Druck abhängig. Der Wert dieser Konstante K_3 ist, wie die Erfahrung lehrt, hoch, da nur ein geringer Teil der im Wasser vorhandenen Gesamtkohlensäure den wahren Säurecharakter H_2CO_3 hat. In den Dissoziationsgleichgewichten K_1 und K_2 wird nun aber immer die analytisch bestimmte Gesamtkonzentration $CO_2 + H_2CO_3$ eingesetzt, so daß die Konstante kein richtiges Bild von dem wahren Dissoziationszustand, mithin der wahren Stärke dieser Säure abgibt.

Da die als H_2CO_3 vorhandene Kohlensäure nur einen geringen Bruchteil der Gesamtkonzentration ausmacht, fallen die Affinitätskonstanten K_1 und K_2 zu niedrig aus: Die Kohlensäure ist in Wirklichkeit eine stärkere Säure als diese Konstanten es andeuten. Nach den Messungen von Thiel und Strohecker[1] beträgt die wahre Dissoziationskonstante 4—5 10^{-4}, ist also rund 1000mal größer als die scheinbare Konstante, mit der immer operiert wird. Die Kohlensäure gehört mithin zu den mittelstarken Säuren, sie ist stärker als die Ameisensäure ($k = 2 \cdot 10^{-4}$) und die Essigsäure ($k = 1{,}8 \cdot 10^{-5}$). Diese Tatsache ist nicht ohne Bedeutung für die Beurteilung der Korrosionswirkung kohlensäurehaltiger Speisewässer. Immerhin darf nicht außer acht gelassen werden, daß die aktuelle Konzentration an hydratierter H_2CO_3 stets gering ist, und daß

[1] Thiel und Strohecker: Ber. d. Dtsch. Chem. Ges. **47**, 1914, S. 943; dieselben ebenda, **47**, 1914, S. 1061; Pusch, L.: Zeitschr. f. Elektrochem. **22**, 1916, S. 206; Wilke, E.: Zeitschr. f. analyt. Chem. **119**, 1921, S. 365; A. Thiel, ebenda, **121**, 1922, S. 211.

der in der Zeiteinheit erfolgende Angriff durch die am langsamsten verlaufende Reaktion geregelt wird. Erfahrungsgemäß verläuft die Hydratbildung der CO_2 ziemlich langsam. Erfolgt nun ein Verbrauch von Wasserstoffionen, wie dies bei der Eisenauflösung

$$2\,H_2CO_3 + Fe = Fe(HCO_3)_2 + H_2$$

der Fall ist, so wird das Dissoziationsgleichgewicht K_1 zuerst gestört und es müssen neue H_2CO_3-Moleküle gebildet werden, ehe der Angriff fortschreitet. Die Einstellung des Gleichgewichtes $\frac{[CO_2]}{[H_2CO_3]}$ erfolgt nun erheblich langsamer als die Einwirkung der aktuellen $H^{\cdot}$-Ionen auf das Eisen, so daß der Eisenangriff vor allem durch die Geschwindigkeit der Hydratbildung zeitlich geregelt wird.

Man kann sich eine Vorstellung von der Hydratationsträgheit bei der Titration der Kohlensäure durch Laugen machen: Der Farbenumschlag des Phenolphthaleins nach der alkalischen Seite verschwindet anfangs immer, weil nach der Neutralisation der aktuellen $H^{\cdot}$-Ionen infolge der Hydratbildung neue $H^{\cdot}$-Ionen nachgebildet werden. Aus diesem Grunde muß man praktisch bis zur bleibenden Rötung titrieren, wodurch man dann allerdings die Gesamtmenge $CO_2 + H_2CO_3$ bestimmt.

Für Basen (Ammoniak) gelten dieselben Überlegungen.

C. Der Kreislauf des Wassers.

Das Wasser, das uns die Natur zur Verfügung stellt, ist keineswegs ein reiner Körper. Es ist stets mehr oder weniger verunreinigt, und gerade diese Verunreinigungen bestimmen, trotzdem sie nur einige Hundertstel Prozente ausmachen, die Güte des Trink- und Gebrauchswassers. Qualitativ und quantitativ sind diese Verunreinigungen durch die physikalisch-chemischen und biologischen Prozesse bedingt, denen das Niederschlagswasser auf seinem Wege von dem Kondensationsgebiet bis zur Entnahmestelle unterworfen ist. Die Eigenschaften eines Wassers hängen mithin einzig und allein von seiner Vorgeschichte ab.

Letzten Endes stammt das Wasser aus dem Meere, das einem fortwährenden Destillationsprozeß unterworfen ist. Die Sonnenwärme bringt ungeheure Mengen Meerwasser zur Verdunstung. Der so gebildete Wasserdampf wird durch Luftströmungen über das Festland getrieben, wo ebenfalls die Wälder große Verdunstungsflächen abgeben. Sinkt die Temperatur unter den Taupunkt, so bilden sich Wolken und Nebel, und schließlich verdichten diese sich weiter und gelangen als Regen, Schnee, Hagel, Tau oder Reif auf den Erdboden. Das Regenwasser stellt mithin ein natürliches destilliertes Wasser dar. Jedoch reicht sein Reinheitsgrad nicht an denjenigen des künstlich bereiteten destillierten Wassers heran. Es ist mit Luft gesättigt und enthält demnach Sauerstoff, Stickstoff und Kohlensäure. Außerdem nimmt der Regen auf seinem

Luftwege noch andere mehr oder weniger lokale Verunreinigungen, Staub, Ammoniak usw. auf. Der Gewitterregen enthält Ozon und Oxydationsprodukte des Stickstoffes, wie Salpetersäure und salpetrige Säure.

Auf dem Boden angelangt, beginnt der wichtigere Teil der chemisch-physikalischen Prozesse, welche die Eigenschaften des Wassers bestimmen. Zuerst kommt es in Berührung mit der oberen Bodenschicht, die als Humusdecke oder Ackerkrume stets der Sitz biochemischer Prozesse ist. Hier nimmt das Niederschlagswasser lösliche organische Substanzen, insbesondere die Zersetzungsprodukte von organischen Stoffen, die Humusstoffe, auf. Außerdem die gasförmigen Zersetzungsprodukte der organischen Überreste: Kohlensäure, Schwefelwasserstoff und Ammoniak. Die gelösten organischen Substanzen unterliegen weiterhin einem oxydativen Abbauprozeß, der durch den gelösten Sauerstoff hervorgerufen wird. Dringt das Wasser in tiefere Schichten, so werden die organischen Verunreinigungen wegoxydiert; auch Schwefelwasserstoff und Ammoniak erfahren eine Oxydation teils unter Mitwirkung von Kleinlebewesen. Das aus tieferen Bodenschichten stammende Wasser ist deshalb frei von organischen Verunreinigungen, welche außerdem auch durch kolloidale Adsorptionserscheinungen im Boden festgehalten worden sind. In den oberen Schichten nimmt das Wasser auch oft Spuren von löslichen Chloriden und Phosphaten auf, die dann als leichtlösliche Salze im Wasser auf seinem weiteren Wege gelöst bleiben.

Die weitere Beschaffenheit des Wassers hängt nunmehr von der geologischen Natur der Gesteinsschichten ab, durch deren Poren und Klüfte es hindurch sickert. Im allgemeinen besteht die Erdrinde aus unlöslichen Verbindungen, jedoch vermag das mit Kohlensäure geschwängerte Wasser mit verschiedenen Gesteinsarten Wechselwirkungen einzugehen.

In dem quarzreichen Granit-, Gneislager der archäischen Formationen bleibt das Wasser sehr rein, desgleichen in den Sandsteinformationen. Anders liegen die Verhältnisse in den kalkreichen Gesteinslagern.

In gipshaltigem ($CaSO_4$)-Gestein löst das Wasser Calciumsulfat auf. Die unlöslichen, kohlensauren Salze der Erdalkalien und des Magnesiums werden vom kohlensäurehaltigen Wasser unter Bildung von löslichen doppeltkohlensauren Salzen aufgelöst. Dies trifft vor allem bei den kalkreichen Sedimentgesteinen, Kalkstein, Dolomit usw. ein. Die entstehenden chemischen Umsetzungen verlaufen nach folgenden Gleichungen:

$$Ca\begin{matrix} \diagup O \diagdown \\ \diagdown O \diagup \end{matrix} C = O + \begin{matrix} HO \diagdown \\ HO \diagup \end{matrix} C = O = Ca \begin{matrix} \diagup O - C(=O) - OH \\ \diagdown O - C(=O) - OH \end{matrix}$$

und

$$\mathrm{Mg}\!\left\langle\begin{matrix}\mathrm{O}\\ \mathrm{O}\end{matrix}\right\rangle\!\mathrm{C}=\mathrm{O} + \begin{matrix}\mathrm{HO}\\ \mathrm{HO}\end{matrix}\!\Big\rangle\mathrm{C}=\mathrm{O} \rightleftharpoons \mathrm{Mg}\!\left\langle\begin{matrix}\mathrm{O}-\mathrm{C}(=\mathrm{O})-\mathrm{OH}\\ \mathrm{O}-\mathrm{C}(=\mathrm{O})-\mathrm{OH}\end{matrix}\right.$$

Die Karbonate des Eisens und des Mangans erleiden ebenfalls diese Umsetzungen.

Die Löslichkeitsbeeinflussung der erdalkalischen Karbonate durch kohlensäurehaltiges Wasser ist wiederholt zum Gegenstand physikalisch-chemischer Studien gemacht worden. Über die Löslichkeit des Calciumkarbonates berichtet zuerst eingehend Schlösing[1]. Er bestimmte die in Lösung gegangene Menge Calciumkarbonat in Abhängigkeit vom Partialdruck der Kohlensäure in der Gasphase. Die von diesem Chemiker erhaltenen Werte sind in nebenstehender Zahlentafel wiedergegeben:

Partialdruck	mg/l (Temperatur 16°)
CO_2 in Atm.	$CaCO_3$
0,000504	74,6
0,000808	85,0
0,000333	137,2
0,01387	223,1
0,0282	296,5
0,0501	360,0
0,1422	533,0
0,2538	663,4
0,4167	787,5
0,5533	885,5
0,7297	972,0
0,9841	1086,0

Die Messungen Schlösings wurden später von van't Hoff[2] theoretisch ausgewertet.

Bodländer[3] untersuchte sehr eingehend die Löslichkeit des Calciumkarbonates vom Standpunkt des Massenwirkungsgestzes aus. Er nahm für die zweite Dissoziationskonstante der Kohlensäure den Wert $1{,}3\cdot 10^{-11}$ an (Shield), der zur Bestimmung der Gleichgewichtsbeziehungen in Rechnung gebracht wurde. Dieser Wert wurde von Auerbach und Pick[4] auf Grund ihrer Forschungen, welche die Zahl $K_2 = 6{,}0\cdot 10^{-11}$ ergaben, angezweifelt. Neuerdings wurde dieser letztere Wert von C. A. Seyler und P. V. Lloyd[5] mit zufriedenstellender Annäherung bestätigt. Fügt man nun in die Berechnungen den neuen Wert $6{,}0\cdot 10^{-11}$ ein, so erhält man andere Löslichkeitswerte des Calciumkarbonates wie die mit der von Bodländer angenommenen Konstante errechneten Zahlen. Zum Vergleich der theoretischen mit der gefundenen Löslichkeit kann immer noch die Zahlentafel Schlösings dienen, deren Werte

[1] Schlösing: Cpt. rend. 1872, S. 70 und 1552.
[2] van't Hoff: Die Gesetze des chemischen Gleichgewichtes. 1900.
[3] Bodländer: Zeitschr. f. physikal. Chem. 1900, S. 35.
[4] Auerbach und Pick: Arb. a. d. Reichs-Gesundheitsamte 1911, S. 243.
[5] Seyler und Lloyd, P. V.: Chem. News 1917, S. 51 und 61.

verschiedentlich bestätigt wurden (J. Tillmans). Die Berechnung der Löslichkeit des Calciumkarbonates in kohlensäurehaltigem Wasser erfolgt auf Grund der nachstehenden Erwägungen:

In den mit $CaCO_3$ gesättigten Lösungen gilt die Gleichung des Löslichkeitsproduktes:

$$[Ca^{\cdot\cdot}] \cdot [CO_3''] = L.$$

Da man vollständige Dissoziation annehmen darf, kann man

$$[Ca^{\cdot\cdot}] = [CO_3''] = a$$

setzen; mithin ist

$$[Ca^{\cdot\cdot}] \cdot [CO_3''] = a^2. \qquad (1)$$

Wird der Lösung freie Kohlensäure zugesetzt, so tritt die Reaktion

$$CO_3'' + H_2CO_3 \rightleftarrows 2\,HCO_3'$$

ein, welche die Löslichkeitserhöhung des Calciumkarbonates bedingt. Für diese Reaktion gilt nach dem Massenwirkungsgesetz:

$$\frac{[HCO_3']^2}{[CO_3''] \cdot [H_2CO_3]} = K. \qquad (2)$$

Die Konstante K läßt sich aus den zwei Dissoziationskonstanten der Kohlensäure berechnen.

Da

$$\frac{[H^{\cdot}][HCO_3']}{[H_2CO_3]} = K_1 \quad \text{und} \quad \frac{[H^{\cdot}][CO_3'']}{[HCO_3']} = K_2,$$

so folgt

$$\frac{[HCO_3']^2}{[CO_3''] \cdot [H_2CO_3]} = K = \frac{K_1}{K_2} = \frac{3{,}04 \cdot 10^{-7}}{6 \cdot 10^{-11}} = 5066.$$

Durch die Multiplikation von (1) und (2) erhält man

$$\frac{[Ca^{\cdot\cdot}]\,[HCO_3']^2}{[H_2CO_3]} = 5066 \cdot a^2.$$

Die Löslichkeit des Calciumkarbonates hat Verfasser an Hand von mehreren Versuchen zu $1{,}45 \cdot 10^{-4}$ Mol pro Liter gefunden, daher $a^2 = 2{,}1 \cdot 10^{-8}$ (bei 17°).

In den Calciumbikarbonatlösungen entspricht die Konzentration der Calciumionen der Hälfte der $[HCO_3']$. Mithin:

$$2\,[Ca^{\cdot\cdot}] = [HCO_3'].$$

Ersetzt man in der obigen Gleichung $[HCO_3']$ durch $2\,[Ca^{\cdot\cdot}]$, so erhält man:

$$\frac{4\,[Ca^{\cdot\cdot}]^3}{[H_2CO_3]} = 5066 \cdot 2{,}1 \cdot 10^{-8}. \qquad (3)$$

Die Konzentration der Calciumionen in kohlensäurehaltigem Wasser ist also nach (3) zu berechnen, wenn die Konzentration der freien Kohlensäure in der Lösung bekannt ist. Wenn man den Partialdruck der Kohlensäure p in der Gasphase kennt, so gilt für die Kohlensäure in der Lösung die Beziehung:

$$[H_2CO_3] = 0{,}0435\,p.$$

0,0435 ist der molare Absorptionskoeffizient der Kohlensäure bei 15—16°. Demnach ergibt sich aus (3):

$$[Ca^{\cdot\cdot}] = \sqrt[3]{\frac{5066 \cdot 2{,}1 \cdot 10^{-8} \cdot 0{,}043 \cdot p}{4}}$$

$$[Ca^{\cdot\cdot}] = 0{,}0105 \cdot \sqrt[3]{p}. \qquad (4)$$

Mit der Bodländerschen Konstante $K_2 = 1{,}3 \cdot 10^{-11}$ erhält man $[Ca^{\cdot\cdot}] = 0{,}016 \sqrt[3]{p}$.

Es wurde nun die Löslichkeit des Calciumkarbonates in kohlensäurehaltigem Wasser in Abhängigkeit vom Partialdruck p berechnet und in der folgenden Tabelle dargestellt. Zum Vergleich wurden die nach Bodländer berechneten Werte neben den mit Hilfe der Konstante $K_2 = 6{,}0 \cdot 10^{-11}$ errechneten Zahlen angegeben. Die Resultate sind außerdem auf Abb. 18 graphisch dargestellt. Die Übereinstimmung der nach der Gleichung (4) errechneten Werte mit den von Schlösing experimentell gefundenen Löslichkeitszahlen ist sehr zufriedenstellend.

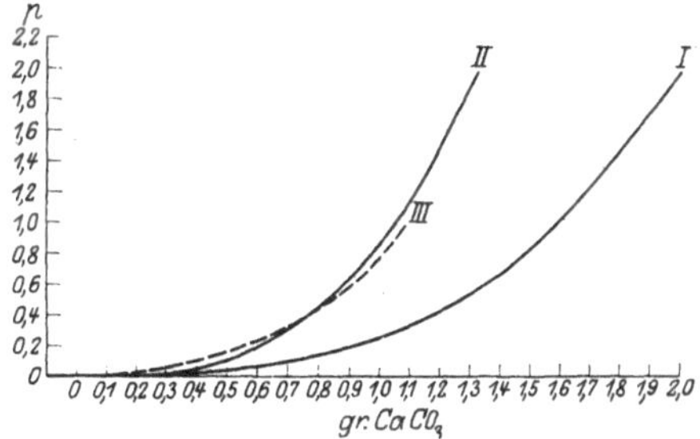

Abb. 18. Löslichkeit des Calciumkarbonats in Abhängigkeit des Partialdruckes der Kohlensäure.

Die Gleichung $[Ca^{\cdot\cdot}] = 0{,}0105 \sqrt[3]{p}$ erlaubt mithin die Löslichkeit des Calciumkarbonates in kohlensäurehaltigem Wasser mit genügender Genauigkeit zu errechnen.

Tabelle.

Partialdruck der CO_2 p	Löslichkeit von $CaCO_3$ bei 16°	
	1. $Ca^{\cdot\cdot} = 0{,}0105 \sqrt[3]{p}$	2. $Ca^{\cdot\cdot} = 0{,}016 \sqrt[3]{p}$
0,01	0,226 g/l	0,345 g/l
0,02	0,285	0,434
0,04	0,359	0,547
0,06	0,411	0,626
0,08	0,453	0,690
0,10	0,487	0,743
0,20	0,614	0,936
0,30	0,703	1,071
0,40	0,774	1,179
0,50	0,833	1,269
0,60	0,886	1,349
0,70	0,933	1,426
0,80	0,975	1,485
0,90	1,014	1,561
1,00	1,05	1,60
1,20	1,106	1,6856
1,50	1,202	1,8132
2,00	1,322	2,0144

Nach den neuen Untersuchungen von Tillmans und Heublein[1] und den daran anschließenden theoretischen Erörterungen von Auerbach[2] ergab sich die praktisch bedeutungsvolle Tatsache, daß Calciumbikarbonatlösungen (bzw. alle Bikarbonatlösungen) nur dann beständig sind, wenn ein zum Gleichgewicht unbedingt erforderliches Minimum von freier Kohlensäure vorhanden ist. Diese Menge freier Kohlensäure bewahrt das Calciumbikarbonat vor der Zersetzung und ist abhängig von der Konzentration der Bikarbonationen.

Befindet sich in einem bikarbonathaltigen Wasser nur die zum Gleichgewicht unbedingt erforderliche Menge freier Kohlensäure, so wirkt es nicht auflösend auf Calciumkarbonat und andere Gesteine; befindet sich jedoch ein Überschuß an freier Kohlensäure im Wasser, so wirkt nur dieser Überschuß als auflösender, aggressiver Bestandteil.

Während diese Untersuchungen sich vorwiegend mit dem chemischen Gleichgewicht des Systems $H_2O/CaCO_3/CO_2$ befassen, untersuchte der Verfasser die Kinetik dieser und verwandter Reaktionen. Es zeigte sich, daß die Systeme sich im labilen Gleichgewichtszustand befinden und sogar unter geeigneten Bedingungen nur einen Gleichgewichtszustand vortäuschen.

Jedenfalls gehören diese Umsetzungen zu den umkehrbaren Reaktionen, so daß man sie folgendermaßen schreiben muß:

$$CaCO_3 + H_2O + CO_2 \rightleftarrows Ca(HCO_3)_2$$
$$MgCO_3 + H_2O + CO_2 \rightleftarrows Mg(HCO_3)_2.$$

In kalksteinauflösendem Wasser ist die hydratierte Kohlensäure H_2CO_3 der aktive Teil; da nun die Reaktion $CO_2 + H_2O = H_2CO_3$ langsam verläuft, so bestimmt sie die Auflösungsgeschwindigkeit des unlöslichen Calciumkarbonates in kohlensäurehaltigem Wasser.

Die Geschwindigkeit der umgekehrten Reaktion, d. h. der Abscheidung von unlöslichem Karbonat aus Bikarbonatlösungen, ist stark abhängig von der Temperatur.

Bei gewöhnlicher Temperatur verläuft sie so langsam, daß sie Gleichgewichtszustände vortäuscht. Da die Kurve dieser Umwandlung keine Sprünge aufzeigt, muß man annehmen, daß die Abscheidung von löslichen Karbonaten aus natürlichen Wässern immer, wenn auch bei niedriger Temperatur, äußerst langsam erfolgen muß. In der Tat sprechen manche Tatsachen für diese Anschauungsart, z. B. die Calciumkarbonatabscheidungen in Wasserflaschen, Gläsern, Leitungen usw. Beschleunigt wird dieser Vorgang natürlich, den Ergebnissen von Tillmans entsprechend, durch Verminderung des Gehaltes an freier Kohlensäure. Diese Fragen kommen später noch eingehender zur Sprache. Es genügt

[1] Tillmans und Heublein: Gesundheits-Ingenieur **35**, 1912, S. 669.

[2] Auerbach: Ebenda 1912, S. 869.

jetzt darauf hingedeutet zu haben, daß das kohlensäurehaltige Wasser auf seinem Wege durch die Bodenschichten die unlöslichen Karbonate des Calciums und Magnesiums gemäß einer umkehrbaren Reaktion zu lösen vermag, und daß die Menge des gelösten Karbonates vom Partialdruck der Kohlensäure abhängig ist.

Das immer tiefer in den Boden eindringende Wasser nimmt noch andere Stoffe auf, vor allem Calciumsulfat, das als Gips ($CaSO_4 + 2H_2O$) oder Anhydrit ($CaSO_4$) vorkommt. Das CO_2-haltige Wasser wirkt zerstörend auf viele Doppelsilikate, wie Feldspate und andere. Die leicht löslichen Salze: Chlornatrium (NaCl), Chlorcalcium ($CaCl_2$), Chlormagnesium ($MgCl_2$), schwefelsaures Magnesium ($MgSO_4$) und andere mehr werden naturgemäß ausgelaugt und mit fortgenommen.

Den Angaben mancher Autoren, daß diesen löslichen Salzen, mit Ausnahme des Magnesiumchlorids, nur eine untergeordnete Bedeutung im Kesselbetrieb zukommen soll, kann, wie später gezeigt werden soll, nicht zugestimmt werden.

Das Wasser durchsickert die durchlässigen Erdschichten, bis es auf undurchlässige Schichten (Ton) stößt. Hier sammelt es sich an und fließt, den Gesetzen der Hydraulik folgend, zu einem tiefsten Punkt, wo es wieder als Quelle oder Brunnen zutage tritt.

Dem Wasser werden noch andere Verunreinigungen zugeführt, wenn es wieder an die Oberfläche tritt. In der Nähe menschlicher Wohnstätten gelangen von neuem organische Stoffe hinein. Die Verwesung der tierischen Abfallstoffe liefert eine ganze Reihe von chemisch noch nicht definierten Zersetzungsprodukten, die sich zwischen Polypeptiden und Ammoniak bewegen, die aber, wie auch die pflanzlichen Verwesungsprodukte, durch die oxydierende Wirkung der Luft, unter Mitwirkung von Mikroorganismen, wieder mineralisiert werden. Das Ammoniak wird zuerst zu salpetriger Säure und dann in zweiter Stufe zu Salpetersäure oxydiert, eine Tatsache, die für die Beurteilung der Trinkwasser von großer Bedeutung ist.

D. Kolloidchemische Einteilung der Verunreinigungen.

Aus obiger gedrängten Schilderung ersieht man zur Genüge, daß die Eigenschaften der natürlichen Wasser sehr stark schwanken können. Es ist deshalb im Dampfkesselbetrieb von höchstem Interesse, das Verhalten der im Wasser vorkommenden Stoffe genau zu kennen. Zu diesem Zweck ist es notwendig, die breite Mannigfaltigkeit sachgemäß zu ordnen. Man kann hierbei von vielen Gesichtspunkten ausgehen. Je nach der Herkunft der Wasser unterscheidet man Regen-, Brunnen-, Quell-, Fluß-, Teich-, Moorwasser usw. Die gewöhnliche Wasserchemie teilt die Verunreinigungen des Wassers ein in: Gase, organische Körper und mineralische Stoffe. Die Dampfkesselchemie betrachtet das Thema vom

Standpunkt der Kesselsteinbildner aus und trennt die störenden Kalk- und Magnesiasalze von den indifferenten oder ungefährlichen anderen Salzen. Diese letztere Einteilung entspricht aber keineswegs den Anforderungen des modernen Kesselwesens: einerseits tritt als neuer wichtiger Punkt die Korrosion der Metallteile durch die Elektrolyte in Erscheinung und anderseits ist der Begriff der Ungefährlichkeit aus dem Wortschatz des Kesselbetriebes zu streichen, da jede Verunreinigung des Wassers unter bestimmten Bedingungen mehr oder weniger große Störungen hervorrufen kann.

Man könnte deshalb die im Wasser enthaltenen Verunreinigungen in die folgenden drei betriebstechnischen Gruppen einteilen:

1° Kesselsteinbildner,
2° Rost- und Korrosionsförderer,
3° indifferente Stoffe.

Diese Einteilung ist auch noch nicht befriedigend, da man nicht vergessen darf, daß das gesamte Kesselwesen durch die Hochleistungskessel und durch die Einführung des Hoch- und Höchstdruckdampfes vor zahlreiche, ungelöste Probleme gestellt wird. Wie verhalten sich hier die gelösten Stoffe? Welches sind die maximal zulässigen Mengen der einzelnen Verunreinigungen? Wie verhalten sich vor allem die bislang als harmlos angesehenen Salze? Es harren hier noch unzählige Teilprobleme ihrer Lösung, Probleme, die nicht am Schreibtisch gelöst werden dürfen, sondern für die vorerst die Betriebserfahrungen und die Ergebnisse systematischer Versuche abgewartet werden müssen. Wenn man bedenkt, daß die Eigenschaften des Hochdruckdampfes bis jetzt noch keiner eingehenden experimentellen Untersuchung unterworfen wurde, so muß man sich auch einer weisen Vorsicht in der Beurteilung der Höchstdruckkesselchemie befleißigen. Jedenfalls verbietet die elementare Vorsicht des wissenschaftlich Denkenden es strengstens, vom Gebiet der Normalverhältnisse auf das Gebiet des Hochdruckwesens zu extrapolieren.

Aus diesen Gründen wurde von der altersüblichen Einteilung der im Speisewasser vorhandenen Verunreinigungen abgesehen und eine solche gewählt, die vorurteilslos der Theorie und der Praxis gerecht zu werden trachtet.

Es ist dies die Einteilung der Verunreinigungen nach ihrem Dispersitätsgrad, d. h. nach der Teilchengröße. Bekannterweise sind die Eigenschaften der zerteilten Systeme sehr stark abhängig von der Größe der im Dispersionsmittel zerstreuten Teilchen. Die groben Dispersionen umfassen die filtrierbaren Schwebestoffe, die kolloidalen Verunreinigungen gehen durch das Papierfilter, sind aber im Ultramikroskop sichtbar und diffundieren nicht durch Pergament. Die molekulardispersen

Stoffe sind die in echter Lösung befindlichen Verbindungen. Diese Einteilung läßt sich an Hand der folgenden Tabelle schärfer fassen:

Disperse Stoffe:

1. Grobdispersoide.	2. Kolloide.	3. Molekulardispersoide.
ø > 0,1 μ	ø = 0,01 μ — 1 μμ	ø < 1 μμ
Schwebestoffe	Suspensoide und Emulsoide	Kristalloide.

Es ist das wichtigste Ergebnis der Kolloidchemie, nachgewiesen zu haben, daß lediglich der Grad der Zerstreuung oder Dispersitätsgrad die sogenannten kolloiden Eigenschaften bedingt. Grundsätzlich ist es möglich, jeden Körper so aufzuteilen, daß seine Teilchengröße ins Gebiet der kolloidalen Dispersionen fällt. Die Einteilung der im Wasser vorhandenen Verunreinigungen nach dispersoid-chemischen Gesichtspunkten hat den Vorteil, frei von allen betriebstechnischen Vorurteilen zu sein und außerdem auf manche Vorgänge, die durch die Kolloidchemie geklärt werden können, aufmerksam zu machen.

Bevor zur Systematik der im Speisewasser aufgeteilten Phase geschritten wird, ist es angebracht, vorerst einige allgemeine Fragen zu erörtern.

E. Die Härte des Wassers.

Die Härte des Wassers ist bisher der grundlegende Begriff der Dampfkesselchemie gewesen. Man kann sagen, daß die Beurteilung eines Speisewassers fast ausschließlich nach seiner Härte erfolgt, was aber heute als überlebt bezeichnet werden darf. Die Härte darf aber auf keinen Fall zum Grundpfeiler der Hochdruckchemie gestempelt werden. Dieser etwas radikale Standpunkt mag wohl nicht unangefochten bleiben, jedoch entspricht es ganz und gar den Anforderungen der auszubauenden Hochdruckkesselchemie, die veralteten Begriffe zu revidieren und den neuen Verhältnissen anzupassen. Jede engherzige Pietät, die uns weiterhin mit Begriffen aus Großvaters Zeiten operieren lassen will, muß mit Rücksicht auf den Erfolg der zukünftigen Entwicklung verschwinden, denn, falls man sich allzusehr von dem Begriff der Härte bei der Beurteilung der Kesselwasser beeinflussen läßt, gerät man in Gefahr, manch andere nebensächlich erscheinende Eigenschaften zu unterschätzen. Nur um diese Möglichkeit auszuschalten, wird in diesem Kapitel versucht werden, den Begriff der Härte kritischer als sonst üblich darzustellen.

Die Härte eines Wassers wird bestimmt durch seinen Gehalt an gelösten Kalk- und Magnesiasalzen und ausgedrückt in Härtegraden. 10 mg CaO im Liter Wasser und die äquivalente Menge MgO = 7,19 mg MgO entsprechen einem deutschen Härtegrad. Ein Wasser, das 0,085 g CaO und 0,032 g MgO im Liter enthält, hat eine Kalkhärte von 8,5° DH, eine Magnesiahärte von $0{,}032 : 0{,}00719 = 4{,}46°$ DH und eine Gesamthärte von $8{,}5 + 4{,}46 = 12{,}96°$ DH.

Die französischen Härtegrade sind auf das Calciumkarbonat bezogen, und zwar entspricht ein französischer Härtegrad 10 mg $CaCO_3$ oder der äquivalenten Menge $MgCO_3 = 10 \cdot 84{,}32 : 100{,}07 = 8{,}42$ mg $MgCO_3$ im Liter Wasser. Ein englischer Härtegrad = 10 mg $CaCO_3$ in 700 g Wasser. Zwischen den verschiedenen Härtegraden herrschen demgemäß die folgenden Beziehungen:

1 deutscher Härtegrad	= 1,79	französischer	Härtegrad
1 „ „	= 1,25	englischer	„
1 französischer „	= 0,56	deutscher	„
1 „ „	= 0,70	englischer	„
1 englischer „	= 0,80	deutscher	„
1 „ „	= 1,43	französischer	„

Einem deutschen Härtegrad entsprechen des weiteren die folgenden Mengen der angegebenen Stoffe:

Ca	= 7,15 mg in 1 l Wasser	Fe	= 9,95 mg in 1 l Wasser
$CaSO_4$	= 24,28 „ „ 1 l „	Al	= 4,83 „ „ 1 l „
$CaCO_3$	= 17,83 „ „ 1 l „	SiO_2	= 10,82 „ „ 1 l „
$CaCl_2$	= 19,79 „ „ 1 l „	SO_3	= 14,38 „ „ 1 l „
$Ca(HCO_3)_2$	= 28,9 „ „ 1 l „	SO_4	= 17,14 „ „ 1 l „
Mg	= 4,33 „ „ 1 l „	Na_2CO_3	= 18,90 „ „ 1 l „
MgO	= 7,19 „ „ 1 l „	NaOH	= 7,13 „ „ 1 l „
$MgSO_4$	= 21,47 „ „ 1 l „	$NaHCO_3$	= 15,00 „ „ 1 l „
$MgCO_3$	= 15,03 „ „ 1 l „	CO_2	= 7,88 „ „ 1 l „
$MgCl_2$	= 16,98 „ „ 1 l „	Cl	= 6,32 „ „ 1 l „
$Mg(HCO_3)_2$	= 26,13 „ „ 1 l „		

Die Magnesiaverbindungen sind meist in geringerer Menge als die Kalksalze im Wasser vorhanden.

Einteilungen der Wasser in verschiedene Härtestufen sind von Klut[1] und Winkler[2] vorgeschlagen worden. In der folgenden Tabelle sind die Bezeichnungen dieser beiden Autoren gegenübergestellt.

Gesamthärte (deutsche HG) Klut	Winkler	Benennung
0— 4°	unter 5°	sehr weich
4— 8°	5—10°	weich
8—12°	10—20°	mittelhart
12—18°	—	ziemlich hart
18—30°	20—30°	hart
über 30°	über 30°	sehr hart

Die Gesamthärte des Wassers ist durch den Gehalt an Kalk- und Magnesiasalzen bestimmt, die nun aber in verschiedener chemischer Bindung vorliegen. Die übliche Wasserchemie unterscheidet zwischen 1. den

[1] Klut: Untersuchungen des Wassers an Ort und Stelle, S. 110. Berlin: Julius Springer.

[2] Winkler in Lunge-Berl.: Chem. techn. Untersuchungsmeth., 2. Aufl. 1, S. 493. Berlin: Julius Springer.

wärmebeständigen, neutralen Salzen $CaCl_2$, $CaSO_4$, $Ca(NO_3)_2$, $MgSO_4$, $MgCl_2$, $Mg(NO_3)_2$ und anderen und 2. den durch Erhitzen unter Ausscheidung von Karbonaten zersetzbaren Bikarbonaten $Ca(HCO_3)_2$ und $Mg(HCO_3)_2$. Die durch diese letzten Verbindungen hervorgerufene Härte nennt man vorübergehende Härte, während die ersteren wärmebeständigen Salze die bleibende Härte bilden.

Im Dampfkessel werden die Bikarbonate unter Ausscheidung von Calcium- und Magnesiumkarbonat zersetzt. Diese Stoffe verbleiben im Kessel als pulverförmiger Schlamm. Bei langsamem Betriebsgang und geringer Durchwirbelung können die Karbonate auch kristallinischen Kesselstein bilden. Deswegen finden sich oftmals dicke Krusten von Calciumkarbonat in den Economiserröhren, sowie an den Stellen des Kessels, wo das Wasser nicht oder nur wenig zirkuliert. Die bleibende Härte verursacht den gefährlichen Kesselsteinbelag, wenn sie durch das verhältnismäßig wenig lösliche Calciumsulfat bedingt wird.

Falls die bleibende Härte ausschließlich durch lösliche Chloride und Nitrate gebildet wird, was aber meistens nicht der Fall ist, so tritt keine Kesselsteinbildung ein. Bei der Kristallisation des $CaSO_4$ zu Anhydrit werden andere Verunreinigungen, Schlamm, organische Stoffe, Öle und dgl. mitgerissen, so daß der Kesselstein stets auch $CaCO_3$, $MgCO_3$, $Mg(OH)_2$ usw. enthält. Der Unterschied zwischen vorübergehender und bleibender Härte ist von den modernen Autoren angefochten worden und es sind andere Benennungsarten bekannt geworden, die bezwecken, den Tatsachen besser gerecht zu werden. Da diese neuen Bezeichnungen mit den Bestimmungsmethoden eng zusammenhängen, muß vorerst ein Wort über diese eingefügt werden.

Die Gesamthärte wird am genauesten aus den Analysenresultaten errechnet.

Die Kalkhärte ergibt sich durch Division der im Liter gefundenen Milligramm CaO durch 10.

Die Magnesiahärte erhält man durch Umrechnen der gefundenen Milligramm MgO im Liter auf die äquivalente Menge CaO und durch Division dieser Zahl mit 10. Zu diesem Zweck werden die gefundenen Milligramm MgO mit 1,4 multipliziert bzw. durch 0,719 dividiert und der so erhaltene Wert noch durch 10 dividiert. Die Gesamthärte ist dann die Summe der Kalk- und Magnesiahärte.

Außer dieser Bestimmungsmethode der Gesamthärte gibt es eine Reihe von Schnellmethoden, die eine direkte Bestimmung erlauben. Diese Methoden beruhen auf der Eigenschaft der Seifen, mit den Härtebildern unlösliche Verbindungen einzugehen. Die genaueste Methode ist jedoch die Errechnung aus den Analysendaten, weshalb die Ausführung einer Gesamtanalyse stets angestrebt werden soll.

Die bleibende Härte kann durch die Kochmethode bestimmt werden.

Hierzu wird ein abgemessenes Quantum Wasser solange stark kochen gelassen, bis etwa $^2/_3$ des Anfangsvolumens verdampft sind. Dann werden die abgeschiedenen Karbonate abfiltriert und in dem Filtrat der Kalk- und Magnesiagehalt analytisch festgestellt. Aus dem Gehalt an CaO und MgO errechnet man die Härte, die aber auch direkt durch eine Schnellmethode bestimmt werden kann. Man kennt somit die Gesamthärte und die bleibende Härte, die Differenz Gesamthärte-bleibende Härte ergibt die vorübergehende Härte.

Die durch die Bikarbonate bedingte Härte kann aber auch direkt durch Titration des HCO'_3-Ions mittels $^1/_{10}$ N Säure bestimmt werden. (1 cm³ $^1/_{10}$ N = 2,8° DH = 5,0° fr. H, wenn 100 cm³ Wasser titriert werden.) In diesem Falle kann man die bleibende Härte aus der Differenz zwischen Gesamthärte und vorübergehender Härte errechnen.

Die verschiedenen Bestimmungsmethoden zeigen Unstimmigkeiten, weshalb andere Benennungen vorgeschlagen wurden.

L. W. Winkler[1] empfiehlt für die titrimetrisch erhaltene vorübergehende Härte die neue Bezeichnung Karbonathärte und für die Differenz zwischen Gesamthärte und Karbonathärte den Namen Resthärte, während er für die durch die Kochverfahren festgestellten Werte die eingebürgerte Benennung bleibende Härte und für die aus der Differenz Gesamthärte-bleibende Härte festgestellten Werte den Namen Vorübergehende Härte beibehalten will. Zschimmer[2] nennt im Anschluß an Soltsien und Hundshagen die dem Bikarbonatgehalt äquivalente Härte Karbonathärte, und die nicht durch HCO'_3 Ionen bedingte Härte bezeichnet er als Nichtkarbonathärte. Für diese letzte Härte wurde auch der Name Mineralsäurehärte vorgeschlagen.

Die verschiedenen Benennungen tragen jedenfalls nichts dazu bei, den Begriff der Härte zu klären. Außerdem dürfte die Anschauung, daß die im Wasser gelösten Kalk- und Magnesiumverbindungen als solche vorhanden sind, eine Vertiefung auf Grund der Ionentheorie verlangen.

Zwecks Feststellung der Unterschiede zwischen den Werten, welche die Härtebestimmung nach den verschiedenen Methoden ergibt, wurde eine große Reihe von verschiedenen Wassern untersucht. Die Gesamthärte wurde aus der Analyse errechnet. Die Karbonathärte wurde durch Titration mit $^1/_{10}$ n/HCl in Gegenwart von Methylorange bestimmt. Die Differenz ergab die Resthärte. Die bleibende Härte wurde nach der Kochmethode mit nachheriger Analyse des Filtrates errechnet. Es ergab sich hierbei folgendes:

Die bleibende Härte des abgekochten Wassers gibt stets höhere Werte als die aus der Differenz zwischen Gesamthärte und Karbonat-

[1] Winkler, L. W. in Lunge-Berl.: Chem. techn. Untersuchungsmeth., 1, S. 496.

[2] Zschimmer: Ebenda 1, S. 467. Berlin: Julius Springer 1926.

härte bestimmte Resthärte. Der Unterschied kann von 0° bis 3° DH. betragen. Dementsprechend fällt die vorübergehende Härte niedriger aus als die direkt bestimmte Karbonathärte. Rechnet man den Gehalt an HCO_3'-Ionen in Karbonathärte um, und zieht man diese von der Gesamthärte ab, so erhält man die Resthärte, welche der geringen Löslichkeit der während des Kochens ausfallenden Karbonate keine Rechnung trägt. Diese Löslichkeit bedingt deshalb die höheren Werte der bleibenden Härte gegenüber der Resthärte. Der praktisch richtige Wert ist die bleibende Härte, da im Kesselbetrieb stets mit dem Bodenkörper $CaCO_3$ bzw. $MgCO_3$ zu rechnen ist.

Der Begriff der Härte ist, wie es die vorhergehenden Zeilen zeigen, von der Bestimmungsmethode abhängig.

Die Härte ist außerdem keineswegs die einzige Eigenschaft, welche die Güte und die Brauchbarkeit eines Wassers für Kesselzwecke bestimmt. Sogar in bezug auf die Kesselsteinbildner gibt die Härte zu irrigen Anschauungen Anlaß, die erst durch die modernen Leistungssteigerungen der Kessel aufgedeckt worden sind. Es kommen im Wasser noch andere Verbindungen vor, die nicht vom Begriff der Härte berührt werden, die aber trotzdem als Kesselsteinbildner die Aufmerksamkeit der Fachleute beanspruchen. So enthalten gerade die weichen Wasser Kieselsäure und deren Verbindungen, die einen dichten und wärmestauenden Steinbelag liefern können. Die Eisen- und Aluminiumverbindungen spielen in manchen Gegenden eine den Ca- und Mg-Salzen ebenbürtige Rolle. Da jedoch die Aufmerksamkeit von jeher hauptsächlich auf den letzteren ruhte, sind unsere Kenntnisse über das Verhalten der Fe-, Al- und SiO_2-Verbindungen im Kessel sehr mangelhaft geblieben. Es muß daher verlangt werden, diesen Verbindungen eine gesteigerte Aufmerksamkeit zuzuwenden.

Die Beurteilung eines Wassers für Dampfkesselspeisung darf nicht mehr ausschließlich nach dem Gehalt an Härtebildnern erfolgen, sondern einzig und allein auf Grund der Gesamtanalyse. Ein ganzes Forschungsfeld liegt noch offen in den Problemen, welche die „nebensächlichen Verunreinigungen" des Kesselspeisewassers an den wissenschaftlich und technisch Denkenden stellen. Die theoretische Grundlage der zukünftigen Speisewasserchemie ist in der physikalischen Chemie gegeben und es erfordert noch viel Arbeit, ehe ein einheitliches, abgeschlossenes Denkgebäude der Kesselwasserchemie auf diesen Grundlagen aufgebaut worden ist. Im Folgenden wird der Versuch gemacht werden, etwas zu diesem Aufbau beizutragen. Auf diese Weise wird es hoffentlich gelingen, die Eigenschaften und das Verhalten des Speisewassers dem theoretischen Verständnis näher zu bringen.

F. Die im Wasser gelösten Salze.

Die Kesselchemie spricht von gelöstem Calciumsulfat, Calciumbikarbonat, Magnesiumbikarbonat, Magnesiumchlorid, Natriumchlorid und anderen Salzen. Sind diese Salze wirklich als solche im Wasser enthalten?

Diese Frage wurde früher einfachhin bejaht und den einzelnen Salzen dieser oder jener Einfluß im Kesselbetrieb zugesprochen. Die Wirklichkeit liegt aber nicht so einfach und erst die Ionentheorie brachte Licht in die verwickelten Verhältnisse. Wenn auch die Darstellung der Analysenresultate in Form von einzelnen Salzen anschaulich ist, so darf man doch nicht vergessen, daß die Annahme der Existenz dieser Salze im Wasser nur eine Arbeitshypothese ist. Die chemische Analyse gibt die Art und die Menge der im Wasser vorhandenen Säure- und Basenradikale an, sagt aber nichts darüber aus, wie die einzelnen Radikale zueinander gehören. Da das Wasser auf seinem Kreislauf verschiedene Salze aufnimmt, so ist zwar die Annahme des tatsächlichen Vorhandenseins dieser Salze im Wasser zweifellos berechtigt. Die Zusammengehörigkeit der analytisch bestimmten Säure- und Basenradikale ist aber nur willkürlich festzulegen. Nach dem Vorschlag Bunsens stützte man sich hierbei auf die Löslichkeitsverhältnisse der Salze und fügte die Säuren und Basen derart zu Salzen zusammen, wie sie sich bei der Verdunstung des Wassers der Reihe nach abscheiden würden. Fresenius machte den Vorschlag, sich von der Stärke der Säuren und Basen leiten zu lassen und zuerst die stärkste Säure mit der stärksten Base zu verbinden und dann die minder starken Säuren und Basen miteinander zu kuppeln. Auf diese Weise wird auch heutzutage meist vorgegangen, indem man die Ionen $K^{\cdot}$ und NO_3', $Na^{\cdot}$ und Cl', $Ca^{\cdot\cdot}$ und SO_4'', $Mg^{\cdot\cdot}$ und CO_3'' zusammenkombiniert. Bei dieser Berechnungsart tritt der Kalk hauptsächlich als $CaSO_4$ und das Magnesium als $MgCO_3$ auf, eine Darstellungsart, die für den Dampfkesselbetrieb nie zutrifft und daher zu falschen Beurteilungen Anlaß gibt. Für diese Zwecke ist letztere Darstellung der Analysenresultate unbedingt zu verwerfen. Neuerdings haben J. Zink und F. Hollandt[1] die üblichen Berechnungsweisen der im Wasser vorhandenen Salze einer eingehenden Kritik unterzogen.

Diese Autoren vertreten die neuere physikalisch-chemische Anschauung, wonach wir annehmen müssen, daß die Salze in wässeriger Lösung zum größten Teil in ihre Ionen gespalten sind. Ihre Ausführungen bilden einen wichtigen Beitrag zu unserer Frage, so daß die wichtigsten Abschnitte des Aufsatzes hier wortgetreu Platz finden mögen.

[1] Zink, J. und Hollandt, F.: Zentralbl. f. angew. Chem. 1925, S. 445.

„Nach der Dissoziationstheorie haben wir es im Wasser nicht nur mit Ionen in freiem Zustande, sondern auch mit allen aus den ermittelten Ionen sich ergebenden Salzen, wenn auch in geringerer Menge, zu tun. Also muß beispielsweise CO_3'' nicht nur mit $Ca^{\cdot\cdot}$ und $Mg^{\cdot\cdot}$, sondern auch mit $Na^{\cdot}$ und $K^{\cdot}$ ein Salz bilden. Die folgerichtigste Darstellung der Analysenergebnisse wäre also die Angabe der Konzentration, sowohl der freien Ionen als auch des undissoziierten Salzanteiles. Grundsätzlich stände der Lösung einer solchen Aufgabe mit Hilfe des Massenwirkungsgesetzes, wie auch Hintz und Grünhut im deutschen Bäderbuch 1914 ausführen, nichts im Wege ; in Wirklichkeit würde sie sich jedoch außerordentlich schwierig gestalten. Es bleibt uns also vorläufig nur die Wahl, ob wir die Analysenergebnisse im Sinne einer vollständigen Dissoziation der Salze darstellen, wie Ostwald vorgeschlagen hat, ober ob wir uns einen Einblick in die möglichen Salzverhältnisse des Wassers verschaffen wollen, was für technische und therapeutische Zwecke unter Umständen wünschenswert erscheint. In diesem Falle müssen wir die Ionen ausschließlich in undissoziierten Salzen konstruieren, wie sie sich aus dem Gleichgewichtszustand ergeben würden.“

Um die Auswirkung dieses Vorschlages vor Augen zu führen, haben Zink und Hollandt die Salze mehrerer Wasserproben auf Grund des Gleichgewichtszustandes zusammengestellt und daneben zum Vergleich die nach der alten Methode berechneten Salze angeführt. Um die ganze Rechnung nicht unnötigerweise zu erschweren, wurde die Berechnung auf 3 Kationen und Anionen beschränkt. Es wurden also immer nur $Mg^{\cdot\cdot}$, $Ca^{\cdot\cdot}$, CO_3'', SO_4'' und Cl' bestimmt. $Na^{\cdot}$ wurde rechnerisch eingesetzt. Aus den 3 Kationen und 3 Anionen ergeben sich nach der Dissoziationstheorie 9 mögliche Salze. Die Berechnung wurde folgendermaßen ausgeführt: Stehen die Milligrammäquivalente von Mg, Ca und Na wie beim Weserwasser (20. 8. 25) im Verhältnis von 3,347 : 4,075 : 6,879, so werden sie in diesem Verhältnis auch die Milligrammäquivalente jedes der 3 Anionen zur Salzbildung beanspruchen müssen. Bindet also das Magnesiumion von den Milligrammäquivalentzahlen jeden Anions 3,347 Teile, so wird demnach Ca 4,075 und Na 6,879 Teile binden. Wir müssen also 3 Anionen nach diesem Verhältnis mit den betreffenden Kationen verbinden. Die folgende Tabelle erlaubt den Vergleich zwischen der alten und der neuen Berechnungsweise.

Zink und Hollandt sind der Ansicht, daß nur die von ihnen angegebene Berechnungsart es erlaubt, die im Wasser in Frage kommenden möglichen Salze kennen zu lernen, jedoch gestaltet sich diese Darstellung der Analysenresultate für die Praxis allzu verwickelt. Den wirklichen Zustand der verdünnten Lösungen kennzeichnet diese Darstellung aber noch nicht, was die beiden Autoren auch unumwunden

Weserwasser vom 20. 8. 25. Im Liter sind enthalten:

Milligramm	Milliäquivalente	Berechnung der Salze 1. nach der alten Methode	2. nach Zink und Hollandt (Gleichgewichtszustand)
Mg'' 40,7	3,347	$MgCO_3$ 118,08	$MgCO_3$ 27,62
$Ca^{\cdot\cdot}$ 81,5	4,075	$CaCO_3$ 0	$CaCO_3$ 39,90
Na' 158,2	6,879		Na_2CO_3 71,38
	14,301		
CO_3'' 84	2,8	$MgSO_4$ 32,9	$MgSO_4$ 41,87
		$CaSO_4$ 165,1	$CaSO_4$ 57,60
SO_4'' 142,8	2,973		Na_2SO_4 101,58
Cl' 302,4	8,528	$MgCl_2$ 0	$MgCl_2$ 95,02
		$CaCl_2$ 91,49	$CaCl_2$ 134,80
		$NaCl$ 402,1	$NaCl$ 239,8
809,6	14,301	809,6	309,8

zugeben. Um diesen Zustand zu veranschaulichen, muß tiefer in das Wesen der Ionentheorie eingedrungen werden und als bestimmender Faktor der Dissoziationsgrad herangezogen werden. Die grundsätzliche Lösung dieser Frage hat Nernst[1] gegeben.

Das Gleichgewicht in einer Lösung, die beliebige Elektrolyte enthält, läßt sich durch folgende Sätze kennzeichnen (Nernst):

1. Die Gesamtmenge von jedem Radikal, das in der Lösung teils als freies Ion, teils gebunden an andere Ionen vorhanden ist, kennt man entweder aus den Versuchsbedingungen oder sie kann durch Analyse ermittelt werden.

2. Für jede Ionenkombination haben wir eine Gleichung, wonach die nicht dissoziierte Menge pro Volumeneinheit dem Produkt der Konzentrationen der in der Kombination enthaltenen Ionen proportional ist; der Proportionalitätsfaktor ist die Dissoziationskonstante, die für die meisten Molekülgattungen bekannt ist und nötigenfalls durch Untersuchungen derselben für sich allein bestimmt werden kann.

3. Wasserstoff- und Hydroxylionen sind nebeneinander nur in äußerst geringer Menge existenzfähig, ihr Produkt ist für jede Temperatur konstant, und zwar eine äußerst kleine Größe ($= K_W$). Durch die Formel, welche die unmittelbare Anwendung dieser Sätze liefert, ist der Gleichgewichtszustand endgültig bestimmt: Man vermag in jedem Falle anzugeben, welcher Bestandteil eines jeden Radikals als freies Ion und welcher Bestandteil gebunden an andere Ionen in der Lösung vorhanden ist, wenn man die Gesamtmenge jedes Radikals und die Dissoziationskonstante sämtlicher Ionenkombinationen kennt.

Dieses Resultat ist für die Beurteilung der Wasser von grundlegender Bedeutung: es bedeutet die Lösung jener Frage, um die sich die Chemiker

[1] Nernst, W.: Theoretische Chemie, 8.—10. Aufl., 1921, S. 591.

seit langer Zeit vergeblich bemüht hatten, nämlich die Frage, was in der Lösung eines Salzgemisches vor sich geht. So z. B. das Problem, ob beim Mischen einer Lösung von NaCl mit einer Lösung von $MgSO_4$ ein Umsatz nach der Reaktion:

$$2\,NaCl + MgSO_4 = MgCl_2 + Na_2SO_4$$

stattfindet oder nicht. Wenn auch die Dissoziationskonstanten der stark ionisierten Salze nicht bekannt sind, so lassen sich dennoch die obigen Nernstschen Sätze qualitativ auf die starken Elektrolyte anwenden. Die Tatsache, daß eine Lösung gleicher Konzentrationen von $MgCl_2$ und Na_2SO_4 identisch ist mit einer Lösung derselben Konzentrationen von $MgSO_4$ und NaCl, ist heutzutage als feststehend und theoretisch begründet zu bezeichnen. Nichtsdestoweniger ist es dem Verfasser aufgefallen, daß in Ingenieurkreisen diese Tatsache ernsthaft angezweifelt wird. Der Fall des Magnesiumchlorids hat insofern eine große praktische Bedeutung, als diesem Salz bei den Betriebsbedingungen des Dampfkessels verheerende, korrosive Wirkungen auf das Kesselblech zukommen. Aus diesem Grunde erschien es wünschenswert, die obigen theoretischen Erwägungen durch direkte Versuche zu erhärten. Diese Versuche wurden folgendermaßen ausgeführt:

Es wurden zwei Lösungen hergestellt, wovon die eine je $^1/_{10}$ Äquivalentgramm $MgCl_2$ und Na_2SO_4 pro Liter und die andere je $^1/_{10}$ Äquivalentgramm $MgSO_4$ und NaCl enthielten. In je 100 cm^3 dieser Lösung wurden gleich große Stücke Klavierdraht gegeben und der Rostangriff als Funktion der Zeit verfolgt. In der folgenden Tabelle sind die Ergebnisse zusammengestellt:

		Gewichtsabnahme des Drahtes nach Tagen				
		1	2	4	6	8
Elektrolyt:	$MgCl_2 + Na_2SO_4$	0,0113	0,0170	0,0312	0,0469	0,0554 g
	$MgSO_4 + NaCl$	0,0122	0,0198	0,0298	0,0469	0,0554 g

Das Schaubild der Versuchsergebnisse ist in Abb. 19 wiedergegeben.

Man erkennt ohne weiteres, daß die Korrosion des Eisens in beiden Elektrolyten identisch ist, daß demgemäß die Aktivität beider Lösungen, der Theorie entsprechend, gleich ist. Dieselben Versuche wurden in der Siedehitze (100°) wiederholt; sie ergaben dieselben Resultate. Für den Dampfkesselbetrieb ist deshalb die äußerst wichtige Schlußfolgerung zu ziehen, daß ein dem Kessel entnommenes Wasser, das $Mg^{\cdot\cdot}$ und Cl'-Ionen enthält, angreifend wirken muß, eine Wirkung, die aber noch durch andere Faktoren, wie Temperatur, Konzentration, Alkalität, Gegenwart von Kesselstein, organischen Substanzen, Schlamm usw. verstärkt bzw. abgeschwächt werden kann.

Die Salze sind im Wasser als Ionen vorhanden und, da die Dissoziation der in Frage kommenden Salze fast vollständig ist, befindet sich nur ein geringer Bruchteil als neutrale Moleküle in Lösung. Eine Kombination der analytisch bestimmten Säuren- und Basenionen zu Salzen ist aus rechnerischen Gründen allzu kompliziert und würde die Darstellung wenig anschaulich gestalten, was ja schon der Fall ist für die ziemlich einfache, von Zink und Hollandt vorgeschlagene Berechnungsweise der Salze. Für die Dampfkesselchemie ist die Lösung der Frage in einer diesem speziellen Gebiet angepaßten Darstellungsart zu suchen. Vom Gesichtspunkt des chemischen Gleichgewichtes betrachtet ist vorzuschlagen, die Analysenresultate in der Ionenform anzugeben, und zwar neben den vorhandenen Mengen (in mg/l) auch die entsprechenden Äquivalentzahlen. Die im Kessel obwaltenden Umsetzungen, die zu gewissen Salzkombinationen führen, lassen sich dann an Hand der Äquivalentgewichte der Säuren und Basen leicht übersehen. Auf diese Weise kommt man zu einer dynamischen Darstellungsart der Ionenkombinationen, die dem Kesselbetrieb angepaßt ist und die neben dem Charakter der Richtigkeit auch den Vorteil der Anschaulichkeit besitzt.

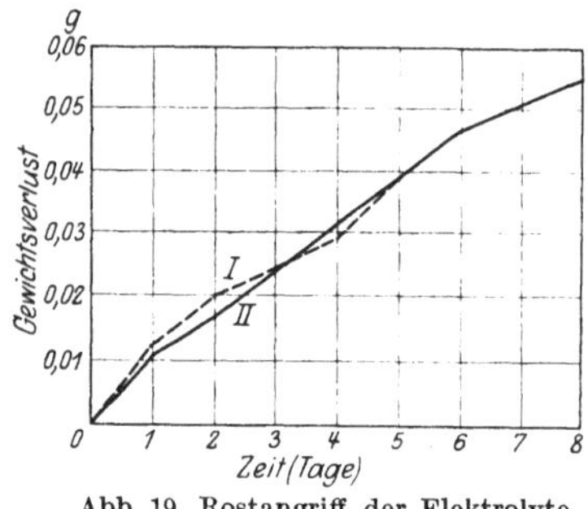

Abb. 19. Rostangriff der Elektrolyte $Na_2SO_4 + MgCl_2$ und $NaCl + MgSO_4$.

Diese Darstellungsweise, die ganz auf der Ionentheorie aufgebaut ist, wird erst später besprochen werden, nachdem der Einfluß der einzelnen Ionen im Kesselbetrieb unseren jetzigen Kenntnissen gemäß klargestellt worden ist.

Dritter Teil.

Das Verhalten der Betriebsstoffe im Dampfkessel.

I. Die Brennstoffe.

A. Der Zündpunkt (ZP).

Der technische Sprachgebrauch bezeichnet bekanntlich mit Verbrennung die unter Wärmeentwicklung und Flammenbildung vor sich gehende Oxydation eines Körpers. Die Vorbedingung dieses Prozesses ist die Erhitzung der brennbaren Substanz auf eine bestimmte spezifische Temperatur, die Entzündungstemperatur, bei welcher die Verbrennung plötzlich unter Feuererscheinung einsetzt. Erst in den letzten Jahren ist man zur Erforschung dieses wichtigen Problems geschritten.

Wenn auch schon interessante Resultate gezeitigt wurden, so gilt es doch noch vorerst, eine Einigung über die Untersuchungsmethodik herbeizuführen. Die eingehendsten bisherigen Untersuchungen stammen von H. Moore[1], der einen eigens zu diesem Zweck konstruierten Apparat benutzte. Auf der nachfolgenden Tabelle sind einige von ihm gefundene Entzündungstemperaturen (für Sauerstoffatmosphäre geltend) angegeben:

Anthrazit	258°	Holzkohle	248°
Fettkohle	230°	Torf	300°
Koks	398°	Zellulose	324°

Man erkennt aus diesen Zahlen, daß die Entzündungstemperaturen der verschiedenen Brennstoffgruppen nahe bei einander liegen. Es können deshalb die betreffenden Werte verschiedener Brennstoffe einer Gruppe nur geringfügige Differenzen untereinander aufzeigen, so daß hohe Anforderungen an die Empfindlichkeit der Untersuchungsmethode gestellt werden müssen. Das neuerdings mit so großen Eifer, aber mit wenig praktischem Erfolg aufgegriffene Problem der Geeignetheit eines Kokses für den Hochofen hat es mit sich gebracht, daß auch die Frage der Entzündungstemperatur mehrfach angeschnitten wurde. K. Bunte und K. Kölmel[2] suchten die Abhängigkeit desselben von verschiedenen Faktoren durch systematischen Versuche festzustellen, beschränkten aber leider ihre Untersuchungen nur auf Entgasungsprodukte. Sie bestimmten den ZP in einem elektrischen Ofen und beobachteten bei durchströmender Luft bzw. Sauerstoff die Temperatur, bei welcher die Wärmeerzeugung durch Verbrennung plötzlich einsetzt und die Temperatur rasch und erheblich über die Temperatur des gleichmäßig angeheizten elektrischen Ofens steigt[3]. Sie stellten vorerst fest, daß der ZP mit steigender Strömungsgeschwindigkeit sinkt, und daß ebenso ein erhöhter Sauerstoffgehalt der zugeführten Luft sie heruntersetzt. An den verschiedenen Koksarten ergab sich außerdem das eigentümliche Resultat, daß der ZP unabhängig vom Ausgasungsgrad ist. Zwischen Porenraum und ZP war desgleichen kein Zusammenhang zu erkennen.

Nach diesen Untersuchungsergebnissen — die sich mit den von Sutcliffe und Evans, Fischer, Breuer und Broche gefundenen Resultaten decken — ist für den ZP des Koks im wesentlichen nur die chemische Struktur maßgebend.

B. Die Verbrennungsvorgänge.

1. Die wichtigsten stöchiometrischen Beziehungen.

Die chemischen Vorgänge lassen sich, trotz der komplexen Zusammensetzung der Brennstoffe, auf die Oxydation ihrer elementaren Bestand-

[1] Ref. von Dailer: Z. V. d. I. 1921, S. 1289.

[2] Gas u. Wasserfach 1922, S. 592.

[3] Brennstoffchemie 1923, S. 167.

teile zurückführen. Diese Reaktionen sind mit ihren stöchiometrischen Beziehungen nachstehend zusammengestellt:

a) Der Kohlenstoff verbrennt zu Kohlendioxyd:

C	$+ O_2$	$= CO_2$
1 Atomgr.	1 Mol	= 1 Mol
12 kg	32 kg	= 44 kg
0 Liter	22,4	= 22,4 Liter bzw. cbm (bei 15° u. 1 Atm.).

Bei Luftmangel verbrennt der Kohlenstoff unvollständig und liefert Kohlenoxyd:

2 C	$+ O_2$	= 2 CO
2 Mol	1 Mol	2 Mol
2 × 12	32 kg	2 × 28 kg
0 Liter	22,4	2 × 22,4 l.

Kohlenoxyd entsteht auch als Produkt der Wechselwirkung zwischen Kohlenoxyd und Kohlenstoff:

$$C + CO_2 = 2\,CO,$$

das bei Luftzutritt dann vollständig verbrannt wird:

2 CO	+	O_2	=	$2\,CO_2$
2 Mol		1 Mol		2 Mol
2 × 28 kg		32 kg		2 × 44 kg
2 × 22,4 l		22,4 l		2 × 22,4 l.

b) Der Wasserstoff verbrennt zu Wasser:

$2\,H_2$	$+ O_2$	$= 2\,H_2O$ (Dampf)
2 Mol	1 Mol	2 Mol
4 kg	32 kg	2 × 18 kg
2 × 22,4 l	22,4 l	2 × 22,4 l.

Enthält der Brennstoff Sauerstoff, so verbraucht nur der disponible Wasserstoff atmosphärischen Sauerstoff.

c) Der Schwefel verbrennt zu Schwefeldioxyd:

S	+	O_2	=	SO_2
1 Atomgr.		1 Mol		1 Mol
32		32		64
0		22,4 l		22,4 l.

Die Verbrennungsgleichung eines jeden anderen zusammengesetzten Brennstoffes ergibt sich aus diesen Gleichungen. So verbrennt die Zellulose nach der Gleichung:

$C_6H_{10}O_5$	+	$6\,O_2$	=	$6\,CO_2$	+	$5\,H_2O$
1 Mol		6 Mol		6 Mol		6 Mol
162 kg		6 × 32		6 × 44		6 × 18 kg
0 l		0 × 22,4		6 × 22,4		6 × 22,4 l.

Die Verbrennungsgleichungen der Kohlen werden auf Grund der Elementaranalyse aufgestellt. Wenn auch von vielen Seiten neue Vorschläge zur Vereinfachung der feuerungstechnischen Rechnungen veröffentlicht wurden — und tagtäglich andere „noch weiter verbesserte" Berechnungsweisen in den Fachzeitschriften zu lesen sind — so ist es doch ratsam, in der Praxis sich selbst Hilfsmittel aller Art, wie Tabellen, Formeln, Diagramme usw. herzurichten. Die hier in Frage kommenden Abhängigkeiten und Zusammenhänge sind von Mollier (Hütte) abgeleitet und zusammengestellt worden. An neueren Arbeiten hierüber sei vorerst erwähnt die elegante graphische Auswertung der Verbrennungsvorgänge von Wa. Ostwald[1], auf die unten noch zurückgekommen wird und die weiterhin von Seufert[2], H. Meyer[3] und namentlich von G. Neumann[4] ausgebaut wurde.

Neumann[5] hat desgleichen in einer grundlegenden Arbeit die wichtigsten Beziehungen zwischen der chemischen Zusammensetzung der Brennstoffe und der chemischen Zusammensetzung der durch Verbrennung oder Vergasung und Entgasung daraus entstehenden gasförmigen Produkte rechnerisch ermittelt und in allgemein gültigen, geschlossenen Formeln zum Ausdruck gebracht. Ganz neuartige Anregungen hat ferner Helbig[6] veröffentlicht.

Aus den oben angegebenen Grundgleichungen der Verbrennungsreaktionen läßt sich eine Reihe von öfters wiederkehrenden Zahlenwerten berechnen, welche die Ableitung der Beziehungen zwischen dem Verbrennungsvorgang und seinen Erzeugnissen erleichtern. Die chemische Analyse gibt die Zusammensetzung der festen und flüssigen Brennstoffe in Gewichtsprozenten und die der gasförmigen Brennstoffe in Volumprozenten an. Aus diesen Werten ergeben sich sofort die Gewichts- bzw. Raumanteile eines Kilogramms bzw. eines Kubikmeters Brennstoff. Andererseits treten die Endprodukte der Verbrennung fast ausschließlich im gasförmigen Zustand auf. Die Berechnung gestaltet sich deshalb am praktischsten, wenn man die Ausgangsprodukte in Kilogramm (bzw. Kubikmeter) und die Endprodukte in Kubikmeter angibt.

Es sei noch vorausgeschickt, daß den feuerungstechnischen Berechnungen ein Sauerstoffgehalt der trockenen Luft von 21 Vol.% (bzw. 23 Gew.%) und ein Stickstoffgehalt von 79 Vol.% zugrunde gelegt wird. Die tatsächliche Zusammensetzung der trockenen Luft ist die folgende:

Stickstoff	= 78,03 Vol.%
Sauerstoff	= 20,99 „
Argon	= 0,94 „
Kohlensäure, Edelgase	= 0,04 „

[1] Ostwald, Wa.: Stahleisen 1919, S. 625. — Ders.: Z. V. d. I. 1919, S. 411. — Ders.: Feuerungstechn. 1919, S. 53. — Ders.: Beiträge zur graphischen Feuerungstechnik. 1920. Leipzig: Spamer.

[2] Seufert: Z. V. d. I. 1920, S. 505. — Ders.: Verbrennungslehre u. Feuerungstechnik, 2. Aufl. 1925. Berlin: Julius Springer.

[3] Meyer, H.: Stahleisen 1920, S. 605.

[4] Neumann, G.: Mitt. der Wärmestelle des V. D. E. Nr. 4, 5, 28.

[5] Neumann, G.: Stahleisen 1921, S. 1811.

[6] Helbig: Feuerungstechn. 1920/21, S. 229.

Auf der nachstehenden Tabelle sind, nach Neumann, die in feuertechnischen Berechnungen immer wiederkehrenden Zahlenwerte zusammengestellt. Die angegebenen Volumina sind auf 15° und 760 m/m bezogen.

1. Auf 1 m^3 Luft-O_2 kommen m^3 Luft-N_2: 79/21 = 3,76 m^3 N_2
2. „ 1 „ „ „ „ Luft: 100/21 = 4,76 m^3 Luft.

Kohlenstoff.

3. 1 kg C ergibt bei Verbrennung zu CO_2: 24,4/12 = 2,03 m^3 CO_2
4. 1 „ „ „ „ „ „ CO: 24,4/12 = 2,03 m^3 CO
5. 1 „ „ erfordert bei „ „ CO_2: 24,4/12 = 2,03 m^3 O_2
6. 1 „ „ „ „ „ „ CO: 0,5 · 24,4/12 = 1,015 m^3 O_2
7. 1 „ „ „ „ „ „ CO_2: 2,03 · 3,75 = 7,64 m^3 N_2
8. 1 „ „ „ „ „ „ CO: 1,015 · 3,76 = 3,82 m^3 N_2
9. 1 „ „ „ „ „ „ CO_2: 2,03 · 4,76 = 9,67 m^3 Luft
10. 1 „ „ „ „ „ „ CO: 1,1015 · 4,76 = 4835 m^3 Luft
11. 1 „ „ ergibt bei „ „ CO_2: 2,03 + 7,64 = 9,67 m^3 CO_2 + N_2
12. 1 „ „ „ „ „ „ CO: 2,03 + 3,82 = 5,85 m^3 CO + N_2.

Wasserstoff.

13. 1 kg H ergibt bei Verbrennung: 24,4/2 = 12,2 m^3 H_2O
14. 1 „ „ erfordert bei „ 0,5 · 24,4/2 = 6,1 m^3 O_2
15. 1 „ „ „ „ „ 6,1 · 3,76 = 22,9 m^3 N_2
16. 1 „ „ „ „ „ 6,1 · 4,76 = 29,0 m^3 Luft
17. 1 „ „ ergibt „ „ 12,2 + 22,9 = 35,1 m^3 H_2O + N_2.

Sauerstoff.

18. 1 kg O entspricht 24,4/2 · 16 = 0,76 m^3 O_2
19. 1 „ „ im Brennstoff verringert den N_2-Gehalt der Verbrennungsgase um 0,76 · 3,76 = 2,86 m^3 N_2
20. 1 „ „ im Brennstoff verringert den Luftbedarf um 0,76 · 4,76 = 3,62 m^3 Luft.

Schwefel.

21. 1 kg S ergibt bei Verbrennung zu SO_2: 24,4/32 = 0,76 m^3 SO_2
22. 1 „ „ erfordert bei „ „ „ 24,4/32 = 0,76 m^3 O_2
23. 1 „ „ „ „ „ „ „ 0,76 · 3,76 = 2,86 m^3 N_2
24. 1 „ „ „ „ „ „ „ 0,76 · 4,76 = 3,62 m^3 Luft
25. 1 „ „ ergibt „ „ „ „ 0,76 + 2,86 = 3,62 m^3 SO_2 + N_2.

Stickstoff.

26. 1 kg N entspricht: 24,4/2,14 = 0,87 m^3 N_2
27. 1 „ Wasser entspricht im Dampfzustand 24,4/18 = 1,35 m^3 H_2O-Dampf.

Bezeichnet man mit c, h, o, s, n und w die Gehalte von 1 kg Kohle an C, H_2, O_2, S, N_2 und Wasser, ausgedrückt in Kilogramm, so lassen sich an Hand der oben stehenden Zahlenwerte die folgenden Grundbeziehungen für die rechnerische Bearbeitung der Verbrennungsvorgänge fester und flüssiger Brennstoffe ableiten.

Vollkommene Verbrennung. Der theoretische Sauerstoff- und Luftbedarf gibt das minimale Volumen (15°/760 mm) O_2 oder Luft an, das zur vollständigen Verbrennung von 1 kg Brennstoff erforderlich ist.

Für den theoretischen Sauerstoffbedarf (S_{th}) gilt die Beziehung:

$$S_{th} = \left[2{,}03\,c + 6{,}1\,h + 0{,}76(s-o)\right]\ m^3/kg\ \text{Brennstoff}$$

und den theoretischen Luftbedarf (L_{th}):

$$L_{th} = 4{,}76\left(2{,}03\,c + 6{,}1\,h + 0{,}76\,(s-o)\right)\ m^3/kg\ \text{Brennstoff.}$$

Die theoretische Rauchgasmenge ist gleich dem theoretischen Luftbedarf vermehrt um den Stickstoffgehalt des Brennstoffes, der aber meistens vernachlässigt werden kann. Falls die Temperatur des Rauchgases 100° übersteigt, so vermehrt sich die Menge der Verbrennungsgase um das vollständige Volumen des Verbrennungswasserdampfes und das Volumen der verdampften Feuchtigkeit des Brennstoffes. Mithin erhält man für die feuchten Rauchgase:

$$R^f_{th} = \left[9{,}67\,c + 35{,}1\,h + 3{,}62\,(s-o) + 0{,}87\,n + 1{,}35\,w\right]\ m^3/kg\ \text{Brennstoff.}$$

Auf den trockenen Zustand bezogen:

$$R^t_{th} = \left[9{,}67\,c + 29\,h + 3{,}62\,(s-o) + 0{,}87\,n\right]\ m^3/kg\ \text{Brennstoff.}$$

Aus diesen Beziehungen ermittelt man den maximalen Kohlensäuregehalt der trockenen Verbrennungsgase mit Hilfe der Gleichung:

$$CO_{2\,max} = \frac{2{,}03\,c}{9{,}67\,c + 29\,h + 3{,}62\,(s-o) + 0{,}87\,n} \cdot 100\,.$$

Die nachfolgende Tabelle gibt einen Überblick über die bei der Verbrennung von 1 kg Brennstoff geltenden Beziehungen:

1 kg Brennstoff	Theoretischer O_2-Bedarf cbm	Theoretischer Luftbedarf cbm	Heizgaszusammenhang (trocken) cbm	Heizgasmenge cbm
c	2,03 c	9,67 c	2,03 c CO_2 + 7,76 c N_2	9,67 c
h	6,1 h	29 h	29 h N_2	29 h
s	0,76 s	3,62 s	0,76 s SO_2 + 2,86 s N_2	3,62 s
o	− 0,76 o	− 3,62 o	—	− 3,62 o
n	—	—	0,87 n N_2	0,87 n N_2

Unvollkommene Verbrennung. Bei der Ableitung der für diese Verbrennung gültigen Beziehungen geht man von der Annahme aus, daß bei derselben theoretischen Luftmenge, wie sie für die vollkommene Verbrennung berechnet wurde, der gesamte Kohlenstoff nur zu Kohlenoxyd, dagegen der Wasserstoff und Schwefel vollständig verbrennen. Demgemäß ist das Volumen des entstehenden Kohlenoxydes gleich dem der Kohlensäure bei vollkommener Verbrennung:

$$CO = 2{,}03\,c\ m^3/kg\ \text{Brennstoff.}$$

Die zur unvollkommenen Verbrennung des Kohlenstoffes benötigte Sauerstoffmenge O^u_{th} beträgt nur die Hälfte des zur vollkommenen Verbrennung notwendigen Sauerstoffvolumens, so daß, den obigen Voraussetzungen gemäß, die Abgase $O_{th} - O^u_{th}$ m³ Sauerstoff enthalten und ihr Volumen um diese Sauerstoffmenge größer ist als die bei vollkommener Verbrennung entstehende Abgasmenge.

Der theoretische Sauerstoffbedarf ist demgemäß:

$$O^u_{th} = 1{,}015\,c + 6{,}1\,h + 0{,}76\,(s - o)\ m^3/kg\ \text{Brennstoff},$$

die trockene Rauchgasmenge:

$$R^u_{th} = R_{th} + (O_{th} - O^u_{th})\ m^3/kg\ \text{Brennstoff},$$

der maximale Kohlenoxydgehalt:

$$CO_{max} = \frac{2{,}03\,c}{R_{th} + O_{th} - O^u_{th}} \cdot 100\%$$

und der Sauerstoffgehalt:

$$O_2 = \frac{O_{th} - O^u_{th}}{R_{th} + O_{th} - O^u_{th}} \cdot 100\%.$$

Für gasförmige Brennstoffe, deren Zusammensetzung stets in Vol.% angegeben wird, gelten die nachstehenden Verbrennungsgleichungen:

Kohlenoxyd: $CO + O = CO_2$: 1 cbm Kohlenoxyd erfordert 0,5 cbm Sauerstoff und erzeugt 1 cbm Kohlensäure;

Wasserstoff: $H_2 + O = H_2O$: 1 cbm Wasserstoff benötigt 0,5 cbm Sauerstoff und bildet 1 cbm Wasserdampf;

Methan: $CH_4 + 2\,O_2 = CO_2 + 2\,H_2O$: 1 cbm Methan verbrennt mit 2 cbm Sauerstoff zu 1 cbm Kohlensäure und 2 cbm Wasserdampf;

Äthylen: $C_2H_4 + 3O_2 = 2\,CO_2 + 2H_2O$: 1 cbm Äthylen erfordert 3 cbm Sauerstoff und bildet 2 cbm Kohlensäure und 2 cbm Wasserdampf.

Kohlenwasserstoffe der allgemeinen Formel C_nH_m verbrennen nach der Gleichung:

$$C_nH_m + \left(n + \frac{m}{4}\right)O_2 = n\,CO_2 + \frac{m}{2}H_2O.$$

1 cbm Kohlenwasserstoff benötigt $n + \frac{m}{4}$ cbm Sauerstoff und liefert n cbm Kohlensäure und $\frac{m}{2}$ cbm Wasserdampf.

a) Vollkommene Verbrennung der gasförmigen Brennstoffe.

Bedeuten im nachfolgenden die Zeichen CO, H_2, CH_4, C_2H_4, O_2, N_2 zugleich die Volumenanteile der betreffenden Gasarten in 1 cbm Frischgas, so benötigt ein gasförmiger Brennstoff von der Zusammensetzung

$$CO + H_2 + CH_4 + C_2H_4 + O_2 + N_2 = 1$$

die theoretische Sauerstoffmenge:

$$S^g_{th} = (0{,}5\,(CO + H_2) + 2\,CH_4 + 3\,C_2H_4 - O_2)\ \text{cbm Brennstoff}.$$

Damit folgt für den theoretischen Luftbedarf:

$$L^g_{th} = 4{,}76\,(0{,}5\,(CO + H_2) + 2\,CH_4 + 3\,C_2H_4 - O_2)\ \text{cbm}.$$

Die theoretische, trockene Rauchgasmenge ist gleich dem theoretischen Luftbedarf vermehrt um das Volumen Stickstoff des Frischgases

$$R^g_{th} = L^g_{th} + N_2\ \text{cbm}.$$

Der maximale Kohlensäuregehalt der Rauchgase ist weiterhin:

$$CO_{2\,max} = \frac{CO_2 + CO + CH_4 + 2\,C_2H_4}{R^g_{th}} \cdot 100\%.$$

Das feuchte Abgasvolumen errechnet sich zu:

$$R^{g,f}_{th} = (L^g_{th} + N_2 + (H_2 + 2\,CH_4 + 2\,CH_4 + 2\,C_2H_4))\ \text{cbm}.$$

b) Unvollkommene Verbrennung der gasförmigen Brennstoffe.

Es gelten hier dieselben Voraussetzungen, wie sie bei der Ableitung der Beziehungen für die festen Brennstoffe formuliert wurden. Es gelten vorerst die folgenden Verbrennungsgleichungen:

Methan: $2\,CH_4 + 3\,O_2 = 2\,CO + 4\,H_2O$: 1 cbm Methan erfordert 1,5 cbm Sauerstoff, erzeugt 1 cbm Kohlenoxyd und 2 cbm Wasserdampf.

Äthan: $C_2H_4 + 2\,O_2 = 2\,CO + 2\,H_2O$: 1 cbm Äthan erfordert 2 cbm O_2 und liefert 2 cbm Kohlenoxyd und 2 cbm Wasserdampf;

Kohlenwasserstoffe der Formel C_nH_m:

$$C_nH_m + \left(\frac{n}{2} + \frac{m}{4}\right)O_2 = n\,CO + \frac{m}{2}H_2O.$$

Die theoretische Sauerstoffmenge für die unvollkommene Verbrennung gasförmiger Brennstoffe errechnet sich zu:

$$O^{g,u}_{th} = (0{,}5\,H_2 + 1{,}5\,CH_4 + 2\,C_2H_4 - O_2)\ \text{cbm/cbm Brennstoff}.$$

Die Abgasmenge ist, der obigen Voraussetzung gemäß, gleich dem Luftbedarf für vollkommene Verbrennung vermehrt um die unverbrauchte Sauerstoffmenge:

$$R^{g,u}_{th} = L^g_{th} + O^g_{th} - O^{g,u}_{th}\ \text{cbm/cbm Brennstoff}.$$

Die Menge des Kohlenoxydes ist:

$$CO^g = CO + CH_4 + 2\,C_2H_4$$

und der Gehalt der Abgase an CO

$$CO_{max} = \frac{CO + CH_4 + 2\,C_2H_4}{L^g_{th} + O^g_{th} - O^{g,u}_{th}} \cdot 100.$$

Die feuchte Abgasmenge ist gleich der trockenen Rauchgasmenge vermehrt um das dampfförmige Verbrennungswasser:

$$R^{g,u,f}_{th} = R^{g,u}_{th} + H_2 + 2\,CH_4 + 2\,C_2H_4\ \text{cbm}.$$

2. Die wirkliche Luftmenge und die wirkliche Abgasmenge.

Kennt man die Zusammensetzung eines Brennstoffes, so lassen sich mit Leichtigkeit die theoretische Luftmenge und der maximale Kohlensäuregehalt der Abgase errechnen. Vergleicht man dann hiermit die bei der Verbrennung derselben Kohle praktisch gefundenen Kohlensäuregehalte ($CO_{2\,wirkl}$) der Abgase, so erlaubt der Vergleich beider Werte festzustellen, wie weit die vorliegende Verbrennung von der theoretischen abweicht.

Es gibt nun in der Technik nur sehr wenige Feuerungsarten, die mit der theoretischen Verbrennungsluft arbeiten. Nur bei Gasfeuerungen werden die theoretischen Werte erreicht und dabei besteht immerhin noch die Gefahr, daß bei ungenügender Durchwirbelung des Brennstoff-Luftgemisches unverbrannte Gasreste zum Kamin hinaus verlorengehen. Bei Kohlenfeuerungen auf dem Rost herrschen die ungünstigsten Verhältnisse; die Kohlen- und Schlackenschicht darf nicht zu dünn sein und auch keine Löcher bzw. Stellen geringeren Widerstandes gegen Luftdurchgang aufweisen, anderenfalls überschüssige Luft in den Feuerungsraum gesaugt wird. Anderseits verhindert eine zu dicke Schlacken- und Kohlenschicht den Luftdurchgang, so daß teilweise auch Luftmangel auftreten kann. Bedenkt man weiterhin, daß beim Aufschütten frischer Kohle vorerst eine Entgasung, die mit der Bildung der verschiedenartigsten Kohlenwasserstoffe verbunden ist, auftritt und die für eine vollständige Verbrennung dieser Stoffe benötigte Luftmenge viel größer als das zur Verbrennung entgaster Kohle erforderliche Luftvolumen ist, so sieht man ein, daß die Verbrennung einen sehr wechselnden Gang zeigt, der durch das Öffnen und Schließen der Feuerungstüren nur noch wechselreicher gestaltet wird. Man kann daher behaupten, daß die Verbrennung auf dem Rost ein sehr roher Vorgang ist, dessen Feinregulierung dem Menschen bislang nicht gelungen ist und voraussichtlich auch nie gelingen wird. In diesem Zusammenhang mag noch hervorgehoben werden, daß es viele Vorschläge zur automatischen Regulierung des Verbrennungsganges gibt, die aber nie geschickte Heizer ersetzen können.

Der Luftbedarf einer Kohlenfeuerung ist also zeitlich schwankend und man hat sich wohl oder übel damit abfinden müssen, daß die wirkliche Luftmenge stets ein Vielfaches des theoretischen Luftbedarfes ist.

Das Verhältnis

$$\frac{\text{wirkliche Luftmenge}}{\text{theoretische Luftmenge}} = \varepsilon$$

bezeichnet man mit Luftüberschußzahl und den reziproken Wert $\frac{1}{\varepsilon} = \eta$ nach Wa. Ostwald mit Luftfaktor.

Ermittelt man gasanalytisch die Gehalte an CO_2, O_2 bzw. auch CO der Abgase, so errechnet sich die Luftüberschußzahl näherungsweise zu

$$\varepsilon = \frac{21}{21 - O_{2\,\text{wirkl}}}.$$

Kennt man den theoretischen maximalen Kohlensäuregehalt, so ergibt sich ε auch aus:

$$\varepsilon = \frac{CO_{2\,\text{max}}}{CO_{2\,\text{wirkl}}}.$$

Die wirkliche trockene Abgasmenge R_w beträgt dann:

$$R_w = R_{th} \cdot \varepsilon.$$

Eine genauere Berechnung der wirklichen Abgasmenge beruht auf dem Gesetz von der Konstanz der Kohlenstoffmenge. 1 cbm CO_2 (15° und 760 m/m) enthält 0,492 kg Kohlenstoff. Bezeichnet man mit R_t die tatsächliche trockene Abgasmenge und mit CO_2 den CO_2-Gehalt der Abgase, so erhält man, wenn C das Gewicht an Kohlenstoff pro kg Brennstoff angibt, die Gleichung[1]:

$$CO_2 \cdot 0{,}492 \cdot R_t = c$$

und

$$R_t = \frac{c}{CO_2 \cdot 0{,}492} \text{ cbm}.$$

Die Luftüberschußzahl erhält man dann aus:

$$\varepsilon = \frac{R_t}{L_t}.$$

Berechnet man das feuchte Abgasvolumen aus 1 kg Brennstoff, so muß zu R_t hinzugefügt werden: die Menge des Verbrennungswassers, der Feuchtigkeitsgehalt des Brennstoffes w und der Feuchtigkeitsgehalt w_1 der Verbrennungsluft:

$$R_f = R_t + 12{,}2\,h + 1{,}35\,w + w_1.$$

Überträgt man die Ergebnisse der obigen Überlegungen auf den praktischen Betrieb, so ergibt sich als erste Forderung ein möglichst hoher Kohlensäuregehalt der Abgase, ohne daß aber dabei Kohlenoxyd auftreten darf. Eine strenge Betriebsüberwachung ist daher am Platze, der ja heute mit Hilfe von automatischen Kohlensäure-Registrierapparaten keine ernstlichen Schwierigkeiten mehr entgegenstehen. Eine Steinkohlenfeuerung, die mit einem Kohlensäuregehalt der Abgase von 12—14% ständig arbeitet, darf als gut geführt bezeichnet werden. Desgleichen kann eine Braunkohlenfeuerung, die mit nicht zu fetten, gasreichen Kohlen beschickt ist, leicht einen CO_2-Gehalt von 15—16%, ohne CO-Bildung, erreichen.

C. Das Verbrennungsdreieck nach Wa. Ostwald.

Die Beurteilung der Güte einer Verbrennung erfolgt hauptsächlich an Hand der Abgasanalyse, die ohne weiteres erkennen läßt, ob vollständige oder unvollständige Verbrennung vorliegt. Die Luftüberschußzahl ist eine weitere wichtige Größe zur Beurteilung einer Ver-

---

[1] Ganz einwandfrei ist diese Berechnungsweise noch nicht, da sie den unverbrannten Herdrückständen keine Rechnung trägt. Das tatsächliche vergaste Kohlenstoffgewicht pro kg Brennstoff ist um einen entsprechenden Anteil geringer, der aus der Analyse der Rückstände leicht zu berechnen ist.

brennung, so daß schließlich die folgenden vier Ermittlungen in Frage kommen:

1. Der Kohlensäuregehalt der Abgase (CO_2),
2. der Sauerstoffgehalt der Abgase (O_2),
3. der Kohlenoxydgehalt der Abgase (CO),
4. die Luftüberschußzahl bzw. der Luftfaktor.

Diese vier Größen sind zuerst von der chemischen Zusammensetzung des Brennstoffes abhängig, dann aber bedingen sie sich gegenseitig, und zwar so, daß, wenn zwei Größen bekannt sind, die beiden anderen eindeutig bestimmt sind. Wa. Ostwald hat diese gegenseitige Abhängigkeit graphisch in sogenannten Abgasschaubildern dargestellt. Diese geben in kürzester Zeit Aufschluß über die Güte einer Verbrennung, setzen aber, zur Berechnung der Grenzwerte: maximale Kohlensäure-, Sauerstoff- und Kohlenoxydgehalte, die Kenntnis der chemischen Zusammensetzung des Brennstoffes voraus. Das Prinzip der Wa. Ostwaldschen Darstellungsweise beruht auf der schiefen Übereinanderlegung zweier rechtwinkliger Koordinatensysteme: Das erste entspricht der vollkommenen Verbrennung und hat als Grenzbeziehungen den maximalen CO_2-Gehalt für $O_2 = 0$ und den maximalen Sauerstoffgehalt ($= 21\%$) für $CO_2 = 0$. Das zweite Koordinatensystem entspricht einer unvollkommenen Verbrennung mit derselben theoretischen Luftmenge, wie sie für die vollkommene Verbrennung errechnet wurde.

Im folgenden werden die Grundlagen der Wa. Ostwaldschen Darstellungsweise an Hand eines Beispiels gegeben.

1. Natur und Zusammensetzung des trockenen Brennstoffes:

Nußkohle von Louisenthal (Saar).

Kohlenstoff	= 70,7 %	= 0,707	kg/kg Kohle
Wasserstoff	= 5,0 %	= 0,050	,, ,,
Sauerstoff	= 10,0 %	= 0,100	,, ,,
Schwefel	= 1,3 %	= 0,013	,, ,,
Stickstoff	= 1,7 %	= 0,017	,, ,,
Asche	= 11,05%		
Flüchtige Bestandteile	= 37,5 %.		

2. Berechnung der Grenzwerte. Aus den obigen Analysendaten errechnen sich für die vollständige Verbrennung an Hand der bekannten Verbrennungsgleichungen die nachstehenden Werte[1]:

Theoretischer Sauerstoffbedarf pro kg Kohle:

$$O_{th} = 2{,}03 \times 0{,}707 + 6{,}1 \times 0{,}05 + 0{,}76\,(0{,}013 - 0{,}100) = 1{,}674 \text{ cbm } (15^\circ, 760 \text{ mm}).$$

Theoretischer Luftbedarf pro kg Kohle:

$$L_{th} = 1{,}674 \times 4{,}76 = 7{,}965 \text{ cbm}.$$

[1] Die sämtlichen angegebenen Gasmengen sind auf 15° und 760 mm bezogen.

Volumen der trockenen Rauchgase (unter Berücksichtigung des Stickstoffgehaltes der Kohle):

$$R_{th} = 7{,}965 + 0{,}87 \times 0{,}017 = 7{,}985 \text{ cbm/kg Kohle.}$$

Maximaler Kohlensäuregehalt der Rauchgase:

$$CO_{2\,max} \frac{2{,}03 \times 0{,}707}{7{,}985} = 18\%.$$

Für die unvollkommene Verbrennung errechnen sich die entsprechenden Werte unter der Annahme, daß bei der gleichen Luftmenge wie bei der vollständigen Verbrennung, der Kohlenstoff nur zu Kohlenoxyd, der Wasserstoff und der Schwefel dagegen vollkommen verbrannt werden. Die hierzu verbrauchte Sauerstoffmenge ist aber kleiner als die zur vollkommenen Verbrennung benötigte Menge, so daß die Rauchgase eine der Differenz beider Volumina gleichkommende Menge Sauerstoff enthalten und die Gesamtmenge der Rauchgase um diesen Betrag höher ausfällt als bei der vollkommenen Verbrennung.

Theoretischer Sauerstoffbedarf:

$$1{,}015 \times 0{,}707 - 6{,}1 \times 0{,}05 - 0{,}76\,(0{,}013 - 0{,}100) = 0{,}957 \text{ cbm.}$$

Theoretischer Sauerstoffüberschuß:

$$1{,}674 - 0{,}957 = 0{,}717 \text{ cbm.}$$

Theoretische trockene Abgasmenge:

$$7{,}985 - 0{,}717 = 8{,}702 \text{ cbm.}$$

Maximaler Kohlenoxydgehalt:

$$CO_{max} = \frac{2{,}03 \times 0{,}707}{8{,}702} = 16{,}5\%.$$

Theoretischer Sauerstoffgehalt:

$$O^{u}_{th} = \frac{0{,}717}{8{,}702} = 8{,}25\%.$$

3. Konstruktion des Abgasschaubildes. Man zeichnet nach umstehender Abb. 20 ein rechtwinkliges Koordinatensystem auf, dessen Ordinaten die Volumprozente Kohlensäure der Abgase und dessen Abszissen die Volumprozente Sauerstoff darstellen. Als Grenzwert der Kohlensäuregehalte wird der maximale Kohlensäuregehalt = 18% und als Grenzwert der Sauerstoffgehalte die Größe $O_{max} = 21\%$ eingetragen. Beide Achsen werden dann entsprechend unterteilt. Verbindet man B mit C, so ergibt sich das rechtwinklige Dreieck A B C, dessen obere Spitze durch den Punkt C mit den Koordinaten:

$$CO_2 = 18 \quad \text{und} \quad O_2 = 0$$

bestimmt ist, während die andere Spitze B den größten überhaupt möglichen Sauerstoffgehalt angibt. Dieser Wert entspricht einem unendlich großen Luftüberschuß, also

$$\varepsilon = \infty \quad \text{und} \quad \eta = \frac{1}{\varepsilon} = 0.$$

Der Hypotenuse B C kommt mithin eine doppelte Bedeutung zu: einerseits müssen bei vollständiger Verbrennung die analytisch gefundenen Kohlensäuregehalte sich auf der Hypotenuse mit den analytisch gefundenen Sauerstoffgehalten schneiden, und andererseits bildet B C die Grundlinie für die Unterteilung des Luftfaktors. Finden wir beispielsweise in den Verbrennungsgasen der vorliegenden Kohle 12% CO_2 und 7% O_2, so muß bei vollständiger Verbrennung der Schnittpunkt der beiden durch die entsprechenden Punkte gezogenen Senkrechten zu den Achsen

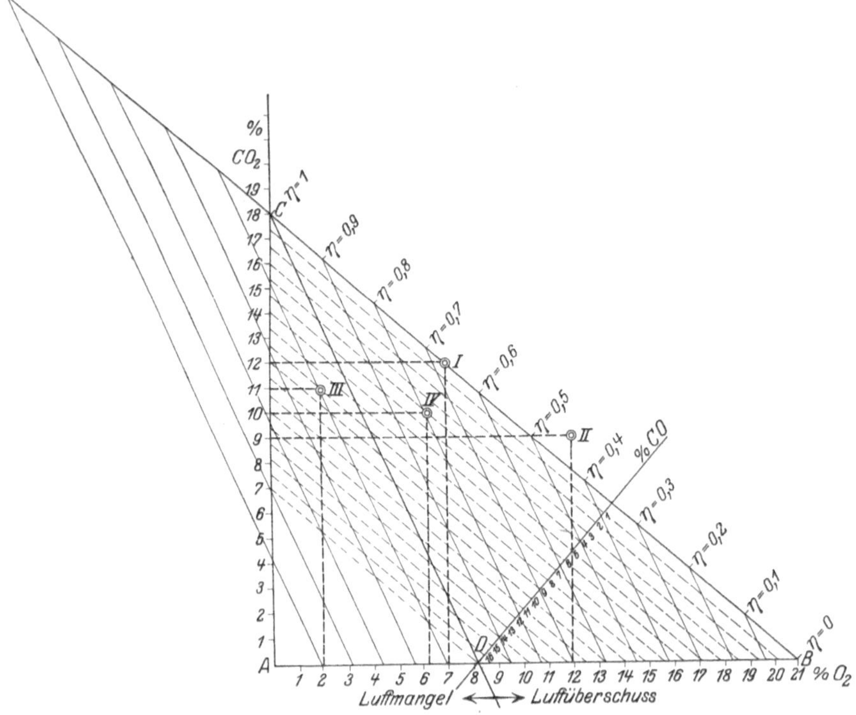

Abb. 20. Verbrennungsdreieck nach Wa. Ostwald (Saarkohle).

genau auf der Hypotenuse liegen (Schnittpunkt I der Abbildung). Fällt er innerhalb des Dreiecks, so liegt entweder unvollkommene Verbrennung vor oder, bei nachweisber großem Luftüberschuß, ein Analysenfehler (falsche O_2-Bestimmung). Liegt dagegen der Schnittpunkt der beiden Senkrechten außerhalb des Dreiecks, so ist entweder die Analyse falsch oder das Dreieck entspricht nicht dem verheizten Brennstoff.

Die Unterteilung der Hypotenuse erfolgt auf Grund der folgenden Überlegungen: Für vollkommene Verbrennung mit der theoretischen Luftmenge wurde der maximale CO_2-Gehalt zu 18% berechnet: für diesen

Wert, Punkt C, ist die wirklich verbrauchte Luftmenge genau gleich der theoretischen, also

$$\text{Luftüberschußzahl} = \frac{\text{wirkliche Luftmenge } (L_w)}{\text{theoretische Luftmenge } (L_{th})} = \frac{1}{1}.$$

Der Luftfaktor $\frac{1}{\varepsilon}$ beträgt daher auch 1.

Für Punkt B ist die wirkliche Luftmenge unendlich groß, also

$$\varepsilon = \frac{\infty}{L_{th}} = \infty \quad \text{und} \quad \eta = \frac{1}{\infty} = 0.$$

Die Luftüberschußzahl nimmt also auf der Hypotenuse B C von B = 1 an bis C = ∞ zu. Zweckentsprechender ist daher die Einführung des Ostwaldschen Luftfaktors η, der auf der Hypotenuse von 1—0 abnimmt und so eine einfachere Darstellungsweise der bei der Verbrennung aufgewandten Luftmengen gestattet.

Da der Luftfaktor nahezu linear abnimmt, kann man die Linie B C in zehn gleiche Teile unterteilen, denen dann die Luftfaktoren 0; 0,1; 0,2; 0,3 bis 1 oder die entsprechenden Luftüberschußzahlen ∞; 100; 5; 3,30; 2,5; 2; 1,67; 1,43; 1,25; 1,11 und 1 entsprechen. Ein CO_2-Gehalt von 12% gibt auf unserem Schaubild daher einen Luftfaktor von 0,66 bzw. eine Luftüberschußzahl von 1,5 an.

Für die unvollständige Verbrennung wird ein zweites Koordinatensystem aufgestellt, das in schiefer Lage über das vorhergehende gelegt wird. Die Grenzbeziehungen hierfür ergeben sich zu

$$CO_{max} \text{ und } O_{th} \text{ bei } \eta = 1$$

in dem vorliegenden Beispiel daher:

$$CO_{max} = 16{,}5\% \text{ und } O_{th} = 8{,}25\%.$$

Auf der Abszisse trägt man den Punkt D = 8,25% ein; von hier aus fällt man die Senkrechte DE auf die Hypotenuse und erhält so die Achse für die CO-Teilung.

Unterteilt man nämlich die Linie E D gleichmäßig in der Weise, daß der Punkt E mit 0 und der Punkt D mit 16,50 zusammenfällt, so erhält man auf E D die Teilung für CO. Parallele zur Hypotenuse durch die so erhaltenen Punkte geben die CO-Linien ab.

Die Gerade CD gibt die Richtung für die Luftfaktorlinien, die parallel zu ihr durch die Teilungspunkte η auf der Hypotenuse gezogen werden. Die Verbindungslinie C D teilt das Dreieck in 2 Gebiete; links von CD befindet sich das Gebiet des Luftmangels und rechts von CD jenes des Luftüberschusses.

Es sei noch bemerkt, daß die CO- und die Luftfaktorlinien ins Gebiet des Luftmangels verlängert werden können.

4. Anwendungsbeispiele des Schaubildes. An Hand von einigen Abgasanalysen soll nun der Wert des Verbrennungsdreiecks erläutert werden.

Punkt I. $CO_2 = 12\%$ $O_2 = 7\%$.

Der Schnittpunkt der beiden durch die entsprechenden Punkte gezogenen Senkrechten liegt auf der Hypotenuse : $CO = 0$, mithin ist die Verbrennung vollständig. $\eta = 0{,}66$ und $\varepsilon = 1{,}5$.

Punkt II. $CO_2 = 9\%$ $O_2 = 12\%$.

Der Schnittpunkt liegt außerhalb des Dreiecks, mithin : falsche Analyse.

Punkt III. $CO_2 = 11\%$ $O_2 = 2\%$.

Das Schaubild zeigt $CO = 8\%$, also Verbrennung unvollkommen wegen Luftmangel, da $\eta = 1{,}1$ und $\varepsilon = 0{,}9$.

Punkt IV. $CO_2 = 10\%$ $O_2 = 6{,}3\%$.

Das Schaubild zeigt $CO = 4\%$ trotz $\eta = 0{,}8$ und $\varepsilon = 1{,}25$, also trotz Luftüberschusses. Verbrennung unvollkommen, nicht wegen Luftmangel, sondern wegen zu dicker Kohlenschicht oder ungenügender Mischung der Brenngase.

5. Tragweite der Schaubilder. Es ist oben dargelegt worden, daß die Grenzwerte des Schaubildes von der chemischen Zusammensetzung des Brennstoffes abhängen. Eigentlich müßte dann für jeden Brennstoff ein besonderes Schaubild hergerichtet werden, eine Arbeit, die praktisch nicht immer auszuführen ist. Die festen Brennstoffe eines bestimmten Kohlenreviers, insbesondere die Steinkohlen, haben nun aber meist, auf Reinkohle bezogen, eine ziemlich konstante Zusammensetzung, so daß sich die Frage stellt, ob die Schaubilder für diese Kohlengebiete nicht allgemeinen Charakter tragen. Falls dieses der Fall ist, gewinnt die Ostwaldsche Darstellungsweise natürlich an Wert.

Um die Anwendungsmöglichkeiten der Abgasschaubilder in dieser Hinsicht zu prüfen, habe ich die mittlere Zusammensetzung aus fünf verschiedenen Saarkohlen, auf Reinkohle bezogen, ermittelt. Alsdann wurden die gefundenen Werte auf Kohlen mit wachsenden Aschengehalten (5, 10, 15, 20, 25 und 30% Asche) umgerechnet und jedesmal die Grenzwerte des Schaubildes errechnet.

Die ermittelte chemische Zusammensetzung der Reinkohle war die folgende:

$C = 80{,}00\%$ $N_2 = 1{,}50\%$ $H_2 = 5{,}50\%$ $S = 1{,}50\%$ $O_2 = 11{,}50\%$.

Für alle in Betracht gezogenen Aschengehalte ((von 0 bis 30%) errechneten sich, natürlich bei abnehmendem Sauerstoff- und Luftbedarf, die folgenden konstanten Grenzwerte :

$CO_{2max} = 18{,}10\%$ $CO_{max} = 16{,}50\%$ $O_{th} = 8{,}30\%$.

Aus diesem Ergebnis geht hervor, daß daß es für überschlägige Berechnungen genügt, je ein einziges Schaubild für jedes zu Gebote stehende Kohlenrevier aufzustellen, das dann allgemeine Gültigkeit für das betreffende Revier besitzt.

Außerdem mag auch auf die Universalschaubilder von Neumann[1] hingewiesen werden.

[1] Mitt. d. Wärmest. Düsseldorf, V. d. E. Nr. 35.

D. Physikalisch-chemische Zahlentafeln.

In nachstehenden Tabellen sind die physikalisch-chemischen Konstanten der wichtigsten, bei feuerungstechnischen Berechnungen in Frage kommenden Stoffe zusammengestellt.

1. Atom- und Molekulargewichte[1].

	Formel	Atomgewicht	Molekulargewicht
Sauerstoff	O_2	16,00	32,00
Stickstoff	N_2	14,008	28,016
Wasserstoff	H_2	1,008	2,016
Kohlenstoff	C	12,00	—
Schwefel	S	32,07	—
Wasser	H_2O	—	18,016
Kohlensäure	CO_2	—	44,00
Kohlenoxyd	CO	—	28,00
Schwefeldioxyd	SO_2	—	64,07
Methan	CH_4	—	16,03
Äthan	C_2H_6	—	30,05
Propan	C_3H_8	—	44,064
Äthylen	C_2H_4	—	28,03
Prophylen	C_3H_6	—	42,05
Azetylen	C_2H_2	—	26,02
Benzol	C_6H_6	—	78,048

2. Spezifisches Gewicht.

	kg/cbm 0° u. 760 (Spez. Gew.)	Luft = 1
Sauerstoff	1,428	1,105
Stickstoff	1,125	0,9673
Luft	1,293	1,00
Wasserstoff	0,08987	0,06957
Wasserdampf	0,8038	0,6217
Kohlensäure	1,9768	1,518
Kohlenoxyd	1,2504	0,9662
Schwefeldioxyd	2,9266	2,2634

3. Verbrennungswärme (in mittleren Wärmeeinheiten).

	Oberer Heizwert je Mol	Oberer Heizwert je kg	Unterer Heizwert je Mol	Unterer Heizwert je kg	Oberer Heizwert je cbm	Unterer Heizwert je cbm
Fester Kohlenstoff	97640	8137	97,640	8137	—	—
Kohlenoxyd	68200	2436	68,200	2463	3043	3043
Wasserstoff	68630	34,040	57,820	28680	3062	2580
Methan	212700	13,270	191,100	11920	9490	8526
Äthan	371300	12,360	338,900	11280	16570	15120
Propan	528800	12,000	485,600	11020	23590	21670
Äthylen	339700	12,120	318,100	11350	14810	14190
Propylen	496,000	11,800	463,600	11020	22130	20680
Azetylen	321,700	12,020	301,900	11600	13950	13470
Benzol	790,800	10,130	758,400	9716	35290	33840

[1] Nach Küster-Thiel: Logarithmische Rechentafeln für Chemiker, 30. bis 34. Aufl., 1925.

Die angegebenen Verbrennungswärmen sind der Arbeit von Fr. Hoffmann[1] entnommen. Sie stellen Durchschnittswerte der in den physikalisch-chemischen Tabellen von Landolt-Börnstein verzeichneten Einzelwerte, bezogen auf 0° und 760 mm, dar.

4. Wahre spezifische Wärmen bei konstantem Druck, bezogen auf 1 kg Gas bei t°[2].

Temperatur °C	Kohlensäure, schweflige Säure	Wasserdampf	Sauerstoff	Stickstoff, Kohlenoxyd	Luft	Wasserstoff
0	0,202	0,462	0,218	0,249	0,241	3,445
100	0,215	0,465	0,221	0,252	0,244	3,490
200	0,230	0,470	0,224	$0{,}255_6$	0,247	3,534
300	0,244	0,475	0,226	0,259	0,250	3,579
400	0,275	0,481	0,229	0,262	0,253	3,624
500	0,268	0,489	0,232	$0{,}265_6$	$0{,}256_6$	3,668
600	0,275	0,499	0,235	0,269	0,260	3,713
700	0,282	0,509	0,238	0,272	0,263	3,758
800	0,289	0,521	$0{,}240_5$	$0{,}275_6$	0,266	3,802
900	0,293	0,535	0,234	0,279	0,269	3,847
1000	0,297	0,551	0,246	0,282	0,272	3,891
1100	0,300	0,572	0,249	$0{,}285_5$	0,275	3,936
1200	0,302	0,594	0,252	0,289	0,278	3,981
1300	0,305	0,619	$0{,}254_5$	0,292	0,281	4,025
1400	0,307	0,644	0,257	$0{,}295_5$	$0{,}284_5$	4,070
1500	0,309	0,670	0,260	0,299	0,288	4,115
1600	0,311	0,696	0,263	0,302	0,291	4,159
1700	0,313	0,723	0,266	$0{,}305_5$	0,294	4,204
1800	0,315	0,750	0,269	0,309	0,297	4,249
1900	0,317	0,779	0,271	0,312	0,300	4,293
2000	0,319	0,808	0,274	$0{,}315_5$	0,303	4,338
2100	0,320	0,837	0,277	0,319	0,306	4,382
2200	0,322	0,865	0,280	0,322	0,309	4,427
2300	0,323	0,995	0,283	$0{,}325_5$	$0{,}312_5$	4,472
2400	0,325	0,924	0,285	0,329	$0{,}315_6$	4,516
2500	0,327	0,954	0,288	0,332	0,319	4,561
2600	0,329	0,984	0,291	$0{,}335_5$	0,322	4,606
2700	0,331	1,014	0,294	0,339	0,325	4,650
2800	0,333	1,044	0,297	0,342	0,328	4,695
2900	0,334	1,075	0,300	0,345	0,331	4,740
3000	0,336	1,105	0,302	0,349	0,334	4,784

E. Verbrennungstemperatur.

Der thermische Wirkungsgrad des Carnot-Prozesses wird bestimmt durch die Gleichung:

$$a = \frac{T_1 - T_2}{T_1},$$

[1] Hoffmann, F.: Feuerungstechn. 3. 1914/15, S. 29 u. 41.
[2] Neumann, B.: Stahleisen 1919, S. 746.

5. Mittlere spezifische Wärmen bei konstantem Druck, bezogen auf 1 cbm Gas, zwischen 0° und t°.

Temperatur °C	Kohlensäure, schweflige Säure	Wasserdampf	Sauerstoff	Stickstoff, Kohlenoxyd	Luft	Wasserstoff
0	0,202	0,462	0,218	0,249	0,241	3,445
100	0,209	0,464	0,219	0,251	$0,242_6$	3,467
200	0,217	0,466	0,221	0,252	0,244	3,490
300	0,225	0,468	0,222	0,254	0,246	3,512
400	0,232	0,470	0,224	0,255	0,247	3,534
500	0,238	0,473	0,225	0,257	0,249	$3,556_6$
600	0,243	0,476	0,226	0,259	0,250	3,579
700	0,248	0,479	0,228	$0,260_6$	0,252	3,601
800	0,253	0,484	0,229	0,262	0,253	3,624
900	0,257	0,490	$0,230_6$	0,264	0,255	3,646
1000	0,260	0,495	0,232	$0,265_6$	$0,256_5$	3,668
1100	0,263	0,500	$0,233_5$	0,267	0,258	$3,690_5$
1200	0,265	$0,506_5$	0,235	0,269	0,260	3,713
1300	0,268	0,513	0,236	$0,270_6$	0,261	3,735
1400	0,270	0,520	0,238	0,272	0,263	3,758
1500	0,273	0,527	0,239	0,274	0,264	3,780
1600	0,275	0,535	$0,240_5$	$0,275_6$	0,266	3,802
1700	0,278	0,544	0,242	0,277	0,267	3,824
1800	0,280	0,554	0,243	0,279	0,269	3,847
1900	0,282	0,566	0,245	$0,280_5$	$0,270_5$	3,869
2000	0,283	0,578	0,246	0,282	0,272	3,891
2100	0,284	0,590	0,248	0,284	$0,273_6$	3,914
2200	0,286	0,603	0,249	$0,285_6$	0,275	3,936
2300	0,288	0,616	0,250	0,287	0,277	3,958
2400	0,289	0,629	0,252	0,289	0,278	3,981
2500	0,290	0,642	0,253	$0,290_5$	0,280	4,003
2600	0,291	0,655	0,255	0,292	0,281	4,025
2700	$0,292_5$	0,669	0,256	0,294	0,283	4,047
2800	0,294	0,683	0,257	$0,295_5$	0,284	4,070
2900	0,295	0,698	0,259	0,297	0,286	4,092
3000	0,296	0,713	0,260	0,299	0,288	4,115

worin T_1 die Ausgangstemperatur und T_2 die Endtemperatur bedeuten. Auf den Verbrennungsprozeß in der Kesselfeuerung übertragen, besagt die Gleichung, daß der Wirkungsgrad der Feuerung von dem Temperaturgefälle: Verbrennungstemperatur-Abgastemperatur abhängig ist, woraus sich dann ohne weiteres die Folgerung ergibt, eine höchstmögliche Verbrennungstemperatur und eine niedrigst zulässige Abgastemperatur anzustreben. In der Praxis läßt sich diese Forderung nur bedingungsweise durchführen, da verschiedene nachteilige Nebenerscheinungen eintreten, die in einer anderen Hinsicht die Vorteile einer erhöhten Verbrennungstemperatur oder einer verminderten Abgastemperatur überwiegen können und so den thermischen Gewinn illusorisch machen. In diesem Zusammenhang mag beispielsweise auf die schädliche Wirkung von zu hohen Flammentemperaturen auf die Betriebs-

6. Wahre spezifische Wärmen bei konstantem Druck, bezogen auf 1 cbm Gas bei t°.

Temperatur °C	Kohlensäure, schweflige Säure	Wasserdampf	Sauerstoff, Stickstoff, Luft, Kohlenoxyd
0	0,397	0,372	0,312
100	0,422	0,374	0,316
200	0,452	0,378	0,320
300	0,479	0,382	0,324
400	0,505	0,387	0,328
500	0,527	0,393	0,332
600	0,547	0,401	0,336
700	0,558	0,409	0,340
800	0,568	0,419	0,344
900	0,576	0,430	0,348
1000	0,583	0,444	0,352
1100	0,589	0,460	0,356
1200	0,595	0,478	0,360
1300	0,599	0,498	0,364
1400	0,603	0,518	0,368
1500	0,607	0,539	0,372
1600	0,611	0,560	0,376
1700	0,615	0,582	0,380
1800	0,619	0,604	0,384
1900	0,623	0,627	0,388
2000	0,626	0,650	0,392
2100	0,629	0,673	0,396
2200	0,632	0,696	0,400
2300	0,634	0,720	0,404
2400	0,638	0,743	0,408
2500	0,642	0,767	0,412
2600	0,646	0,791	0,416
2700	0,650	0,816	0,420
2800	0,654	0,840	0,424
2900	0,657	0,865	0,428
3000	0,660	0,889	0,432

dauer der Kesselteile wie Rost, Bleche, Mauerwerk, sowie auch auf die Verminderung des Schornsteinzuges infolge niedriger Abgastemperatur hingewiesen werden.

Die theoretische Verbrennungstemperatur berechnet sich durch Division der Verbrennungswärme H durch die Summe der Produkte aus der Menge V eines jeden Verbrennungsproduktes mit der entsprechenden spezifischen Wärme c:

$$T = \frac{H}{\Sigma (c \cdot V)} \cdot$$

Die hier einzusetzende Verbrennungswärme muß naturgemäß der untere Heizwert sein, da die Kondensationswärme des Wassers nicht in Frage kommt.

7. Mittlere spezifische Wärmen bei konstantem Druck, bezogen auf 1 cbm Gas zwischen 0° und t°.

Temperatur °C	Kohlensäure, schweflige Säure	Wasserdampf	Sauerstoff, Stickstoff, Luft, Kohlenoxyd
0	0,397	0,372	0,312
100	0,410	0,373	0,314
200	0,426	0,375	0,316
300	0,442	0,376	0,318
400	0,456	0,378	0,320
500	0,467	0,380	0,322
600	0,477	0,383	0,324
700	0,487	0,385	0,326
800	0,497	0,389	0,328
900	0,505	0,394	0,330
1000	0,511	0,398	0,332
1100	0,517	0,402	0,334
1200	0,521	0,407	0,336
1300	0,526	0,413	0,338
1400	0,530	0,418	0,340
1500	0,536	0,424	0,342
1600	0,541	0,430	0,344
1700	0,546	0,438	0,346
1800	0,550	0,446	0,348
1900	0,554	0,455	0,350
2000	0,556	0,465	0,352
2100	0,558	0,475	0,354
2200	0,562	0,485	0,356
2300	0.566	0,495	0,358
2400	0,568	0,505	0,360
2500	0,570	0,516	0,362
2600	0,572	0,527	0,364
2700	0,574	0,538	0,366
2800	0,577	0,549	0,368
2900	0,579	0,561	0,370
3000	0,581	0,573	0,372

Die theoretisch mit einem bestimmten Brennstoff erreichbare maximale Verbrennungstemperatur wird mit der theoretischen Sauerstoffmenge in einem allseitig geschlossenen, gegen Verluste aller Art geschützten Raum erzielt. Unter diesen Bedingungen errechnet sich die Verbrennungstemperatur von 1 kg Kohlenstoff (H = 8100) in der theoretischen Sauerstoffmenge folgendermaßen: 1 kg C liefert bei der Verbrennung mit 2,03 cbm Sauerstoff 2,03 cbm CO_2; zieht man die Dissoziation der Kohlensäure nicht in Betracht und nimmt man eine spezifische Wärme von 0,8 an, so erhält man eine Verbrennungstemperatur von rund 6000°. Bei dieser Temperatur ist aber die Dissoziation der Kohlensäure selbstverständlich nicht zu vernachlässigen. Die wirkliche Verbrennungstemperatur ist infolge der Strahlung wesentlich geringer.

8. Tabelle für gesättigten Wasserdampf (nach W. Schüle[1]).

Druck kg/cm² abs.	Überdruck kg/cm²	Temperatur °C	Spez. Volumen der Flüssigkeit 1 l/kg	Spez. Volumen des Dampfes cbm/kg	Spez. Gewicht des Dampfes kg/cbm	Flüssigkeitswärme kcal	Verdampfungswärme kcal	Gesamtwärme kcal	Äußere Verdampfungswärme kcal	Innere Verdampfungswärme kcal
0,02		17,2	1,0013	68,28	0,01465	17,2	586,0	603,2	32,0	554,0
0,04		28,6	1,0040	35,47	0,02819	28,6	580,0	608,6	33,2	546,8
0,06		35,8	1,0063	24,19	0,04134	35,7	576,2	611,9	34,4	542,2
0,08		$41{,}1_5$	1,0083	18,45	0,05420	41,1	573,4	614,5	34,7	538,7
0,10		45,4	1,0100	15,08	0,06631	45,3	571,4	616,7	35,3	536,1
0,15		53,6	1,0131	10,22	0,09785	53,5	566,6	620,1	36,1	530,5
0,20		59,7	1,0165	7,80	0,1282	59,6	563,1	622,7	36,6	526,5
0,25		64,6	1,0195	6,33	0,1580	64,5	560,1	624,6	37,0	523,1
0,30		68,7	1,0219	5,33	0,1876	68,6	557,9	626,5	37,5	520,4
0,35		72,3	1,0241	4,620	0,2164	72,2	555,7	627,9	37,8	517,9
0,40		75,4	1,0260	4,062	0,2462	75,3	553,9	629,2	38,1	515,8
0,45		78,2	1,0278	3,630	0,2755	78,1	552,2	630,3	38,3	513,9
0,50		80,9	1,0296	3,290	0,2517	80,8	550,4	631,2	38,5	511,9
0,60		$85{,}4_5$	1,0327	2,775	0,3603	85,4	547,2	632,6	39,0	508,2
0,70		89,4	1,0355	2,400	0,4167	89,4	544,6	634,0	39,3	505,3
0,80		93,0	1,0381	2,115	0,4728	93,0	542,5	635,4	39,6	503,9
0,90		96,2	1,0405	1,900	0,5263	96,2	540,6	636,8	40,0	500,6
1,00	0,00	99,1	1,0426	1,721	0,5811	99,1	539,1	638,2	40,3	499,0
1,20	0,20	$104{,}2_5$	1,0467	1,451	0,6892	104,3	536,5	640,8	40,7	495,8
1,40	0,40	108,7	1,0503	1,258	0,7949	108,8	533,8	642,6	41,2	492,6
1,60	0,60	112,7	1,0535	1,108	0,9025	112,8	531,0	643,9	41,6	489,4
1.80	0,80	116,3	1,0563	0,993	1,0070	116,5	528,3	644,8	41,9	486,4
2,00	1,00	119,6	1,0589	0,902	1,1086	119,9	525,7	645,6	42,2	483,5
2,50	1,50	126,8	1,0650	0,735	1,3605	127,2	520,3	647,5	42,9	477,4
3,00	2,00	132,9	1,0705	0,619	1,6155	133,4	516,1	649,5	43,4	472,7
3,50	2,50	138,2	1,0755	0,5335	1,8744	138,7	512,3	651,0	43,7	468,6

4,00	3,00	142,9	1,0803	0,4710	2,1231	143,8	508,7	652,5	44,1	464,6
4,50	3,50	147,2	1,0848	0,4220	2,3697	148,1	505,8	653,9	44,4	461,6
5,00	4,00	151,1	1,0890	0,3823	2,6158	152,0	503,2	655,2	44,7	458,5
5,50	4,50	154,7	1,0933	0,3494	2,8621	155,7	500,6	656,3	44,9	455,7
6,00	5,00	158,1	1,0973	0,3218	3,1075	159,3	498,0	657,3	45,1	452,9
6,50	5,50	161,2	1,1011	0,2983	3,3524	162,4	495,9	658,3	45,3	450,6
7,00	6,00	164,2	1,1049	0,2778	3,5997	165,5	493,8	659,3	45,5	448,3
7,50	6,50	167,0	1,1085	0,2608	3,8344	168,5	491,6	660,1	45,7	445,9
8,00	7,00	169,6	1,1119	0,2450	4,0816	171,2	489,7	660,9	45,8	443,9
8,50	7,50	172,2	1,1153	0,2318	4,3141	173,9	487,6	661,7	45,9	441,9
9,00	8,00	174,6	1,1186	0,2194	4,5574	176,4	486,1	662,5	46,0	440,1
9,50	8,50	176,9	1,1208	0,2080	4,8077	178,6	484,5	663,2	46,1	438,4
10,00	9,00	179,1	1,1246	0,1980	5,0505	181,2	482,6	663,8	46,2	436,4
10,50	9,50	181,2	1,1278	0,1896	5,2743	183,3	481,2	664,5	46,4	434,8
11,00	10,00	183,2	1,1308	0,1815	5,5096	185,4	479,8	665,2	46,5	433,3
11,50	10,50	185,2	1,1337	0,1740	5,7472	187,5	478,3	665,8	46,6	431,7
12,00	11,00	187,1	1,1364	0,1668	5,9952	189,5	476,9	666,4	46,6	430,0
12,50	11,50	189,0	1,1382	0,1607	5,2227	191,6	475,5	667,1	46,7	428,8
13,00	12,00	190,8	1,1419	0,1544	6,4767	193,4	474,1	667,5	46,8	427,3
13,50	12,50	192,5	1,1447	0,1492	6,7024	195,2	472,8	668,0	46,9	425,9
14,00	13,00	194,2	1,1474	0,1442	6,9348	197,0	471,4	668,4	47,0	424,4
14,50	13,50	195,8	1,1500	0,1395	7,1686	198,7	470,1	668,8	47,1	423,0
15	14	197,4	1,1525	0,1350	7,4075	200,4	468,9	669,3	47,2	421,7
16	15	200,5	1,156	0,1272	7,8616	203,4	466,6	670,3	47,3	419,3
17	16	203,4	1,163	0,1203	8,3125	206,8	464,1	670,9	47,5	416,6
18	17	206,2	1,167	0,1140	8,7721	209,8	461,8	671,6	47,6	414,2
19	18	208,9	1,171	0,1086	9,2081	212,7	459,5	672,2	47,8	411,7
20	19	$211,4_5$	1,176	0,1035	9,6619	215,4	457,4	672,8	47,8	409,6
21	20	213,9	1,180	0,0985	10,152	218,0	455,3	673,3	47,8	407,5
22	21	216,3	1,184	0,0942	10,616	220,6	453,3	673,9	47,9	405,4
23	22	218,6	1,189	0,0901	11,099	223,1	451,4	674,5	47,9	403,5
24	23	220,8	1,193	0,0864	11,574	225,5	449,5	675,0	47,9	401,6
25	24	223,0	1,197	0,0829	12,063	227,9	447,7	675,6	47,9	399,8

[1] Schüle, W.: Leitfaden der technischen Wärmemechanik. Berlin: J. Springer 1917. — Ders.: Z. V. d. I. 1911, S. 1507.

9. Mittlere spezifische Wärme des überhitzten Wasserdampfes (nach Knoblauch und Raisch[1]).

Druck: Atm. abs.	1	2	4	6	8	10	12	14	16	18	20	22	24	26	28	30
Sätt.-Temp. (t_s)	99,1	119,6	142,9	158,1	169,6	179,1	187,1	194,1	200,4	206,1	211,4	216,2	220,8	225,0	229,0	232,8
t_s . . .	0,486	0,499	0,525	0,551	0,578	0,605	0,633	0,663	0,694	0,726	0,759	0,794	0,829	0,865	0,902	0,940
$t_ü$ 120°	0,481	—	—	—	—	—	—	—	—	—	—	—	—	—	—	—
140°	0,478	0,494	—	—	—	—	—	—	—	—	—	—	—	—	—	—
160°	0,467	0,490	0,517	—	—	—	—	—	—	—	—	—	—	—	—	—
180°	0,474	0,487	0,512	0,538	0,569	—	—	—	—	—	—	—	—	—	—	—
200°	0,473	0,485	0,507	0,530	0,556	0,584	0,615	0,653	—	—	—	—	—	—	—	—
220°	0,473	0,483	0,503	0,524	0,546	0,570	0,596	0,625	0,657	0,692	0,733	0,779	—	—	—	—
240°	0,472	0,482	0,500	0,519	0,539	0,559	0,581	0,605	0,631	0,659	0,689	0,722	0,758	0,799	0,844	0,893
260°	0,472	0,481	0,497	0,515	0,533	0,551	0,570	0,590	0,611	0,635	0,658	0,684	0,712	0,742	0,772	0,806
280°	0,472	0,480	0,496	0,512	0,527	0,544	0,562	0,579	0,597	0,617	0,636	0,658	0,680	0,703	0,727	0,751
300°	0,473	0,480	0,495	0,510	0,524	0,539	0,555	0,570	0,585	0,603	0,619	0,638	0,656	0,675	0,695	0,714
320°	0,473	0,480	0,494	0,508	0,521	0,535	0,548	0,563	0,577	0,592	0,607	0,622	0,638	0,654	0,670	0,686
340°	0,474	0,481	0,493	0,507	0,518	0,532	0,545	0,557	0,570	0,583	0,597	0,610	0,623	0,637	0,651	0,665
360°	0,474	0,481	0,494	0,506	0,516	0,529	0,540	0,552	0,565	0,576	0,588	0,600	0,612	0,624	0,635	0,648
380°	0,475	0,482	0,494	0,505	0,515	0,527	0,538	0,548	0,650	0,570	0,581	—	—	—	—	—
400°	—	0,483	0,494	0,505	0,514	—	—	—	—	—	—	—	—	—	—	—
450°	—	0,485	0,495	0,505	0,513	—	—	—	—	—	—	—	—	—	—	—
500°	—	0,487	0,497	0,505	0,513	—	—	—	—	—	—	—	—	—	—	—
550°	—	0,490	0,499	0,506	0,513	—	—	—	—	—	—	—	—	—	—	—

[1] Zeitschr. d. V. D. I. 1922, S. 418.

Die an die Heizfläche des Kessels durch Strahlung abgegebene Wärmemenge beträgt bis 30% des Heizwertes. Die in der Feuerung tatsächlich auftretende Verbrennungstemperatur berechnet sich aus der Formel:

$$T = \frac{w\,(1-\sigma)\cdot H}{V \cdot c_p} + t_a .$$

Die Buchstaben bedeuten:

w = Wirkungsgrad der Feuerung, d. h. das Verhältnis der für 1 kg Brennstoff tatsächlich für die Temperaturbildung nutzbar gemachte Wärmemenge zum Heizwert = 0,90 – 0,97,
H = Heizwert des Brennstoffes,
V = erzeugte Gasmenge einschließlich Wasserdampf in cbm,
c_p = mittlere spezifische Wärme der Rauchgase für 1 cbm,
t_a = Anfangstemperatur der Verbrennungsluft,
σ = Ausstrahlungsverhältnis = $\frac{\text{ausgestrahlte Wärme}}{\text{auf dem Rost nutzbar gemachte Wärme}}$.

Dieser durch Strahlung abgeführte Wärmeanteil beträgt nach Péclet annähernd:

bei Innenfeuerungen 0,25 – 0,30
bei Unterfeuerungen 0,20 – 0,25
bei Vorfeuerungen 0,15

Die obigen Berechnungsweisen der theoretischen Flammentemperatur gelten ohne Berücksichtigung der Dissoziation. Die dabei erhaltenen Werte sind aber nur zutreffend, solange die Temperaturen 1500° nicht überschreiten. In Anbetracht der eben angeführten Verhältnisse in der Dampfkesselfeuerung hat die Berücksichtigung der Dissoziation bei den Kohlenfeuerungen kaum eine große Wichtigkeit. Bei hochwertigen Brennstoffen jedoch muß sie in Betracht gezogen werden, weshalb auf die Arbeit von C. Schwarz[1] hingewiesen sei.

Die Forderung, in der Praxis ein möglichst hohes Temperaturgefälle in den Heizzügen des Kessels anzustreben, geht schon aus der Carnotschen Gleichung hervor. Eine genauere Formel zur Berechnung der stündlich an den Kessel abgegebenen Wärme hat J. Hudler[2] aufgestellt. Sie lautet:

$$W = C\,\frac{T_0 - T_1}{\log \frac{T_0 - t}{T_1 - t}}$$

worin T_0 die berechnete Anfangstemperatur, T_1 die Abgastemperatur, t die Temperatur des Kesselwassers ist und C die Heizfläche und die Wärmedurchgangszahl enthält. Als Anfangstemperatur T_0 kann die theoretische Verbrennungstemperatur eingesetzt werden, da der durch Strahlung an die Heizfläche abgegebene Anteil der Verbrennungswärme ja doch dem Kessel zugute kommt und dadurch das in Wirklichkeit kleiner ausfallende Temperaturgefälle annähernd kompensiert wird.

Ein hohes Temperaturgefälle in der Kesselfeuerung wird erreicht

[1] Die Wärme 1925, Nr. 1 und 2 (S. 1 und 17). [2] Z. V. d. I. 1920, S. 180.

durch eine genaue Überwachung der Luftzufuhr, da schon geringe Luftüberschußzahlen die Verbrennungstemperatur stark vermindern.

Für die Saarkohle mit 70,7% C, 5,00% H_2, 1,5% S und 1,5% N_2 errechnet sich die theoretische Verbrennungstemperatur folgendermaßen:

Die Volumina der Verbrennungsprodukte (0°, 760 mm) für 1 kg Brennstoff sind: 1,32 cbm CO_2, 0,56 cbm H_2O, 0,0105 cbm SO_2 und 0,012 cbm N_2.

Daraus ergibt sich eine Gesamtstickstoffmenge von 5,98 cbm. Der untere Heizwert beträgt 6730. Setzt man die spezifische Wärme für 2200° ein, so ergibt sich eine theoretische Verbrennungstemperatur von:

$$\frac{6730}{(1{,}32 \times 0{,}562) + (0{,}56 \times 0{,}485) + (0{,}010 \times 0{,}562) + (5{,}98 \times 0{,}356)} = 2137^\circ.$$

Die Abhängigkeit der Verbrennungstemperatur von dem Luftüberschuß ist für diese Kohle in nachstehender Tabelle angegeben:

Luftüberschuß	Verbrennungstemperatur
0%	2137°
10	1970
20	1830
50	1500
100	1155

F. Die Temperaturveränderungen innerhalb der Brennstoffschicht auf dem Rost.

Die Erfahrung zeigt, daß bei der Verbrennung von festen Brennstoffen auf dem Rost die Schichthöhe der aufgelagerten Kohle von wesentlichem Einfluß auf den Verbrennungsprozeß ist. Ein zu hohes Feuerbett ruft unvollständige Verbrennung infolge Luftmangel hervor, da der Widerstand, den die Luft zu überwinden hat, stark gesteigert ist. Dadurch, daß dann die Luft ungleichmäßig eintritt, erfolgt weiterhin eine ungenügende Durchmischung der Verbrennungsgase. Außerdem wird die Oberflächentemperatur der Feuerschicht bei wachsender Schütthöhe vermindert, so daß auch die Beheizung des Kessels herabgesetzt wird.

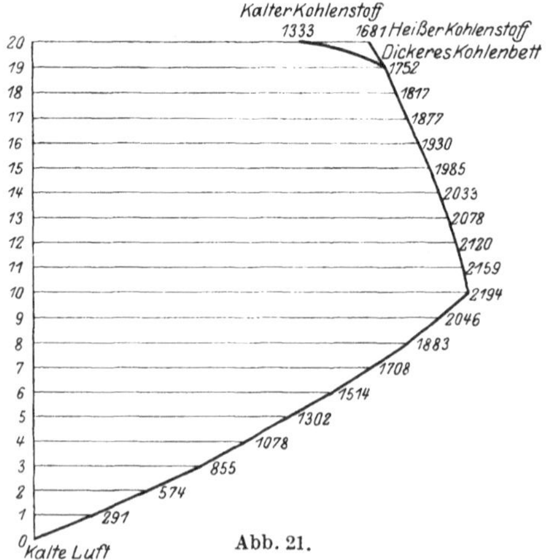

Abb. 21.

Wie sich nun die Temperatur in den verschiedenen Schütthöhen bei der Verbrennung von feinem Kohlenstoff auf dem Rost ändert, ist von

J. W. Richards[1] untersucht worden. Er denkt sich hierzu die Brennstoffschicht in zehn Schichten geteilt und nimmt für diese eine restlose Verbrennung an, dann steigert er die Schütthöhe um zehn weitere Schichten, in denen die endotherme Reaktion $CO_2 + C = 2\,CO$ progressiv verläuft. Sodann errechnet er für die einzelnen Schichten die theoretischen Verbrennungstemperaturen und erhält auf diese Weise den auf Abb. 21 wiedergegebenen Verlauf der Temperatur. Das Diagramm zeigt die grundlegende Ausgangslinie zur Berechnung der Temperaturen in einem Feuerbett und läßt deutlich den Einfluß der Schütthöhe, die nicht zu groß werden darf, erkennen.

G. Der Wirkungsgrad der Kesselanlage.

Unter dem Wirkungsgrad einer Kesselanlage versteht man das Verhältnis:

$$\frac{\text{nutzbar gemachte Wärme}}{\text{zugeführte Wärme}}\,.$$

Die nutzbar gemachte Wärme setzt sich zusammen aus der vom Dampfe bei der Erzeugung abgeführten Wärmemenge, der bei der Überhitzung des Dampfes aufgenommenen Wärmemenge und der bei der Vorwärmung des Speisewassers im Ekonomiser wiedergewonnenen Wärmemenge. Die zugeführte Wärme ist durch den Heizwert des Brennstoffes gegeben, den man je nach den obwaltenden Verhältnissen auf den Brennstoff im Verfeuerungszustand unter Berücksichtigung des Feuchtigkeitsgrades umrechnet. Wie schon oben (S. 62) erwähnt, wird neuerdings in fast allen Ländern die obere Verbrennungswärme als Bezugswert vorgeschlagen. Der Wirkungsgrad der Kesselanlage wird durch den direkten Verdampfungsversuch ermittelt; man verbindet mit diesem Versuch in der Regel die Feststellung der hauptsächlichsten Wärmeverluste und des Dampfpreises. Die dabei vorzunehmenden Ermittlungen sind für eine bestimmte Versuchsdauer:

Für den Brennstoff: Gewicht bzw. Volumen der verfeuerten Menge, ferner das Gewicht der abfallenden Rückstände, Feuchtigkeitsgehalt, chemische Zusammensetzung und Heizwert des Brennstoffes. Gehalt an Unverbranntem der Rückstände.

Für das Speisewasser: Menge und Temperaturen vor und nach dem Vorwärmen, sowie vor dem Eintritt in den Kessel.

Für den Dampf: die mittlere Dampfspannung, Temperatur nach der Überhitzung.

Für die Rauchgase: Temperatur und Analyse (CO_2, O_2 und CO-Gehalt).

Wenn schon eine periodische Feststellung des Wirkungsgrades und der Verlustposten einer Kesselanlage eine sehr wichtige Aufgabe ist, so ist eine dauernde Betriebsüberwachung in diesem Sinne noch viel nutz-

[1] Feuerungstechn. 1914/15, S. 1.

bringender. Diese Betriebskontrolle kann durch selbstschreibende Apparate, Wasser-, Zug-, Kohlensäure-, Temperatur-, Dampfspannungsmesser geschehen, nur der Brennstoffverbrauch muß meist durch Abwägen gemessen werden.

Aus den ermittelten Daten wird der Wärmenutzungsgrad der Anlage auf Grund der Bruttoverdampfungsziffer und der auf Normaldampf bezogenen Nettoverdampfungsziffer errechnet. Die vom Dampf abgeführte Wärmemenge ergibt sich aus der Gesamterzeugungswärme des Dampfes unter den obwaltenden Verhältnissen. Die mittlere Dampfspannung ist bekannt, die entsprechende Gesamterzeugungswärme wird daher aus den Dampftabellen direkt abgelesen. Für die Gesamtverdampfungswärme des Wassers von der Temperatur t_w und der Dampftemperatur t_d kann die hinreichend genaue Regnaultsche Formel angewandt werden:

$$\lambda = (606{,}5 + 0{,}305\, t_d) - t_w.$$

Bezeichnen weiterhin:

H = Heizwert des Brennstoffes.

d = Bruttoverdampfungsziffer, d. h. das unter den obwaltenden Versuchsbedingungen ermittelte Gewicht an verdampftem Wasser pro 1 kg Brennstoff.

t_w = Temperatur des Speisewassers beim Eintritt in den Vorwärmer,

t_{w1} = Temperatur des Speisewassers beim Austritt aus dem Vorwärmer,

t_k = Temperatur des Speisewassers beim Eintritt in den Kessel,

t_d = Temperatur des Sattdampfes,

$t_ü$ = Temperatur des überhitzten Dampfes,

$(Cp)_m$ = mittlere spezifische Wärme des überhitzten Dampfes.

Aus der stündlich verfeuerten Brennstoffmenge B und dem stündlich erzeugten Wasserdampf D erhält man vorerst die Bruttoverdampfungszahl $d = \frac{D}{B}$ und weiterhin, um Vergleichswerte zu erschaffen, die Nettoverdampfungszahl aus der Beziehung:

$$d_n = \frac{D}{B} \cdot \frac{\lambda - t_w}{639} = \text{Gesamtverdampfungswärme von 1 kg Wasser.}$$

Die Gesamtverdampfungswärme der von 1 kg Brennstoff erzeugten Dampfmenge macht den wichtigsten Posten der ausgenutzten Wärme aus. Der Wirkungsgrad der Verdampfung des Wassers ist

$$\mu_d = \frac{d \cdot (\lambda - t_k)}{H}.$$

Der Anteil der Dampfüberhitzung am Gesamtwirkungsgrad ist

$$\mu_ü = \frac{d \cdot (t_ü - t_d)\, cp_m}{H}$$

und der Anteil der Speisewasservorwärmung ist[1]

$$\mu_v = \frac{d \cdot (t_{wl} - t_w)}{H}.$$

Ist eine Vorrichtung zur Luftvorwärmung vorhanden und bedeuten:

L_{th} = die theoretische Luftmenge pro kg Brennstoff,
ε = die Luftüberschußzahl,
t_o = die Temperatur der kalten Luft,
t_l = die Temperatur der vorgewärmten Luft,
c_l = die mittlere spezifische Wärme der Luft bei t_l,

so beträgt der Anteil dieser Vorwärmung an dem Wirkungsgrad

$$\mu_l = \frac{L_{th} \cdot \varepsilon \cdot (t_l - t_o)\, c_l}{H}.$$

Der Gesamtwirkungsgrad der Kesselanlage ist endlich:

$$\mu = \mu_d + \mu_ü + \mu_v + \mu_l.$$

Der Wirkungsgrad einer Dampfkesselanlage ist im allgemeinen keine Konstante für einen bestimmten Kessel, sondern im Gegenteil abhängig von einer ganzen Reihe von Veränderlichen, wie Brennstoff, Art der Verbrennung, Betriebsführung, Beanspruchungsgrad und anderes mehr. Mit steigender Kesselbeanspruchung steigt der Nutzeffekt der Kessel bis zu einem durch die Konstruktion des Kessels (Kennziffer) festgelegten Maximum, um von dann ab wieder zu fallen. Der letztere Umstand wird durch die gesteigerten Abgasverluste bedingt. Versuche über diese Frage sind in der Literatur ziemlich häufig zu finden[2]. Der Einfluß des Brennstoffes liegt namentlich im Aschengehalt der Kohle. Durch steigenden Aschengehalt wird besonders der Verlust durch Unverbranntes in den Rückständen hochgedrückt. Eingehende Versuche hierüber sind in Holland gemacht worden[3].

H. Die Wärmeverluste der Dampfkesselanlagen.

Der Wirkungsgrad der Kesselanlagen liegt in der Regel unterhalb 80%, die übrigen Hundertteile stellen die Wärmeverluste dar, deren einzelne Posten beim Verdampfungsversuch ermittelt werden können. Die wichtigsten Verluste sind:

1. Abwärme der Rauchgase (fühlbare Wärme),
2. unverbrannte Gase in den Rauchgasen (latente Wärme),
3. unverbrannter Brennstoff in den Herdrückständen,
4. Flugkoks und Ruß,
5. Ausstrahlung des Mauerwerkes.

---

[1] Schulze, R.: Über Ekonomiserleistungen. Feuerungstechn. 1913/14, S. 553.

[2] Herberg: Feuerungstechnik und Dampfkesselbetrieb. S. 143. Berlin: Julius Springer.

[3] Der Ingenieur. April 1922.

Berücksichtigt man weiterhin die kleineren unvermeidlichen Verluste, so kommen hinzu:

6. Erhitzungswärme der Verbrennungsluft (ist in 1. bereits enthalten),
7. Erhitzungswärme des Brennstoffes,
8. Verdampfungs- und Überhitzungswärme des Wassers im Brennstoff (ist in 1. bereits enthalten),
9. fühlbare Wärme der Rückstände,
10. Verluste beim Öffnen der Feuerungstüren,
11. Verluste durch falsche Luft (rissiges Mauerwerk).

Im allgemeinen kann man sich bei der Aufstellung von Wärmebilanzen mit der Ermittlung der drei ersten Posten begnügen und als Restglied die Summe der anderen Verluste betrachten. Jedoch ist es sehr oft von Interesse, auch die Größe der anderen Verluste kennenzulernen, um sich gegebenenfalls vor irrtümlicher Beurteilung zu schützen und auch um einen erfolgreichen Eingriff in die Betriebsverhältnisse zu ermöglichen. Es ist stets eine reizvolle Aufgabe für den Betriebsleiter, die Summe der Restverluste zu zergliedern, fast immer stößt man hierbei auf unerwartete Ergebnisse: So wird gemeinhin angenommen, daß die Strahlungsverluste den größten Anteil an den Restverlusten einnehmen, während die direkte Ermittlung dieses Postens fast immer viel niedrigere Werte ergibt. Auch sind die Verluste durch Flugkoks und Ruß oft höher als erwartet; schließlich ist auch an den höheren Wärmeverlust der Herdrückstände aschenreicher Brennstoffe zu denken.

1. Abgasverlust durch fühlbare Wärme.

Die genaue Berechnung dieses Verlustes setzt die Kenntnis der chemischen Zusammensetzung des Brennstoffes voraus. Unter Berücksichtigung der oben (S. 104 u. ff.) angegebenen Beziehungen errechnet sich die tatsächliche Rauchgasmenge R_w und ihre Zusammensetzung.

Bezeichnet

R_w = die wirkliche Abgasmenge pro kg Brennstoff,
C_p = die mittlere spezifische Wärme der Abgase,
T = die Temperatur der Abgase am Kesselende,
t = die Außenluft,
H = Heizwert des Brennstoffes,

so beträgt der Abgasverlust:

$$V_a = \frac{R_w \cdot C_p \cdot (T - t)}{H} \cdot 100\%$$

der verfügbaren Wärme.

Die bekannten **Siegert**schen Näherungsformeln

$$V_a = 0{,}65 \cdot \frac{T - t}{CO_2}\ \% \text{ für Steinkohle und}$$

$$V_a = 0{,}75 \cdot \frac{T - t}{CO_2}\ \% \text{ für Braunkohle}$$

erlauben die obige komplizierte Rechnungsweise zu umgehen. Die Formeln sind allerdings nur für vollkommene Verbrennung zulässig. Sie ergeben in der Regel Resultate, die höchstens um 1% von den richtigen Werten abweichen.

Bei unvollkommener Verbrennung gibt die Hassensteinsche Formel Annäherungswerte:

$$V_a = 0{,}65 \frac{T - t}{CO_2 + CO + CH_4 + 0{,}33} \%.$$

2. Abgasverluste durch unverbrannte Gase.

Die chemische Analyse der Rauchgase gibt die Gehalte an Kohlenoxyd, Methan und Wasserstoff an. Diese Werte, mit den entsprechenden Verbrennungswärmen multipliziert, ergeben die von den Abgasen als latente Wärme entführte Wärmemenge. Bezieht man diese Menge auf die wirklichen Rauchgase aus 1 kg Brennstoff und auf den Heizwert des letzteren, so erhält man den Abgasverlust pro Kilogramm Kohle.

3. Verlust durch Herdrückstände und Asche.

Beim Abschlacken werden stets unverbrannte Brennstoffteilchen der Feuerung entzogen, auch gelangen unverbrannte Kohlenstückchen durch die Rostspalten in den Aschenfall. Zur Ermittlung dieser Verluste bestimmt man während eines Versuches die Gesamtschlackenmenge und stellt an einer einwandfreien Durchschnittsprobe den Gehalt an unverbranntem Brennstoff fest. Der Heizwert dieser als Reinkoks angenommenen Unverbrannten wird mit 8100 Kcal in Rechnung gesetzt.

Ist p der pro Kilogramm Brennstoff entstandene Herdrückstand, a sein Gehalt an Verbrennlichem in Hundertteilen, so beträgt der Verlust an unverbranntem Brennstoff der Schlacke

$$V = \frac{p \cdot a \cdot 8100}{H} \%$$

der verfügbaren Wärme.

Der Gehalt an unverbrennlichen Bestandteilen der Rückstände ist von der Natur der Kohle, insbesondere dem Aschengehalt und der Schmelzbarkeit der Asche, abhängig. Mit steigendem Aschengehalt wächst der Verlust durch unverbrannte Herdrückstände; eine leicht schmelzende und blähende Schlacke umhüllt die unverbrannten Kohlenstückchen mit einer Schutzschicht und entzieht sie so der Verbrennung. Weiterhin ist die Weite der Rostspalten den zu verheizenden Brennstoffen anzupassen. Allgemein kann angenommen werden, daß durchschnittlich 20—25% brennbare Substanz in den Rückständen vorhanden sind, und daß der Wärmeverlust zwischen 1 und 10% schwanken kann. Dieser Verlust wird mit zunehmendem Aschengehalt bei unverändert bleibendem Heizwert oder mit abnehmendem Heizwert bei unverändertem Aschengehalt größer. Bei Kohlenstaubfeuerungen kann dieser Verlust auf ein Minimum, sogar auf Null, reduziert werden.

Der durch die freie Wärme der Herdrückstände entstehende Wärmeverlust rührt her von der hohen Temperatur (800° und mehr), mit der die Schlacken aus dem Feuerraum entfernt werden. Jedoch wird er allgemein 1% nicht übersteigen, wenn auch in ungünstigen Einzelfällen 1,5—2,5% festgestellt werden konnten.

4. Verlust durch Flugkoks und Ruß.

Bei verstärktem Zug, besonders bei mageren und minderwertigen Brennstoffen, tritt dieser Verlust in merkbarer Weise hervor. Der Rußgehalt der Abgase stammt von ungünstigen Verbrennungsvorgängen her. Die Ermittlung beider Verluste erfolgt durch Absaugen einer bestimmten Abgasmenge durch einen abgewogenen Filterpfropfen aus Glaswolle. Wiegt man das getrocknete Absorptionsgefäß nach dem Versuch wieder aus, so erhält man das Gewicht an Flugkoks und Ruß der durchgeleiteten Gasmenge. Die Elementaranalyse der aufgefangenen Staub- und Rußprobe erlaubt die Berechnung des Heizwertes, so daß alle Angaben zur Errechnung des Verlustes vorhanden sind, wenn die Rauchgase pro Kilogramm Brennstoff und der Heizwert des letzteren bekannt sind.

Der Verlust übersteigt allgemein bei Steinkohlenfeuerungen kaum 3—5% bei Braunkohlenfeuerungen ist er erheblich höher.

Von den anderen Verlusten sei nur derjenige, der durch die Verdampfung und Überhitzung der Feuchtigkeit des Brennstoffes entsteht, erwähnt, weil er mit der Frage des Anfeuchtens der Kohlen zusammenhängt. Nach den Angaben von F. A. Marsh[1] soll dieser Verlust gewöhnlich 0,3% des Wärmeinhaltes der Kohle nicht überschreiten. In ungünstigen Fällen, besonders bei nachlässiger Heizarbeit, kann er aber 1% übersteigen.

J. Der Verdampfungsversuch.

Wirkungsgrad und Wärmeverluste einer Dampfkesselanlage werden bekanntlich durch den Verdampfungsversuch festgestellt. Die Messungen und Abwägungen erstrecken sich hauptsächlich auf Brennstoff, Speisewasser, Dampf, Rauchgase, Rückstände, Zugverhältnisse, daher muß der Versuch zweckentsprechend vorbereitet werden. Bei genaueren Abnahmeversuchen können die eventuell vorhandenen automatischen Meßvorrichtungen nicht als maßgebend betrachtet werden, sondern nur die direkten Messungen.

Der Brennstoffverbrauch wird durch Abwägen während des Versuches festgestellt. Von jeder Zufuhr werden Stichproben entnommen, die zu einer Sammelprobe aufbereitet werden. Als Aufbewahrungsgefäß dient ein dicht verschließbarer Kasten, aus dem nach Beendigung

[1] Feuerungstechn. 1923/24, S. 185.

des Versuches und nach vorheriger guter Durchmischung der Sammelprobe ein bestimmtes Quantum zur Wasserbestimmung entnommen wird. Die letztere Probe wird in einem hermetisch verschließbaren, abgewogenen Gefäß ins Laboratorium gebracht.

Der Rest der Sammelprobe wird zerkleinert und sachgemäß aufgeteilt, bis etwa eine Restprobe von 5—10 kg übrigbleibt, die im Laboratorium fertig gepulvert wird.

Der Speisewasserverbrauch wird in genau ausgewogenen Behältern mit genauer Niveaueinstellung ermittelt. Die Behälter werden fortlaufend in einen Sammelbehälter entleert, dessen Niveau vor und nach dem Versuch gleich sein muß. Dieser Sammelbehälter steht mit der Speisepumpe in Verbindung.

Die Zahl der Entleerungen der Meßgefäße wird fortlaufend notiert, desgleichen die Temperatur des Wassers. Außerdem wird die Temperatur des Wassers vor und nach dem Ekonomiser und vor dem Kessel periodisch (alle 15 Minuten) notiert.

Die Dampfspannung wird ebenfalls in regelmäßigen Abständen abgelesen, desgleichen die Temperatur des Heißdampfes. Aus der durchschnittlichen Dampfspannung ergibt sich an Hand der bekannten Dampftabellen die Verdampfungstemperatur und die Erzeugungswärme des Sattdampfes.

Die Rauchgase werden fortlaufend analysiert. Die Probeentnahme erfolgt hinter den Heizzügen bzw. vor dem Schieber. Die Temperatur der Abgase wird ebenfalls an dieser Stelle gemessen. Rauchgasanalysen und -temperaturmessungen werden weiterhin hinter dem Vorwärmer vorgenommen.

Die Zugstärke wird an verschiedenen Stellen der Anlage gemessen (im Feuerungsraum, vor dem Schieber, hinter dem Ekonomiser und am Fuß des Schornsteines).

Die Herdrückstände werden während des Versuches gesammelt und ausgewogen. Falls sie gelöscht worden sind, muß der Feuchtigkeitsgehalt festgestellt werden.

Bei allen periodischen Aufschreibungen wird jedesmal auch die Zeit der Messung notiert.

Der Verdampfungsversuch kann beginnen, nachdem der Wasserstand im Kessel einen festgelegten Fixpunkt erreicht hat, und nachdem das Feuerbett eine bestimmte Normalhöhe hat. Der Versuch wird unter den gleichen Bedingungen beendet.

Nachstehend ist ein Verdampfungsversuch an einem Wasserrohrkessel mit Kohlenstaubfeuerung ausgewertet:

I. Kennzahlen der Kesselanlage.

1. Heizfläche des Kessels . . . . 333 qm
2. Heizfläche des Überhitzers . . . . 92 „
3. Heizfläche des Ekonomisers . . . . 325 „

II.

4. Dauer des Versuches . . . . 8,7 Stunden

III. Brennstoff.

5. Art der Kohle: Kohlenstaub aus belgischem Waschgries.
6. Gesamtmenge des verfeuerten Brennstoffes . . . . 8320 kg
7. Feuchtigkeit der Kohle 2,45%
8. Gesamtmenge des trockenen Brennstoffes . . . . 8116 kg
9. Verbrauch pro Stunde (trockene Kohle) . . . . 932,8 „
10. Analyse der Kohle:
    Asche 30,00%
    Flüchtige Bestandteile . . . . 23,80 „
11. Unterer Heizwert der Trockenkohle . . . . 5450 kcal

IV. Wasser.

12. Gesamtverbrauch . . . . 51040 kg
13. Verdampfung pro Stunde . . . . 5866 „
14. Verdampfung pro Stunde und m² Heizfläche . . . . 17,61 kg/m²
15. Verdampfung pro 1 kg Trockenkohle (Bruttoverdampfungsziffer) . . . . 6,29 kg
16. Temperatur des Speisewassers vor dem Vorwärmer . . . . 65,3°
17. Temperatur des Speisewassers nach dem Vorwärmer . . . . 103,5°

V. Dampf.

18. Absoluter Dampfdruck im Kessel . . . . 12,5 atm
19. Verdampfungstemperatur t_s . . . . 189°
20. Temperatur des Heißdampfes t_h . . . . 295°
21. Überhitzung des Dampfes $t_h—t_s$ . . . . 106°
22. Erzeugungswärme des Sattdampfes . . . . 667,1 kcal
23. Mittlere spezifische Wärme des Heißdampfes bei 12,5 atü und 295° . . . . 0,56 „
24. Gesamtwärme des Heißdampfes . . . . 726,5 „
25. Überhitzungswärme . . . . 59,4 „
26. Wirklicher Wärmeaufwand zur Verdampfung (667,1 — 103,5 = 563,6) . . . . 563,6 „

VI. Herdrückstände.

27. Gesamtmenge der entstandenen Schlacke . . . . 729 kg
28. Menge der Schlacke in Hundertteilen der Kohle . . . . . . 30,5 „
29. Verbrennliches in der Schlacke . . . . 0 %

VII. Heizgase.

30. Temperatur vor dem Ekonomiser . . . . 293°
31. Temperatur nach dem Ekonomiser . . . . 232°
32. Zugstärke am Kesselende 0
33. Zugstärke am Ende des Vorwärmers . . . . 5 mm
34. Zusammensetzung der Heizgase: CO_2 . . . . 14,3%
    CO . . . . 0 „
    O_2 . . . . 4,1 „
    N_2 81,6
35. Luftüberschußzahl 1,24

VIII. Verdampfungsziffer und Wärmeaufwand.

36. Bruttoverdampfungsziffer (1 kg Kohle erzeugt Rohdampf) . 6,29 kg
37. Nettoverdampfungsziffer (1 kg Kohle erzeugt Normaldampf) 6,04 „

$$\left(6{,}29 \cdot \frac{726{,}5 - 103{,}5}{639} = 6{,}04\right).$$

38. Wärmeaufwand zur Erzeugung des Sattdampfes pro 1 kg Kohle (6,29 · 563,6 = 3545 kcal
39. Wärmeaufwand zur Überhitzung pro 1 kg Kohle (6,29 · 59,4 = 373,6 „
40. Wärmeaufwand zur Vorwärmung des Wassers pro 1 kg Kohle (6,29 · 103,5 — 65,3) = 240 „

IX. Wärmebilanz.

41.	Verfügbare Wärme pro 1 kg Kohle	5450 kcal	100%
	Davon sind ausgenutzt:		
42.	Im Kessel	3545 „	65,04 „
43.	Im Überhitzer	373,6 „	6,85 „
44.	Im Vorwärmer	240 „	4,40 „
45.	Wirkungsgrad der Anlage	4158,6 kcal	76,3%
	Verluste:		
46.	Unverbrennliches in der Schlacke	0 „	0 „
47.	Fühlbare Wärme der Abgase	545 „	10 „
48.	Restverlust (Ausstrahlung, Flugkoks usw.)	746,4 „	13,7 „

K. Die Vorgänge bei der Verbrennung auf dem Rost.

Angesichts der komplexen Zusammensetzung der Brennstoffe, insbesondere der Stein- und Braunkohlen, ist es nicht verwunderlich, wenn erst in allerjüngster Zeit eine zufriedenstellende Einsicht in die Verbrennungserscheinungen gewonnen wurde. Wenn auch die bekannten einfachen Gleichungen den thermischen Vorgang beherrschen, so will das keineswegs besagen, daß mit der Kenntnis dieser fundamentalen Verbrennungsreaktionen, das Problem erschöpft sei. Man könnte einwenden, daß mit diesen paar Gleichungen die Verbrennungsvorgänge in der Dampfkesselfeuerung hinreichend bekannt sind, und daß den Techniker schließlich doch nur die thermodynamische Seite der Frage berühre. Dem ist aber durchaus nicht so. Je tiefer die Wissenschaft in irgendein Gebiet einzudringen vermag, desto reichhaltiger sind die Früchte an praktischen und technischen Anregungen, was sich auch an dem Teilgebiet der Verbrennungsprozesse bewahrheitet hat.

Die Vorgänge, die bei der Verfeuerung von Stein- und Braunkohlen auf dem Kesselrost auftreten, sind auf Grund der letzten Forschungen in ein neues Licht gerückt worden. So lassen sich die wichtigen Ergebnisse, die Franz Fischer[1] und seine Mitarbeiter im Mülheimer Institut für Kohlenforschung über das Verhalten der Kohle beim Erhitzen gefunden haben, ohne weiteres auf den Kesselbetrieb übertragen. Diesen

[1] Fischer, F.: Die neuesten Anschauungen über die Vorgänge bei der Verbrennung und Oxydation der Kohle. (Abh. z. Kenntnis d. Kohle 4, S. 448.)

Schluß hat denn auch F. Fischer in seinem Vortrag vor der Kuratoriumssitzung selbst gezogen. Da diese Arbeit von grundlegender Bedeutung für das gesamte Feuerungswesen ist, so mag sie hier eingehend erörtert werden. Die wichtigsten Teile des Vortrages werden im Wortlaut selbst angeführt.

Am einfachsten liegen die Verhältnisse, wenn man die Verbrennung des reinen Kohlenstoffes betrachtet. Im Dampfkesselbetrieb tritt dies bei reiner Koksfeuerung ein, aber auch im letzten Stadium der Kohlenverbrennung, wenn die Kohle entgast und damit verkokt ist. Von diesem Stadium mögen die Erörterungen ausgehen.

Der glühende Koks tritt mit dem Luftsauerstoff in Wechselwirkung gemäß der Gleichung:

$$C + O_2 = CO_2.$$

Die kurze Flamme, die dabei entsteht, beruht nach den modernen Anschauungen darauf, daß die Kohlensäure, die eben entstanden ist, mit dem glühenden Koks eine Reaktion eingeht nach der Gleichung:

$$C + CO_2 = 2\,CO.$$

Es entsteht mithin sekundäres Kohlenoxyd, der gasförmige Brennstoff, der vom glühenden Koks aufsteigt und in der darüber befindlichen Luft mit blauer Flamme zu Kohlendioxyd verbrennt. Die ersten Teilvorgänge der Verbrennung treten ein, wenn frische Kohle auf die glühende Koksschicht geworfen wird. Der Einfachheit halber mag angenommen werden, die Kohle sei trocken und sei außerdem rings von der reduzierenden Kohlenoxydflamme der Koksschicht umgeben. Da in diesem Falle kein freier Sauerstoff zur Verbrennung der Kohle vorhanden ist, unterliegt sie lediglich der Einwirkung der trockenen Hitze, d. h. sie verschwelt und destilliert. Es entwickeln sich also aus der Kohle Gas- und Teerdämpfe, die sich dem aufsteigenden Kohlenoxydstrom beimengen.

Zunächst entweichen, wie die klassischen Arbeiten Fischers über Tieftemperaturverkokung gezeigt haben, wenig Gas mit hohem Heizwert und Teerdämpfe. Die Menge der letzteren beträgt bei Gasflammkohlen bis zu 10% der aufgegebenen Kohle. Der weitere Verlauf der eintretenden Prozesse gestaltet sich folgendermaßen:

Jedes einzelne Kohlenstückchen geht zunächst unter Abgabe von Urgas und Urteer in Halbkoks über. Als Urteer bezeichnet man Tieftemperaturteer, der zwischen 300° und 500° gebildet wird. Seine Hauptmerkmale sind das Vorhandensein aliphatischer Kohlenwasserstoffe und das Fehlen aromatischer Kohlenwasserstoffe, wie Benzol, Naphthalin, Anthrazen, welche im Leuchtgas und im Kokereiteer als Produkte der Verkokung bei höheren Temperaturen vorkommen. Der gebildete Halbkoks verwandelt sich, wenn die Temperatur 500° übersteigt, unter Wasserstoffabgabe in gewöhnlichen Koks. Hiermit ist, bei weiterer Verbrennung des Kokses auf dem Rost, das Endstadium, von dem wir oben ausgegangen sind, erreicht.

Die mit dem heißen Kohlenoxyd gemischten Destillationsgase und Teerdämpfe unterliegen einer chemischen Veränderung, deren Art durch die Temperatur gegeben ist. Die Teerdämpfe, die zunächst noch den Charakter des Urteeres haben, werden durch die Hitzewirkung unter Abspaltung von Wasserstoff die Merkmale des Kokereiteeres annehmen, und schließlich wird auch dieser, falls die Zeit es erlaubt, weiter in Wasserstoff und Kohlenstoff abgebaut. Auf diese Weise erfolgt die Rußbildung. Kommen im Flammensaum das Kohlenoxyd der Koksverbrennung und die glühenden Zerfallsprodukte der Teerdämpfe mit dem Lauftsauerstoff in Berührung, so findet keineswegs eine gleichzeitige Verbrennung aller Bestandteile statt. Es brennt der Wasserstoff am schnellsten ab, was mit seiner großen Diffusionsgeschwindigkeit, d. h. mit seinem niedrigen Molekulargewicht, zusammenhängt. Auf diese Weise kann der glühende Kohlenstoff unter Umständen bei Luftmangel unverbrannt entweichen. Zur Verbrennung dieses relativ langsam abbrennenden Kohlenstoffes unter den erörterten Verhältnissen verlangt Fischer die Einführung genügend heißer Oberluft. Bei einem bestimmten Schornsteinzuge ist eine der Verbrennungsgeschwindigkeit des Rußes entsprechende Zeit, d. i. eine gewisse Weglänge erforderlich, die der Ruß in glühendem Zustand durchwandern muß, damit er vollständig verbrennt. Je höher die Temperatur der Oberluft ist, desto kürzer ist diese Weglänge.

Angesichts der Bedeutung, die der rauchlosen Verbrennung zukommt, und angesichts der Tatsache, daß die Rauchentwicklung mit der Teerbildung der Kohle zusammenhängt, gibt Fischer einige Angaben über das verschiedenartige Verhalten der Teerarten und Teerkomponenten bei der Verbrennung.

Die höhersiedenden Bestandteile des Urteeres verfallen im Feuerungsraum einer pyrogenen Zersetzung, wobei die hochmolekularen Bestandteile in kleinere Moleküle, vor allem in Äthylen und Verwandte, gespalten werden. Die aromatischen Kohlenwasserstoffe des Hochtemperaturteeres verhalten sich ganz anders. So durchläuft beispielsweise das Xylol folgende Zersetzungsstufen: Zunächst wird das Molekül kleiner unter Abspaltung der Seitenketten, wobei bei Temperaturen zwischen 600° und 800° unter vorübergehendem Erscheinen von Toluol Benzol entsteht; daneben auf Kosten der Seitenketten Methan, Äthylen und Abkömmlinge. Dann vergrößert sich das Molekül durch Kondensation und Abspaltung von Wasserstoff. Es entsteht Diphenyl und unter fortwährendem Wasserstoffverlust bilden sich immer größere Kondensationsprodukte, bis letzten Endes nur mehr ein großes Kohlenstoffskelett übrigbleibt.

Bei ungenügendem Luftzutritt oder zu schneller Abkühlung der Flammen bleiben leicht die großen Moleküle unverbrannt, und so endigt diese Verbrennung fast immer mit Rußentwicklung. Ähnlich wie die ringförmigen Kohlenwasserstoffe verhalten sich die Phenole und deren Derivate.

Dagegen verläuft die Verbrennung der aliphatischen Kohlenwasserstoffe ohne Kondensation, somit rauchlos.

Die Kenntnis dieser Tatsachen erleichtert dem in der Technik stehenden Ingenieur das Verständnis für das unterschiedliche Verhalten der einzelnen Brennstoffe, besonders der Steinkohle und der Braunkohle.

Es geht aus den obigen Erörterungen hervor, daß die Verbrennung irgendeiner fossilen Kohle nicht lediglich als die Verbrennung eines festen Brennstoffes, gemäß den bekannten Grundreaktionen, aufgefaßt werden darf, sondern daß jede Kesselfeuerung gleichzeitig eine Gasfeuerung, eine Ölfeuerung und eine Koksfeuerung ist. Diese drei Verbrennungsarten finden gleichzeitig statt, weil auf dem Rost nicht alle Kohlenstückchen sich in derselben Phase der Verbrennung befinden.

Die säuberliche gedankliche Trennung der Verbrennungsvorgänge in ihre Teilprozesse drängt dem Techniker nunmehr die Frage auf, ob es nicht möglich sei, diese Teilprozesse auch räumlich zu trennen und zu beherrschen. Fischer hat wiederholt auf die prinzipielle Möglichkeit hingewiesen, die Feuerung so zu gestalten, daß die Destillation und die Verbrennung getrennt vor sich gehen, um auf diese Weise im Kesselbetrieb hochwertige Nebenprodukte zu gewinnen.

Die neuere Entwicklung der Dampfkesselfeuerung hat dann auch diesen Weg beschritten, und man kann sagen mit Erfolg, wenn auch ein endgültiges Urteil noch verfrüht erscheint.

Der Krieg und der wirtschaftliche Niedergang Europas in der Nachkriegsperiode haben einen bedeutsamen Einfluß auf die Entwicklung des Dampfkesselbaues ausgeübt. So wurden die minderwertigen Brennstoffe, besonders aber die Braunkohlen, in den Brennpunkt des Interesses geschoben. Die Kohlen mit hohem Aschegehalt, die Rückstände der Kohlenwäsche, die Braunkohle, besitzen nun wegen ihres hohen Gehaltes an unverbrennbarer Substanz oder an Wasser eine geringe Entzündbarkeit, weshalb die Feuerungen sich diesem Charakter anpassen mußten. So liegt beispielsweise der Schwerpunkt des Problems, die Rohbraunkohle für Hochleistungskessel verwenden zu können, in der Vortrocknung.

Für Planroste, die anfangs für Braunkohlenverfeuerung herangezogen wurden, liegen die Verhältnisse folgendermaßen: Die glühende Brennstoffschicht erlaubt eine rasche Vortrocknung und somit eine rasche Entzündung des Brennstoffes, falls dieser öfters und in kleinen Mengen aufgeworfen wird. Die glühende Brennstoffschicht stellt somit ein Wärmereservoir dar, dessen Temperatur aber nicht durch plötzliches Beschicken mit übergroßen Mengen von minderwertigem Brennstoff zu tief heruntergedrückt werden darf. Die Verwendung von Wanderrosten gewinnt immer mehr an Ausdehnung, so daß auch die Verfeuerung von minderwertigen Brennstoffen Eingang fand. Hier reicht aber die Strahlung des Feuerungsgewölbes nicht mehr aus, um die grubenfeuchte Braunkohle rasch zur Zündung zu bringen, wodurch die Wirtschaftlichkeit dieser Feuerungsweise in Frage gestellt wird.

Man versuchte deshalb auf sogenannten Vorrosten den Brennstoff für die Verbrennung reif zu machen. Der Vorrost ist mithin nichts anderes als eine Verlängerung des Hauptrostes, die hauptsächlich der Entzündung dienen sollte. Diese Vorroste sind in verschiedenartiger Form zur Ausführung gelangt, als Treppen-, Schräg- oder Knieroste, über deren verschiedene Typen Pradel[1] ausführlich berichtet hat.

Der Brennstoff erfährt auf dem Vorroste nicht nur eine Trocknung, sondern auch eine Schwelung. Es ist nun leicht einzusehen, daß die Schwelung auch so geführt werden kann, daß man die Schwelprodukte als Nebenprodukte des Kesselbetriebes, also im Sinne Fischers, gewinnen kann. Der äußerste Fall dieser Anordnung liegt in der Entgasung und Vergasung der Kohle in Gaserzeugern, wobei die gereinigten und von Edelbestandteilen befreiten Gase unter dem mit reiner Gasfeuerung ausgestatteten Kessel verbrannt werden. Zwischen einer solchen Gasfeuerung und einem Wanderrost mit Urteergewinnung bestehen alle denkbaren Zwischenglieder, die zu einer beträchtlichen Anhäufung in der Patentliste geführt haben. Auf alle diese Vorschläge einzugehen, ist an dieser Stelle unmöglich.

Für die Tieftemperaturentgasung als Vorstadium der Dampfkesselfeuerung sind vorgeschlagen worden: Liegende Retorten, vertikale Schwelschächte, die im Feuerungsraum eingebaut sind und durch die Verbrennungsgase beheizt werden. Die liegenden Retorten scheinen wenig Aussicht auf Erfolg zu haben. Je nach Art der Beheizung der Schwelschächte kann man nach Pradel vier Arten von Konstruktionen unterscheiden:

1. Innenbeheizung durch zurückgesaugte Rostgase,
2. Außenbeheizung durch Rostgase bzw. durch Strahlung,
3. Beheizung durch Schwelgase,
4. Beheizung durch Abgase.

Nach ersterem Prinzip arbeitet die Feuerung des Engländers M. G. Wilkinson. Nach dem zweiten arbeiten die Feuerungen von Josse & Gensecke, H. Strache und P. L. Meurs-Garken. A. Haul schlägt vor,

[1] Pradel: Neue Feuerungsanlagen. Feuerungstechn. 1923, Heft 20 u. 21. — Ders.: Neue Wege im Bau von Braunkohlengroßfeuerungen. Ebenda 1924, Heft 15.

die gereinigten Schwelgase für die Beheizung des Schwelschachtes zu benutzen. Abgasbeheizung sieht der Engländer Owston Wilton vor.

Wohl die wichtigste technische Ausführung der Urteergewinnung in Dampfkesselfeuerungen stammt von der Julius Pintsch-A.-G. Berlin (D.R.P. 339721), über deren praktische Resultate interessante Angaben vorliegen[1].

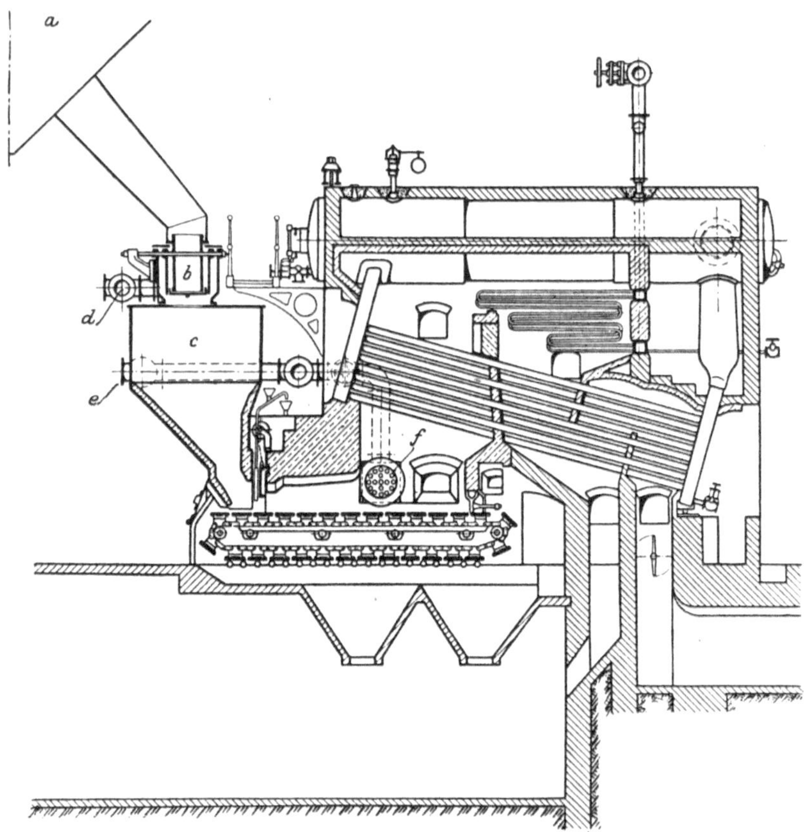

Abb. 22. Schrägwasserrohrkessel mit Schwelanlage. (Pintsch.)

Eine solche Anlage wurde von Julius Pintsch an einen vorhandenen Schrägwasserrohrkessel nach Steinmüller im städtischen Elektrizitätswerk Berlin-Lichtenberg angebaut. Die Gesamtanordnung geht aus Abb. 22 hervor.

Der Brennstoff gelangt aus Bunker *a* durch Schurre und Aufschüttvorrichtungen *b* in die Schwelschächte *c*, die sich über den beiden Wanderrosten befinden. Die heißen Rauchgase werden von der Schwel-

[1] Brennstoffchemie 1922, Heft 8, 9, 10, 13 und 14. — Z. V. d. I. 1922, S. 869.

gassaugleitung *d* vom Rost durch den niederrutschenden Brennstoff hindurch gesaugt. Die Rauchgase erhitzen somit durch Innenbeheizung den Brennstoff, der hierdurch verschwelt wird. Die Schwelprodukte werden zusammen mit den Rauchgasen abgesaugt und gelangen dann in die Reinigeranlagen. Der entschwelte Brennstoff kommt als Halbkoks in heißem Zustand auf den Wanderrost, wo er vollständig verbrennt.

Das Schwelgas wird zunächst in einem Kühler auf die für die Teerabscheidung notwendige Temperatur heruntergekühlt und gibt in einem Teerscheider nach Art der Pelouze-Apparate die letzten Reste von Teer ab. Das gereinigte Schwelgas wird durch eine Druckleitung und durch zwei Brenner in den Verbrennungsraum der Dampfkesselfeuerung befördert, wo es verbrannt wird.

An dieser Anlage wurden ausgedehnte Versuche durchgeführt, deren wichtigste Ergebnisse im folgenden kurz wiedergegeben sein mögen:

Im Unterteil des Schwelschachtes herrschen durchschnittliche Temperaturen von 500—700° C. Sie nehmen nach oben gleichförmig ab. Im oberen Teile des Schwelschachtes findet die eigentliche Verschwelung statt. Die Teerausbeute nimmt fast linear mit der durchgesaugten Gasmenge zu. Der Heizwert des Schwelgases betrug bis zu 1460 cal/m^3, bezogen auf 0° und 760 mm Hg. Die gewonnenen Teere zeigten die für Urteer charakteristischen Eigenschaften, sie enthielten kein Naphthalin, dagegen 7—11% Paraffin. Die Teerbeschaffenheit erwies sich als unabhängig von der Kesselbelastung. Das Gaswasser enthielt nur 0,05% Ammoniak, so daß sich eine Verarbeitung nicht lohnt. Der Höchstwert der im Dampfkessel nutzbar gemachten Wärme betrug 77,5%, und zwar bei einer stündlichen Verdampfung von 13—14 t. Als auffallendes Resultat zeigte sich, daß die Teergewinnung auf den Anteil der Dampferzeugungswärme ohne Einfluß war. Die mit 1 kg Kohle erzeugte Dampfmenge wurde also durch Abscheidung von bis zu 2,25% Teer nicht verringert. Der Gesamtwirkungsgrad der Anlage betrug 81,8% des Heizwertes, falls man den Heizwert des Teeres als nutzbar gemachte Wärme annimmt. Die Teerausbeute nimmt jedoch bei höherer Belastung des Kessels ab. Der Schwelgassauger verbrauchte 6,5—7,5 KW, was etwa 0,4% in der Wärmebilanz ausmacht. Die vorstehenden Angaben gelten für Braunkohlen mit einem Wassergehalt von 12,5—20,4%, einem Aschegehalt von 4,6—6,0% und einem Heizwert von 4376—4922 cal.

Außer Braunkohle wurden Steinkohlen und Torf in der Anlage versucht, wobei sich ergab, daß auch diese Brennstoffe zur Urteergewinnung in Dampfkesselfeuerungen verwendet werden können.

Man sieht, daß die theoretischen Folgerungen Franz Fischers zu ebenso interessanten wie wichtigen technischen Anwendungen geführt haben. Die Urteergewinnung hat ihre Bedeutung darin, daß sie die Möglichkeit bietet, den erdölarmen Ländern einen Ersatz für die Schweröle zu geben. Die deutsche Großindustrie verbraucht jährlich etwa 75 Millionen Tonnen Kohle, die bei Verarbeitung auf Urteer als Nebenprodukt des Dampfkesselbetriebes etwa 1,5 Millionen Tonnen Urteer geben könnten.

Die Urteergewinnung in Dampfkesselfeuerungen wird vorderhand, trotz ihres praktischen Interesses, nur ein beschränktes Anwendungsgebiet finden, weil sie ja nur für sehr große Dampfkesselanlagen in Frage kommen dürfte.

L. Der Verbrennungsvorgang in der Kohlenstaubfeuerung.

In der Kohlenstaubfeuerung wird der Brennstoff, ähnlich wie in der Gas- und der Ölfeuerung, in der Schwebe verbrannt, jedoch mit dem Unterschied, daß nicht nur gasförmige Produkte, sondern auch feste Koksteilchen — und diese dazu noch in einer sauerstoffärmeren Atmosphäre — verbrannt werden. Aus diesem Umstand geht ohne weiteres die Notwendigkeit einer geschickten Luftzufuhr hervor. Der wärmewirtschaftliche Vorteil der Kohlenstaubfeuerung besteht in einer gut regulierbaren Feuerführung, die durch genaue Bemessung der Verbrennungsluft, durch Einführung der Luft an zweckmäßigster Stelle und durch weitgehende Anpassung der Korngröße an den Brennstoff und den Feuerungsraum ermöglicht wird.

Die Aufbereitung der Kohle erfolgt durch Vermahlung in Kugelmühlen und dergleichen. Die Kohle soll dabei einen Feuchtigkeitsgrad von höchstens 1%, die Braunkohle einen solchen von 10—20% aufweisen. Zur Bestimmung der Mahlfeinheit werden von dem Normenausschuß der deutschen Industrie und dem Kohlenstaubausschuß beim Reichskohlenrat die folgenden vier Prüfsiebgewebe für Kohlenstaubfeuerung als Norm vorgeschlagen[1]:

		Drahtstärke	Maschenweite
900er	Sieb,	Drahtstärke 0,11 mm	Maschenweite 0,23 mm
2500er	„	„ 0,075 „	„ 0,128 „
4900er	„	„ 0,055 „	„ 0,095 „
6400er	„	„ 0,050 „	„ 0,075 „

Der Verbrennungsvorgang verläuft ähnlich wie bei allen festen Brennstoffen, d. h. in der Reihenfolge der Erhitzung, Entgasung, Verbrennung des Gases und Verbrennung des Kokses, wobei sich allerdings die einzelnen Vorgänge zum Teil überschneiden dürften.

Im allgemeinen hat man hierbei zu unterscheiden zwischen der Zündung und der eigentlichen Verbrennung. Diese Verhältnisse sind von Nusselt[2], F. Schulte[3], Rosin[4] und anderen zum Gegenstand eingehender Untersuchungen gemacht worden, deren wichtigste Ergebnisse nachstehend zusammengefaßt werden:

---

[1] Arch. Wärmewirtsch. **6**, 1925, S. 27. [2] Nusselt: Z. V. d. I. **68**, 1924, S. 124.
[3] Schulte: Glückauf **60**, 1924, S. 171. [4] Rosin: Braunkohle **24**, 1925, S. 241.

Die Zündung des Brennstoffes hängt einerseits von dem Zündpunkt der Ursprungskohle und anderseits von einer Reihe äußerer Umstände ab. Der Kohlenstaub wird um so schneller zünden, je tiefer der Zündpunkt der Ursprungskohle liegt; dieser sinkt, nach den Untersuchungen von Bunte[1], mit steigendem Sauerstoffgehalt der Verbrennungsluft, größerer Windgeschwindigkeit und abnehmender Korngröße. Schulte macht auf die merkwürdige Erscheinung aufmerksam, daß die Zündpunkte der festen Brennstoffe niedriger liegen als die der flüssigen und gasförmigen, woraus eigentlich geschlossen werden müßte, daß die Zündung der festen Brennstoffe durch die festen Bestandteile eingeleitet wird und nicht durch die Entgasungsprodukte. In der Kohlenstaubfeuerung zündet aber das Gas zuerst und beschleunigt so die Zündung des Kohlenteilchens. Die Erwärmung des eingeblasenen Kohlenteilchens auf die Selbstentzündungstemperatur geschieht durch Zustrahlung von den heißen Wänden des Feuerungsraumes, durch Rückstrahlung aus der Flamme und durch Zuleitung von Wärme aus den Verbrennungsgasen. Die Wirkung der Wandstrahlung läßt sich dadurch erhöhen, daß man dem vorderen Teil der Brennkammer eine Form gibt, die eine Sammlung der zerstreuten Wärmestrahlen herbeiführt (Parabelform). Die Rückstrahlung aus der Flamme wird um so stärker sein, je breiter die Ausladung der Flammen ist, was am besten durch geringe Einblasegeschwindigkeit erreicht wird. Die Zündung des Brennstoffes erfolgt ferner um so schneller, je rascher die Wärmeaufnahme stattfindet, d. h. je geringer die Korngröße ist. Die äußere Gestalt des Kohlenkörnchens ist dabei auch von Einfluß, indem die Kohlenstäubchen mit amorpher Körnung und rauher Oberfläche (Fettkohle) schneller zünden als kristallinische Teilchen mit glatter Oberfläche (Anthrazit und Gaskohle). Auch die innige Luft-Kohlenstaubmischung führt eine rasche Zündung herbei, da in diesem Falle das Kohlenteilchen die benötigte Sauerstoffmenge vorfindet. Schulte schlägt daher vor, die Verbrennungsluft im Kern des Brenners, den Kohlenstaub im ringförmigen Mantel zuzuführen, damit die strahlende Wärme zuerst den Kohlenstaub trifft und zündet, während gleichzeitig die sich ausdehnende Luft den Kohlenstaubmantel durchdringt. Endlich ist auch der Gasgehalt der Kohl für die Zündung von wesentlicher Bedeutung: je größer der Gasgehalt, desto stürmischer und frühzeitiger ist die Gasentwicklung und desto schneller erfolgt die Zündung.

Nusselt hat versucht, den Verbrennungsvorgang in der Kohlenstaubfeuerung rechnerisch zu erfassen. Er hat unter gewissen Voraussetzungen die Begriffe Zündzeit und Zündgeschwindigkeit, Brennzeit und Brenngeschwindigkeit mathematisch formuliert und ihre Abhängigkeit

[1] Bunte: Gas Wasserfach 1922, S. 592.

von verschiedenen Veränderlichen untersucht. Die Zündzeit, d. h. die Zeit, welche vom Einblasen bis zur Entzündung des Brennstoffes verstreicht, ändert sich mit der Wandtemperatur (Strahlung), der Korngröße und dem Zündpunkt der Ursprungskohle. Bei einer gegebenen Temperatur gibt es eine Korngröße, bei welcher die Zündzeit am kleinsten ist. Die Zündgeschwindigkeit ist umgekehrt proportional der Korngröße; sie steigt ferner mit fallendem Zündpunkt der Kohle.

Bei der Verbrennung des Kohlenstaubes ist zu unterscheiden zwischen der Verbrennung der gasförmigen Entgasungsprodukte und der Verbrennung der Koksteilchen. Aus dem Umstand, daß erstere in sauerstoffreicher, letztere in sauerstoffarmer Luft verbrennen, ergibt sich die Notwendigkeit einer zweckmäßigen Beiluftzufuhr, durch die das Ausbrennen der Koksteilchen gesichert wird. Nach Schulte wirkt besonders vorteilhaft eine Beiluftzuführung in die Flammenspitze, d. h. bei senkrechtem Einblasen des Kohlenstaub-Luftgemisches von oben nach unten, wenn die Beiluftzuführung von unten erfolgt. Dadurch werden die ungünstigen Verbrennungsbedingungen für die Koksteilchen umgekehrt und sie verbrennen in sauerstoffreicher Luft. Feuerungen, die nach diesem Prinzip gebaut werden, haben nur noch Flammenlängen von 2—3 m, die älteren Ausführungen dagegen solche von 7—11 m. Nusselt hat nachgewiesen, daß die Verbrennungszeit des Kohlenstaubes dem Quadrat der Korngröße proportional ist. Sie fällt demnach mit dem Quadrat der Mahlfeinheit.

Der große Vorteil der Kohlenstaubfeuerung besteht bekanntlich in der genau regulierbaren Feuerführung, wodurch der Luftüberschuß auf das notwendige Mindestmaß herabgesetzt werden kann. Dadurch entr stehen natürlich im Feuerungsraum Temperaturen, die man bei der Rostfeuerung nicht kennt. Die nachteiligen Wirkungen der hohen Temperaturen äußern sich in der verringerten Haltbarkeit der Feuerraumausmauerung, die nicht nur rein thermisch, sondern auch chemisch und mechanisch durch die geschmolzenen Aschenteilchen beansprucht wird. Die Schwierigkeiten lassen sich aber durch genügend große Feuerungskammern, durch Luft- oder Wasserkühlung der Kammerwände, durch zweckmäßige Auswahl der feuerfesten Baustoffe und durch eine geschickte Führung der Verbrennung vermeiden. Von maßgebender Bedeutung für die gute Feuerführung sind außer den bereits angegebenen Gesichtspunkten (feinste Ausmahlung, geringe Einblasgeschwindigkeit, gute Durchmischung des Kohlenstaubes mit der Verbrennungsluft im Brenner, Zuführung der Beiluft gegen die Flammenspitze usw.) noch die folgenden: Erleichterung der Ausscheidung der Schlacke durch geeignete Form des Feuerungsraumes, Anpassung der Mahlfeinheit an die Natur der Kohle und schließlich Bemessung der Staubträgerluft nach dem Luftbedarf (Gas- und Aschegehalt). Einen Überblick über den

Luftbedarf verschiedener Kohlenarten, bezogen auf Reinkohle, gewährt die Abb. 23, die der grundlegenden Abhandlung von Schulte[1] entnommen ist. Sie zeigt den Gesamtluftbedarf der flüchtigen Bestandteile und des Kokskohlenstoffes. Hinzuzufügen ist noch, daß der Luftbedarf im umgekehrten Verhältnis mit dem Aschegehalt sinkt.

Betriebsergebnisse an Kohlenstaubfeuerungen sind von Ebel[2], Fischer[3], Kreisinger[4] und anderen veröffentlicht worden.

M. Die Verwertung der Feuerungsrückstände[5].

Schätzungsweise gehen der deutschen Volkswirtschaft jährlich etwa 5 Millionen Tonnen Brennstoff in den unausgebrannten Feuerungsrückständen verloren. Diese können bisweilen 40% und noch mehr unverbrannten Restkoks enthalten, so daß eine Rückgewinnung dieses Anteiles in vielen Fällen unbedingt geboten erscheint. Eine Wiedergewinnung ist natürlich nicht in allen Betrieben wirtschaftlich durchführbar, in größeren Betrieben mit Rostfeuerung- und Generatorbetrieb ist sie jedenfalls zweckmäßig. Die Rentabilität einer Separationsanlage ist abhängig von der Menge der anfallenden Schlacke und auch von dem Gehalt an Unverbranntem.

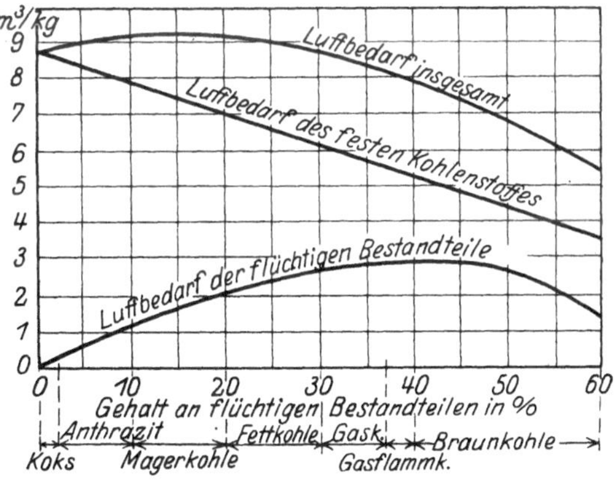

Abb. 23. Luftbedarf der verschiedenen Kohlenarten. (Schulte.)

Der Ausbrand der Brennstoffe in der Feuerung fällt mit steigendem Aschegehalt der verfeuerten Kohle, da durch den mineralischen Ballast die Berührung des Brennstoffes mit der Luft vermindert wird. Die Ausbildung der Schlackenkuchen verhindert ebenfalls den Ausbrand; die Schlackenbildung ist nun eine Funktion der Schmelzbarkeit der Asche,

[1] Schulte: Glückauf **60**, 1924, S. 976. [2] Ebel: Ebenda **61**, 1925, S. 757, 759.
[3] Fischer: Ebenda **61**, 1925, S. 863. [4] Kreisinger, H.: Mech. Engg. 47, Nr. 1.
[5] Engel, W.: Die Separation von Feuerungsrückständen und ihre Wirtschaftlichkeit. Berlin: Julius Springer 1925. — Donath, E.: Die Verfeuerung der Mineralkohlen und die Aufbereitung der Feuerungsrückstände. Dresden und Leipzig: Theod. Steinkopff 1924. — Aschof, K.: Stahleisen 1922, S. 258. — Schulte, F.: Glückauf 1922, S. 534. — Reder, G.: Ind. Techn. 1923, S. 26. — Pradel: Feuerungstechn. 1922, S. 151. — Mitt. V. Eisenwerke 1922, S. 255 bis 263. — Ullrich, S.: Gieß. 1921, S. 300. — Ders.: Zeitschr. f. Dampfk. u. Maschinen 1921, S. 265 u. 273. — Blaschke, M.: Zement 1925, S. 368.

d. h. der chemischen Zusammensetzung dieser letzteren. Sie beruht auf einem teilweisen oder vollständigen Schmelzvorgang, der um so leichter eintritt, je tiefer der Schmelzpunkt der Asche liegt. Die hierbei auftretenden Vorgänge und ihre Folgen können folgendermaßen skizziert werden: Durch teilweise Schmelzung werden die Schlackenbrocken teigig und backen zu Kuchen zusammen, so daß sie auf dieser Stelle den Luftzutritt absperren. Die eingeschlossenen und tiefer liegenden unverbrannten Kohlenstücke brennen auf diese Weise nicht aus. Das Festbacken der Schlacke erschwert dann die Rostbearbeitung und erhöht den Verschleiß der Roststäbe und vermehrt auch die Verluste durch Eindringen falscher Luft. Die fließende Asche umhüllt die unverbrannten Kohlenstücke mit einer Schlackenglasur, wodurch auch diese Stückchen der Verbrennung entzogen werden.

Der Ausbrand ist weiterhin abhängig vom Anpassungsgrad des Brennstoffes an die Feuerung, insbesondere an den Rost. Je kleinstückiger die Kohle, je größer die Rostspalten sind, desto größer ist der Entfall an Unverbranntem. Weiter ist darauf hinzuweisen, daß eine backende Fettkohle, trotz geringer Stückgröße, keine so engen Rostspalten verlangt, wie eine Magerkohle derselben Stückgröße. Der Ausbrand fällt in der Regel mit steigender Rostbelastung, wie auch mit abnehmendem Luftüberschuß und ist schließlich in weitgehendstem Maße von der Geschicklichkeit und Sorgfalt des Heizpersonals abhängig.

Die Bewertung der Herdrückstände erfolgt vor allem nach dem Gehalt an Unverbranntem (Koks), der am einfachsten durch Veraschung einer feinstgepulverten Durchschnittsprobe bei Luftzutritt bis zur Gewichtskonstanz ermittelt wird. In manchen Gegenden finden sie aber gerade wegen ihrer mineralischen Bestandteile Verwendung, z. B. als Rohmaterial für Zement und Schlackensteine zu Bauzwecken. In diesen Fällen muß natürlich die chemische Zusammensetzung der Asche zweckentsprechend sein. Von dieser selteneren Verwendungsmöglichkeit abgesehen, ist die Aufbereitung der Feuerungsrückstände stets eine Separation der unverbrannten Brennstoffteile, die dann wieder zur Feuerung oder zur Vergasung verwertet werden können. Die bisher bekannt gegebenen Verfahren zur Aufbereitung lassen sich grundsätzlich auf folgende Weise einteilen:

a) Handauslese. — Dieses primitive Verfahren, das wirtschaftlich eigentlich unzweckmäßig ist, wird in kleineren Betrieben ausgeübt, kommt aber auch als Hilfsmittel für alle maschinellen Separationsanlagen bei Körnungen über 80 mm in Frage, falls die großen Stücke nicht vorgebrochen werden. Die Lesearbeit erfolgt durch billige Arbeitskräfte auf Förderbändern oder Lesetischen.

b) Magnetische Trennung. — Die Firma Krupp ist auf Grund ihrer Erfahrungen mit der magnetischen Erzaufbereitung auch zu diesem

Separationsverfahren der Herdrückstände übergegangen, da es sich gezeigt hat, daß die Stoffe infolge ihres Eisengehaltes schwach magnetische Eigenschaften besitzen. Die Wirkungsweise des Kruppschen Trommelscheiders ist aus der schematischen Abb. 24 ersichtlich; in einer rotierenden Trommel aus Messingblech sind die feststehenden Elektromagneten halbkreisförmig angebracht. Der Elektromagnet ist in drei Zonen verschiedener Intensität geteilt. Die Rückstände werden aus einer Schüttelrinne auf die Trommel aufgegeben, gelangen zuerst in das starke magnetische Feld I, dann, der rotierenden Trommel folgend, in das stärkste magnetische Feld II, auf das die Zone abklingender Intensität III folgt. Die nicht magnetischen Koksstücke folgen der Resultante aus Schwerkraft und Zentrifugalkraft, während die magnetischen Schlackenbrocken festgehalten werden und erst beim Verlassen der magnetischen Zone III abfallen, so daß beide Anteile voneinander getrennt werden.

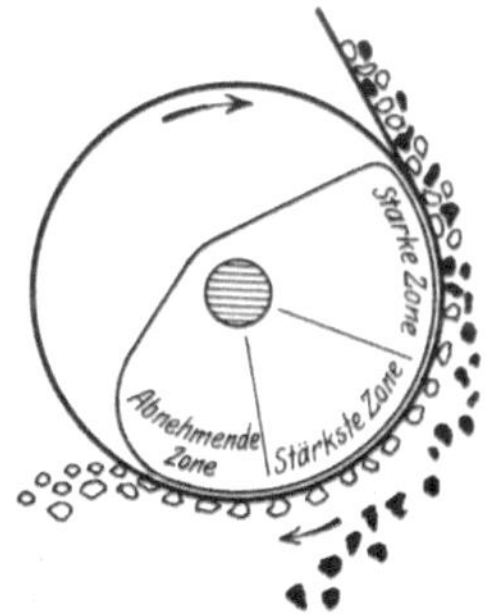

Abb. 24. Schema des Kruppschen Trommelscheiders.

c) Naßverfahren. — Das Naßverfahren nutzt die verschiedenen spezifischen Gewichte von Koks und Schlacke aus. Die Trennung des leichteren Kokses von der schwereren Schlacke kann grundsätzlich auf hydrostatischem oder hydrodynamischem Wege erfolgen.

Die hydrostatischen Verfahren benutzen Trennungsflüssigkeiten von bestimmtem spezifischem Gewicht, das den vorliegenden Rückständen natürlich angepaßt sein muß, um den Koks zum Schwimmen und die Schlacke zum Absetzen zu bringen. Solche technisch verwerteten Trennungsflüssigkeiten sind vor allem Aufschwemmungen von Lehm, Schlick und anderem in Wasser, oder auch billige Salzlösungen. Zu dieser Gruppe der Naßverfahren gehören die nachfolgenden: Kolumbuswäscher der Firma B. Schilde, Hersfeld, der Eukonomator der Eukonomoswerke, Rastatt i. B.

Die hydrodynamischen Verfahren benutzen unvermengtes Wasser und trennen den Koks von der Schlacke durch eine künstlich erzeugte, regulierbare Bewegung des Wassers. Diese Separationsmaschinen arbeiten teils nach einem den Setzmaschinen der Kohlenwäsche nachgebildeten Prinzip, teils haben sie auch eine andere Wirkungsweise. Solche Maschinen werden konstruiert von den Firmen:

Ambi-A.-G. Berlin (Komet-Separator); Baum, Herne; Bifa, Frankfurt a. M. („Vulkan"); F. C. Eitle, Stuttgart; Groppel-Rheinmetall-A.-G., Dortmund; Humboldt, Köln-Kalk; Krupp-Grusonwerk, Magdeburg; Meguin-A.-G., Butzbach i. H.; Mitteldeutsche Apparatebau-Gesellschaft, Frankfurt a. M.; W. Weber & Co., Wiesbaden und andere mehr.

Die Naßseparatoren haben den Nachteil, daß sie die leichten Schaumschlacken mit dem Koks zusammen trennen und daß sie einen nassen Brennstoff austragen. Dagegen hat das Naßverfahren den Vorteil, einen gewaschenen, staubfreien Brennstoff auszubringen.

Der Wert des Separationskokses ist immerhin gering, so daß seine Verwendung im Dampfkesselbetrieb am besten als Zusatzmaterial zu hochwertigen Brennstoffen erfolgt.

Einzelheiten über die Verwendungsweise der einzelnen Körnungen sind in dem vortrefflichen Werkchen von W. Engel zu finden.

Der Vollständigkeit halber sei noch erwähnt, daß der Separationskoks ein ausgezeichnetes Gaserzeugermaterial abgibt, daß er bei der Brikettierung verwendet werden kann, und daß er als Zusatz zu hochwertiger Kohle für den Hausbrand geeignet ist.

II. Das Wasser.

Die Verunreinigungen des Speisewassers und ihre Einflüsse im Dampfkesselbetrieb.

A. Vorbemerkungen.

1. Der Verunreinigungsgrad des Speisewassers und des Kessels.

Der Gesamtgehalt eines Wassers an festen Verunreinigungen wird durch den Trockenrückstand, d. h. den bei der Verdampfung übrigbleibenden festen Rückstand ausgedrückt und in mg/l oder in g/cbm angegeben. Führt man dem im Betrieb befindlichen Kessel Wasser zu, so reichert sich naturgemäß der Kesselinhalt in dem Maße, wie das Wasser verdampft wird, an Verunreinigungen an. Durch letztere entsteht, abgesehen von der später zu besprechenden Steinablagerung, eine Reihe von kleinen, sehr unliebsamen Betriebsstörungen, aus denen sich eine stete Betriebsunsicherheit und sogar eine dauernde Gefahr entwickeln kann. Diese Nachteile der Kesselverschmutzung sind das Spucken und das Überschäumen, die zwar durch bestimmte chemische Substanzen begünstigt, aber immerhin hauptsächlich vom Gesamtverschmutzungsgrad des Kessels abhängig sind.

Alle Faktoren, die eine plötzliche lokale oder allgemeine Dampfentwicklung des Kesselinhaltes bewirken, fördern natürlich auch das Spucken und das Überschäumen, d. h. das Mitreißen von flüssigem Wasser in die Dampfleitungen, sei es als zusammenhängende Wassermengen (Spucken) oder als schaumartiges Wasser-Dampfgemenge (Überschäumen). Diese üblen Betriebsstörungen treten um so leichter auf, je kleiner die Verdampfungsfläche im Kessel ist und je größer die Betriebsschwankungen sind. Sie machen sich daher mit Vorliebe bei plötzlicher größerer Dampfentnahme bemerkbar.

Abgesehen hiervon wird das Überreißen von flüssigem Wasser begünstigt durch: 1. Hohe Salzkonzentration des Kesselinhaltes, 2. hohe Alkalität, 3. hohen Gehalt an organischen Stoffen und 4. Schlamm. Es ist eine altbekannte Tatsache, daß konzentrierte Salzlösungen wegen ihrer gesteigerten Viskosität beim Kochen zum „Stoßen", also zu lokalen Überhitzungen, verbunden mit lokalen Dampfentwicklungen, neigen. Der Gesamtgehalt an gelösten Salzen wird praktisch durch eine periodische Kontrolle des spezifischen Gewichtes des Kesselinhaltes bestimmt, besser aber zeitraubender jedoch durch eine chemische Analyse. Die zulässigen Höchstgrenzen des Gesamtgehaltes an gelöstem Salze sind noch nicht einheitlich festgelegt worden. Sie sind vor allem abhängig vom Kesselsystem. Die Angaben der Autoren schwanken zwischen 20 und 40 g/l, allerdings ohne weitere Präzisierung des Kesselsystems. Der bekannte Fachmann A. Splittgerber[1] gibt als Höchstgrenze für die Bé-Grade 2° (= 20 g/l) an, wodurch praktisch das Spucken verhütet werden soll[2].

Die Festlegung dieser oberen Grenzen ist nun abhängig von den anderen Faktoren: Bei Speisewasser mit hohem Gehalt an organischen Beimengungen empfiehlt es sich, die Höchstgrenze der Bé-Grade auf 1,5° herabzusetzen. Desgleichen wenn aufgeschwemmte und auch abgesetzte Niederschläge vorhanden sind, an denen sich die Dampfblasen mit Vorliebe entwickeln. Die Natur der organischen Substanzen spielt ebenfalls eine Rolle: Enthält das Wasser leicht verseifbare organische Stoffe, so rufen schon geringe Mengen in Gegenwart von einem geringen Laugenüberschuß im Kesselwasser das Überschäumen hervor.

Die Stoffe pflanzlicher Herkunft zersetzen sich in Huminstoffe, aus denen ebenfalls leicht schäumende Flüssigkeiten entstehen.

Es geht aus diesen Zeilen hervor, wie wichtig für den Betriebsleiter es ist, die jeweilige Verschmutzung seines Kessels zu kennen. Einer übergroßen Anreicherung der Verunreinigungen im Kessel wird in der Praxis fast immer durch Abblasen einer gewissen Wassermenge vorgebeugt, jedoch stellt das Abblasen einen nicht zu unterschätzenden Wärmeverlust dar und ist oftmals keine ungefährliche Operation. Es ist deshalb die Pflicht des Kesselführers, die Abblasperioden genau festzulegen. Zu diesem Zweck muß er das Speisewasser bzw. sein Verhalten im Kessel genau kennen.

Durch eine periodische Kontrolle des spezifischen Gewichtes (Spindeln) des Kesselwassers kann er den Zeitpunkt der Abschlämmung fest-

[1] Splittgerber, A., in Speisewasserpflege. Vereinig. d. Großkesselbesitzer E. V., Berlin 1926, S. 28.

[2] Vgl. auch: Kammerer: Zeitschr. f. Dampfk. u. Masch. 1915, S. 225. — Ders.: Bull. de l'assoc. française de Propr. d'app. à vapeur 1922, Juli-Nr. — Paris, G.: Génie civil 1923, S. 392.

legen. Besser ist es jedoch, von vornherein den Verschmutzungsgrad des Kessels nach steigenden Betriebszeiten zu berechnen und sich nach diesen Angaben zu richten.

Das Gesamtgewicht der sich im Kessel befindlichen Verunreinigungen errechnet sich für jeden Moment, falls Trockenrückstand des gereinigten Speisewassers, Anfangsvolumen des eingespeisten Wassers, Verdampfungsziffer und die Betriebszeit bekannt sind.

Bezeichnet

P das Gesamtgewicht der in der Zeit t (Betriebsstunden) im Dampfkessel angereicherten Verunreinigungen,

p den Trockenrückstand des Kesselspeisewassers (bei seinem Eintritt in den Kessel) in g/l bezw. kg/cbm,

V das Anfangsvolumen,

w das stündlich verdampfte Wasser,

so erhält man die Gleichung:

$$P = p(V + wt).$$

Der Verschmutzungsgrad ist dann, wenn W die zur Zeit t im Kessel befindliche Menge Wasser ist, gleich

$$\frac{P}{W} = \frac{p(V + wt)}{W} \cdot \text{kg/cbm}.$$

Das Gesamtgewicht der im Kessel angehäuften Verunreinigungen und das Gewicht der Verunreinigungen pro Kubikmeter lassen sich also für jeden Augenblick ermitteln; dadurch können die Abblaszeiten festgelegt und auf ein Minimum beschränkt werden. Vergleicht man dann periodisch die theoretischen Zahlen mit den wirklich gefundenen, so erhält man ein Bild des Betriebsganges, was manch interessanten Rückschluß auf die Kesselführung während des in Frage stehenden Zeitabschnittes erlaubt. Auf diese Weise ergibt sich somit eine weitere Methode der Betriebskontrolle, die noch vereinfacht werden kann, wenn man statt des Gesamtverunreinigungsgrades nur die Konzentrationszunahme des leichter bestimmbaren Chlorions berechnet und die theoretischen Zahlen mit den direkt gefundenen Werten vergleicht. Die Bestimmung der Abblaszeiten soll aber auch dann nicht allein nach den gefundenen Cl'-Konzentrationen, sondern nach dem entsprechenden Gesamtgehalt an Verunreinigungen erfolgen.

2. Die Theorie der Kesselsteinbildung[1].

Von den Umsetzungen im Dampfkessel kennen wir im Grunde genommen nur die Endergebnisse; über ihr eigentliches Wesen wissen wir nur wenig, so daß unsere Bemühungen, in diese Vorgänge richtungsbestimmend einzugreifen, auf ein rein empirisches Herumtasten hinauslaufen. Die technisch so bedeutungsvollen Fragen der Kesselsteinbildung

[1] Stumper, R.: Arch. f. Wärmewirtsch. 8, 1927, S. 271.

und der Kesselanfressungen verlangen aber eine gründliche wissenschaftliche Bearbeitung. Durch die neueren Forschungsergebnisse auf scheinbar ganz entlegenen theoretischen Gebieten sind diese Arbeiten wesentlich gefördert worden. Jedenfalls steht es jetzt schon fest, daß in der Hochdruckchemie anorganische und organische Chemie, Kolloidchemie, Thermochemie, Elektrochemie, Physik, Mineralogie und Metallurgie sich begegnen und gegenseitig befruchten; diese Wechselwirkung der verschiedensten Gebiete kennzeichnet geradezu die neuzeitliche Dampfkesselchemie. Wenn es auch einstweilen noch schwer hält, alle Zusammenhänge zu erfassen, so soll man vor dieser Schwierigkeit nicht zurückschrecken, sondern versuchen, durch zweckentsprechende Untersuchungen den eigenartigen, verwickelten Vorgängen im Dampfkessel immer mehr ihren geheimnisvollen Charakter abzuringen. Es ist wohl das Verdienst von C. Blacher[1], zuerst auf diese verschiedenen Zusammenhänge hingewiesen und das Verdienst der Vereinigung der Großkesselbesitzer[2], auch schon Forschungen in dem angegebenen Sinne angeregt zu haben.

Bisher erklärte man die Kesselsteinablagerung etwa folgendermaßen: Der Kesselstein besteht, abgesehen von den unwesentlichen eingeschlossenen Beimengungen, aus kohlensaurem Kalk, basisch-kohlensaurer Magnesia bzw. Magnesiumhydrat und aus schwefelsaurem Kalk. In der Siedehitze werden die löslichen Bikarbonate in freie Kohlensäure, neutrales unlösliches Calciumkarbonat und neutrales, etwas lösliches Magnesiumkarbonat zerlegt. Die letztere Verbindung geht allmählich, infolge hydrolytischer Spaltung, in Magnesiumhydrat $Mg(OH)_2$ über, wobei als Zwischenstufen basische Magnesiumkarbonate auftreten, deren chemische Zusammensetzung etwa durch die Formel $[nMgCO_3 \cdot mMg(OH)_2]$ ausgedrückt werden kann. Die ausgefallenen Karbonate setzen sich an den Kesselwänden krustenartig ab. Der schwefelsaure Kalk scheidet sich beim Verdampfen des Wassers nach Überschreiten seiner Löslichkeitsgrenze kristallinisch ab und setzt sich ebenfalls als Steinbelag an den Kesselwandungen fest. Die auskristallisierenden Stoffe reißen andere unlösliche Verunreinigungen des Kesselwassers, z. B. organische Schwebestoffe, Silikate, Tonerde usw., mit, die sich dann als zwischengelagerte Bestandteile im Kesselstein wiederfinden. Gips und Bikarbonate des Calciums und Magnesiums sind daher die alleinigen Ursachen der Kesselsteinbildung.

Man müßte hiernach erwarten, daß in jedem Wasser, das die entsprechenden Ionenpaare enthält, auch Kesselstein abgeschieden wird.

---

[1] Blacher, C.: Das Wasser in der Dampf- und Wärmetechnik. Leipzig: Spamer, 1925.

[2] Speisewasserpflege, herausg. von der Vereinig. d. Großkesselbesitzer. Berlin: Julius Springer 1927.

Diese Annahme wird aber durch die Erfahrung widerlegt: Einerseits tritt Steinbelag auch in sehr weichen Wässern auf und andererseits fallen Gips, Calcium- und Magnesiumkarbonat bald als feste Kruste, bald als lockerer Schlamm aus. Daraus geht hervor, daß wir die Bedingungen der Kesselsteinbildung noch nicht einmal mit Sicherheit kennen, geschweige denn beherrschen. Namentlich sind uns die Ursachen unbekannt, welche die unlöslichen Stoffe einmal als dichten Stein und ein andermal als lockeren Schlamm auftreten lassen. Es scheinen sich jedoch die empirischen Regeln zu bestätigen, daß die Ablagerungen um so fester und dichter werden, je mehr SO_4'' und $Ca^{\cdot\cdot}$-Ionen gleichzeitig im Wasser vorhanden sind, daß ferner die Karbonate im wallenden Wasser das Bestreben haben, schlammartig auszufallen, und daß schließlich organische Stoffe die Bildung eines lockeren Schlammes begünstigen. Diese Regeln sind aber nur bedingt zutreffend; die Betriebsverhältnisse — darunter sind zu verstehen: Kesselsystem, Verdampfziffer, Druck, Betriebsdauer und ähnliches — spielen hier natürlich eine nicht zu verkennende, aber immer noch nicht restlos erkannte Rolle.

Der Kesselstein ist, abgesehen von der jeweiligen Natur des Speisewassers und den jeweiligen Betriebsverhältnissen, das Ergebnis einer Reihe von Teilvorgängen, die sich sachlich und zeitlich folgendermaßen zergliedern:

1. Entstehung der festen Phase in der Flüssigkeit;
2. Ausbildung des kristallinischen Zustandes der Abscheidungsprodukte;
3. Absetzen und Anbacken der festen Phase an der Kesselwandung.

Hierzu ist zu bemerken, daß diese Vorgänge in Wirklichkeit nebeneinander verlaufen oder sich gegenseitig überschneiden, und daß ferner Begleitumstände das allgemeine Bild verschleiern können.

Was die Entstehung der festen Phase im Kesselwasser anbetrifft, so muß hierzu auf einige Tatsachen von grundsätzlicher Bedeutung hingewiesen werden: Die feste Phase ist einerseits das Produkt eines rein physikalischen Vorganges, nämlich der Löslichkeitsüberschreitung des Calciumsulfates und andererseits das Produkt rein chemischer Umsetzungen, von denen die thermische Zersetzung der Bikarbonate die wichtigste ist. Diese grundsätzliche Verschiedenheit hat R. E. Hall[1] zum Ausgangspunkt seiner Überlegungen gemacht. Wir werden daher untersuchen müssen, ob und wie diese Verschiedenheit im Kessel zur Auswirkung kommt.

a) Die physikalisch-chemischen Gleichgewichte der Kesselsteinbildung. Eine Flüssigkeit, die einen Niederschlag abgeschieden hat, stellt eine gesättigte Lösung des Bodenkörpers dar, oder strebt diesem Gleich-

[1] Hall, R. E.: Mechan. Engg. 48, 1926, S. 37.

gewichtszustand zu. In dieser Hinsicht ist es völlig gleichgültig, ob der Niederschlag das Produkt einer chemischen Reaktion oder einer Löslichkeitsüberschreitung ist: Das Gleichgewicht ist durch die jeweilige Sättigungskonzentration festgelegt. In einer gesättigten Gipslösung gilt nach der Ionentheorie die gesetzmäßige Beziehung des Löslichkeitsproduktes:

$$(Ca^{\cdot\cdot})(SO_4'') = \text{konst.},$$

d. h. das Produkt der Konzentrationen (ausgedrückt in Molekülgramm/Liter) der Calcium- und Sulfationen ist eine Konstante, die nur von der Temperatur abhängig ist. Das Gleiche gilt natürlich auch für die anderen Kesselsteinbildner $CaCO_3$, $MgCO_3$, $Mg(OH)_2$ usw.

Wird eine ungesättigte Gipslösung isotherm eingedampft, so müßte in dem Augenblick, wo das Löslichkeitsprodukt überschritten wird, eine dem Betrag der Übersättigung entsprechende Menge $Ca^{\cdot\cdot}$- und SO_4''-Ionen zu Gipsmolekülen zusammentreten und ausfallen. Man kann jedoch fast alle Salzlösungen übersättigen, ohne daß sich ein Niederschlag bildet, und gerade der Gips neigt zu Übersättigungserscheinungen. Die Übersättigung erreicht man in der Regel am besten durch Unterkühlung, indem man die bei einer bestimmten Temperatur gesättigte Lösung abkühlt. Solche Lösungen stellen metastabile Systeme dar, bei denen schon geringfügige Einwirkungen, wie Impfen und kleine Erschütterungen, die Übersättigung durch Ausscheidung eines entsprechenden Anteiles an Salz plötzlich aufgehoben wird. Die Unterkühlung ist selbstverständlich nur bei Salzen möglich, deren Löslichkeit mit abnehmender Temperatur ebenfalls abnimmt, d. h. bei Salzen mit positivem Löslichkeitskoeffizienten: $\frac{dL}{dt} > 0$. Salze mit negativem Löslichkeitskoeffizienten: $\frac{dL}{dt} < 0$, und dazu gehört (oberhalb 60° C) der Gips, können naturgemäß nicht unterkühlt, sondern müssen überwärmt werden. Beide Erscheinungen sind wesensgleich, da in beiden Fällen metastabile Systeme im Sinne Ostwalds vorliegen, in denen von selbst keine Kristallabscheidung erfolgt.

Aus der Beziehung des Löslichkeitsproduktes kann man eine wichtige Eigenschaft der gesättigten Lösungen ableiten. Die Gleichung $(Ca^{\cdot\cdot})(SO_4'') = \text{konst.}$ zeigt nämlich, daß durch Vergrößerung der Konzentration eines der beiden Ionen die Konzentration des anderen Ions geringer werden muß, damit das Ionenprodukt konstant bleibt. Durch Zusatz eines gleichionigen Elektrolyten zu der gesättigten Lösung eines Salzes wird das Lösungsgleichgewicht im Sinne einer Löslichkeitsverminderung verschoben. Setzt man also zu einer gesättigten Gipslösung einen gleichionigen Elektrolyten, sei es Natriumsulfat oder Calciumchlorid, so wird Gips bis zu einem neuen Gleichgewichtszustand ausgefällt. Die

Berechnung dieser Löslichkeitsbeeinflussung erfolgt auf Grund nachstehender Gleichungen:

Das Ionenprodukt $(Ca^{\cdot\cdot}) \cdot (SO_4'')$ wird mit L bezeichnet. Sein Wert ist von der Löslichkeit und von dem Dissoziationszustand des Salzes abhängig. Wenn a die Löslichkeit in Molgramm pro Liter angibt, γ den Dissoziationsgrad, so gilt bei gleichbleibender Temperatur

$$L = a^2 \cdot \gamma^2.$$

Für weitgehend dissoziierte Elektrolyte kann $\gamma = 1$ gesetzt werden, so daß dann

$$L = a^2$$

und

$$a = \sqrt{L}$$

wird. Die Löslichkeit des Gipses beträgt bei 0° C 1,756 g (in 1000 g Lösung) = 0,0128 Mol; unter der Voraussetzung, daß die Dissoziation des Gipses in wässeriger Lösung vollständig ist, folgt:

$$(Ca^{\cdot\cdot}) \cdot (SO_4'') = (Ca^{\cdot\cdot})^2 = L = 1,64 \times 10^{-4}.$$

Vergrößert man nun durch Zugabe von einem löslichen Sulfat, z. B. Natriumsulfat, die Sulfatkonzentration (SO_4'') um eine bestimmte Menge C (Mol- bzw. Iongramm/Liter), so wird die obige Gleichung:

$$(Ca^{\cdot\cdot})(Ca^{\cdot\cdot} + C) = L.$$

Lösen wir die Gleichung nach $(Ca^{\cdot\cdot})$ auf, so folgt:

$$(Ca^{\cdot\cdot}) = -\frac{C}{2} + \sqrt{L + \left(\frac{C}{2}\right)^2}.$$

Befindet sich also Natriumsulfat im Speisewasser, so wird das Lösungsgleichgewicht des Gipses im Sinne einer gesteigerten Kesselsteinbildung verschoben. Natriumsulfat ist in fast allen Rohwässern vorhanden; bei verschiedenen Enthärtungsverfahren werden die Anionen nicht beeinflußt und an Stelle der $Ca^{\cdot\cdot}$- und $Mg^{\cdot\cdot}$-Ionen treten äquivalente Mengen Natriumionen, wodurch der Na_2SO_4-Anreicherung im Kessel Vorschub geleistet und folglich auch die Kesselsteinbildung begünstigt wird, wenn $Ca^{\cdot\cdot}$- oder $Mg^{\cdot\cdot}$-Ionen in den Kessel gelangen. Auf vorstehender

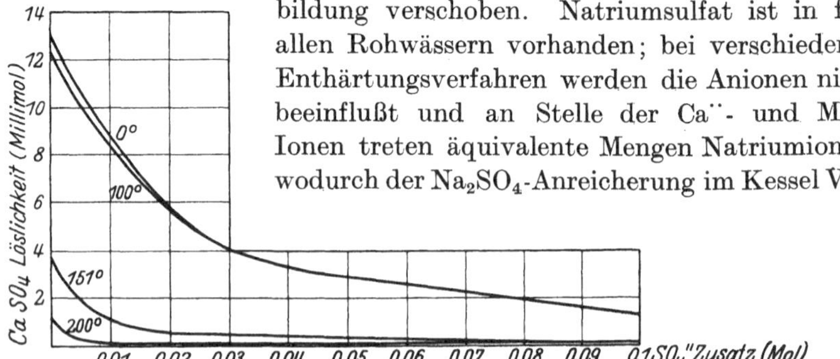

Abb. 25. Löslichkeit des Gipses bei wachsendem SO_4''-Gehalt der Lösung.

Abb. 25 ist die Löslichkeitsbeeinflussung des Gipses durch steigende SO_4''-Zusätze graphisch dargestellt. Die verschiedenen Kurven entsprechen verschiedenen Temperaturen, die eingezeichnet sind. Für jede Temperatur wurde das Löslichkeitsprodukt und dann die Löslichkeitsabnahme durch Na_2SO_4-Zusätze von 0,001, 0,005, 0,01, 0,05 und 0,1 Mol/l errechnet. Man erkennt aus dem Schaubild, daß der Einfluß des Na_2SO_4-Gehaltes sehr bemerkenswert ist. Diese Überlegungen lassen sich naturgemäß auf die anderen Steinbildner, wie $CaCO_3$, $MgCO_3$, $Mg(OH)_2$, übertragen.

Besteht der Bodenkörper aus mehreren Stoffen, so gestaltet sich das Gleichgewicht etwas komplizierter. Im Kessel ist der Bodenkörper der Hauptsache nach aus Calciumsulfat und Calciumkarbonat zusammengesetzt, und mithin gelten die Beziehungen:

$$(Ca^{\cdot\cdot})\,(SO_4'') = L_1$$
$$(Ca^{\cdot\cdot})\,(CO_3'') = L_2$$

oder, da die Calciumionkonzentration in beiden Fällen dieselbe ist, besteht die Gleichgewichtsbeziehung:

$$\frac{L_1}{(SO_4'')} \cdot (CO_3'') = L_2$$

oder

$$\frac{(CO_3'')}{(SO_4'')} = \frac{L_2}{L_1} = K.$$

Aus dieser Gleichung folgt, daß in einer an $CaSO_4$ und $CaCO_3$ gesättigten Lösung das Verhältnis der Karbonat- zu den Sulfationen konstant ist. Für die Praxis ergibt sich demnach, daß im Dampfkessel für jede Temperatur, mithin für jeden Betriebsdruck, die anwesenden $Ca^{\cdot\cdot}$-, CO_3''- und SO_4''-Ionen einem Gleichgewicht zustreben, das durch die Beziehung $\frac{(CO_3'')}{(SO_4'')} =$ konst. gekennzeichnet ist.

b) Die Dynamik der Kesselsteinbildung. Der zeitliche Verlauf der Abscheidung hängt in erster Linie von der Geschwindigkeit der Teilvorgänge ab. Die Gipsabscheidung als rein physikalischer Vorgang erfolgt um so schneller, je intensiver die Ver- bzw. Eindampfung vor sich geht. Sie ist ferner als ein ausgesprochen periodischer Vorgang anzusehen, insofern als die Löslichkeit ziemlich stark von der Temperatur abhängig ist: Bei schroffem Druckwechsel wird bei Druckerhöhung (bzw. Temperatursteigerung) Gips ausgeschieden und bei Druck- (bzw. Temperatur-) Abnahme wieder gelöst. Dieses ständige Hin- und Herpendeln ist für die Gipsausscheidung charakteristisch, seine Auswirkungen jedoch sind nur ungenügend bekannt.

Das Ausfällen der Karbonate, d. h. die Zersetzung der Bikarbonate des Calciums und Magnesiums, sind chemische Reaktionen und folgen daher dem Massenwirkungsgesetz. (Vgl. hierzu S. 202 u. ff.)

Vom Standpunkt der Kinetik aus betrachtet, findet die Abscheidung einer festen Phase aus einer übersättigten Lösung folgendermaßen statt: Im ersten Augenblick der spontanen Ausscheidung bilden sich molekulardisperse (amikroskopische) Keime, die dann zu Submikronen anwachsen; diese koagulieren ihrerseits zu Flocken oder bilden Kristallkeime. Die Keime verdicken sich dann infolge Hinzudiffundieren des gelösten Stoffes zu Kristallen[1]. Nach Freundlich[2] scheiden sich Niederschläge wie folgt ab:

Homogene Lösung → Keime der festen Phase → amorphe Submikrone → koagulierte Flocken → grobe Flocken → Kristallkeime → grobe Kristalle.

Der zeitliche Verlauf der Ausscheidung hängt demnach von der Geschwindigkeit der Teilvorgänge ab, d. h. von den Geschwindigkeiten der Entstehung der neuen Phase, der Bildung einer kolloiden Lösung, der Koagulation, der Flockung, der Bildung von Kristallisationszentren sowie der Kristallisation.

Die Entstehung eines festen Stoffes in einer Lösung ist mithin ein sehr verwickelter Vorgang, der es verständlich macht, daß die Ausbildungsform der Niederschläge sehr wechselt, selbst wenn anscheinend nur geringe Veränderungen in der Zusammensetzung der Lösung und unbedeutende Einflüsse auf jedem Teilvorgang auftreten. Vom praktischen Standpunkt aus interessiert es vor allem, die Bedingungen kennen zu lernen, welche die Ausbildungsform der Niederschläge bestimmen. Wenn man nun auch weiß, daß jede Einwirkung auf den einzelnen Teilvorgang auch das Endprodukt beeinflußt, so ist damit noch nicht viel über diese Einwirkung selbst ausgesagt. Hier muß man sich deshalb vorerst mit den etwas allgemeinen Gesetzen der Kristallbildung begnügen.

Gestalt und Größe der ausgeschiedenen Kristalle werden nach Tammann[3] durch zwei voneinander unabhängige Größen, die Keimbildungsgeschwindigkeit oder Kernzahl (KZ) und die Kristallisationsgeschwindigkeit (KG) bestimmt. Der Niederschlag aus einer übersättigten Lösung bildet sich folgendermaßen: Durch irgendeinen Anreiz beginnt nach Ablauf einer bestimmten Induktionsperiode, die W. M. Fischer[4] nachgewiesen hat, die Ausscheidung. Ob während dieser Induktionsperiode bereits die ersten Abschnitte des Freundlichschen Schemas durchlaufen werden oder nicht, ist ungewiß, immerhin wechseln die Zeitabschnitte

[1] Haber: Ber. d. Dtsch. Chem. Ges. 1922, S. 1717.

[2] Freundlich: Kapillarchemie, S. 631. Leipzig: Akademische Verlagsgesellschaft m. b. H. 1923.

[3] Tammann: Kristallisieren der Schmelzen. Leipzig: J. A. Barth 1903.

[4] M. W. Fischer: Zeitschr. f. anorg. Chem. **145**, 1925, S. 311.

von Stoff zu Stoff und hängen ferner von der Eigenkonzentration und der Gegenwart und Konzentration fremder Bestandteile ab. In der übersättigten Lösung vereinigen sich die entsprechenden Ionenpaare des ausfallenden Salzes zu Molekülen, von denen nach weiterer Verdichtung nur einige zu Kristallisationszentren werden. Die Keimbildung ist somit eine Bevorzugung gewisser Moleküle; anscheinend sind diese bevorzugten Stoffteilchen Moleküle mit geringer Bewegungsenergie. Die gelösten Moleküle lagern sich an diese Keime an, und es entstehen weiterwachsende, sichtbare Kristalle. Die Ausscheidung kristallinischer Niederschläge hängt daher von zwei grundlegenden und meßbaren Größen ab:

1. der Keimbildungsgeschwindigkeit, ausgedrückt durch die Kernzahl, d. h. die Anzahl der Keime, die sich in der Raum- und Zeiteinheit bilden;

2. der linearen Kristallisationsgeschwindigkeit in mm/Min., mit der die von einem Keim ausgehende Kristallisation voranschreitet.

Die Kernzahl ist eine für jede Verbindung kennzeichnende Größe, die aber weitgehend von der Temperatur und dem Übersättigungsgrad abhängt; sie nimmt mit steigender Unterkühlung von 0 bis zu einem Höchstwert zu, um dann wieder bis 0 abzunehmen. Außerdem ist sie sehr empfindlich gegen Fremdstoffe aller Dispersitätsgrade. Die Kristallisationsgeschwindigkeit ist eine für jede Molekülart kennzeichnende Größe. Sie wird besonders durch den Übersättigungsgrad und die Anwesenheit von Fremdstoffen beeinflußt.

Die Größe der sich bildenden Kristalle hängt also nicht nur von KZ und KG und dem Verhältnis zwischen diesen beiden Größen, sondern auch von anderen Faktoren ab, unter denen die Fremdstoffe eine besonders wichtige Rolle spielen.

Bei gleichbleibender Kristallisationsgeschwindigkeit ist die Zahl der gebildeten Kristalle um so größer und damit die Größe der Kristalle um so kleiner, je mehr Keime vorhanden sind, andererseits ist bei gleichbleibender Kernzahl die Größe der Kristalle um so größer, je höher die Kristallisationsgeschwindigkeit ist. Die Fremdstoffe erhöhen im allgemeinen die Kernzahl, während ihr Einfluß auf die Kristallisationsgeschwindigkeit eine komplexe Funktion der gegenseitigen Adsorption ist. Kolloide Stoffe, z. B. Gelatine, Leim, Agar-Agar, Dextrin und adsorbierbare Farbstoffe, verkleinern die Kristallisationsgeschwindigkeit und verringern auch nach W. M. Fischer die Induktionsperiode. Hierauf ist die günstige Wirkung vieler Kolloide auf die Abscheidung im Dampfkessel zurückzuführen; hierdurch findet auch die Wirkungsweise vieler im Handel befindlichen Kesselsteinverhütungsmittel ihre Erklärung. Genauere Untersuchungen über diese günstigen Wirkungen sind in jüngster Zeit angestellt worden. Während nach Karplus[1] die Wirkung des kolloiden Graphits lediglich auf Keimablenkung infolge der stark vergrößerten Oberflächenwirkungen beruhen soll, ist nach Sauer[2] die günstige Wirkung gewisser organischer Kolloide, wie Gelatine und Dextrin, auf die Kesselsteinbildung (Karbonatabscheidung) teils auf kolloidchemische und teils auf rein chemische Vorgänge zurückzuführen. Die Teilchengröße der ausfallenden Stoffe hängt ferner von der Konzentration der reagierenden Lösungen[3] ab: sie nimmt mit steigender Konzentration bis zu einem Höchstwert hin zu, dann bei weiter steigender Konzentration wieder ab. Diese Gesetzmäßigkeit konnte ich ebenfalls für die Calciumkarbonatfällung durch Soda nachweisen, eine Tatsache, die eine gewisse Beachtung verdient, da sich hieraus manche Wirkungen des Zusatzes von Soda in den Kessel erklären.

Diese allgemeinen Gesetzmäßigkeiten erleichtern das Verständnis für die Niederschlagsbildung im Dampfkessel. Man erkennt, daß die Ausbildungsform der Niederschläge bereits durch geringfügige Veränderungen der einzelnen Veränderlichen stark beeinflußt werden kann. Wären aber diese Erscheinungen für alle Kesselsteinbildner jetzt schon soweit theoretisch geklärt, daß ein richtungsbestimmender Eingriff in den Ablauf der Vorgänge möglich wäre, so würden wir in der Praxis nicht so hilflos dastehen, wie das jetzt nochi mmer der Fall ist. Dies empfinden wir gerade beim Hochdruckdampfbetrieb so unangenehm. Daß hier wirklich große Lücken auszufüllen sind, beweisen die seit einigen Jahren plötzlich allerorts einsetzenden theoretischen Forschungsarbeiten über die Vorgänge im Dampfkessel.

In sehr vielen Fällen scheint die Kesselspeisung mit reinem Kondensat oder Destillat noch eine wirtschaftliche Unmöglichkeit zu sein, so daß man sich noch auf lange Jahre hinaus mit der Kesselsteinfrage abfinden muß. Die nachteiligen Wirkungen des Steinbelages im Kessel sind allgemein bekannt: Verminderung der Wärmeübertragung auf das Wasser, Temperatursteigerung in den Kesselblechen, Ausbeulungen der Bleche und Explosionen infolge Wärmestauungen, Entstehen von Rostanfressungen unter dem Steinbelag und schließlich Beschädigung der Bleche beim Abklopfen der Krusten. Nach den bisher bekannt gewordenen Versuchsergebnissen beträgt der Kohlenmehrverbrauch je nach Dicke und Art des Kesselsteines 3—60%. Allerdings sind viele Zahlen unzuverlässig; für den Kohlenmehrverbrauch decken sich

[1] Karplus: Wärme **49**, 1926, S. 551.

[2] Sauer: Zeitschr. f. angew. Chem. **39**, 1926, S. 996.

[3] Weimarn, P. P. von: Grundzüge der Dispersoidchemie. Dresden: Steinkopff 1911.

wohl die in den „Mitteilungen über Forschungsarbeiten" angegebenen Zahlen[1]:

4% Brennstoffmehrverbrauch bei 2 mm Stein und
8% „ „ 5,5 „ „

am besten mit der Praxis. Die Dicke der Kruste ist aber allein nicht maßgebend, sondern auch die chemische Zusammensetzung und der Gefügeaufbau der Ablagerung. Besonders schädlich wirkt infolge seiner starken wärmeisolierenden Eigenschaft ein Öl- oder Fettgehalt des Kesselsteines. Eine Ölschicht von 0,5 mm wird mit Recht als viel gefährlicher angesehen als eine zehnmal dickere Steinkruste. Neuerdings hat man auch die hohe wärmeisolierende Wirkung der Kieselsäure erkannt[2].

In diesem Zusammenhang kann ich aus meiner Praxis einen Fall anführen, wo die unteren Rohre eines neuen Wasserrohrkessels nach sehr kurzer Betriebsdauer (1—4 Wochen!) ausbeulten oder zerknallten. Die Ursache bestand in einem sehr dünnen, 0,1—0,2 mm dicken Steinbelag, der sich ausschließlich in den unteren Wasserrohren angesetzt hatte. Die Zusammensetzung dieser festen, harten Steinkruste geht aus nachfolgender Analyse hervor:

	Probe		
	I %	II %	III %
Glühverlust	12,81	15,43	12,80
Kieselsäure SiO_2	37,05	35,25	34,50
Aluminiumoxyd Al_2O_3	23,47	20,56	18,25
Eisenoxyd Fe_2O_3	6,78	7,14	9,64
Kalk CaO	22,00	22,75	22,20
Magnesia MgO	Spuren	Spuren	Spuren
Schwefelsäureanhydrid SO_3	2,00	2,50	2,25
Soda Na_2CO_3	2,01	4,51	6,89
Öl und Fett	Spuren	Spuren	Spuren

In diesem Kesselstein liegen Kieselsäure und Aluminiumoxyd im Verhältnis 1: 3 vor. Es geht aus vorstehendem hervor, daß nicht allein die Kieselsäure, sondern auch die Tonerdesilikate hohe wärmeisolierende Wirkungen haben. Außerdem beweisen die Tatsachen, daß die Ausbildung des Tonerdesilikatsteines in den untersten (heißesten) Wasserrohren durch die Wärme begünstigt wird.

Andererseits hängt der wärmestauende Einfluß des Kesselsteines vom Gefügeaufbau ab, denn ein dichter Stein wird naturgemäß weniger Wärme durchlassen, als eine lockere, flüssigkeitsgetränkte Kruste.

---

[1] Mitteil. über Forschungsarbeiten auf dem Gebiete des Ingenieurwesens. Heft 94.

[2] Pfadt: Speisewasserpflege S. 41. — Splittgerber: Ebenda S. 15. — Ders.: Zur Sicherheit des Dampfkesselbetriebes S. 162.

Dies deutet schon darauf hin, daß der zeitlich zuletzt sich abspielende Vorgang der Kesselsteinbildung, nämlich das Anhaften der Kristalle am Kesselblech, die Ausbildungsform des Steinbelages beherrscht. Aber gerade in diesem Punkte sind wir mit unseren Kenntnissen noch sehr weit zurück. Es entsteht vorerst die Frage, wie und weshalb die ausgeschiedenen Kristalle am Kesselblech haften bleiben; ferner, ob und in welcher Weise die primäre Kristallausscheidung mit der sekundären Steinbildung zusammenhängt und schließlich, welche Rolle die einzelnen Steinbildner und die übrigen Verunreinigungen des Speisewassers spielen.

Grundsätzlich gibt es hierfür drei Annahmen:

1. Die Ausbildung eines fest anhaftenden Steinbelages ist eine zwangläufige Nebenerscheinung der Kristallausscheidung: diese erfolgt ausschließlich an der als Keim wirkenden Kesselwand;

2. Kristallausscheidung und Steinbildung sind als primäre und sekundäre Vorgänge zeitlich und sachlich streng voneinander zu trennen; die Ausscheidung erfolgt in der Masse des Kesselinhaltes; das Anhaften ist lediglich ein nachträgliches „Festbrennen“ des mehr oder weniger lockeren Schlammes;

3. die beiden Annahmen 1 und 2 sind Grenzfälle; tatsächlich sind beide zutreffend.

Wir wollen nunmehr untersuchen, welche Theorie durch die Erfahrung bestätigt wird. Die erste Annahme, nach der sich die Steinbildner an den Grenzflächen zwangläufig abscheiden, ähnlich wie dies z. B. bei der Silberabscheidung an der Glasoberfläche bei der Spiegelfabrikation der Fall ist, wird von Karplus vertreten. Die Theorie des sekundären Festbrennens wird besonders in Ingenieurkreisen verfochten; erwähnenswert in dieser Hinsicht ist die von einem ausländischen Kesselfachmann geäußerte Auffassung, daß der Kesselstein durch Festbrennen des Schlammes erst beim Erkalten des Kesselinhaltes, also vornehmlich in den Betriebspausen, entstehen soll.

In Wirklichkeit verläuft nach meiner Ansicht die Kesselsteinbildung nach der dritten Annahme; unter bestimmten Bedingungen erfolgt die Kristallabscheidung vorwiegend an den Grenzflächen und unter anderen Bedingungen ist die Steinbildung ein sekundärer Kristallisationsvorgang. In der Regel aber verlaufen beide Vorgänge mehr oder weniger gleichzeitig.

Diese Anschauung wird weitgehend durch Betriebserfahrungen sowie durch Versuche bestätigt. Hinsichtlich des Gefügeaufbaues lassen sich sämtliche Kesselsteine auf zwei Arten zurückführen: entweder sind alle Kristalle des Kesselsteines senkrecht zur Kesselwandung angeordnet, oder aber sie bilden ein Haufwerk von regellos verfilzten Kristallen. Für die erste Steinart ist kennzeichnend, daß sich die Kristalle mit ihrer Hauptachse parallel zur Richtung des Wärmeflusses einstellen. Die gleiche Erscheinung findet man auch in der Metallkunde, wo man sie nach Czochralski mit Transkristallisation bezeichnet. Diese Anordnung der Kristalle bei der Erstarrung flüssiger Metalle in den Kokillen entsteht nach Brearly in der Zeit der größten Wärmeableitung. Ein Kesselstein, dessen Kristallteilchen senkrecht zur beheizten Fläche angeordnet sind, ist daher auch in einer Zeit gesteigerten Wärmeflusses, d. h. im vollen Betriebe, entstanden. Im Gegensatz hierzu steht die zweite Kesselsteinart, dessen Gefüge aus einem unregelmäßigen Haufen von Kristallen besteht, zwischen denen in der Regel Verunreinigungen eingebettet sind. Diese Kesselsteinart entsteht vornehmlich in den Zeiten geringeren Wärmeflusses, also hauptsächlich während der Betriebspausen.

Man kann demnach hinsichtlich der Gefügeausbildung des Kesselsteines drei verschiedene Arten unterscheiden:

1. das primäre Transkristallisationsgefüge,
2. das sekundäre Haufwerkgefüge,
3. das Schichtungs- oder Mischgefüge von Transkristallisation und Haufwerk.

Diese Theorie der Kesselsteinbildung erklärt nicht nur das Vorkommen bestimmter Kesselsteinarten in den verschiedenen Betrieben, sondern auch das Entstehen verschiedener Ausbildungsformen im einzelnen Kessel.

Die Frage, ob die verschiedenen Kesselsteinbildner das Bestreben haben, in der einen oder anderen Ausbildungsform zu kristallisieren, läßt sich dahin beantworten, daß namentlich Calciumsulfat, aber auch Calciumkarbonat und die Silikate zur Transkristallisation neigen. Durch alle Faktoren, welche die Kristallisationsgeschwindigkeit erhöhen, wird die Transkristallisation gefördert.

Unter allen Kesselsteinbildnern nimmt der Gips insofern eine besondere Stellung ein, als er am meisten zur Bildung eines harten und fest anhaftenden Steinbelages neigt; diese Eigenschaft äußert sich bei der primären und auch bei der sekundären Kesselsteinbildung und erklärt sich aus seinen physikalisch-chemischen Eigenschaften.

Primäre Kesselsteinbildung des Gipses. — Die Kesselwand wirkt als keimbildende Fläche auf die Abscheidung des Calciumsulfates ein, weil dessen Löslichkeit mit steigender Temperatur abnimmt. Beim Verdampfen der gesättigten Lösung eines Salzes, dessen Löslichkeit mit steigender Temperatur zunimmt, wird der Niederschlag offenbar nicht an der heißesten Stelle, sondern in den kälteren Zonen entstehen. Umgekehrt schlägt sich ein Salz, dessen Löslichkeit mit steigender Temperatur abnimmt, gerade an der Stelle nieder, welche die höchste Temperatur hat. Daher scheidet sich auch der Gips vorzugsweise an der beheizten Fläche ab.

Sekundäre Kesselsteinbildung des Gipses. — Die Verdampftemperatur und die Konzentration des Kesselinhaltes bestimmen die Ausbildungsform des Gipses[1]. Bei Temperaturen unterhalb 130—140° (d. h. in Niederdruckkesseln) scheint das Halbhydrat $CaSO_4 \cdot H_2O$ auszufallen, während bei höheren Wärmegraden (über 190°, entsprechend 12 atü) und bei hoher Salzkonzentration das Anhydrit $CaSO_4$ ausgeschieden wird. Die Umwandlungstemperatur des Gipses in Halbhydrat ist nach meinen Untersuchungen von der Erhitzungsgeschwindigkeit abhängig, dagegen ist die Anhydritbildung praktisch von dieser Veränderlichen unabhängig[2]. Beim Abkühlen unterhalb der Umwandlungspunkte nehmen diese $CaSO_4$-Modifikationen das fehlende Hydratwasser wieder auf und binden unter Erhärtung ab. Da dieser Vorgang im Kessel in der Regel innerhalb eines Schlammpulvers stattfindet, so kann sich auf diese Weise ein fester Steinbelag bilden, der von Gipskristallen durchwachsen ist; zwischen diesen sind die anderen Verunreinigungen eingebettet. Man kann ferner eine dritte Art der Steinbildung beim Gips unterscheiden. (Über diese ternäre Kesselsteinbildung des Gipses wird später berichtet werden.)

Die Ausscheidung von Calcium- und Magnesiumkarbonat im Kessel und Ekonomiser ist entweder die Folge der thermischen Zersetzung des Calcium- und Magnesiumbikarbonates oder eine Nachreaktion der Wasserreinigung. Die Form des Niederschlages wird durch eine Reihe von unabhängigen Veränderlichen bestimmt, z. B. durch Fremdstoffe, Bewegungsintensität des Wassers, Verdampfgeschwindigkeit. Die Humusstoffe verzögern die Calciumkarbonatausscheidung; in Gegenwart von Natriumkarbonat fällt nach Rothstein[3] das Calciumkarbonat als lockerer Schlamm von Arragonitkristallen aus, während sich in reinem Wasser grobkristalliner Kalzit abscheidet, der vorzugsweise an den Stellen geringerer Durchwirbelung zu transkristallisierten, harten und sehr fest anhaftenden Steinkrusten führt. In Vorwärmeröhren tritt dieser Übelstand besonders häufig auf, so daß es vorkommt, daß sich ganze Röhren zusetzen und dadurch gesprengt werden.

Über die Bildung von kieselsäurehaltigen Kesselsteinen wissen wir bisher nur wenig; es bleibt daher der weiteren Forschung vorbehalten, uns über diesen Punkt Klarheit zu verschaffen.

B. Grobdispersoide Verunreinigungen.

Die Gruppe der grobdispersoiden Verunreinigungen des Speisewassers umfaßt die gemeinhin unter dem Namen Schwebestoffe bekannten

---

[1] Fischer, F.: Das Wasser S. 67. Leipzig: O. Spamer 1914. — Blacher, C.: Vgl. Anm. 1 S. 113 und 123.

[2] Stumper, R.: Zeitschr. f. anorgan. u. allgem. Chem. **162**, 1927, S. 127.

[3] Rothstein: Zeitschr. f. angew. Chem. **18**, 1905. S. 540.

Körper. Ihre chemische Natur kann sehr wechseln: im allgemeinen unterscheidet man mineralische und organische Schwebestoffe. Trotzdem diese Körper in ziemlich grober Verteilung im Wasser auftreten, können sie mitunter sehr stabile Systeme bilden. Dies ist der Fall, wenn das spezifische Gewicht der Schwebstoffe gleich demjenigen des Wassers ist oder nahe an dieses heranreicht. Dasselbe tritt auch ein, wenn die Aufteilung der Teilchen an das kolloide Gebiet heranreicht. In diesem Falle kann sogar das spezifische Gewicht der Grobdispersoiden viel größer sein als das des Wassers: je kleiner die Teilchengröße, desto größer ist die spezifische Oberfläche und desto größer sind die in einer erhöhten Stabilität des Systems sich äußernden Wirkungen der Oberflächenenergie. Die mechanischen Verunreinigungen sind dem Kesselbetrieb sehr nachteilig: sind sie spezifisch schwerer als das Wasser, so bilden sie im Kessel einen Schlammniederschlag, sind sie leichter als das Wasser, so steigen sie zur Oberfläche und verschmutzen durch Anbacken die Bleche in der Höhe des Wasserspiegels. Meistens sind die organischen Schwebestoffe pflanzlichen Ursprunges. Die Pfanzenüberreste unterliegen im Dampfkessel einem beschleunigten oxydativen Abbau, der zu denselben Produkten führt wie der Vermoderungsprozeß in der Natur. Es treten Vertorfungserscheinungen ein, die ersten Phasen der Inkohlung, unter Bildung von Humusstoffen. Neuerdings haben F. Fischer und seine Mitarbeiter vom Kohlenforschungsinstitut diese Prozesse näher untersucht, indem sie durch erhöhten Druck und gesteigerte Temperatur die Humifizierung der Pflanzenstoffe beschleunigten, so daß ein eingehendes Studium ermöglicht wurde. Diese Oxydation wird durch die Gegenwart von alkalischen Karbonaten begünstigt. Die Mehrzahl der Kesselwasser enthalten Soda als notwendigen Reagenzüberschuß der Reinigung, somit geben Erforschung und Kenntnis des oxydativen Abbaues der Pflanzenstoffe ein neues Kapitel des modernen Dampfkesselwesens ab.

1. Die Humusstoffe.

Die Humusstoffe kommen in natürlichen Wassern meist nur spurenweise vor. In größeren Mengen sind sie im Oberflächenwasser, Torfmoor-, Moorwasser und in dem Tiefwasser der Kohlengruben enthalten. Die Erkenntnis, daß diese Stoffe im Kessel geradezu durch Zersetzung der pflanzlichen Schwebestoffe erzeugt werden, ist eine Errungenschaft der jüngsten chemischen Wissenschaft.

Wenn auch diese Forschung ihren Ausgangspunkt auf rein theoretischem Gebiet, nämlich der Ergründung des Ursprunges unserer Kohlen, genommen hat, wenn auch die erzielten Resultate noch kaum systematisch auf die Dampfkesselchemie angewandt wurden[1], so ist es deswegen keineswegs verfrüht, die Nutzanwendung hieraus zu ziehen.

Was versteht man unter Huminsäuren und Humusstoffen?

Sven Oden[2] konnte noch im Jahre 1919 keine schärfere Definition geben als die folgende:

Die Humusstoffe sind alle jene gelbbraun bis dunkelschwarzblau gefärbten Substanzen unbekannter Konstitution, welche durch Zersetzung organischer Substanzen gebildet werden. Die Humusstoffe, welche in Alkalien löslich sind und aus diesen Lösungen wieder durch Säuren gefällt werden, bezeichnet er als Humussäuren. Diese Definitionen sind auf Grund der neueren Forschungen verschärft worden.

Strache-Lant[3] schlagen 1924 die folgenden Definitionen vor:

1. Natürliche Humussäuren oder Huminsäuren schlechtweg sind durch natürliche Zersetzung von Pfanzenresten entstandene, in kohlensauren Alkalien lösliche und daraus durch Mineralsäuren fällbare, braune, amorphe Substanzen, die in Wasser nicht oder nur kolloidal löslich und in Benzol unlöslich sind.

2. Humine sind durch natürliche Zersetzung von Pfanzenresten entstandene, in kohlensauren Alkalien unlösliche, dagegen bei längerem Kochen mit starken kaustischen Alkalien lösliche, in Wasser und Benzol unlösliche, amorphe, braune bis schwarze Stoffe.

3. Künstliche Huminsäuren sind bei chemischen Reaktionen erhaltene, den natürlichen Huminsäuren gleichende Substanzen.

4. Künstliche Humine sind bei chemischen Reaktionen erhalhaltene, den natürlichen Huminen analoge Stoffe.

Die natürlichen Humussäuren und Humine kommen in verschiedenen Wassern teils kolloidal gelöst, teils in grobdispersoider Verteilung vor.

Die künstlichen Huminsäuren und Humine entstehen im Dampfkessel durch Druckoxydation der pflanzlichen Schwebestoffe. Man sieht also, daß alle vier Gruppen im Dampfkesselbetrieb eine Rolle spielen können.

Über das Vorkommen der natürlichen Humussäuren mag noch gesagt werden, daß sie für Torf charakteristisch sind. In den Hochmooren treten sie als freie Säuren und in Niedermooren auch häufig als Kalksalze auf. Die Vertorfung bzw. Inkohlung der Pflanzenreste liefert als erstes Produkt die Huminsäuren; jedoch nimmt ihre Menge bei der weiteren Inkohlung wieder ab unter Bildung von alkaliunlöslichen Huminen.

Welches sind die chemischen Eigenschaften dieser Stoffe?

---

[1] Blacher (Das Wasser in der Dampf- und Feuerungstechnik 1925) hat zuerst auf dieses neue Kapitel der Dampfkesselchemie hingewiesen.

[2] Sven Oden: Die Huminsäuren 1922.

[3] Strache-Lant: Kohlenchemie. Leipzig 1924.

Die künstlichen Huminsäuren entstehen durch Oxydation von pflanzlichen Stoffen in alkalischen Flüssigkeiten. Zucker, Zellulose, Polyoxybenzole (wie Pyrogallol, Brenzkatechin, u. a. m.), Furanderivate, Lignin liefern bei Oxydation Stoffe, die den Huminsäuren sehr ähnlich sind. Durch Druckoxydation der obigen Stoffe pflanzlicher Herkunft läßt sich der Prozeß der Humifizierung derart beschleunigen, daß eine genauere Untersuchung ermöglicht wird. Bei diesem Abbauverfahren in Gegenwart von Sodalösungen entstehen, sowohl bei der Druckoxydation von Zellulose wie von Lignin, organische Säuren. Während Zellulose nach Fischer [1] nur niedrige Säuren aliphatischer Natur ergibt, liefert Lignin aliphatische und aromatische Säuren. So wurden z. B. gefunden bei der Druckoxydation von Lignin:

A. aliphatische Säuren: Ameisensäure, Essigsäure, Oxalsäure, Bernsteinsäure, Fumarsäure;

B. aromatische Säuren: Benzoesäure, Phthalsäure, Isophthalsäure, Trimellithsäure, Prehnitsäure, Pyromellithsäure, Benzolpentakarbonsäure.

F. Fischer und seine Mitarbeiter wiesen nach, daß das Lignin vollständig durch Druckoxydation bei 200° in Gegenwart von Sodalösung unter Bildung von Huminsäuren in Lösung geht. Gegenüber Lignin sind Zellulose, Holz, Braunkohle durch die gleiche Druckoxydation viel weniger in Huminsäuren verwandelbar als dieses. Neben diesen Stoffen entstehen aber immer organische Säuren aliphatischer und aromatischer Natur.

Die Ergebnisse eines Versuches von F. Fischer an Lignin verdienen angeführt zu werden: 500 g Lignin, in 2 l 1,25 nNa_2CO_3-Lösung aufgeschwemmt, wurden im Druckautoklav während 16 Stunden bei einem Druck von 55 atm und einer Temperatur von 200° oxydiert. Die erhaltene Lösung war gelbbraun, das gesamte Lignin war in Lösung gegangen und es hatten sich 11,40% des Gewichtes an reinem Lignin in organische Säuren bekannter Natur umgewandelt. Von diesen Säuren entfielen 6,7% an Essigsäure. Unter diesen Versuchsbedingungen bildeten sich also aus dem Lignin rund 12% des Ausgangsgewichtes organische Säuren bekannter Natur neben Huminsäuren, deren Konstitution noch nicht näher erforscht ist.

In dem Kesselwasser der Zuckerfabriken ist oftmals das Vorhandensein organischer Säuren nachgewiesen worden, die durch die Zersetzung organischer Stoffe im Kessel entstanden sind und dort verheerende Anfressungen der Kesselbleche hervorgerufen haben. In den Zuckerfabriken wird meistens das heiße Abwasser der Diffusoren, Verdampfer zur Speisung der Kessel verwendet. Durch Undichtheiten der Apparate

[1] Fischer, F. und Mitarbeiter: Abh. z. Kenntn. d. Kohle **5**, 211; **6**, 1, 22, 27. — Siehe auch: Brennstoffchemie, Jahrgänge 3, 4, 5 und 6.

gelangen mitunter organische Stoffe in das Wasser, die durch Druckoxydation im Dampfkessel in organische Säuren, Huminsäuren u. a. verwandelt werden. Diese sauren Stoffe fressen das Kesselblech sehr stark an. Dieselbe Erscheinung tritt auch in Bierbrauereien auf. Diese Betriebserfahrungen lassen sich mit den Ergebnissen F. Fischers in Parallele setzen.

Die wässrigen Lösungen der Huminsäuren, deren Reindarstellung durch ihre feindisperse und kolloidale Natur erschwert ist, reagieren ziemlich stark sauer. Metallisches Eisen entwickelt aus solchen Lösungen freien Wasserstoff, ein Beweis für die Korrosionsfähigkeit dieser Stoffe. Die Huminsäuren lösen sich in Alkalien unter Bildung von löslichen Salzen auf. Die erhaltene Lösung ist in molekular-dispersem Zustand. Die chemische Natur der Huminsäuren ist zur Zeit noch nicht geklärt, jedoch sprechen die neuesten Versuche F. Fischers für die Annahme einer Phenol- bzw. Oxychinonstruktur. Marcusson hält dagegen eine Furanstruktur für wahrscheinlicher. Die elementare Zusammensetzung ist $(C_6H_4O_3)n$, wobei n in der Nähe von 8 liegen soll.

2. Die Humine.

Während des Inkohlungsprozesses verwandeln sich die Huminsäuren unter Abspaltung von Wasser in alkaliunlösliche Stoffe, die man Humine nennt. Für die Dampfkesselchemie sind sie, nach den bisherigen Forschungen zu urteilen, nur insofern erwähnenswert, als sie Zersetzungsprodukte der Huminsäuren sind. Ihre Rolle im Dampfkesselbetrieb ist die aller unlöslichen organischen Verunreinigungen: Erhöhung des Verschmutzungsgrades, nachteilige Wirkung auf die Natur des Kesselsteines, Fördern des Spuckens usw.

Aus den vorhergehenden Erörterungen über die Humifizierung der pflanzlichen Schwebestoffe lassen sich die folgenden Schlußfolgerungen ziehen.

1. Pflanzliche Überreste liefern im Dampfkessel durch Druckoxydation Huminsäuren sowie andere aliphatische und aromatische Säuren.
2. Die hohe Druckoxydation der Pflanzenstoffe wird beschleunigt durch hohen Druck, Temperatursteigerung und Gegenwart von Soda. In diesem Falle unterliegt das Lignin einem besonders intensiven Abbau, der in erster Linie Huminsäuren und, bei weiterer Entwicklung, andere Säuren (bis zu 30% des Ligningewichtes an nicht flüchtigen Säuren) liefern kann.
3. Der weitere Ausbau der Hochdruckkessel hat diese Eigenschaft in Betracht zu ziehen. Es ist jedenfalls nur ein von mechanischen Verunreinigungen freies Speisewasser zu verlangen, eine Forderung, die sich für Hochdruckkessel noch viel eindringlicher stellt, da neben Verschmutzung und Schlammablagerung die pflanzlichen Stoffe unter Bildung von organischen Säuren oxydativ abgebaut werden.

Die natürlichen Humussäuren sind im Rohwasser, besonders im Moorwasser, enthalten. Sie sind wohl meistens in kolloidalem Aufteilungsgrad gelöst. Ihre Rolle in Kesselbetrieben soll deshalb noch näher im folgenden Kapitel beleuchtet werden.

C. Kolloidale Verunreinigungen.

Die kolloiddispersen Verunreinigungen der Speisewasser sind hauptsächlich die Humussäuren, die Öle und Fette und die Kieselsäure. Die allgemeinen Einflüsse dieser Stoffe, also jene, die lediglich durch die Teilchengröße bestimmt sind, äußern sich im Kessel in verschiedener Weise: Zuerst beeinflussen die kolloidalen Teilchen infolge ihrer Einwirkung auf die Kernzahl und die Kristallisationsgeschwindigkeit den Kristallisationsprozeß, sodann beeinflussen sie durch gegenseitige Adsorptionserscheinungen die Ausbildungsform der Kristalle und des Steinbelages, schließlich sind sie als Schutzkolloide wirksam. Hinsichtlich dieser letzteren Einwirkung sei hervorgehoben, daß die Fällungsreaktionen der Wasserreinigung durch die kolloidal gelösten Humussäuren verlangsamt werden [1]; im Kessel haben diese Stoffe eine ähnliche Wirkung. Die wichtigste, leider aber auch am wenigsten geklärte Erscheinung, zu der die kolloidalen Verunreinigungen im Kessel Anlaß gibt, ist aber zweifelsohne die Adsorption, unter der man die Verdichtung gelöster bzw. kolloider Stoffe an der Oberfläche anderer Stoffe versteht. Die Adsorption ist dementsprechend eine Äußerung der Oberflächenenergie; die Erscheinungen, die auf Adsorptionswirkungen zurückzuführen sind, sind so zahlreich und so vielseitig, daß wir hier nur die uns interessierenden Ergebnisse kurz streifen können und im übrigen auf die sehr umfangreiche Literatur hinweisen müssen [2]. Die uns interessierenden Arten der Adsorption lassen sich einteilen in:

1. Adsorption von kristalloid gelösten Stoffen durch kolloide Teilchen (Ultramikronen) und umgekehrt;
2. Adsorption von Ultramikronen durch andere Ultramikronen;
3. Adsorption von kristalloid gelösten Stoffen und Ultramikronen durch Oberflächen der Grobdispersoide.

Aus der fast unübersichtlichen Fülle von Tatsachen seien jetzt einige Auswirkungen der Adsorption im Dampfkessel angeführt: Die ausgeschiedenen Kristalle der Steinbildner adsorbieren leicht Kolloide an ihren Oberflächen [3], so daß sich eine Schutzhülle um den Kristall ausbildet, die der Steinbildung eine gewisse Bremswirkung entgegensetzt. Man kann deshalb die Wirkung vieler organischer Kesselsteinverhütungs-

---

[1] Noll: Zeitschr. f. angew. Chem. 1910, S. 2035.

[2] Literaturangaben in Freundlich: Kapillarchemie.

[3] Mark: Zeitschr. f. angew. Chem. 1913, S. 641. — Ders.: Kolloid-Zeitschr. 1913, S. 283.

mittel in diesem Sinne erklären, allerdings muß aber auch auf den Nachteil hingewiesen werden, daß die Steinkruste dann mit stark wärmestauenden organischen Substanzen durchsetzt ist und daß durch die dadurch bedingte Erhöhung der Blechtemperatur der Überhitzung und den lokalen Korrosionen Vorschub geleistet wird. Viele zersetzliche organische Stoffe wirken geradezu als Sauerstoffüberträger und sind so doppelte Korrosionsförderer.

Der Gebrauch kolloidaler pflanzlicher und anderer organischer Kesselsteinverhütungsmittel, wie Stärke, Dextrin, Leinsamenschleim, Tannin, gerbsäurehaltige Extrakte usw., ist ein zweischneidiges Schwert, das nur mit Vorsicht und Sachkenntnis zu handhaben ist. Es ist deshalb ratsam, in jedem Einzelfalle und bevor man zum Gebrauch solcher Geheimmittel schreitet, das Urteil des zuständigen Dampfkesselüberwachungsvereins einzuholen. In diesem Zusammenhang sei auf das Werkchen von Bunte, Eitner und Eckermann[1] hingewiesen, in dessen Schlußfolgerungen entschieden vor der Verwendung der sogenannten Universalmittel gewarnt wird.

Eine andere Eigenschaft der Kolloide ist die Elektrolytflockung: Die Ultramikronen werden durch elektrisch entgegengesetzt geladene Ionen entladen, ballen sich zu größeren Komplexen zusammen und flocken als Grob-Dispersoide aus. Diese Koagulation der Kolloide ist eine im Dampfkessel stets eintretende Erscheinung, die alle Kolloide betrifft. Die Ansammlungen der Koagulationsprodukte sind meist gallertartig und reißen stets andere Verunreinigungen mit sich. Sie wirken stark wärmestauend. Verschiedene anorganische Stoffe, wie $Fe(OH)_2$, $Al(OH)_3$, SiO_2, fallen als Gel aus und adsorbieren mit Vorliebe Öle und Fette.

1. Die Huminsäuren.

Die Wasser aus moorigem Untergrund enthalten stets diese sauren Zersetzungsprodukte der Pflanzen. Im allgemeinen gilt für sie dasselbe, was im vorhergehenden Abschnitt über die künstliche Inkohlung der pflanzlichen Überreste im Dampfkessel ausgesagt wurde. Die Anwesenheit der Huminsäuren im Rohwasser wird durch eine gelbliche Färbung und oft durch eine saure Reaktion gegenüber Lakmus angezeigt. Das Kesselwasser nimmt je nach dem Anreicherungsgrad an Huminsäuren eine hellgelbe bis tiefbraune Färbung an und führt bei der weiteren Inkohlung zu unlöslichen Huminen, die man im Schlamm bzw. im Kesselstein wiederfindet.

Auf die Korrosion der Kesselbleche üben sowohl die Huminsäuren wie die Humine einen nachteiligen Einfluß aus, da sie — abgesehen von der reinen Säurewirkung der ersteren — als Sauerstoffüberträger wirk-

[1] Bunte, H., Eitner, P. und Eckermann, G.: Berichte über Geheimmittel zur Verhütung und Beseitigung von Kesselstein. Hamburg 1905.

sam werden. Hierzu ist aber in erster Linie die Mitwirkung hoher Temperaturen erforderlich, so daß sich diese Abrostungen nur an den Feuerblechen und vornehmlich unter dem Kesselstein äußern.

Über einen solchen Fall mag kurz berichtet werden: In der Wasserrohrkesselanlage eines Kohlenbergwerkes traten sehr heftige Abrostungen auf. Fast alle Rohrwandungen zeigten pockenartige Einfressungen, die unteren Reihen mußten fast jedes Jahr erneuert werden, da die Rohrwandungen stellenweise auf 1—2 mm Dicke vermindert waren und dadurch Ausbeulungen und Explosionen verursacht wurden. Das Speisewasser war sehr weich, enthielt aber Huminsäuren. Die chemische Zusammensetzung dieses Wassers schwankte innerhalb der nachstehend angegebenen Grenzen:

Trockenrückstand	0,056—0,144 g/l (= kg/cbm)
Glührückstand	0,042—0,072 ,,
Glühverlust	0,014—0,042 ,,
Gesamthärte	1,3—2,8°
Bleibende Härte	0,8—1,0°
Kalkhärte	1,3—2,8°
Magnesiahärte	0—0,02°
Chlorion	0,011—0,017
Sauerstoff	5—6 ccm/l (l/cbm).

Dieses Wasser wurde ohne vorherige Reinigung gespeist. Das Kesselwasser enthielt nach kurzer Betriebsdauer einen pulverförmigen Schlamm, der hauptsächlich organischer Natur war. Der Kesselsteinbelag war gering. Auffallend ist also die Tatsache, daß sich die Korrosion mit besonderer Heftigkeit an den unteren heißesten Wasserrohren lokalisiert. An diesen Stellen wurden die Humusstoffe durch die gesteigerte Wärmezufuhr unter Abspaltung von Sauerstoff bzw. von unbeständigen sauerstoffreichen Verbindungen zersetzt und der Sauerstoff an das Eisen unter Rostbildung abgegeben.

Ähnliche Vorkommnisse sind in Gegenden, die nur Oberflächenwasser liefern, und in Kohlenbergwerken, die Grubenwasser speisen, nicht selten.

2. Die Kieselsäure.

Das Wasser nimmt auf seinem Wege durch die Humusdecke reichlich Kohlensäure auf und ein solches Wasser hat eine zersetzende Wirkung auf viele Gesteine, vornehmlich auf die Silikate der Feldspatgruppe. Bei dieser Zersetzung entstehen neben anderen Spaltungsprodukten freie Kieselsäure und kieselsaures Alkali. Die Kieselsäure ist sehr schwer löslich, neigt aber zur Bildung von kolloiden Lösungen. Das kieselsaure Alkali wird durch Kohlensäure unter Bildung von freier Kieselsäure und Alkalikarbonat gespalten. Am meisten Kieselsäure enthalten die weichen Wasser, und zwar bis zu 20—40 mg/l SiO_2. Über das Schicksal der Kieselsäure im Dampfkesselbetrieb wissen wir bis jetzt nur sehr wenig:

Thörner[1] und Basch[2] haben auf die Elektrolytflockung der Kieselsäure im Kessel hingewiesen. Nach Basch lagert sich die Kieselsäure als Gallerte und nicht als Steinbelag an den Blechen ab, während Eitner[3] die Ansicht vertritt, daß die Niederschläge von kieselsaurem Kalk und kieselsaurer Magnesia schleimartig ausfallen, aber nach unseren obigen Darlegungen sekundäre Krusten bilden können. Die Rolle der Kieselsäure im Dampfkesselbetrieb wurde erst in allerjüngster Zeit klar erkannt: Pfadt[4] hat nachgewiesen, daß die Einbeulungen der Flammrohre einer von ihm untersuchten Kesselanlage auf Wärmestauungen infolge eines sehr dünnen Kesselsteinbelages ($\leq$ 1 mm Dicke), der aber bis 45% SiO_2 enthielt, hervorgerufen wurden. Über einen ähnlichen Fall kann auch ich berichten: Die unteren Rohre mehrerer Wasserrohrkessel, die zuerst mit reinem Grubenwasser, dann mit Kondenswasser unter Zugabe von 12% Grubenwasser gespeist wurden, zeigten nach sehr kurzer Betriebsdauer (einige Tage bis einige Wochen) Ausbeulungen. Diese traten nur an den mittleren unteren Rohren auf und nur an denjenigen Stellen, die einen Steinbelag aufwiesen, der aber nicht über 1 mm dick war, dagegen hauptsächlich aus Kieselsäure und Tonerde bestand. In diesem Falle erfolgte die Ausbildung eines solchen Steinbelages nur an den heißesten Rohren. Wenn auch die Steinkruste sehr dünn war, so mußte sie dennoch genügend wärmestauend wirken, um die fraglichen Schäden hervorzurufen, da nämlich keine andere Ursache trotz sehr eingehender Untersuchung festgestellt werden konnte.

3. Öl, Fette und organische Kolloide.

Der Ölgehalt des Kondenswassers stammt bekanntlich von der Zylinderschmierung her, während die Fette und anderen organischen Kolloide, wie Dextrin, Stärke, Gerbsäure, Pflanzenextrakte usw., in den meisten Kesselsteinverhütungsmitteln enthalten sind und so absichtlich ins Speisewasser gelangen. Auf die Eigenschaften und die nachteiligen Wirkungen dieser Stoffe braucht nicht mehr eingegangen zu werden, da bereits an verschiedenen Stellen hierüber berichtet wurde. Es sei nur hervorgehoben, daß die Ölemulsionen nicht sehr beständig sind und im Kessel vollständig zerstört werden, wobei ein Teil des Öles durch Adsorption in den Schlamm bzw. den Kesselstein gelangt, während der andere Teil auf die Oberfläche des Kesselinhaltes verteilt wird. Die Fette werden durch die Alkalien verseift und sind eine Hauptursache des lästigen Spuckens.

[1] Thörner: Chem.-Zg. 1905, S. 802.
[2] Basch: Ebenda 1905, S. 878 und 1913, S. 296.
[3] Eitner: Speisewasserpflege. Verein. d. Großkesselbesitzer Berlin 1926.
[4] Pfadt: Wärme 48. 1925, S. 557.

D. Molekular- und iondisperse Verunreinigungen.

Unter den molekular- und iondispersen Begleitstoffen des Wassers sind zu verstehen a) die gelösten Gase und b) die den einzelnen Ionen entsprechenden Salzpaare.

1. Gase.

Die natürlichen Wasser enthalten stets in wechselnden Mengen die Bestandteile der Luft, die sich nach dem Henry-Daltonschen Gesetz proportional ihrem jeweiligen Partialdruck in der Flüssigkeit lösen. Bei der Enthärtung des Rohwassers werden die Gase, außer der Kohlensäure bei dem Kalk-Sodaverfahren, nicht beseitigt; das Wasser wird im Gegenteil noch etwas an Gasen angereichert. Die Untersuchungen von H. Splittgerber [1] zeigen jedenfalls, daß die Löslichkeit des Sauerstoffes in gereinigtem, alkalischem Kesselspeisewasser rund 20% größer als in gewöhnlichem Wasser ist. Die Kondensat- und Destillatwasser werden zwar praktisch gasfrei gewonnen, haben aber im Betriebe fast stets ausgiebig Gelegenheit, sich wieder mit Luft zu sättigen.

Die wichtigsten in Frage kommenden Gase sind Sauerstoff und Kohlensäure. Der Stickstoff kann als völlig indifferenter Stoff für den Dampfkesselbetrieb vernachlässigt werden. Seine einzige Rolle besteht darin, daß er als ständiger Begleiter des Luftsauerstoffes den Partialdruck und damit auch die gelöste Menge dieses schädlichen Gases herabsetzt.

Die Löslichkeit der Gase wird durch die Absorptionskoeffizienten bestimmt. Unter diesem Begriff versteht man das von der Raumeinheit Flüssigkeit bei 0° und 760 mm gelöste Gasvolumen. Der Absorptionskoeffizient sinkt mit steigender Temperatur, ist dagegen von den in den natürlichen Wassern vorkommenden Salzkonzentrationen praktisch unabhängig.

In der umstehenden Tabelle sind die Löslichkeiten der drei Gase Sauerstoff, Stickstoff und Kohlendioxyd für steigende Wärmegrade zusammengestellt [2]. Die Zahlentafel gibt an, wieviel Kubikzentimeter des entsprechenden Gases bei 760 mm von 1000 ccm Wasser gelöst werden (das entsprechende Gasvolumen ist auf 0° und 760 mm bezogen).

Normalerweise steht das Wasser in Berührung mit der Luft, deren Bestandteile sich nach Maßgabe der Partialdrucke auflösen. Die durchschnittliche Zusammensetzung der Luft ist die folgende: Sauerstoff 20,99 Vol.%, Stickstoff 78,98 Vol.% und Kohlendioxyd 0,03 Vol.%. Dementsprechend beträgt der Partialdruck der einzelnen Bestandteile: Sauerstoff 0,2099 atm; Stickstoff 0,7898 atm; Kohlendioxyd 0,0003 atm. Mithin enthält das bei 0° und 760 mm luftgesättigte Wasser:

Sauerstoff:	$48{,}9 \times 0{,}2099 = 10{,}26$ ccm
Stickstoff:	$23{,}48 \times 0{,}7898 = 18{,}54$ „
Kohlendioxyd:	$17{,}13 \times 0{,}0003 = 0{,}51$ „

[1] Speisewasserpflege S. 30. [2] Nach Landolt-Börnstein.

Temperatur °C	Sauerstoff ccm	Stickstoff ccm	Kohlensäure ccm
0	48,90	23,48	1713
5	42,86	20,81	1424
10	38,02	18,57	1194
15	34,15	16,82	1019
20	31,02	15,42	878
25	28,31	14,31	759
30	26,08	13,40	665
35	24,40	12,54	592
40	23,06	11,83	530
50	20,90	10,87	430
60	19,46	10,22	359
70	18,33	9,76	—
80	17,61	9,57	—
90	17,23	9,52	—
100	17,00	9,47	—

Es geht daraus hervor, daß die im Wasser gelöste Luft reicher an Sauerstoff und Kohlendioxyd ist als die atmosphärische Luft.

In der Regel übersteigt der CO_2-Gehalt des natürlichen Wassers den theoretischen Gleichgewichtswert, da es auf seinem Kreislauf weitere, von Verwesungsprozessen herrührende Kohlensäure aufnimmt.

Anderseits ist der Sauerstoffgehalt des natürlichen Wassers ziemlich bedeutenden Schwankungen unterworfen (Oxydationsvorgänge).

Die nachteilige Einwirkung des Sauerstoffes und der Kohlensäure im Dampfkesselbetrieb beruht ausschließlich auf ihren korrosionsfördernden Eigenschaften, so daß an dieser Stelle eine kurze Darstellung unserer Kenntnisse über die Korrosionserscheinungen am Platze ist.

2. Die Korrosion des Eisens.

Die theoretische Ergründung des Korrosionsvorganges ist in den letzten Jahren zu einem grundsätzlichen Abschluß gekommen. Während nämlich vor 10—20 Jahren die rein chemischen Theorien des Rostvorganges — Säuretheorie[1], Peroxydtheorie[2] — vollkommen von der elektrolytischen Theorie[3] verdrängt wurden, drückt sich heutzutage immer mehr die Auffassung[4] durch, daß der Korrosionsvorgang nicht durch eine einseitige Theorie zu erklären ist, eine Auffassung, zu der Verfasser sich ebenfalls vor zwei Jahren bekannte[5]. Von neueren Theorien der Rost-

[1] Calvert, C.: Manchester Lit. Phil. Mem. 1871, S. 104. — Brown, Crum: J. Iron Steel Inst. 1888, S. 129.

[2] Traube: Ber. d. Dtsch. Chem. Ges. 1882, S. 2441.

[3] Whitney: Journ. of the Americ. Chem. Soc. 1903, S. 394. — Walker: J. Iron Steel Inst. 1909, S. 70. — Cushman and Gardner: Corrosion and Preservation of Iron and Steel, New York Mac Graw-Hill Book Co. 1910.

[4] Maaß, E. und Liebreich, E.: Korrosion und Metallschutz 1925, S. 3.

[5] Stumper, R.: Chim. et Industrie 1925, S. 906.

bildung seien noch angeführt: Die katalytische Kolloidtheorie[1], die Ameisensäuretheorie[2], die Theorien der direkten Oxydation[3], die Hilfstheorien der elektrochemischen Auffassung: nämlich die Lokalstromtheorie[4] und die Theorie der differentiellen Belüftung[5] und schließlich die verschiedenen Theorien über die Passivität des Eisens[6].

Die Vorbedingung jeglicher typischen Korrosionserscheinung eines Metalles ist das Vorhandensein von tropfbar flüssigem Wasser, innerhalb dessen die Metalloberfläche chemische Umsetzungen erfährt. Da nun die stofflichen Umwandlungen stets mit gewissen Energieänderungen verbunden sind, so ist es eigentlich selbstverständlich, daß bei dem Rostvorgang elektrische Erscheinungen in Kraft treten. Bedenkt man ferner, daß das wichtigste Korrosionsprodukt, das Eisenhydroxyd, zur kolloiden Solbildung neigt, so leuchtet es ein, daß der Rostvorgang auch von kolloidchemischen Erscheinungen begleitet ist.

Die Frage, welche der drei Arten von Vorgängen bei der Korrosion in den Vordergrund tritt, ist dahin zu beantworten, daß eine Darstellungsweise, die auf rein chemischer, rein elektrochemischer oder rein kolloidchemischer Grundlage fußt, notgedrungen einseitig ist und dem tieferen Wesen der Korrosion nicht völlig gerecht werden kann.

Nach dieser Auffassung ist der Korrosionsvorgang begrifflich wie sachlich zu trennen in:

1. die primären elektrochemischen Prozesse,
2. die sekundären chemischen, kolloidchemischen und elektrolytischen Prozesse.

Auf Grund dieser Vorstellung gelangt man zu dem folgenden Bild des Korrosionsvorganges[7]:

Nach der Nernstschen Lösungsdrucktheorie hat jedes Metall das Bestreben, beim Eintauchen in Wasser seine positiv geladenen Ionen in Lösung zu senden. Dadurch entsteht an der Grenzfläche Metall-Lösung eine Potentialdifferenz, die es ermöglicht, das Lösungsbestreben der Metalle rechnerisch zu erfassen. Dieser Potentialsprung ε wird durch die Nernstsche Formel berechnet:

$$\varepsilon = \frac{RT}{nF} \cdot \ln \frac{P}{p}$$

[1] Friend, N.: Corrosion of Iron and Steel. Mem. of Iron and Steel Inst. 1923.

[2] Paul, J. H.: Boiler Chemistry and Feed Water Supplies II. London: Longmans, Green & Co. 1923.

[3] Paris, G.: Chim. et Industrie 6. 1921.

[4] Palmaer und Auren: Zeitschr. f. physikal. Chem. 1901, 1903 und 1906. — Palmaer (Zusammenfassung): Korrosion und Metallsch. 1926, S. 3, 34 u. 57.

[5] Evans, U. R.: Die Korrosion der Metalle (Übers.). Zürich: Füßli 1926.

[6] Liebreich, E.: Rost und Rostschutz. Braunschweig: Vieweg 1914.

[7] Vgl. hierzu: Nernst: Theoret. Chemie. — Foerster, F.: Elektrochemie wässeriger Lösungen. Leipzig: J. A. Barth 1922. — Müller, E.: Das Eisen und seine Verbindungen. Dresden und Leipzig: Steinkopff 1927.

ε = Spannung in Volt;
R = Gaskonstante (= 1,987 cal = 8,324 Volt × Coulomb);
T = absolute Temperatur;
n = Wertigkeit des Metalles;
F = elektrochemisches Äquivalent (= 96500 Coulomb);
ln = natürl. Logarithmus;
P = Lösungsdruck des Metalles;
p = osmotischer Gegendruck der Metallionen.

Nimmt man eine bestimmte Temperatur (18°) an und geht man durch Division mit 0,4343 von den natürlichen zu den dekadischen Logarithmen über, so ergibt sich die Formel:

$$\varepsilon = \frac{0{,}0557}{n} \log \frac{P}{p}.$$

Die zwischen Metall und Elektrolyt auftretende Potentialdifferenz ist also bei konstanter Temperatur nur vom Lösungsdruck des Metalles und dem osmotischen Druck bzw. der Konzentration der bereits in Lösung befindlichen Ionen desselben Metalles abhängig. Zum Vergleich der Lösungstensionen der verschiedenen Metalle untereinander setzt man auch p konstant, indem man die Ionenkonzentrationen überall konstant ($=\frac{1}{1}$ normal) nimmt. Die Messung der Einzelpotentiale ist nur bei Verwendung einer Bezugselektrode möglich, zu welchem Zweck die Normal-Wasserstoffelektrode verwendet wird, deren Potential vereinbarungsgemäß gleich Null gesetzt wurde. Die Aufeinanderfolge der erhaltenen Einzelpotentiale bildet die Spannungsreihe, in welcher die Metalle durch den Wasserstoff in unedle, z. B. Zn, Fe, und edle Metalle (z. B. Cu, Ag) eingeteilt werden.

Bezeichnet man das Normalpotential eines Metalles mit

$$\varepsilon_0 = -\frac{RT}{nF} \ln P$$

für unedle und

$$\varepsilon_0 = +\frac{RT}{nT} \ln P'$$

für edle Metalle, so ist ganz allgemein der Potentialsprung ε, den es gegenüber einer Lösung derselben Metallionen mit dem osmotischen Druck p bzw. der Ionenkonzentration c bei der Temperatur T zeigt:

$$\varepsilon = \varepsilon_0 + \frac{RT}{nF} \ln p$$

für unedle Metalle und

$$\varepsilon = \varepsilon_0 - \frac{RT}{nF} \ln p$$

für edle Metalle.

Das Normalpotential des Eisens gegenüber einer Normal-Ferroionlösung ist — 0,43 Volt. Ganz allgemein gilt also (bei 18°)

$$\varepsilon_{Fe} = -0{,}43 + \frac{0{,}0577}{2} \log [Fe^{\cdot\cdot}].$$

Bringt man metallisches Eisen in wässerige Säurelösungen, so werden infolge seines hohen Lösungsdruckes $Fe^{\cdot\cdot}$-Ionen in Lösung gehen und infolge der edleren Stellung des Wasserstoffes in der Spannungsreihe Wasserstoffionen aus der Säure verdrängt:

$$Fe_{met} \rightarrow Fe^{\cdot\cdot} + \ominus\ominus$$
$$Fe + 2H^{\cdot} = Fe^{\cdot\cdot} + H_2.$$

Die diesen beiden Teilvorgängen entsprechenden elektrolytischen Potentiale sind:

$$\varepsilon_{Fe} = \varepsilon_0^{Fe} + \frac{0{,}0577}{2} \log [Fe^{\cdot\cdot}]$$
$$\varepsilon_H = \varepsilon_0^{H} + \frac{0{,}0577}{2} \log [H^{\cdot}]^2.$$

Die Bedingung für das Zustandekommen der Eisenauflösung ist somit $\varepsilon_H > \varepsilon_{Fe}$; d. h. das Potential des Eisens muß unedler sein als das Wasserstoffpotential. Der Auflösungsprozeß kommt erst zum Stillstand, wenn $\varepsilon_H = \varepsilon_{Fe}$ wird; und diese Gleichgewichtsbedingung errechnet sich zu

$$-0{,}43 + \frac{0{,}0577}{2} \log [Fe^{\cdot\cdot}] = 0 + \frac{0{,}0577}{2} \log [H^{\cdot}]^2$$

oder

$$\log \frac{[Fe^{\cdot\cdot}]}{[H^{\cdot}]^2} = -14{,}82$$

oder

$$\frac{[Fe^{\cdot\cdot}]}{[H^{\cdot}]^2} = 6{,}7 \times 10^{-14}.$$

Diese Gleichgewichtsbeziehung lehrt, daß metallisches Eisen aus starken Säuren die Wasserstoffionen praktisch restlos heraustreibt und auch daß es aus sehr schwachen Säuren Wasserstoff entwickeln muß. Mit reinem Wasser, dessen Wasserstoffionenkonzentration rund 10^{-7} beträgt, befindet sich das Eisen nicht im elektrolytischen Gleichgewicht, sondern es setzt Wasserstoff in Freiheit. In einem reinen, luftfreien Wasser ist die Wasserstoffentwicklung jedoch nicht merkbar, da der Auflösungsprozeß sofort durch die Hydratbildung aufgehalten wird. Durch das Entweichen von $H^{\cdot}$-Ionen werden nämlich im Wasser die OH'-Ionen um einen entsprechenden Anteil vermehrt. Die primäre Reaktion des Rostprozesses kann demnach auch in folgender Weise geschrieben werden:

$$Fe + 2H_2O = Fe^{\cdot\cdot} + H_2 + 2OH'.$$

Das Gleichgewicht dieser Reaktion wird durch die Beziehung $[Fe^{\cdot\cdot}] \cdot [OH']^2 = K_1$ bestimmt, deren Größe sich aus der obigen Gleichgewichtsbeziehung

$$\frac{[Fe^{\cdot\cdot}]}{[H^{\cdot}]^2} = 6{,}7 \times 10^{-14}$$

und der elektrolytischen Dissoziationskonstante $[H^{\cdot}] \cdot [OH'] = K_W = 0{,}56 \times 10^{-14}$ (18°) des Wassers berechnet zu:

$$[Fe^{\cdot\cdot}] \cdot [OH']^2 = 2{,}1 \times 10^{-14} = K_1.$$

Das erste Reaktionsprodukt des Rostvorganges ist das Ferrohydroxyd $Fe(OH)_2$, dessen Löslichkeitsprodukt $[Fe^{\cdot\cdot}] \cdot [OH']^2 = K_2$ gesetzt werde. Der Endpunkt des Rostangriffes wird auch durch die Größe dieser Konstante K_2 bestimmt: Ist nämlich diese Größe wesentlich kleiner als der Wert der Gleichgewichtsbeziehung K_1 obiger Reaktion, so wird der Vorgang immer weiter fortschreiten müssen, da in jedem Augenblick das Löslichkeitsprodukt $[Fe^{\cdot\cdot}]\cdot[OH']^2 = K_2$ überschritten wird und festes Ferrohydroxyd ausscheiden muß. Dadurch wird das Gleichgewicht dauernd gestört, so daß die fehlenden Ionen vom Eisen nachgeliefert werden müssen. In reinem, luftfreiem Wasser wird der Endpunkt des Rostangriffes also nicht nur durch die Gleichgewichtsbedingung $\varepsilon_H = \varepsilon_{Fe}$ bestimmt, sondern auch durch das Löslichkeitsprodukt $[Fe^{\cdot\cdot}]\cdot[OH']^2$, dessen Wert in der Nähe der Gleichgewichtsbedingung $2{,}1 \times 10^{-14}$ liegt.

Das Fortschreiten der Eisenauflösung in wässerigen Lösungen erfolgt, wenn die Triebkraft $\varepsilon_H - \varepsilon_{Fe} > 0$ gehalten wird, mit anderen Worten wenn die Umstände das Potential des Eisens dauernd negativer halten als das Wasserstoffpotential. Dies kann eintreten, wenn 1) die $Fe^{\cdot\cdot}$-Konzentration beständig niedriger bleibt, als es dem Löslichkeitsprodukt des Ferrohydroxyds entspricht, und 2), wenn die Wasserstoffionenkonzentration dauernd größer bleibt, als es der Gleichgewichtslage entspricht.

Die erste Bedingung wird praktisch durch den Luftzutritt und die zweite durch die Gegenwart der Kohlensäure erfüllt. Infolge der Oxydation des Ferrohydrates zu Ferrihydrat:

$$4\,Fe(OH)_2 + O_2 + 2\,H_2O = 4\,Fe(OH)_3$$

durch den gelösten Luftsauerstoff wird das unlösliche Hydrat ausgefällt, die $Fe^{\cdot\cdot}$-Konzentration vermindert und damit die Triebkraft der Reaktion von neuem gesteigert.

Dem gelösten Sauerstoff kommt außerdem eine andere Rolle zu: nach der elektrolytischen Resttheorie wird die Korrosion durch den Vorgang

$$Fe + 2\,H^{\cdot} = Fe^{\cdot\cdot} + 2\,H\ \text{(atomar)}$$

eingeleitet. Der weitere Verlauf hängt auch von dem Schicksal des freigewordenen Wasserstoffes ab, der sich zuerst als Film elektrisch neutraler Atome an die Metalloberfläche festsetzt und so das Metall polarisiert. Dieser Wasserstoffilm wird nun auf zweierlei Art entfernt: durch Umbildung in molekularen gasförmigen Wasserstoff

$$2\,H = H_2$$

oder durch Oxydation zu Wasser

$$2\,H + \tfrac{1}{2}\,O_2 = H_2O.$$

Beide Reaktionen wirken depolarisierend, also korrosionsfördernd und können sowohl selbständig wie auch nebeneinander verlaufen. In alkalischen und neutralen Lösungen wird die Eisenoberfläche aber weit mehr durch die depolarisierende Oxydationswirkung des Sauerstoffes freigelegt als durch Entweichung von gasförmigem Wasserstoff. In sauren Lösungen tritt der letztere Vorgang in den Vordergrund. Die Gasentwicklung beim Rostprozeß hat Verfasser untersucht; es hat sich dabei herausgestellt, daß sie hauptsächlich von der chemischen Zusammensetzung und dem Gefügeaufbau des Metalles sowie auch von der Natur des Elektrolyten abhängig ist[1].

Eine weitere Folge der elektrolytischen Rosttheorie ist die Förderung der Korrosion durch Kontakt mit edleren Metallen. Setzt man das Eisen mit einem edleren Metall innerhalb eines Elektrolyten in Berührung, so bildet sich ein galvanisches Element, in dem das Eisen als Anode auftritt. Da ferner das Element dauernd kurzgeschlossen ist, wird die Triebkraft des Rostvorganges nicht nur dauernd aufrecht erhalten, sondern auch dauernd betätigt, so daß eine besonders heftige Anfressung die unmittelbare Folge der Zusammenstellung solcher galvanischer Zellen ist. Es ist deshalb im Kesselbetrieb darauf zu achten, daß alle metallischen Verbindungen in Elektrolyten zwischen Eisen und positiveren Metallen und Legierungen, wie Kupfer, Rotguß, Chromnickelstähle und auch Kohlenstoff, vermieden werden. Umgekehrt tritt aber auch ein Rostschutz ein, wenn das Eisen mit unedleren Metallen, wie Zink, Magnesium, in Berührung steht; in diesem Falle wird ebenfalls eine galvanische Kette ausgebildet, in der aber das Eisen die Kathode und das unedlere Metall die in Lösung gehende Anode bildet. Auf diesem Prinzip beruht die Wirkung von Zinkplatten, die zum Zwecke der Rostverhinderung in die Dampfkessel eingehängt werden.

Es ist ferner möglich, die Triebkraft des Rostvorganges durch Entgegenschalten eines konstanten Stromkreises aufzuheben bzw. dessen Vorzeichen zu wechseln, so daß das Eisen kathodisch polarisiert und seine Abrostung hintangehalten wird. Verschiedene Vorschläge zur Verhütung von Anfressungen an Kesseln und Kondensatoren beruhen auf diesem Prinzip, z. B. das Stromlosverfahren, die Anordnung der Kickaldy Engineering Corporation, das Cumberland-Verfahren. usw.

In diesem Zusammenhang sei auf die grundlegende Arbeit von O. Bauer und O. Vogel[2] hingewiesen in der nachgewiesen wird, daß die beim Inlösunggehen irgendeines Metalles in irgendeinem Elektrolyten erzeugte Stromdichte sich nach der Formel

$$\frac{a \cdot F}{M \cdot q \cdot s} = i$$

berechnet.

i = Stromdichte Amp/qcm,
a = Gewichtsabnahme des Metalles in g,
F = 96500 Coulomb,
M = Äquivalentgewicht (= das halbe Atomgewicht beim Eisen),
q = Oberfläche in qcm,
s = Zeit des Rostversuches in Sekunden.

---

[1] Stumper, R.: Korrosion und Metallschutz 3, 1927, S. 169.
[2] Bauer, O. und Vogel, O.: Stahleisen 1920, S. 45 und 85.

Bedingung für den Rostschutz ist nunmehr, daß die gleiche Stromstärke i dagegengeschaltet wird. Für handelsübliches Flußeisen ist in NaCl-Lösungen der konstante Wert von $0{,}1 \times 10^{-4}$ Amp/qcm gefunden worden; jedoch wird selbstverständlich diese Grenze des Rostschutzes von der Art und Konzentration des Elektrolyten, sowie von der Temperatur abhängig sein. Für Dampfkesselanlagen wird man daher den Schutzwert für i ermitteln müssen[1].

Überträgt man die Folgerung der elektrolytischen Theorie, daß die galvanische Berührung des Eisens mit edleren Metallen den Rostprozeß fördert, auf den heterogenen Gefügeaufbau des Eisens, so gelangen wir zur Lokalstromtheorie, die von Palmaer mit Geschick und Erfolg verfochten wird. Diese Theorie besagt, daß die metalloidischen Verunreinigungen des Eisens als Kathoden von kleinen Lokalelementen wirksam werden, wodurch das umgebende Metall zur Anode wird und so einem gesteigerten Rostprozeß anheimfällt. Schlackeneinschlüsse, besonders FeS- und MnS-Einschlüsse, wirken also in dieser Hinsicht als lokale Korrosionsförderer, auf deren Wirkung viele örtliche Anfressungen zurückzuführen sind. Die in manchen Fällen so überaus heftigen Anfressungen des grauen Gußeisens beruhen zum Teil auf den Lokalelementen Graphit-Metall. Die korrosionsfördernde elektro-chemische Wirkung des Eisensulfides hat Verfasser an Hand von einleuchtenden Versuchen dargetan[2].

Ungleiche Spannungsverteilungen im Eisen führen zu einem ähnlichen Ergebnis; da aber die im Spannungszustand befindlichen Eisenteile erhöhten Lösungsdruck besitzen, bilden sie die Anoden der entstehenden Lokalelemente, d. h. sie rosten stärker ab als die sie umgebenden edleren Eisenteile.

Im Anschluß hieran sei erwähnt, daß es A. Fry[3] gelungen ist, die über die Fließgrenze hinaus beanspruchten Eisenzonen vermittels eines besonderen Ätzmittels sichtbar zu machen. Die kalt verformten Eisenzonen befinden sich im Spannungszustand und werden daher auch besonders stark angefressen[4]. Den Zusammenhang zwischen den Fryschen Kraftwirkungslinien und den hier auftretenden Korrosionen, die zu gefährlichen Rissen führen können, haben M. Werner[5], F. Körber und A. Pomp[6] nachgewiesen.

---

[1] Siehe ferner: Manz, H.: Wärme 1924, S. 325 und 338.

[2] Stumper, R.: Cpt. rend. 1923. — Ders.: Feuerungstechn. XV. 1927. S. 259.

[3] Fry, A.: Stahleisen 1921, S. 1093.

[4] Über erhöhte Löslichkeit kaltgezogenen Drahtes siehe P. Goerens: Ferrum 1912, S. 65, 112 und 137.

[5] Werner, M.: Speisewasserpflege 1926, S. 129.

[6] Körber, F. und Pomp, A.: Mitt. Kaiser-Wilhelm-Inst. f. Eisenforschung 1926, Abh. 68.

Neuerdings hat U. R. Evans[1] festgestellt, daß die Sauerstoffverteilung ein nicht zu vernachlässigender Faktor bei der Korrosion ist, da Belüftungsdifferenzen ebenfalls zu Lokalströmen Anlaß geben können. Die sauerstoffreien Metallflächen treten als Anode auf, die sauerstoffreichen dagegen als Kathode. Die Differentialbelüftungstheorie, die in den angelsächsischen Ländern geradezu eine Art Mode geworden ist, trägt jedenfalls zur Aufklärung vieler Fälle lokaler Korrosion bei, ohne aber dabei die elektrolytische Rosttheorie zu ersetzen, sondern höchstens zu vertiefen.

Die allgemeine elektrolytische Rosttheorie läßt sich nunmehr folgendermaßen zusammenfassen:

Der Rostprozeß zerfällt in zwei Phasen:

1. Das Rosten wird eingeleitet durch die Betätigung der elektrolytischen Lösungstension des Eisens, d. h. durch Aussendung von $Fe^{\cdot\cdot}$ in den Elektrolyten unter Freisetzung einer äquivalenten Menge $H^{\cdot}$-Ionen:

$$Fe + 2H^{\cdot} = Fe^{\cdot\cdot} + 2H.$$

Die Triebkraft dieses Vorganges wird durch den Potentialunterschied $\varepsilon_H - \varepsilon_{Fe}$ bestimmt, die zur Bedingung stellt, daß für ein dauerndes Inlösunggehen des Eisens der Spannungswert des Eisens unedler bleibt als der Spannungswert des Wasserstoffes in derselben Lösung. Die $Fe^{\cdot\cdot}$-Ionen setzen sich ins Gleichgewicht mit den überschüssigen OH'-Ionen des Wassers, wodurch sich $Fe(OH)_2$ bildet.

Der Auflösungsprozeß kommt zum Stillstand, wenn die Triebkraft gleich Null wird und wenn die Sättigungsgrenze des Wassers für $Fe(OH)_2$ erreicht wird. Erlauben aber die Umstände das Ausfallen des $Fe(OH)_2$, so werden die $Fe^{\cdot\cdot}$-Ionen wieder vermindert und der Rostprozeß kann fortschreiten. In luftfreiem, reinem Wasser tritt dies nicht ein, so daß hier der Gleichgewichtszustand des Rostprozesses bald erreicht und eingehalten wird.

2. Das eigentliche Rosten setzt daher erst beim Hinzutreten von Sauerstoff ein, wodurch das Ferrohydroxyd zu Ferrihydroxyd oxydiert wird, nach der Gleichung

$$4\,Fe(OH)_2 + 2\,H_2O + O_2 = 4\,Fe(OH)_3.$$

Das Ferrihydroxyd ist unlöslich und fällt aus, so daß die Lösung nicht mehr an $Fe(OH)_2$ gesättigt ist und weitere Eisenionen in Lösung gehen müssen.

Die Gegenwart von freier Kohlensäure begünstigt den Rostvorgang einerseits dadurch, daß durch die erhöhte Wasserstoffionenkonzentration die Potentialdifferenz $\varepsilon_H - \varepsilon_{Fe}$ höher gehalten wird und anderseits auch durch den folgenden Umstand: Die Kohlensäure setzt sich mit

[1] Evans, U. R.: The Corrosion of Metals 1924. London: Edw. Arnold & Co.

Ferrohydrat zu dem löslichen, aber leicht oxydierbaren Ferrobikarbonat um:

$$Fe(OH)_2 + 2\,CO_2 = Fe(HCO_3)_2.$$

Dadurch wird die $Fe^{\cdot\cdot}$-Ionenkonzentration erhöht und infolgedessen muß der Oxydationsprozeß bei einem gegebenen Sauerstoffgehalt

$$4\,Fe(HCO_3)_2 + O_2 + 2\,H_2O = Fe(OH)_3 + 4\,CO_2,$$

dem Massenwirkungsgesetz zufolge, auch schneller verlaufen.

Eine abgeschlossene Theorie der Rostbildung muß ferner der chemischen Eigenart des Korrosionsendproduktes Rechnung tragen. In welcher Beziehung die chemische Konstitution des Rostes zu dem Rostprozeß selbst steht, hat Verfasser neuerdings nachzuweisen versucht[1].

Zahlreiche Analysen von Rost haben erwiesen, daß der Rost keineswegs lediglich aus Ferrioxyd besteht, sondern aus einem wechselnden Gemisch von Ferrooxyd, Ferrioxyd und Hydratwasser. Auf diese Tatsache hat P. Medinger[2] erstmalig aufmerksam gemacht und deshalb dem Rost die chemische Komplexformel

$$x\,FeO \cdot y\,Fe_2O_3 \cdot z\,H_2O$$

zugeschrieben.

Verfasser kam auf Grund seiner Untersuchungen zu demselben Ergebnis, das neuerdings auch von Palmaer[3] bestätigt wurde. Die Molekularkoeffizienten x, y und z sind äußerst schwankend, lassen aber keine gesetzmäßige Beziehung unter sich erkennen, so daß jedenfalls die Annahme, der Rost sei ein genau definiertes Stoffindividuum bzw. eine definierte Komplexverbindung, hinfällig wird. Die chemische Zusammensetzung des Rostproduktes $Fe(OH)_2 + 2\,Fe(OH)_3$ kann folgendermaßen geschrieben werden: $FeO \cdot Fe_2O_3 \cdot 4\,H_2O$. Die dieser Formel entsprechenden Molekularkoeffizienten werden in der Praxis nicht angetroffen, sondern stets findet man im Rost ein Defizit an Hydratwasser, wenn man diese Formel als Ausgangsprodukt annimmt.

Infolgedessen ist der lufttrockene Rost ein Entwässerungsprodukt des Ferro- und Ferrihydrates. Die Bindung des Hydratwassers ist deshalb nicht chemischer Natur, sondern als Adsorption an den kolloiden Eisenhydraten (van Bemmelen) aufzufassen. Das gesetzmäßige Vorhandensein von FeO im Rost findet seine Erklärung in folgenden Tatsachen:

1. Das Ferrohydroxyd ist das erste Hydrat, das sich beim Rostprozeß bildet. Es muß also stets bei einem aktiven Rostvorgang FeO im

[1] Stumper, R.: Chim. et Ind. 1925, S. 906. — Ders.: Feuerungstechn. XIV. 1925/26, S. 17.

[2] Medinger, P.: Das Rosten des Eisens und seine Verhütung 1918. Luxemburg: Worré.

[3] Palmaer, W.: Korrosion und Metallschutz 1926, S. 61.

Rost vorhanden sein, das vorzugsweise in den dem Metall anliegenden Schichten anzutreffen ist.

2. Das gebildete Ferrihydroxyd wird durch den naszierenden Wasserstoff teilweise reduziert. Die Wasserstoffentwicklung beim Rostprozeß ist nach eigenen Versuchen viel intensiver als allgemein angenommen wird und sehr stark vom Elektrolyten abhängig. Die Reduktionswirkung des Wasserstoffes auf die Korrosionsprodukte wird dadurch erwiesen, daß in den Elektrolyten mit stärkster H_2-Entwicklung beim Rostprozeß z. B. Ammoniumnitratlösungen, der sich bildende Rost auch am reichsten an FeO ist.

Eine vollständige Theorie des Rostprozesses am Eisen läßt sich deshalb folgendermaßen zusammenfassen:

I. Ausdehnung der $Fe^{\cdot\cdot}$-Ionen, verbunden mit Wasserstoffentwicklung und $Fe(OH)_2$-Bildung:

$$Fe \rightarrow Fe^{\cdot\cdot} + \ominus\ominus$$
$$Fe + 2\,H^{\cdot} + 2\,OH' = Fe(OH)_2 + H_2.$$

II. Oxydation des Ferrohydrates zu Ferrihydrat:

$$4\,Fe(OH)_2 + 2\,H_2O + O_2 = 4\,Fe(OH)_3.$$

III. Entwässerung des Ferro-Ferrihydratgemisches in Rost:

$$Fe(OH)_2 \cdot Fe(OH)_3 = x\,FeO \cdot y\,F_2O_3 \cdot z\,H_2O + n\,H_2O.$$

Diese allgemeine Theorie des Rostens veranschaulicht zwar den Gang der stofflichen Umsetzungen, sagt dagegen nichts über den zeitlichen Verlauf, d. h. die Intensität der Korrosion, aus.

Die Geschwindigkeit des Rostens ist von den Geschwindigkeiten der vorgehend angegebenen Teilvorgänge abhängig, und zwar bestimmt die am langsamsten verlaufende Reaktion den Gesamtverlauf. Da nun aber das Rosten von vielen Nebenreaktionen, die zum größten Teil überhaupt nicht erforscht sind, begleitet ist, so läßt sich vorderhand diese Frage im allgemeinen nicht theoretisch erfassen.

Die Umstände, welche die Abrostungsgeschwindigkeit bestimmen, sind primärer und sekundärer Natur: unter den primären Faktoren sind solche zu verstehen, die auf die Triebkraft der Eisenauflösung einen Einfluß haben, also:

1. Das Potential des Metalles (Natur, Passivität),
2. das Potential des Wasserstoffes,
3. Konzentration des Metallions,
4. Konzentration des Wasserstoffions,
5. kontaktelektrische Erscheinungen,
6. Natur des Elektrolyten,
7. Polarisationserscheinungen.

Die sekundären Faktoren sind alle jene, die auf die (sekundäre) Oxydation des Ferrohydrates und auf die anderen Nebenreaktionen einen die Geschwindigkeit regelnden Einfluß ausüben, mithin:

8. Konzentration des Sauerstoffes im Elektrolyten bzw. in der Gasphase,

9. Auflösungs- und Diffusionsgeschwindigkeit des Sauerstoffes,

10—13. Natur, Konzentration, elektrische Leitfähigkeit und Viskosität des Elektrolyten,

14. Temperatur,

15. Ausbildung von Oxydschichten,

16. Gegenwart von Kolloiden.

In dieser Aufstellung der Hauptfaktoren, welche die Rostungsgeschwindigkeit beeinflussen, findet man den Elektrolyten zweimal wieder, ein Beweis für seine besonders wichtige Rolle, die in den grundlegenden Arbeiten von Heyn und Bauer[1] weitgehend geklärt wurde. Nach diesen bei Zimmertemperatur vorgenommenen Versuchen lassen sich die verschiedenen Salze in zwei große Gruppen einteilen:

Die erste Gruppe umfaßt die Mehrzahl der Neutralsalze, z. B. Chloride, Sulfate des Natriums, Kaliums, Calciums, Magnesiums usw. Der Verlauf des Rostangriffes bei gewöhnlicher Temperatur wird hier durch

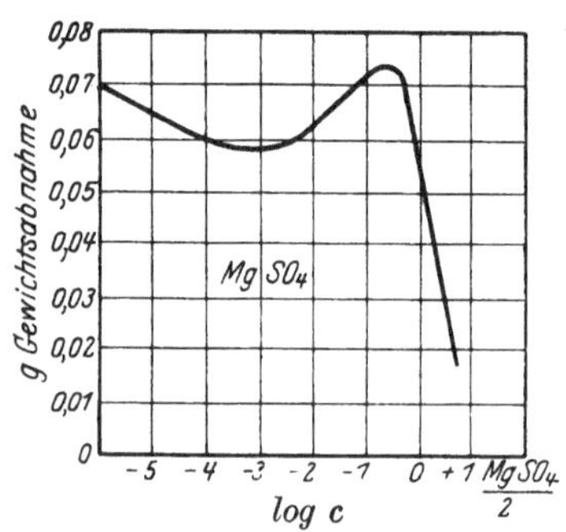

Abb. 26. Rostangriff der $MgSO_4$-Lösungen (Bauer).

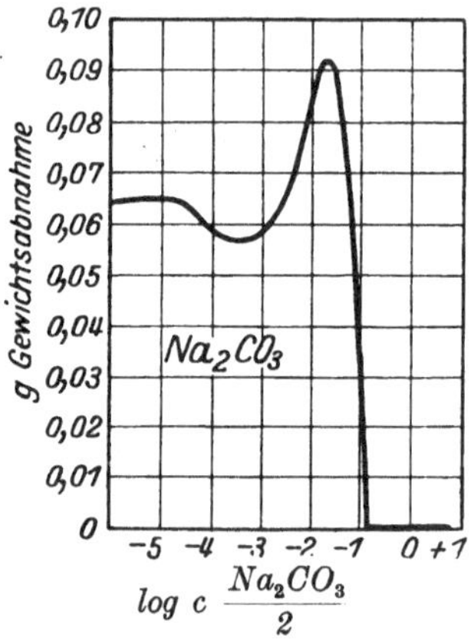

Abb. 27. Rostangriff der Na_2CO_3-Lösungen (Bauer).

das Auftreten einer kritischen Konzentration gekennzeichnet, bei welcher der Angriff einen Höchstwert annimmt. Ein völliger Rostschutz tritt aber selbst in gesättigter Lösung nicht ein. Als Beispiel diene die Angriffskurve für Magnesiumsulfat (Abb. 26). Auf der x-Achse sind die Logarithmen der Konzentration (Grammäquivalente pro 1 l Lösung) und auf der y-Achse die nach 22 Tagen erzielten Gewichtsverluste des Versuchsmateriales aufgetragen. Man sieht, daß mit steigender Konzentration der Rostangriff gegenüber der Korrosionsfähigkeit des reinen destillierten Wassers vorerst etwas abnimmt, bis zu einem Maximalwert (der

[1] Vg. die zusammenfassende Arbeit von O. Bauer: Gas Wasserfach 1925, S. 683, 704.

kritischen Konzentration) ansteigt, um dann wieder bis zu dem, der gesättigten Lösung entsprechenden Grenzwert abzufallen.

Zu der zweiten Gruppe gehören die Salze, die von bestimmten Konzentrationen (den sogenannten Schwellenkonzentrationen) ab, einen völligen Rostschutz gewähren. Hierher gehören vor allem die alkalisch reagierenden Salze, also die Hydrate (KOH, NaOH, $Ca(OH)_2$), die Karbonate (K_2CO_3, Na_2CO_3), die hydrolytisch gespaltenen Salze starker Basen mit schwachen Säuren (essigsaures Natrium, Zyankalium) und ferner die Salze der Sauerstoffsäuren, also Chromate, Dichromate, Chlorate, Permanganate u. a. m. Als typisches Beispiel sei hier die Angriffskurve für Natriumkarbonat (Abb. 27) gegeben. Bei diesen Salzen tritt in der Regel auch eine kritische Konzentration auf, aber von einer bestimmten Konzentration ab verhindern die betreffenden Lösungen das Rosten vollständig. Die unteren Grenzen der Schutzwirkung, also die Schwellenkonzentrationen, sind für einige Salze in nebenstehender Tabelle zusammengestellt (Zimmertemperatur):

Salz	Schwellenkonzentration g/l
NaOH	3—5
$NaHCO_3$	10
Na_2CO_3	10
K_2CO_3	10—12
$Ba(OH)_2$	3
$Ca(OH)_2$	0,5—1,0
K_2CrO_4	0,1
$K_2Cr_2O_7$	0,1
$KMnO_4$	0,5—1,0

Diese Werte gelten aber nur für reine Lösungen der entsprechenden Salze: sind andere Neutralsalze vorhanden, so verschieben sich die Schwellenwerte nach höheren Konzentrationen hin.

Von den anderen Faktoren, welche die Abrostungsgeschwindigkeit bestimmen, verdient die Temperatur besonders erwähnt zu werden.

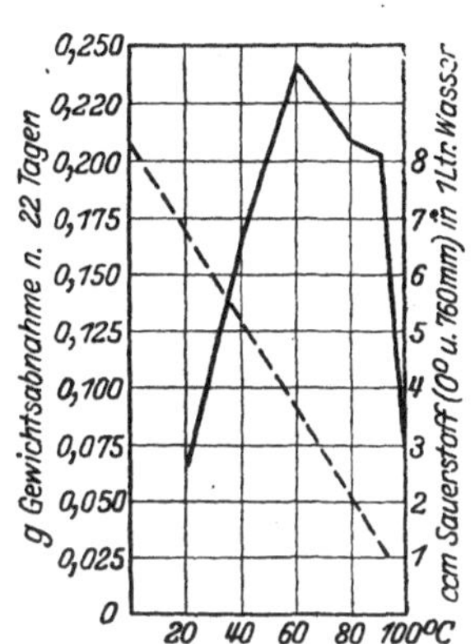

Abb. 28. Abhängigkeit des Rostangriffs von der Temperatur (Heyn u. Bauer).

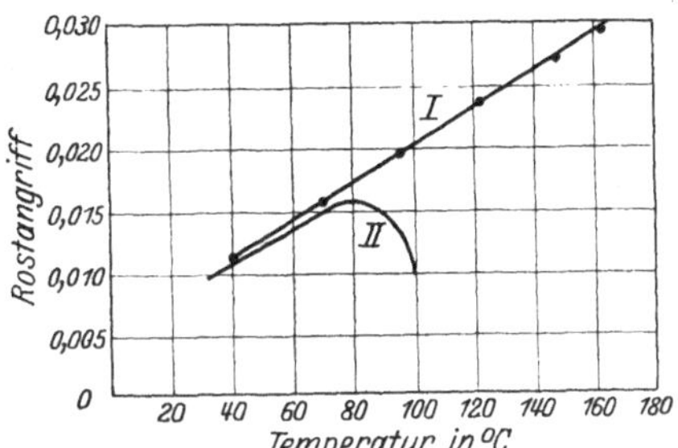

Abb. 29. Abhängigkeit des Rostangriffs von der Temperatur (Speller).

Auf Abb. 28 ist dieser Einfluß bis zu 100° nach Heyn und Bauer graphisch dargestellt. Während die Löslichkeit des Sauerstoffes mit steigender Temperatur abnimmt, durchläuft die Rostgeschwindigkeit bei etwa 80° ein Maximum. Bei 100° besitzt das Wasser etwa die gleiche Korrosionsfähigkeit wie bei 20°.

Rostversuche unter destilliertem Wasser in geschlossenem Gefäß und bei steigenden Wärmegraden sind von F. N. Speller[1] ausgeführt worden. Die Resultate sind in Abb. 29 graphisch wiedergegeben. Kurve I veranschaulicht den Rostangriff in geschlossenem Gefäß, während Kurve II den Rostangriff in offenem Gefäß darstellt. Ist demnach ein Entweichen des Sauerstoffs verhindert, so nimmt der Rostangriff linear mit der Versuchstemperatur zu, wohingegen in einem offenem Behälter der Rostvorgang bei 80° einen Höchstwert erreicht, um von diesem an wieder abzufallen.

3. Die Korrosion im Dampfkessel.

Nach den bisherigen Erörterungen über die theoretischen Grundlagen des Rostvorganges stellt sich die Frage, ob diese, für gewöhnliche Temperatur- und Druckverhältnisse gültigen Ergebnisse auch ohne weiteres auf die im Kessel herrschenden Bedingungen übertragbar sind. Diese Frage steht dem jetzigen Stande unserer Kenntnisse nach noch größtenteils offen, da sie bisher von der wissenschaftlichen Forschung allzu stiefmütterlich behandelt wurde. Wie sehr es jetzt noch mit der wissenschaftlichen Erforschung der Dampfkesselabrostungen im Argen steht, wird am besten durch die folgende Tatsache bewiesen: Im Jahre 1925 wurde von hervorragenden Fachkennern die Zeitschrift „Korrosion und Metallschutz“ gegründet. Von allen bisher in dieser Fachzeitschrift erschienenen Originalabhandlungen befassen sich insgesamt nur 3% mit der Dampfkesselkorrosion, während die übrigen 97% sich auf die anderen Rost- und Rostschutzprobleme beziehen. Die Hauptursache dieses Mißstandes liegt wohl nicht so sehr in der komplexen Natur der Probleme, als in dem Mangel an theoretischen Grundlagen. Auf diesen letzteren Umstand ist es zurückzuführen, daß weitaus die größte Mehrzahl der einschlägigen Arbeiten auf ein empirisches Herumtasten hinauslaufen, deren Wert noch sehr oft durch gewisse Vorurteile herabgesetzt wird.

Die Einheit der physikalischen Chemie verlangt, daß die oben gegebene, allgemeine Rosttheorie auch für die im Kessel herrschenden Verhältnisse zutrifft. Durch die neuen Bedingungen wird aber naturgemäß der Rostvorgang etwas anders kanalisiert als bei gewöhnlicher Temperatur; qualitativ bleibt er sich im großen Ganzen gleich und die quantitativen Unterschiede haben ihre Ursachen in den besonderen Einflüssen auf den primären und sekundären Rostvorgang, wobei allerdings zu bemerken ist, daß die auftretenden Nebenreaktionen das Gesamtbild verschleiern können.

[1] Speller, F. N.: Corrosion. Mac Graw Hill Book Co., New York 1926. S. 144.

Der Rostvorgang im Dampfkessel läßt sich wohl am besten erfassen, wenn man die besonderen Einflüsse auf die Einzelprozesse klarzustellen sucht. Vorweg sei genommen, daß wir über den Einfluß des Druckes sozusagen gar nichts wissen, so daß sich die folgende Darstellung auf die Temperatureinflüsse beschränken muß. Es sei nur hervorgehoben, daß Druck und Temperatur hinsichtlich ihres Einflusses auf die Korrosion einander entgegenwirken, indem einerseits die Löslichkeit von Kohlensäure und Sauerstoff mit zunehmendem Druck steigt, andererseits aber mit zunehmender Temperatur fällt.

Die Triebkraft des Rostvorganges ist, wie oben entwickelt wurde, gleich der Differenz zwischen dem Spannungswert des Wasserstoffes und jenem des Eisens. Die Temperaturabhängigkeit dieser beiden Spannungswerte und mithin auch der Triebkraft der Korrosion selbst ist bisher noch nicht Gegenstand eingehender Untersuchungen gewesen. Der Einfluß der Temperatur auf das Wasserstoffpotential ist durch die Erhöhung der Dissoziation des Wassers und mithin auch der Wasserstoffionenkonzentration mit steigender Temperatur bestimmt, und zwar wird er dadurch edler. Infolgedessen muß auch die Triebkraft des Rostvorganges, ein gleichbleibendes Fe-Potential vorausgesetzt, mit steigender Temperatur anwachsen.

Über den Einfluß der Temperatur auf den Spannungswert des Eisens liegen keine eingehenden Studien vor. Es ist ferner noch nicht erwiesen, ob bei höheren Temperaturen die Anordnung der Metalle in der Spannungsreihe dieselbe bleibt wie bei gewöhnlicher Temperatur. Versuche von G. Cornu scheinen zu beweisen, daß die Stellung des Eisens nicht nur durch die Temperatur, sondern auch durch die Natur des Elektrolyten und die Zeit beeinflußt wird [1], jedoch fehlen die weiteren Untersuchungen über die Polarisations- und Passivitätserscheinungen.

Es wurde oben dargelegt, daß der primäre Rostvorgang in reinem luftfreiem Wasser durch die $Fe(OH)_2$-Bildung zum Stillstand kommt. Obschon dieses Gleichgewicht sich durch die Temperaturerhöhung infolge der steigenden Löslichkeit des Ferrohydrates nach der rostfördernden Seite hin verschiebt, wird diesem Einfluß wohl keine erhebliche Rolle zuzumessen sein.

Der eigentliche Rostprozeß setzt ebenfalls im Dampfkessel erst in der zweiten Phase, der Oxydation des Ferro- zu Ferrihydrat, ein. Der Einfluß der Temperatur und des Drucks gerade auf diese Phase ist vor allem durch die Löslichkeit des Sauerstoffes bedingt. Leider fehlen hier die Zahlenwerte, die über die Abhängigkeit der O_2-Löslichkeit von der Temperatur und vom Druck oberhalb 100° Aufschluß geben. Immerhin

[1] Nach E. Höhn: La lutte contre la rouille et les corrosions dans l. chaud. à vapeur. Paris-Liege. Béranger 1921.

beweisen die Betriebserfahrungen, daß der vom Speisewasser in den Kessel eingepumpte Sauerstoff keineswegs sofort vom kochenden Kesselwasser ausgetrieben wird, sondern, im Gegenteil, daß er vorerst ein Stadium erhöhter chemischer Aktivität durchläuft.

Wir kommen jetzt zu den im Kessel auftretenden Nebenreaktionen, die einen Einfluß auf den Rostvorgang, und zwar auf die erste und zweite Phase, haben. Hierher gehören die schon an verschiedenen Stellen erwähnten thermischen Zersetzungen von Stoffen, die Säuren oder Sauerstoff abspalten. Zu erwähnen sind:

1. Die hydrolytischen Spaltungen, die rostfördernd wirken, wenn sie $H^{\cdot}$-Ionen abspalten, wie die Magnesiumsalze und die rosthemmend wirken, wenn sie OH'-Ionen liefern, wie die Karbonate;

2. die künstlichen Inkohlungsprozesse der organischen Substanzen, die als Zwischenstufen freie Säuren bilden (Zellulose, Lignin, Zucker usw.);

3. die sauerstoffabspaltenden Zersetzungen der Humine und anderer organischer Stoffe;

4. die sauerstoffabspaltende Zersetzung der Nitrate;

5. die wärmestauende Wirkung der Stein- und Schlammablagerungen, die starke lokale Temperaturerhöhungen und damit gesteigerten Rostangriff zur Folge haben.

Der Einfluß der Elektrolyte auf die Korrosion gestaltet sich im Dampfkessel wesentlich anders als bei niedrigeren Temperaturen und unter Atmosphärendruck. Über diese Frage liegen die Untersuchungen von E. Bosshard und R. Pfenninger[1] sowie von O. Bauer und seinen Mitarbeitern[2] vor. Bosshard und Pfenninger kommen auf Grund ihrer bei einem Druck von rund 15 Atmosphären vorgenommenen Versuchen zu folgenden Ergebnissen: Am wenigsten wirkt kohlensäurefreies destilliertes Wasser auf Eisen ein. Zusätze von Chloriden, Sulfaten und Nitraten des Natriums, Calciums und Magnesiums, Natriumkarbonat und Ätznatron in einer Konzentration von 1°/₀₀ ergaben alle eine Steigerung des Rostangriffes. Am stärksten korrodierend wirken Chloride und Magnesiumsalze. Durch Zusatz von Soda zu kohlensäurehaltigem destilliertem Wasser tritt Rostschutz erst bei einer Konzentration von 10% ein. Konzentrationen unter diesem Schwellenwert bewirken Anrostungen. Der Rostschutz des Ätznatrons beginnt schon bei 0,1°/₀₀ und wird bei 1°/₀₀ am stärksten. Natriumkarbonat unterliegt im Kessel der Hydrolyse:

$$Na_2CO_3 + H_2O \rightleftarrows 2\,NaOH + CO_2 .$$

In der nachstehenden Tabelle ist nach Bosshard und Pfenninger die relative Korrosionsfähigkeit einiger Salze bei 15 atm und einer Kon-

[1] Bosshard, E. und Pfenninger, R.: Chem.-Zg. 1916, S. 5, 46, 63 u. 91.

[2] Bauer, O., Vogel, O. u. Zepf, K.: Mitt. Materialpr.-Amt 1925, Sonderheft 1.

zentration von 1‰ zusammengestellt. Als Bezugswert dient der Rostangriff des reinen, kohlensäurefreien Wassers.

Die Untersuchungen von O. Bauer haben in Übereinstimmung mit seit langem bekannten Betriebserfahrungen einwandfrei ergeben, daß die Magnesiumsalze für den Dampfkessel besonders gefährlich sind und daß die Gefahr mit der allmählichen Anreicherung des Kesselwassers an Mg-Salzen wächst. Vom Standpunkt der Ionentheorie aus betrachtet, muß also ein Speisewasser, das dem Kessel $Mg^{\cdot\cdot}$- und Cl'-Ionen zuführt, als besonders gefährlich angesehen werden. Dieses trifft natürlich dann zu, wenn die Summe der Konzentrationen der $Ca^{\cdot\cdot}$- und $Mg^{\cdot\cdot}$-Ionen größer ist als die Karbonationenkonzentration, da nur in diesem Falle $Mg^{\cdot\cdot}$-Ionen nach dem Kochen in Lösung bleiben. Es stellt sich nunmehr die Frage, welche Rolle den anderen vorhandenen Ionen zukommt. Die Versuche von O. Bauer geben darüber zum Teil Aufschluß: Die Korrosionsfähigkeit der Magnesiumsalze in Gegenwart von anderen Salzen ist in erster Linie von dem Verhältnis der Konzentration der letzteren zur Konzentration der Magnesiumsalze abhängig. Überwiegen die Neutralsalze, wie NaCl, Na_2SO_4, in hohem Maße, so nimmt der Rostangriff des Eisens ab, was anscheinend auf der Zurückdrängung der Hydrolyse beruht. Sind andere hydrolysierbare Salze vorhanden, so wird der Rostangriff natürlich verstärkt, wenn die Hydrolyse Wasserstoffionen liefert; er wird abgeschwächt, wenn Hydroxylionen frei werden. In diesem Zusammenhang muß auf einen Widerspruch zwischen Theorie und Betriebserfahrung aufmerksam gemacht werden; da hierdurch ein grundsätzliches Merkmal der im Kessel sich abspielenden Umsetzungen klargestellt wird. Fast alle Kesselwasser reagieren alkalisch, sei es infolge eines direkten Sodazusatzes, eines von der Wasserreinigung herrührenden Sodaüberschusses, eines natürlichen Bikarbonatgehaltes oder auch nur infolge der Hydrolyse der schwachlöslischen Magnesium- und Calciumkarbonate. Dementsprechend wäre zu erwarten, daß die korrosionsfördernde Hydrolyse der Magnesiumsalze überhaupt nicht zur Auswirkung kommt, weil die freiwerdenden $H^{\cdot}$-Ionen, ebenso rasch wie sie entstehen von den überschüssigen OH'-Ionen, neutralisiert werden müßten. Die Erfahrung lehrt aber, daß auch in alkalisch reagierenden Kesselwassern die rostfördernde Wirkung der Magnesiumsalze

Elektrolyt	Korrosionsfähigkeit
Destilliertes, CO_2-freies Wasser	1
Magnesiumchlorid 1‰ . . .	51,1
Magnesiumsulfat ,, . . .	20,5
Magnesiumnitrat ,, . . .	11,7
Calciumchlorid ,, . . .	19,0
Calciumsulfat ,, . . .	10,5
Calciumnitrat ,, . . .	10,1
Natriumchlorid ,, . . .	31,1
Natriumsulfat ,, . . .	18,8
Natriumnitrat ,, . . .	9,0

auftreten kann. Dieser scheinbare Widerspruch ist darauf zurückzuführen, daß die chemischen Reaktionen und die Konzentrationsverschiebungen vorerst an der heißen Kesselwand auftreten. Ist eine wärmestauende Stein- oder Schlammablagerung vorhanden, so erhält die zwischen Kesselwand und Ablagerung befindliche Flüssigkeitsschicht gesteigerte aggressive Eigenschaften. Wenn ferner bei der Hydrolyse Säure frei gemacht wird und mit dem karbonathaltigen Kesselwasser oder Bodenkörper in Wechselwirkung tritt, so wird statt der Mineralsäure aggressive Kohlensäure frei gemacht. Auf diese Weise kann ein Kreisprozeß entstehen, indem die Kohlensäure durch $Ca^{\cdot\cdot}$- oder $Mg^{\cdot\cdot}$-Ionen wieder teilweise gefällt und das gebildete Karbonat wieder durch die $H^{\cdot}$-Ionen zersetzt wird. Lokalisieren sich diese Prozesse an der Kesselwand, so ist eine Korrosion dieser letzteren unvermeidlich, die dazu noch gesteigert wird, wenn sich Gasblasen —CO_2 oder O_2 — am Blech absetzen.

Nach diesen Erörterungen bleibt noch ein Wort über den Einfluß der Temperatur auf die Rostgeschwindigkeit zu sagen. Wie alle chemischen Reaktionen befolgt auch der Rostprozeß die RGT-Regel (Reaktions-Geschwindigkeits-Temperaturregel), welche aussagt, daß die Reaktionsgeschwindigkeit in geometrischer Reihe steigt, wenn die Temperatur in arithmetischer Progression zunimmt. Der Temperaturkoeffizient der heterogenen chemischen Reaktionen beträgt 1,1—2, d.h. für je 10° Temperaturerhöhung nimmt die Reaktionsgeschwindigkeit um das 1,1—2 fache zu. N. Friend[1] hat die Temperaturabhängigkeit des Rostens bis 80° untersucht und es ergibt sich aus den mitgeteilten Zahlen, daß die Rostgeschwindigkeit bis zu dieser Temperatur der RGT-Regel folgt. (Siehe hierzu auch S. 181.) Die Betriebserfahrungen zeigen ebenfalls, daß in der Regel die stärksten Korrosionen an den heißesten Teilen des Kessels auftreten, so daß jedenfalls der Hitze ein direkter oder indirekter rostfördernder Einfluß zukommt.

a) Die Rolle der Kohlensäure. Die Kohlensäure begegnet uns im Kessel, wie wir gesehen haben, in vierfacher Form:

1. Freie gasförmige Kohlensäure im Dampf;

2. freie gelöste Kohlensäure im Speise- und Kesselwasser, und zwar in verschiedener Form: als Kohlendioxyd CO_2 und als Säure H_2CO_3. Ferner zerfällt nach Tillmans und Heublein die gelöste Kohlensäure in den zum Bikarbonatgleichgewicht gehörigen nicht aggressiven und den freien korrosiven Anteil;

3. gebundene Kohlensäure in Lösung als Bikarbonat- und Karbonation;

4. gebundene Kohlensäure in den festen Abscheidungsprodukten $CaCO_3$ und $MgCO_3$.

[1] Friend, J. Newton: The Corrosion of Iron, Carnegie Scholarship Memoirs 11, 1922.

Eine besondere Stellung scheint ferner die naszierende Kohlensäure einzunehmen. Hierunter ist die Kohlensäure im Augenblick der Abspaltung aus Verbindungen zu verstehen. Sie wird auf dreifache Art im Kessel frei gesetzt: Zuerst bei der thermischen Zersetzung der Bikarbonate:

$$Ca(HCO_3)_2 \rightleftarrows CaCO_3 + H_2CO_3,$$

sodann bei der Hydrolyse der Soda:

$$Na_2CO_3 + H_2O \rightleftarrows NaOH + H_2CO_3$$

und ferner bei der Zersetzung der löslichen und unlöslichen Karbonate durch hydrolytisch frei werdende Wasserstoffionen:

$$CaCO_3 + 2\,H^{\cdot} = Ca^{\cdot\cdot} + H_2CO_3 .$$

Daß der Kohlensäure in statu nascendi eine größere chemische Reaktionsfähigkeit als dem bereits gelösten Gase zukommt, kann Verfasser durch Betriebserfahrungen mit alkali-bikarbonathaltigen Speisewassern ($[HCO_3']) > [Ca^{\cdot\cdot} + Mg^{\cdot\cdot}]$) erhärten. Ferner läßt es sich aus dem Massenwirkungsgesetz theoretisch ableiten.

Auf die Kesselsteinbildung wirkt die freie Kohlensäure in gewissem Sinne günstig, da sie, nach eigenen Versuchen, die Zersetzung der Bikarbonate etwas verzögert; jedoch ist dieser Einfluß im praktischen Betrieb belanglos. Die Säurewirkung der Kohlensäure wurde zur Entfernung des Kesselsteines vorgeschlagen: Die Karbonate der Ablagerung sollen durch Einleiten von Kohlensäure unter Druck in das Kesselwasser gelöst und dadurch der Stein gelockert bzw. abgesprengt werden. Wir kommen jetzt zu der viel umstrittenen Frage der Einwirkung des Kohlendioxyds auf die Korrosion des Eisens. Tillmans und Klarmann[1] haben vor kurzem hervorragende Untersuchungen über die Korrosion des Eisens in sauerstoff-freiem, CO_2-haltigem Wasser veröffentlicht, aus denen hervorgeht, daß der Lösungsvorgang des Eisens von der Größe der berührten Oberfläche und der CO_2-Konzentration abhängig ist. Nachdem diese Autoren das reine Dreistoffsystem (H_2O — CO_2 — Fe) auf die fruchtbarste Weise untersucht haben, ist es nur zu wünschen, daß das praktisch viel wichtigere Vierstoffsystem H_2O — O_2 — CO_2 — Fe endlich zur Untersuchung gelangt[2]. Verfasser hat bereits vor einigen Jahren zahlreiche Versuche in diesem Sinne ausgeführt, die aber nur als allgemeine Orientation gedacht waren. Der Zweck dieser bei Zimmertemperatur vorgenommenen Untersuchungen war, festzustellen, in welcher Weise die Korrosion des Eisens in Kochsalzlösungen mit steigender Wasserstoff-

[1] Tillmans und Klarmann: Zeitschr. f. angew. Chem. 1923, S. 94.

[2] Anmerk. b. d. Korrekt. Diese Arbeit ist nun auch von Tillmans mit Erfolg in Angriff genommen worden. Die Resultate stehen in Einklang mit den vom Verfasser gefundenen Ergebnissen. (Gas- und Wasserfach, 1927, Heft 35 bis 38.)

ionenkonzentration durch den Sauerstoffgehalt des Elektrolyten beeinflußt wird. Die wechselnden $H^{\cdot}$-Ionenkonzentrationen wurden durch das Puffersystem CO_2 — HCO'_3 bewerkstelligt und nach der Medingerschen Formel:

$$[H^{\cdot}] = 3{,}04 \times 10^{-7} \frac{[CO_2]}{[HCO'_3]}$$

berechnet. Das Hauptergebnis dieser Untersuchung gipfelt in der damals unerwarteten Feststellung, daß in dem mittleren Bereich der $H^{\cdot}$-Konzentration, entsprechend der Sörensenstufen pH: 5—10, der Säuregrad keinen, der Sauerstoff dagegen den ausschlaggebenden Einfluß ausübt. Die Versuche sollten später in verbesserter Form wiederholt werden, jedoch war dies bis jetzt nicht möglich. Da die Ergebnisse jedoch neuerdings in Amerika von Wilson[1], Whitman und Mitarbeitern[2] bestätigt und erweitert wurden, ist von einer weiteren Durchprüfung abgesehen worden. Wieweit diese Ergebnisse auf das Kesselwasser zutreffen, entzieht sich einstweilen noch unseren Kenntnissen. Die Tatsache, daß fast alle (im kalten Zustand untersuchten) Kesselwasser alkalisch reagieren (in der Regel $pH > 9$), verdient unsere Aufmerksamkeit, denn diese $H^{\cdot}$-Konzentration entpricht keineswegs dem Säure- bzw. Alkalitätsgrad des heißen, im Betrieb befindlichen Kesselwassers. In diesem Zusammenhang muß auch auf die bedeutsamen Feststellungen von Wilcke[3], daß die Kohlensäure in Gegenwart von Natriumchlorid die Eigenschaft einer starken Säure annimmt und von A. Klemenc und M. Herzog[4], daß die scheinbare Dissoziationskonstante der Kohlensäure mit steigender Temperatur zunimmt, hingewiesen werden.

b) Die Rolle des Sauerstoffes. Die Wirkung dieses Gases auf den Korrosionsvorgang ist zur Genüge geschildert worden, so daß es hinreicht nochmals darauf hinzuweisen, daß der Sauerstoff den eigentlichen Rostvorgang auslöst und weiter fortsetzt, indem er der Triebkraft der Korrosion Gelegenheit zur Betätigung gibt und bei dauerndem Hinzudiffundieren von Sauerstoff auch dauernd in Tätigkeit hält. Seine Rolle hierbei besteht einerseits in der Oxydation des Ferro- zu Ferrihydrat und andererseits in der depolarisierenden Oxydation des Wasserstoffs zu Wasser. Auf die bereits angeführte Korrosionstheorie der differentiellen Oxydation von U. Evans sei der Vollständigkeit halber nochmals hingewiesen. Der Sauerstoffangriff der Kesselwasser wird nach Blacher[5]

[1] Wilson: Ind. Engin. Chem. 1923, S. 127.

[2] Whitman, Russell und Altieri: Ebenda 1926, S. 665. — Spencer, F.: Ebenda 1925, S. 339.

[3] Wilke: Zeitschr. f. allg. Chem. 1921, S. 365.

[4] Klemenc, A. und Herzog, M.: Monatsh. d. Chem. 1926, S. 405.

[5] Blacher, C.: Das Wasser in der Dampf- und Wärmetechnik. Leipzig: O. Spamer 1952, S. 202. — Ders.: Zeitschr. f. angew. Chem. 1909, S. 969 — Ders.: Zeitschr. f. Dampfkesselbetr. 1910, S. 137.

durch verschiedene Katalyte, zu denen er das Chlorion, Mangansalze, organische Oxydasen, Magnesiumsalze, Humusstoffe, manganhaltigen Kesselschlamm rechnet, gefördert.

4. Ionen und Salze.

a) Das Wasserstoff-Ion: H˙. Die Reaktion einer wässerigen Lösung wird bekanntlich durch die Wasserstoffionenkonzentration bestimmt. In reinem Wasser ist die Menge der H˙-Ionen gleich der Menge der OH′-Ionen, und zwar ist bei gewöhnlicher Temperatur $[H^{\cdot}] = [OH'] = 10^{-7}$, d. h. in 10 Millionen Liter Wasser sind 1 g Wasserstoff und 17 g Hydroxyl in aktiver Ionenform vorhanden. Der quantitative Ausdruck für die Reaktion einer Flüssigkeit ist die Wasserstoffionenkonzentration oder, nach Sörensen, der mit pH bezeichnete Exponent der Zahl 10 ohne negatives Vorzeichen. Ferner sei noch daran erinnert, daß die Dissoziationskonstante des Wassers sich aus der Gleichung:

$$[H^{\cdot}] \cdot [OH'] = k_W = 10^{-14} \; (2\,0^{\circ})$$

ergibt und daß demnach die Hydroxylionenkonzentration eindeutig durch die Beziehung:

$$[OH'] = \frac{k_W}{[H^{\cdot}]}$$

festgelegt ist.

Im Dampfkesselbetrieb kommt als reinstes Speisewasser das Kondensat- und Destillatwasser, seltener das Regenwasser in Frage. Die Wasserstoffionenkonzentration dieser Wasser ist ausschließlich durch die gelöste Kohlensäure und die Temperatur bestimmt. Befindet sich ein solches Wasser mit der Luft im Gleichgewicht, so enthält es 0,0000135 Mol CO_2 pro Liter und demnach beträgt sein pH : 5,70. In der Regel ist in dem Destillat- und Kondensatwasser die Wasserstoffionenkonzentration etwas größer (pH = 4,50 -- 5,70), weil außer der Luftkohlensäure ein Teil der aus dem Wasser ausgetriebenen und vorher dort gebundenen Kohlensäure gelöst wird.

In den natürlichen Rohwassern wird die Wasserstoffionenkonzentration durch das Puffersystem Kohlensäure-Bikarbonation festgelegt. Eine Ausnahme machen nur die sehr selten vorkommenden alkalischen Wasser, in denen das System Bikarbonat- und Karbonation den Alkalitätsgrad bestimmt. Die Berechnung der H˙-Konzentration in CO_2- und HCO_3'-haltigem Wasser erfolgt nach der aus dem Dissoziationsgleichgewicht der Kohlensäure abgeleiteten Formel[1]:

$$[H^{\cdot}] = 3{,}04 \times 10^{-7} \frac{[CO_2]}{[HCO_3']}$$

[1] Medinger, P.: Das Rosten des Eisens und seine Verhütung. Luxemburg: Worré 1917. — Kolthoff, J. M.: Zeitschr. f. anorgan. u. allgem. Chem. **100**, 1917, S. 143.

in der $[CO_2]$ und $[HCO_3']$ bekanntlich die molaren Konzentrationen darstellen. Einfacher erhält man $[H^{\cdot}]$, wenn man die pro Liter gefundenen Milligramm freier Kohlensäure und Bikarbonat-Kohlensäure einsetzt:

$$[H^{\cdot}] = 3{,}04 \times 10^{-7} \frac{\text{freie } CO_2}{\text{Bikarbonat-}CO_2}.$$

Die freie Kohlensäure bestimmt man nach J. Tillmans[1] durch Titration einer abgemessenen Menge Wasser mit $^1/_{10}$ n Natriumkarbonatlösung. Als Indikator dient eine Phenolphthaleinlösung (0,35 g auf 1 l Alkohol), von der 1 ccm auf 200 ccm Wasser zugesetzt werden. 1 ccm Na_2CO_3 $^1/_{10}$ n = 2,2 mg CO_2.

Die Bikarbonat-Kohlensäure (halbgebundene CO_2) wird gefunden, indem man ein abgemessenes Volumen Wasser in Gegenwart von Methylorange als Indikator mit $^1/_{10}$ n Säure titriert. 1 ccm $^1/_{10}$ n Säure = 4,4 mg Bikarbonat-CO_2.

Es ist das Verdienst von J. Tillmans[2], nachgewiesen zu haben, daß die obige Berechnungsart ungenau wird, wenn neben viel freier Kohlensäure nur wenig Bikarbonat-Kohlensäure in Lösung vorhanden ist. Tillmans hat auch für diese Fälle richtige Formeln abgeleitet, auf die hier aber nur hingewiesen werden kann.

Der Wasserstoffexponent der meisten unaufbereiteten Speisewasser schwankt zwischen 6 und 8,5. Die Bestimmung erfolgt am einfachsten auf dem eben angegebenen rechnerischen Wege oder auch nach den kolorimetrischen Methoden[3]. Die genaue Kenntnis der Wasserstoffionenkonzentration ist für die Wasserchemie zur unerläßlichen Notwendigkeit geworden; im Dampfkesselwesen ist sie ebenfalls von großer Bedeutung, jedoch fehlen hier abermals die systematischen Untersuchungen. Nachstehend wird auf einige einschlägige Fragen, die zum großen Teil von der $H^{\cdot}$-Konzentration beherrscht werden, hingewiesen.

1. Korrosionsfähigkeit des Wassers. Die Löslichkeit von Calcium- und Magnesiumkarbonat, sowie auch von Metallen in kohlensäurehaltigem Wasser ist von der Menge gelöster Kohlensäure oder, was schließlich dasselbe bedeutet, von der Wasserstoffionenkonzentration[4] abhängig. In einer für die gesamte moderne Wasserchemie grundlegenden Arbeit haben Tillmans und Heublein[5] den Nachweis erbracht, daß

---

[1] Tillmans, J.: Die chemische Untersuchung von Wasser und Abwasser. Halle: Knapp 1915. — Ders. u. Heublein, O.: Zeitschr. f. Unters. d. Nahrungs- u. Genußmittel 1912, S. 429.

[2] Tillmans, J.: Ebenda **38**, 1919. S. 1.

[3] Kolthoff, J. M.: Der Gebrauch von Farbenindikatoren, 3. Aufl. Leipzig; Julius Springer 1926. — Michaelis, L.: Zeitschr. f. Unters. d. Nahr.- u. Genußmittel **42**, 1921, S. 71.

[4] Rona, P. und Takahashi, D.: Biochem. Zeitschr. **49**, 1913, S. 370.

[5] Tillmans u. Heublein, O.: Gesundhtsing. 1912, S. 669. — Auerbach: Ebenda 1912, S. 869.

zwischen dem Bikarbonation und der freien Kohlensäure ein Gleichgewicht besteht, und zwar dergestalt, daß zu jedem Gehalt an HCO_3'-Ionen eine bestimmte Menge von freier Kohlensäure — die sogenannte zugehörige freie Kohlensäure — im Wasser gelöst sein muß, die ausschließlich dazu dient, das Bikarbonat vor Zersetzung zu bewahren. Die entsprechenden Wasserstoffionen haben demgemäß keine aggressiven Eigenschaften. Es ist von Interesse, die Wasserstoffionenkonzentration für die von Tillmans festgelegten Werte an nicht aggressiver, d. h. zugehöriger freier Kohlensäure zu kennen. Diese Zahlen stellen das Minimum der $[H^{\cdot}]$ dar, welches natürliche Wasser mit den entsprechenden Bikarbonatgehalten überhaupt aufweisen können, denn bei geringerer Menge an Kohlensäure bzw. an H'-Ionen würden die Bikarbonationen in Karbonat und freie Kohlensäure zerlegt werden. Tillmans hat diese Grenzwerte errechnet[1]; in nebenstehender Tabelle sind einige dieser Zahlenwerte vermerkt.

Bikarbonat-Kohlensäure mg/l	Zugehörige freie CO_2 mg/l	$H \times 10^{-7}$
100	3	0,09
200	25	0,37
300	93,5	0,94
400	199,5	1,50

Die Werte bewegen sich also um den Neutralpunkt des reinen Wassers herum (1×10^{-7}); sie geben die Wasserstoffionenkonzentration an, bei der die aggressiven Eigenschaften des entsprechenden Wassers gleich Null werden müßten. Dieser theoretische Grenzfall trifft aber praktisch für die Eisenauflösung nicht zu, denn auch bei diesen Wasserstoffexponenten bleibt die Triebkraft $\varepsilon_H - \varepsilon_{Fe}$ genügend hoch, um den Rostprozeß einleiten zu können.

In Abwesenheit von Sauerstoff und bei gewöhnlicher Temperatur ist die Geschwindigkeit der Eisenauflösung in jedem Augenblick der Wasserstoffionenkonzentration und der Größe der Berührungsfläche von Eisen und Wasser direkt proportional[2]. Als weiterer Faktor ist ferner die Strömungsgeschwindigkeit des Elektrolyten aufzuzählen.

In Gegenwart von Sauerstoff wird die Geschwindigkeit des Korrosionsprozesses nach den neueren amerikanischen Forschungen (Speller[3] Whitmann, Wilson u. a.) je nach der Wasserstoffionenkonzentration in verschiedener Weise beeinflußt, und zwar kann man die pH-Skala in drei Hauptzonen einteilen:

I. Alkalische Zone: pH $>$ 10—11 (Korrosion langsam). In alkalischen Lösungen wird das Eisen bekanntlich passiviert, so daß der primäre Prozeß

$$Fe + 2H^{\cdot} = F^{\cdot\cdot} + 2H$$

[1] Tillmans: Zeitschr. f. Unters. d. Nahr.- u. Genußmittel **38**, 1919, S. 1. — Kolthoff, J. M.: Ebenda **41**, 1921, S. 97 und 112. — Tillmans: Ebenda **42**, 1921, S. 98. — Kolthoff, J. M.: Ebenda **43**, 1922, S. 184.

[2] Tillmans u. Klarmann: Zeitschr. f. angew. Chem. 1923, S. 94, 103 u. 111.

[3] Speller, F. N.: Journ. of the Franklin Instit. 1922, S. 515.

am langsamsten verläuft und so den zeitlichen Verlauf der Korrosion bestimmt. Allerdings treten bei höheren Hydroxylgehalten Nebenreaktionen auf, die der Passivität entgegen wirken, so daß die wichtigsten Faktoren der Korrosion in diesem Gebiet die H.- (oder die OH'-) Ionenkonzentration und die Temperatur sind.

II. Neutrale Zone: pH = 4—11 (Korrosion mittelmäßig). In dieser Zone bestimmt die depolarisierende Oxydation des Wasserstoffes die Korrosionsgeschwindigkeit:

$$H_2 + \tfrac{1}{2} O_2 = H_2O.$$

Der ausschlaggebende Faktor in dieser Zone ist also der Sauerstoffgehalt des Elektrolyten bzw. seine Diffusionsgeschwindigkeit[1]).

III. Saure Zone: pH $<$ 4 (Korrosion stark). Hier kommt die Sauerstoffwirkung nicht mehr zur Geltung, weil die Gasentwicklung infolge der hohen $H^{\cdot}$-Ionenkonzentration viel schneller erfolgt, als die Sauerstoffzufuhr überhaupt möglich ist. In dieser Zone wird die Korrosion zur typischen Säureauflösung und ihre Geschwindigkeit ist durch die Natur des Metalles, die Beschaffenheit der Oberfläche und die Wasserstoffionenkonzentration festgelegt[2].

Im Dampfkesselbetrieb kommen sozusagen ausnahmslos nur Wasser aus der alkalischen und neutralen Zone vor. Dem Verfasser ist aus seiner Praxis nur ein einziger Fall bekannt, wo das Kesselwasser infolge grober Fahrlässigkeit einen pH = 4 hatte. Während in der neutralen Zone der Sauerstoff die Korrosionsgeschwindigkeit bestimmt, treten in der alkalischen Zone andere Reaktionen in Tätigkeit, über die im nächsten Abschnitt berichtet werden soll.

Es stellt sich jetzt die wichtige Frage, bei welcher Wasserstoffionenkonzentration die Anfressung von Eisen durch Wasser aufhört. Aus den theoretischen Erwägungen über die Triebkraft des Rostprozesses kann die $H^{\cdot}$-Ionenkonzentration berechnet werden, bei der die Triebkraft gleich Null wird, und zwar findet man diese Grenzbedingung zu pH = 9. Tillmans und Klarmann, sowie auch die Amerikaner Speller, Whitman und Shipley haben nachgewiesen, daß die Anfressung von Eisen durch Wasser praktisch zum Stillstand kommt bei der Sörensenstufe pH = 9,5—10. Eine solche Lösung hat eine Hydroxylionenkonzentration von $10^{-4,5}$ bis 10^{-4} und entspricht einer $^1/_{1000}$ normalen Natronlauge (= 0,004 g/l). Da aber mit steigender Temperatur die Wasserstoffionenkonzentration des Wassers stark zunimmt, so muß zwecks Verminderung der Rostgefahr für den praktischen Kesselbetrieb die Alkalität des Kesselwassers so hoch gehalten werden, daß stets die

---

[1] Vgl. auch Shipley, J. W. und Haffie, J. R. Mc: Canad. Chem. and Metallurgy 1924 (Mai).

[2] Centnerszwer, M. u. Mitarbeiter: Zeitschr. f. physikal. Chem. **89**, 1914, S. 213. — Ders.: Ebenda **92**, 1918. S. 563. — Ders.: Ebenda **118**, 1925, S. 415.

Sörensenstufe pH = 10 eingehalten wird. Aus diesem Grunde muß man der Forderung Splittgerbers[1], im praktischen Betrieb mit einer Mindestschutzkonzentration von 0,4 g NaOH/l zu arbeiten, beipflichten.

2. Die Wasserstoffsprödigkeit des Eisens. Taucht man eine scharf sammengebogene Stahlfeder in Säure, so zerspringt sie fast augenblicklich an der Biegungsstelle. Medinger[2] hat nachgewiesen, daß Berührung mit einem gleichzeitig in den Elektrolyten eintauchenden Zinkstab diese Sprödigkeit noch erhöht. Es ist ferner eine seit langem bekannte Tatsache, daß beim Beizen mit irgendeiner Säure das Eisen spröde wird.

Leitende Verbindung des Eisens mit Zink erhöht auch hier die Sprödigkeit, die durch Ausglühen bzw. einfaches Anwärmen auf 100° wieder beseitigt wird. Als Ursache dieses, von Ledebur[3] bereits im Jahre 1887 eingehend untersuchten Verhaltens hat man die Aufnahme von atomarem Wasserstoff durch das Eisen erkannt. Im Dampfkesselbetrieb ist deshalb nach Möglichkeit die Entwicklung von Wasserstoff an Eisenteilen zu vermeiden, eine Forderung, die natürlich mit besonderem Nachdruck für den Kessel selbst aufzustellen ist, trotzdem wir bisher den Einfluß der Temperatur des Elektrolyten und anderer Faktoren auf die Wasserstoffkrankheit noch nicht genau kennen.

3. Einfluß der Wasserstoffionenkonzentration auf die chemischen Reaktionen der Enthärtung. Die Enthärtung des Speisewassers beruht im allgemeinen auf der Ausfällung des Calciums- und Magnesiumions als Calciumkarbonat und Magnesiumhydrat bzw. basisches Magnesiumkarbonat. Es ist deshalb für den Kesselbetrieb von großer Bedeutung, die Bedingungen genau zu kennen, unter denen diese Stoffe am raschesten quantitativ gebildet und auch ausgefällt werden. Die $H^{\cdot}$-Ionenkonzentration scheint nun eine dieser Bedingungen zu sein. R. E. Greenfield und A. M. Buswell[4] wiesen z. B. nach, daß Calciumkarbonat bei pH = 9,5 vollständig ausfällt, während die Ausscheidung des $Mg^{\cdot\cdot}$-Ions als Hydrat bei pH = 9 beginnt und bei pH = 10,6 beendet ist. Anderseits scheint auch die Enthärtung mit Permutit, insbesondere jedenfalls die Wiederaktivierung der Zeolithmasse, an ein optimales pH gebunden zu sein[5].

Die Ausflockung des Aluminiumhydroxydes zur Entfernung der kolloiden Verunreinigungen des Wassers ist ebenfalls eine Funktion des pH. Die geringste Löslichkeit von $Al(OH)_3$ liegt nach G. P. Edwards und

[1] Splittgerber, in Speisewasserpflege S. 24.
[2] Medinger: Rost und Rostschutz. Luxemburg: Worré 1918. S. 12.
[3] Ledebur: Stahleisen 1887, S. 681. — Heyn: Ebenda 1900, S. 837.
[4] Greenfield, R. C. u. Buswell, A. M.: Illinois State Water Surv. Bull. 22, S. 15.
[5] Sweeney, O. R. and Ray Riley: Ind. a. Engin. Chem. 18, 1926. S. 1214.

A. M. Buswell[1] zwischen pH 5,5—7,8. $Al(OH)_3$ beginnt schon bei pH = 4 auszuscheiden, fällt vollständig zwischen pH 6,5—7,5 und beginnt schon bei pH 7,8 wieder in Lösung zu gehen.

b) Das Hydroxylion: OH′. Die Menge der im Wasser gelösten Hydroxylionen ist durch die Wasserstoffionenkonzentration eindeutig bestimmt nach der Gleichung:

$$[OH'] = \frac{k_w}{[H^{\cdot}]}.$$

Erhöhte Hydroxylionenkonzentrationen werden im Speisewasser und im Kesselinhalt bewirkt durch: Überschuß an Reagenzien ($Ca(OH)_2$, Na_2CO_3) bei der Wasserreinigung, Hydrolyse der Karbonate (Na_2CO_3, $CaCO_3$, $BaCO_3$, usw.); Zersetzung des bei der Permutitreinigung entstehenden Natriumbikarbonats, direkte Verwendung von Soda, Ätznatron, alkalischen Kesselsteinverhütungsmitteln, zu denen auch das Baryumaluminat zu rechnen ist, u. a. m. Die Wirkungen der Hydroxylionen im Kessel werden selbstverständlich durch die anderen gleichzeitig vorhandenen Ionen beeinflußt, spezifische OH′-Wirkungen sind aber 1. Rostschutz bei gewissen Konzentrationen, 2. Laugensprödigkeit bei sehr hohen Konzentrationen, 3. Spucken und Überschäumen des Kesselinhaltes, 4. Korrosion von Messing und Rotguß und 5. Zersetzung der Wasserstandsgläser.

1. Der Einfluß des OH′-Ions auf den Rostprozeß. Nach Heyn und Bauer gehören die OH′-abspaltenden Salze zur zweiten Gruppe von Elektrolyten, die zwar bis zu der kritischen Konzentration das Eisen angreifen (örtlich begrenztes Anrosten), aber bei steigender Konzentration die angreifende Wirkung bis zu einem Schwellenwert allmählich verlieren, von dem ab der Rostprozeß praktisch aufhört. Soda und Ätznatron finden deshalb als Korrosionsverhütungsmittel ausgedehnte Anwendung, so daß sie hier eine eingehendere Behandlung verlangen. Heyn und Bauer[2] untersuchten die Einwirkung von Sodalösungen auf Eisen bei gewöhnlicher Zimmertemperatur und kamen zum Schluß: „Die in der Technik und wissenschaftlichen Literatur weit verbreitete Anschauung, daß alkalische Lösungen, wie z. B. Natriumkarbonat, ganz allgemein unbedingten Schutz gegenüber Rostangriff bieten, ist irrig. Die Schutzwirkung der Alkalikarbonate tritt erst bei höherer Konzentration ein.“ Nach diesen Forschern greift die kritische Lösung von Soda, die einem Gehalt von 1 g/l entspricht, das Eisen unter örtlicher Rostbildung stark an. Die Schwellenkonzentration fanden sie bei etwa 1% Sodagehalt. Bei Siedetemperatur dagegen zeigte sich das kritische Verhalten nicht.

---

[1] Edwards, G. P. und Buswell, A. M.: Illin. State Water Surv. Bull. 22, 1925. S. 47.

[2] Heyn und Bauer: Mitt. Materialpr.-Amt 1908, Heft 1 u. 2, S. 40.

Im Gegensatz hierzu ergaben die Dampfkesselversuche von Bosshard und Pfenninger[1], daß auch bei höheren Temperaturen unter Druck die stärkste Rostbildung durch die kritische Konzentration von 1 g Na_2CO_3/l hervorgerufen wird. Dagegen fanden sie bei ihren Versuchen keinen ausgeprägten Schwellenwert. Durch den Zusatz von 1 g/l erhielten sie in dem 5—6fach stärkeren Angriff als jener des destillierten, ausgekochten Wassers ein Maximum, wobei die Einwirkung ausgesprochen örtlich war; ein Sodazusatz von 5% verminderte die Abrostung nur wenig; dagegen wirken Sodalösungen mit mehr als 10 g Na_2CO_3/l-Gehalt rostschützend. Die Hydrolyse der Soda liefert durch anhaltendes Kochen das stärker rostschützende Ätznatron, so daß auch Soda in Konzentrationen, die an sich rostfördernd sein sollten, bei längerem Betriebe schützend wirkt.

Die Einwirkung des Ätznatrons ist insofern auffallend, als das Eisen von Natronlauge sehr niedriger und wiederum von Natronlauge hoher Konzentration angegriffen wird. Nach Heyn und Bauer liegt bei Zimmertemperatur die Konzentration des stärksten Angriffs bei 1‰ NaOH, die schutzbringende Schwellenkonzentration bei 1%. Bosshard und Pfenninger fanden bei ihren Kesselversuchen, daß die kritische Konzentration, wenn überhaupt eine solche unter den im Kessel obwaltenden Verhältnissen auftritt, zwischen 0 und 0,1‰ NaOH liegen muß. Die Rostbildung hörte in Lösungen, die 0,1—1‰ NaOH enthielten, praktisch, — aber nicht vollständig — auf. Die Passivierung des Eisens bei dieser Konzentration durch OH'-Ionen wird durch andere Ionen, insbesondere Chlorion, wieder aufgehoben, und dadurch die Schwellenkonzentration nach höheren Werten verschoben.

Bei steigender Konzentration des Ätznatrons tritt wiederum erhöhte Korrosion auf, die aber auf anderen chemischen Reaktionen wie der Rostprozeß beruht. Diese Wirkung beginnt nach Bosshard und Pfenninger bei 50‰ nach amerikanischen Arbeiten bei 40‰ NaOH, also Konzentrationen, die praktisch nicht erreicht werden sollen. Es sei noch erwähnt, daß diese Korrosionserscheinung keine spezifische Wirkung des OH'-Ions zu sein scheint, da sie zwar durch Natronlauge, aber nicht durch Kalilauge hervorgerufen wird. Dieser Punkt erfordert aber noch eine eingehende Untersuchung.

2. Die Laugensprödigkeit des Flußeisens. Zu den bekanntesten und wichtigsten Kesselschäden gehören die Nietlochrisse und die Nietsprödigkeit. Während die in Deutschland sich mit diesen Schäden befassenden Fachleute, insbesondere Bach, Baumann und Mitarbeiter, die Ursachen nur in Material- und Herstellungsfehlern suchten, hat der Amerikaner S. W. Parr chemische Vorgänge, und zwar die Einwirkung von

[1] Bosshard und Pfenninger, a. a. O.

Natronlauge hierfür verantwortlich gemacht. Augenblicklich befindet sich die ganze Frage im Stadium der versuchsmäßigen Durchforschung, so daß ein abschließendes Urteil noch verfrüht ist und wir uns vorläufig mit den gegensätzlichen Anschauungen abfinden müssen.

Im Jahre 1917 hat S. W. Parr[1] die Einwirkung von Natronlauge auf weiches Flußeisen untersucht und einen schädlichen Einfluß auf die Festigkeitseigenschaften des Eisens feststellen können, der besonders dann stark zum Ausdruck kam, wenn das Eisen vorher kalt verformt war: Eine 10%ige NaOH-Lösung setzte die Festigkeit um mehr als 30% und die Biegezahl um 20% herab. Nach Parr entsteht Natronlauge im Kesselwasser bei der hydrolytischen Spaltung der Soda und durch Reagenzienüberschuß bei der Kalk-Sodaenthärtung. Ein typisches Merkmal der Laugensprödigkeit sieht er in dem interkristallinen Verlauf der Risse im Eisen. Als Ursache dieser Laugensprödigkeit nahm er die Aufnahme von naszierendem Wasserstoff durch das Eisen an, wodurch die altbekannte Beizbrüchigkeit hervorgerufen wird[2]. In konzentrierten Laugen bildet das Eisen Ferrate unter Wasserstoffentwicklung[3]; dieser Vorgang wird durch anodische Polarisation des Eisens begünstigt[4]. Nach neueren, von R. S. Williams und V. O. Homerberg[5] ausgeführten Untersuchungen bilden die Schlackeneinschlüsse die wichtigsten Angriffspunkte für die Natronlauge. Die Einwirknug der Natronlauge ist hierbei zweifach: einerseits löst sie die vornehmlich in den Kornfugen des Gefüges liegenden sulfidischen Einschlüsse auf und andererseits werden die Oxydeinschlüsse durch naszierenden Wasserstoff unter Bildung von Fe- und Mn-Metall und Wasser reduziert. In beiden Fällen werden die Korngrenzen aufgelockert und der interkristalline Bruch gefördert. Gegen die Auffassung, daß die Rißbildung im Dampfkessel nur auf Laugensprödigkeit zurückzuführen ist, hat vor allem R. Baumann Front gemacht. Ohne dabei die Möglichkeit aus dem Auge zu verlieren, daß hochkonzentrierte Natronlauge die Zähigkeit der Bleche herabsetzen kann — was er bereits im Jahre 1914 an Laugeneindampfapparaten festgestellt hatte[6] —, macht er mit Recht auf zwei schwache Punkte der Parrschen Hypothese aufmerksam: 1. Die zur Herbeiführung der Laugen-

[1] Parr, S. W.: Univ. Illin. Engg. Exp. Stat. 14, Bull. Nr. 94. 1917.

[2] Ledebur: Stahleisen 1887, S. 681. — Heyn, E.: Ebenda 1900, S. 837. — Über die Löslichkeit von Wasserstoff im Eisen siehe Sieverts: Zeitschr. f. physikal. Chem. 77, 1911, S. 591 und Zeitschr. f. Elektrochem. 16, 1910, S. 707.

[3] Zirnite, G.: Chem.-Zg. 12, 1888, S. 355.

[4] Poggendorf: Poggend. Ann. 54, 1841, S. 161. — Haber und Pick: Zeitschr. f. Elektrochem. 7, 1901, S. 215; ebenda 7, 1901, S. 724.

[5] Willams, R. S. und Homerberg, V. O.: Transact. Americ. Soc. Steel Treat. 5, 1924, S. 399.

[6] Speisewasserpflege S. 96.

sprödigkeit notwendige Konzentration[1] an NaOH und 2. der geradezu als Kennzeichen der Laugeneinwirkung betrachtete interkristalline Verlauf der Risse[2]. Seinen jetzigen Standpunkt stellt Parr[3] in einer neueren zusammenfassenden Arbeit dar, deren Inhalt hier kurz zusammengefaßt wird:

Parr unterscheidet drei Arten von Blechrissen:

I. Korrosionsrisse, die durch unmittelbares Zerfressen des Materials durch Elektrolyte entstehen. Sie folgen bei mechanisch beanspruchtem Metall der Richtung der Kräfte und lassen die Korngrenzen bei ihrer Entwicklung unbeachtet. Bei mechanischer Beanspruchung von weichem Eisen erscheinen bei Eintritt bleibender Formänderungen auf der Oberfläche des Materials meist unter einem Winkel von 45° zur Kraftrichtung verlaufende Streifen (Hartmannsche oder Lüdersche Linien). Im Innern des Materials werden diese Fliesschichten durch das Frysche Ätzverfahren an Schliffen sichtbar gemacht. Diese bei Kaltverformung entstehenden Gleitschichten stellen Zonen erhöhter Sprödigkeit und erhöhter Säurelöslichkeit dar. Somit wird verständlich gemacht, daß die oberflächlichen Gleitschichten durch das Kesselwasser im Vergleich mit den unbeanspruchten Nebenzonen stärker angefressen werden und daß ferner bei einmal entstandenen Anrissen der Riß sich vorzugsweise innerhalb der spröden Gleitschicht fortsetzen kann. Den ursächlichen Zusammenhang zwischen den Rissen und Gleitschichten haben auch neuerdings M. Werner[4] und vor allem F. Körber und A. Pomp[5] betont.

II. Ermüdungsrisse. Sie entstehen in Metallen, die häufig wechselnder Belastung ausgesetzt sind, beim Herannahen des Bruches und nehmen einen von den Korngrenzen völlig unabhängigen transkristallinen Verlauf.

III. Brüchigkeitsrisse. Sie entstehen durch Laugensprödigkeit und verlaufen ausnahmslos den Korngrenzen entlang (= interkristallin). Die wesentlichen Merkmale dieser Risse sind wie folgt zusammenzufassen:

a) Die Richtung der Risse entspricht nicht der Richtung der maximalen Beanspruchung;

b) die Risse beginnen an der Wasserseite des Bleches;

c) sie gehen im allgemeinen von Nietloch zu Nietloch;

d) ihre Richtung ist unregelmäßig;

[1] Zur Sicherheit des Dampfkesselbetriebes S. 107.

[2] Ebenda S. 116.

[3] Parr, S. W. und Straub, F. G.: Univ. Illin. Bull. Nr. 155. Übersetzung hiervon in „Zur Sicherheit des Dampfkesselbetriebes", siehe auch Parr, S. W.: Power **63**, 1926, S. 994. Ebenda **64**, 1926, S. 216.

[4] Werner, M.: Korrosion und Metallschutz **2**, 1926, S. 63. — Speisewasserpflege S. 129.

[5] Körber, F. und Pomp, A.: Mitt. K. W.-Inst. f. Eisenforsch. 8, 1926, S. 135.

e) sie erstrecken sich niemals in das volle Blech über die Nietnaht hinaus;

f) bei außergewöhnlich starker Wirkung platzen die Nietköpfe weg oder springen durch einen leichten Hammerschlag ab.

Was die Bedingungen für die Lage der Risse im Kessel anbetrifft, so behauptet Parr, daß die Risse stets unterhalb des praktischen Wasserspiegels auftreten, daß sie sich nur an beanspruchten Nietnähten befinden, und zwar an Stellen, an denen die höchsten örtlichen Beanspruchungen wirksam sind. Das Auftreten von Rissen ist ferner unabhängig von der chemischen Zusammensetzung der Bleche, sie treten sowohl in Blechen mit einwandfreier chemischer Zusammensetzung, wie in solchen von geringerer Güte auf.

Die chemischen Bedingungen für das Auftreten von Brüchigkeitsrissen sind:

a) die Gegenwart von Natriumkarbonat im Speisewasser und

b) die Abwesenheit von Sulfaten bzw. im Vergleich zur Natriumkarbonatkonzentration, nur geringe Mengen von Sulfaten.

Die Ergebnisse der zahlreichen, mit verschiedenen Materialproben angestellten Versuche Parrs zeigen, daß zwei Bedingungen für das Auftreten der Laugensprödigkeit unerläßlich notwendig sind: die Beanspruchung des Metalls muß über der Streckgrenze liegen und die Konzentration des Ätznatrons muß höher als 350 g pro Liter sein.

Zur Hemmung der Brüchigkeit gibt Parr zwei Wege an: Erstens muß die Beanspruchung so weit vermindert werden, daß Brüchigkeit nicht mehr eintreten kann und zweitens ist nach Mitteln zu suchen, welche die chemische Ursache beseitigen, z. B. Neutralisierung der Alkalität. Aus seinen Beobachtungen über die Schutzwirkung der SO_4''-Ionen schließt Parr auf die Möglichkeit, durch Innehaltung eines bestimmten Verhältnisses zwischen den Sulfat- und Hydroxylionen die Rißbildung zu verhindern. Die Beseitigung eines hohen Sodagehaltes ist durch Anwendung von Schwefelsäure, Aluminium- oder Magnesiumsulfat möglich, hat aber auch ihre Nachteile und ist nur bei ständiger Betriebsüberwachung durch einen Chemiker zu empfehlen. Unzerlegtes Natriumkarbonat erzeugt unmittelbar keine Laugensprödigkeit, sondern wirkt sogar noch als Schutzmittel. Allgemeingültige Vorschriften zur Verhinderung der Brüchigkeit gibt es bis jetzt noch keine, sondern jede Anlage muß für sich selbst beurteilt werden.

Die erzielten Ergebnisse rechtfertigen nach Parr die in Amerika vorherrschende Anschauung, wonach weicher Stahl durch Ätznatron und nur durch dieses Salz brüchig gemacht wird, insofern es über die Streckgrenze hinaus beansprucht wird. Die Wirkung des Ätznatrons besteht in folgender Reaktion:

$$3\,Fe + 4\,OH' = Fe_3O_4 + 4\,H$$

unter Bildung einer dünnen Schicht von magnetischem Eisenoxyd.

Über die Ursachen der Laugenbrüchigkeit im Dampfkessel selbst äußert sich Parr folgendermaßen: Interkristalline Risse können in weichem Stahl nur durch die vereinigte Wirkung einer mechanischen Beanspruchung und eines rein chemischen Angriffes durch OH'-Ionen entstehen. Wenn auch im Kessel die durch den Versuch sich als notwendig erwiesene Konzentration von 350 g NaOH pro Liter normalerweise nicht auftritt, so kann sich dennoch in den Nietnähten die Lösung bis zu dieser kritischen Konzentration anreichern. Es besteht ferner die Möglichkeit, daß Risse sich auch bei niedriger Laugenkonzentration ausbilden, jedoch erfolgt dies langsamer, als es nach dem Versuch zu erwarten ist. Die Lokalisation der Risse an den Nietnähten ist eine unvermeidliche Folge der dort auftretenden Spannungskonzentration, die nach der Untersuchung von R. Baumann selbst bei niedrigen Nietdrücken über die Streckgrenze hinausgehen. Aber die Möglichkeit, daß der Kessel brüchig wird, besteht nur dann, wenn neben diesen unvermeidlichen Spannungsanhäufungen das erforderliche Chemikal, das Ätznatron, in Abwesenheit von viel Sulfat oder Karbonat im Kesselwasser vorhanden ist und sich in den Nietnähten anreichern kann. Die Laugentheorie Parrs ist von E. Berl, H. Staudinger und K. Plagge[1] nachgeprüft und bestätigt worden. Diese neuen Versuche hatten folgende Ergebnisse:

1. Destilliertes Wasser greift Kesselbaustoffe an und zwar um so stärker, je höher Druck und Temperatur sind. Die Ursache ist in der mit der Temperatur zunehmenden Dissoziation des Wassers gegeben.

2. Natronlauge zeigt bei einem Gehalt von 1,15 g/l und bei Drücken bis 80 atm nur geringe Einwirkungen, sie steigern sich mit zunehmenden Temperaturen und Drücken.

3. Natronlaugen greifen bei einem Gehalt von 0,5—5 g/l und Drücken bis 50 atm praktisch die Kesselbleche nicht an.

4. Starke Natronlaugen mit 100—400 g/l vermindern die Festigkeitseigenschaften des Eisens.

5. Im Gegensatz zu verschiedenen Angaben des Schrifttums zeigen Kalilaugen die gleichen Wirkungen wie starke Natronlaugen. Dieses Resultat ist auch theoretisch zu erwarten und nur das Gegenteil konnte befremden.

6. In kapillaren Räumen, wie sie an Nietnähten und Überlappungen vorkommen, können starke Salzanreicherungen entstehen. Die Anreicherung ist um so stärker, je enger die Kapillaren sind. Dieses Ergebnis befindet sich im Widerspruch mit den Versuchen von Baumann[2], der das Ergebnis seiner Versuche wie folgt zusammenfaßt: Hohe Konzen-

[1] Berl, E., Staudinger, H. und Plagge, K.: Heft 295 der Forschungsarbeiten a. d. Gebiet des Ingenieurwesens. — Festschr. z. 80. Geburtstag von Prof. C. v. Bach. V. d. I.-Verlag 1927, S. 7.

[2] Baumann, R: Zur Sicherheit des Dampfkesselbetriebes S. 109.

trationen können sich in den Nähten bei ordnungsgemäß hergestellten Kesseln nicht ausbilden, solange der Kesselinhalt selbst nicht ganz unzulässigen Salzgehalt aufweist. Daß hohe Alkalikonzentrationen überhaupt in Nietnähten auftreten können, hat auch Thiel[1] auf Grund von theoretischen Erwägungen festgestellt.

7. Der Angriff von Lauge auf Eisen geht nach folgenden Reaktionen vor sich:

$$Fe + NaOH + H_2O \rightarrow Fe\begin{matrix}\diagup Na \\ \diagdown OH\end{matrix} + H_2. \qquad (1)$$

$$Fe\begin{matrix}\diagup Na \\ \diagdown OH\end{matrix} + H_2O \rightarrow Fe(OH)_2 + NaOH. \qquad (1a)$$

$$2\,Fe + 2\,NaOH + H_2O \rightarrow Fe\begin{matrix}\diagup ONa \\ - ONa \\ \diagdown OH\end{matrix} + 1\tfrac{1}{2}\,H_2. \qquad (2)$$

$$Fe\begin{matrix}\diagup ONa \\ - ONa \\ \diagdown OH\end{matrix} + 2\,H_2O \rightarrow Fe(OH)_3 + 2\,NaOH. \qquad (2a)$$

Bei diesen Angriffsversuchen wurde festgestellt: Oxydation des Eisens, Verringerung des Schüttgewichtes des Eisenpulvers, Wasserstoffentwicklung und Zunahme der Laugenkonzentration. Thiel[2] nimmt für die Reaktion zwischen Natronlauge und Eisen die folgende Reaktion an:

$$Fe + 2\,NaOH = Fe(OH)_2 + 2\,Na,$$

die unter Bildung einer durch Wasser zersetzlichen Eisen-Natriumlegierung verlaufen soll. Berl und Mitarbeiter haben dagegen die Beobachtungen Thiels nicht bestätigen können.

8. Die Herabminderung der mechanischen Eigenschaften des Eisens durch interkristallinen Angriff der Natronlauge wurde nachgewiesen.

9. Sulfate haben eine schützende, Chloride dagegen eine aktivierende Wirkung auf die Laugenbrüchigkeit.

Während also nach Parr zwei Bedingungen erfüllt sein müssen, um die Laugensprödigkeit hervorzurufen, nämlich eine genügende Konzentration des Ätznatrons in Abwesenheit von SO_4''- und CO_3''-Überschuß und ferner gleichzeitig örtliche Beanspruchungen über die Streckgrenze hinaus, sprechen die Gegner der Laugenhypothese ihr nur die Allgemeingültigkeit ab und machen Parr den Vorwurf, daß er das verschiedene Verhalten der Werkstoffe und den schädigenden Einfluß von Kaltverformung und von zusätzlichen Wärmespannungen im Betrieb nicht genügend berücksichtigt[3].

[1] Thiel, A.: Speisewasserpflege S. 115.

[2] Ders.: Ebenda S. 117; Zur Sicherheit des Dampfkesselbetriebes S. 141.

[3] Vgl. die Arbeiten von Bach und Baumann: Z. V. d. I. 1912, 1890. — Baumann: Forsch.-Hefte d. V. d. I. Nr. 252. 1922. — Ders.: Z. V. d. I. 1915, S. 628. — Ders.: Stahleisen **42**, 1922, S. 1865. — v. Schwarz, M. und Bergmann, W.: Z. bayr. Rev.-V. **28**, Nr. 21—23. 1924. — Baumann: Ebenda **29**,

3. Spucken und Schäumen des Kesselinhaltes. Von den Salzen, die das Spucken und Überschäumen des Kesselinhaltes begünstigen, sind die alkalischen Salze, und zwar ununterschiedlich Ätznatron und Soda, an erster Stelle zu nennen. Diese lästigen und gefährlichen Erscheinungen sind ferner von der Größe der Verdampfungsfläche, der Beanspruchung, der Zirkulationsgeschwindigkeit, den Belastungsschwankungen usw. abhängig. Die zulässigen Höchstgrenzen für den Alkaligehalt müssen sich daher nach dem Kesselsystem und seiner Beanspruchung richten. In der nachstehenden Tabelle sind die Angaben von Stabler und Kammerer über diese Höchstgrenzen für den Alkaligehalt, ausgedrückt in Soda, zusammengestellt.

	Höchstgrenze nach	
	Stabler[1] g/l	Kammerer[2] g/l
Lokomotivkessel	2,5—3,5	2
Steilrohrkessel	4—5	2,4
Schrägwasserrohrkessel	5—7	2,8
Heizrohrkessel	8—10	—
Flammrohrkessel	17	5—10

Splittgerber[3] empfiehlt für den praktischen Betrieb die Höchstgrenze für Soda auf 3 g/l, für Ätznatron auf 2 g/l festzusetzen. Außer dem Alkaligehalt des Kesselwassers wirken die Salzkonzentration, die organischen Stoffe (Seifenbildung), die Härtebildner und der Schlamm begünstigend auf das Überkochen[4] ein.

4. Korrosion von Messing, Rotguß u. ä. durch die OH'-Ionen. Verschiedene Armaturen der Kessel werden aus Rotguß oder Messing hergestellt. Diese Legierungen sind um so empfindlicher gegenüber alkalischen Lösungen, je mehr Zink sie enthalten.

Zur Verminderung dieser Korrosionen soll der Zinkgehalt des Rotgusses 2% nicht übersteigen und das Messing etwas Zinn enthalten.

165. 1925. — Ferner die Aufsätze von Applebaum, Bauer, Baumann, Fry, Guilleaume, Jones, Kriegsheim, Porter, Ries, Rösing, Thiel und Werner in „Speisewasserpflege" und „Zur Sicherheit des Dampfkesselbetriebes". — Über die Ursachen interkristalliner Risse siehe: Oberhoffer, P: Das technische Eisen, 2. Aufl., 306. Berlin: Julius Springer 1925. — Howe, H. M.: Métallographie de l'acier et de la fonte, übersetzt aus dem Engl. von O. Hock. Paris: Ch. Béranger 1921, 546—568. — Rosenhain, W.: Rißbildung in Metallen usw. in „Speisewasserpflege" S. 158.

[1] U. S. Geological Service. Water Supply Paper Nr. 274.

[2] Génie civil 81, 1922. S. 286.

[3] Speisewasserpflege S. 27. [4] Vgl. Paris: Génie civil 82, 1923. S. 393.

Durch Verwendung von Speziallegierungen, wie nichtrostende Stähle, Nickelbronzen, Nickel-Aluminiumbronzen usw., lassen sich diese Schäden vermeiden.

5. Zersetzung der Niveaugläser durch alkalisches Kesselwasser. Übersteigt der Sodagehalt des Kesselinhaltes den Betrag von 0,5—1 g/l, so werden die gewöhnlichen Niveaugläser der Wasserstandszeiger in ziemlich kurzer Zeit trüb und untauglich. Die Magnesiumionen scheinen diesen Angriff zu beschleunigen, der sich durch Verwendung von Spezialglassorten (Borglas) vermeiden läßt.

c) Die Calcium-, Magnesium-, Bikarbonat- und Sulfationen: $Ca^{\cdot\cdot}$, $Mg^{\cdot\cdot}$, HCO_3' und SO_4''. Da die Wirkungsweise eines jeden einzelnen dieser Ionen am anschaulichsten bei zusammenhängender Betrachtung mit den übrigen Ionen hervortritt, wird in diesem Abschnitt die Gesamtgruppe der härtebildenden Ionen besprochen. Die Calcium- und Magnesiumionen sind die bekanntesten Verursacher der Kesselsteinbildung. Während die Bikarbonationen die vorübergehende Härte und durch ihre Differenz mit der Gesamthärte auch die bleibende Härte bedingen, gibt das Sulfation den Maßstab für die Gipsabscheidung ab. Die hier in Frage kommenden Wirkungen der angegebenen Ionen sind von folgenden Bedingungen abhängig:

1. Von der Gesamtmenge der entsprechenden Ionenart,
2. von den Mengenverhältnissen der einzelnen Ionenarten,
3. von der Gegenwart anderer Ionen und Verunreinigungen.

Durch Kombination der vier Ionenarten miteinander erhält man die vier Molekülgattungen:

$Ca(HCO_3)_2$	Calciumbikarbonat,
$Mg(HCO_3)_2$	Magnesiumbikarbonat,
$CaSO_4$	Gips,
$MgSO_4$	Magnesiumsulfat,

die nach Maßgabe ihrer Dissoziationskonstante, d. h. in verhältnismäßig geringen Mengen, als undissoziierte Moleküle neben den Ionen im Wasser vorhanden sind. Sind jedoch die Bedingungen für den Zusammentritt der einzelnen Ionen zu Molekülen gegeben, so bilden sich die entsprechenden Molekülgattungen in der Reihenfolge, wie es die vorherrschenden physikalisch-chemischen Gleichgewichtsbedingungen verlangen.

1. Das Ionenpaar $Ca^{\cdot\cdot}$ und HCO_3'. Beim Erhitzen eines diese Ionen enthaltenden Wassers fällt unlösliches Calciumkarbonat aus. Nach der früheren Auffassung wird hierbei das gelöste Calciumbikarbonat zersetzt:

$$Ca(HCO_3)_2 \rightleftarrows CaCO_3 + CO_2 + H_2O. \tag{1}$$

Im Lichte der Ionentheorie verläuft die Karbonatfällung auf folgende Weise: Durch das Erhitzen wird infolge der Verminderung der gelösten freien Kohlensäure das Bikarbonatgleichgewicht gestört, so daß die Stabilitätsgrenze des Bikarbonations unterschritten wird und sich Karbonation nach der Gleichung:

$$2\,HCO_3' \rightleftarrows CO_3'' + CO_2 + H_2O \qquad (2)$$

bildet. In einer zweiten Reaktionsstufe treten die Karbonationen mit den Calciumionen zu unlöslichem Calciumkarbonat zusammen, sobald das Löslichkeitsprodukt $(Ca^{\cdot\cdot})\,(CO_3'')$ überschritten wird:

$$Ca^{\cdot\cdot} + CO_3'' \rightleftarrows CaCO_3. \qquad (3)$$

Es bildet sich also bei dieser thermischen Zersetzung freie Kohlensäure, die als Korrosionsbeschleuniger im Kessel wirksam wird. Die Kohlensäure wird mit dem Dampf abgeführt, wodurch sie dann Anfressungen der Turbinen und Kondensatoren hervorrufen kann. Man sieht also, daß, abgesehen von Stein- und Schlammbildung, die Calcium- und Bikarbonationen korrosionsfördernd wirken und daß infolgedessen die in den Kessel gelangende Menge möglichst niedrig gehalten werden soll.

Der zeitliche Verlauf der thermischen Zersetzung der Bikarbonate wird durch das Massenwirkungsgesetz von Guldberg und Waage geregelt, gemäß welchem die Geschwindigkeit des Umsatzes in jedem Augenblick proportional ist dem Produkt der Konzentrationen der auf der linken Seite der Reaktionsgleichung stehenden Molekülgattungen, wobei der Proportionalitätsfaktor eine Konstante, die sogenannte Geschwindigkeitskonstante der Reaktion, darstellt. Es ist nun nicht gleichgültig, ob die Bikarbonatzersetzung nach der Gleichung (1) oder nach der Gleichung (2) verläuft, denn in ersterem Falle ist sie eine monomolekulare und im letzten eine bimolekulare Reaktion. Der Verlauf der monomolekularen Reaktionen erfolgt nach der Differentialgleichung:

$$\frac{dx}{dt} = k\,(a - x).$$

a = Anfangskonzentration,
x = die zur Zeit t umgesetzte Menge des Stoffes.

Die bimolekulare Reaktion verläuft nach der Gleichung:

$$\frac{dx}{dt} = k\,(a - x)^2.$$

Der Vergleich beider Vorgänge zeigt, daß die Geschwindigkeit der monomolekularen Reaktion unabhängig von der Ausgangskonzentration a ist, während im zweiten Falle sie derselben umgekehrt proportional ist.

Nach den Untersuchungen des Verfassers ist die thermische Zersetzung sowohl des Calcium- wie des Magnesiumbikarbonates eine monomolekulare Reaktion.

In Abb. 30 sind die Versuchsergebnisse graphisch wiedergegeben. Auf der x-Achse ist die Zeit in Minuten, und auf der Ordinate die Konzentration des Calciumbikarbonates, ausgedrückt in $CaCO_3$, eingetragen. Zum besseren Vergleich wurden alle Versuche auf dieselbe Ausgangskonzentration von 100 bezogen, so daß die Kurven sofort erkennen lassen, wieviel Prozent Calciumbikarbonat nach den verschiedenen Zeitabschnitten sich noch unzersetzt in Lösung befinden. Kurve III zeigt den Verlauf der Zersetzung bei Siedetemperatur; ich fand in diesen Versuchsreihen unter Einhaltung bestimmter Vorsichtsmaßregeln zur Konstanthaltung der Verdampfungsgeschwindigkeit eine mittlere (monomolekulare) Geschwindigkeitskonstante von k = 0,2316. Errechnet man mittels dieser Konstante den Verlauf der Zersetzung, so erhält man die theoretische Kurve IV, die denselben Verlauf wie die experimentell gefundene Linie annimmt, jedoch insofern von ihr abweicht, als die wirkliche Zersetzung im Anfang etwas schneller vor sich geht, als es theoretisch zu erwarten ist.

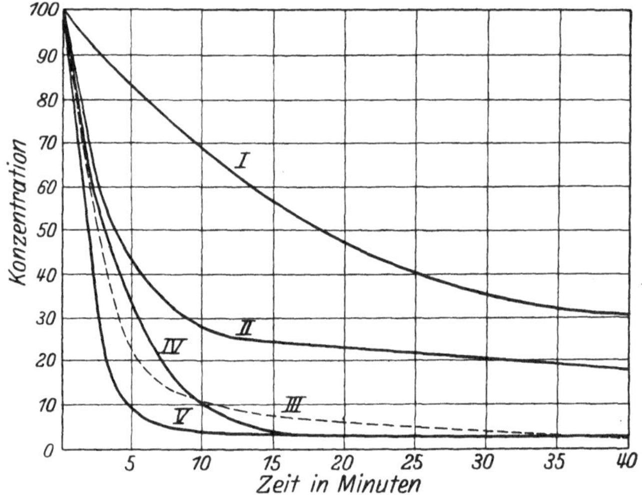

Abb. 30. Zersetzungsgeschwindigkeit des Calciumbikarbonats.

Die Kurve I zeigt die Zersetzung bei 73° und die Kurve II bei 90°, beide ohne Umrühren der Flüssigkeit. Man erkennt ohne weiteres den Einfluß der Verdampfungstemperatur: Während z. B. nach 10 Minuten bei 73° noch 68% Calciumbikarbonat unzersetzt in Lösung sind, befinden sich bei 90° nach dieser Zeit 28% und bei langsamem Kochen nur mehr 10% unzersetzt in Lösung.

Es stellt sich jetzt die Frage, von welchen Faktoren, abgesehen von der Temperatur, die Zersetzungsgeschwindigkeit des Calciumbikarbonates abhängig ist. Aus meinen Versuchen geht hervor, daß die Intensität des Kochvorganges (Umrühren) den größten Einfluß hat, und zwar steigt die Konstante mit zunehmender Durchwirbelung der Flüssigkeit. Kurve V stellt den Zersetzungsverlauf bei sehr starkem Kochvorgang dar. Die Konstante kann durch Steigerung des letzteren bis zu K = 0,70 erhöht werden.

Die Löslichkeit des ausgefallenen Calciumkarbonates beträgt 14,5 mg/l bei 17° C und nimmt mit steigender Temperatur schwach zu.

Das ausfallende Calciumkarbonat kann lockeren Schlamm und festen, kristallinischen Stein bilden. Nach Rothstein[1] besteht der in dichter Form ausgeschiedene $CaCO_3$-Stein aus Kalzit- und der Schlamm aus Arragonitkristallen.

2. Das Ionenpaar $Mg^{\cdot\cdot}$ und HCO_3'. Dieses Ionenpaar erfährt bei der Erhitzung seiner wässerigen Lösung dieselbe thermische Zersetzung wie die $Ca^{\cdot\cdot}$- und HCO_3'-Ionen. Nach eigenen Versuchen verläuft diese Umsetzung ebenfalls monomolekular, und zwar mit einer 1,5—2mal geringeren Geschwindigkeit als die Calciumbikarbonatzersetzung. Die Ursache hierfür liegt wahrscheinlich in der Verschiedenheit der beiden Dissoziationszustände: Während das Calciumbikarbonat in den praktisch vorkommenden Verdünnungen nahezu vollständig (90%) in seine Ionen zerfallen ist, beträgt der Dissoziationsgrad des Magnesiumbikarbonates nur etwa 60%. Seine Ionenspaltung geht in zwei Stufen vor sich unter Bildung eines Komplexions:

$$1.\ Mg(HCO_3)_2 \rightleftarrows MgHCO_3^{\cdot} + HCO_3'.$$
$$2.\ MgHCO_3^{\cdot} \rightleftarrows Mg^{\cdot\cdot} + HCO_3'.$$

Im allgemeinen liegen bei dem Magnesiumbikarbonat die Verhältnisse viel komplizierter, was auf der ziemlich großen Tendenz des Magnesiumions zur Komplexbildung und auf der hydrolytischen Spaltung seiner Verbindungen beruht. Aus diesem Grunde findet man in der Literatur auch keine übereinstimmenden Angaben über die Löslichkeit des Magnesiumkarbonates[2]. Bei Temperaturen oberhalb der Zimmertemperatur ist scheinbar ein Trihydrat $MgCO_3 \cdot 3\,H_2O$ beständig, dessen Löslichkeit nach Auerbach[3] mit zunehmender Temperatur abnimmt; bei höheren Temperaturen soll das Monohydrat auskristallisieren.

Das gefällte Magnesiumkarbonat geht infolge der hydrolytischen Spaltung seines gelösten Teiles langsam in Magnesiumhydrat über:

$$1.\ \underset{\text{Bodenkörper}}{MgCO_3} \rightleftarrows \underset{\text{gelöst}}{MgCO_3} \rightleftarrows \underset{\text{Ionen}}{Mg^{\cdot\cdot} + CO_3''}$$
$$2.\ Mg^{\cdot\cdot} + CO_3'' + 2\,H_2O \rightleftarrows Mg(OH)_2 + H_2O + CO_2.$$

Eigentlich erfolgt die Hydrolyse auch in zwei Stufen, indem in erster Stufe ein Komplexion $Mg\,OH^{\cdot}$ gebildet wird. Die Hydrolyse wird durch Temperaturerhöhung und durch Entfernung der Kohlensäure beschleunigt. Sie erklärt, warum Magnesiumkarbonat und kohlensäurefreies Wasser kein stabiles System bilden, warum es eine Reihe chemisch nicht genau definierbarer „basischer Magnesiumkarbonate" gibt und schließ-

[1] Rothstein: Zeitschr. f. angew. Chem. 1905, S. 540.
[2] Nach Engel (Cpt. Rend **100**, 144. 1885) beträgt sie bei 120° 0,950 g/l.
[3] Auerbach: Zeitschr. f. Elektrochem. **10**, 1904. S. 161.

lich, warum man in den Kesselablagerungen stets diese mehr oder weniger basischen Magnesiumkarbonate findet.

Die Konzentration der Mg·· und HCO_3'' ist durch die Löslichkeit des Magnesiumbikarbonates begrenzt, die ihrerseits, wie dies ja auch für das Calciumbikarbonat der Fall ist (s. S. 85ff.), von dem Partialdruck der Kohlensäure in der Gasphase abhängig ist. In Ermangelung einer genauen Bestimmung der Löslichkeit des Magnesiumkarbonates und somit der Kenntnis des Löslichkeitsproduktes (Mg··)·(CO_3'') können wir bisher diese für verschiedene CO_2-Partialdrücke gültigen Gleichgewichtsbeziehungen nicht aufstellen. Bodländer[1] hat zwar hierüber Zahlen veröffentlicht, die aber überprüft werden müssen. Er erhielt das Löslichkeitsprodukt (Mg··) (CO_3'') $= 25 \cdot 10^{-6}$.

3. Das Ionenpaar Ca·· und SO_4''. Das Ionenprodukt (Ca··)·(SO_4'') entspricht, wie bereits dargelegt wurde, dem Löslichkeitsprodukt des Gipses. Für jede Temperatur stellt es die Gleichgewichtsbeziehung einer gesättigten Gipslösung dar. Die Löslichkeit des Gipses ist für verschiedene Temperaturen in nachstehender Tabelle angegeben[2]. Aus den betreffenden Werten läßt sich, nach Umrechnung der Konzentrationen in Mol/l, das Löslichkeitsprodukt errechnen.

Temperatur °C	Bodenkörper	$CaSO_4$ g/l
0	$CaSO_4 \cdot 2\,H_2O$	1,756
25	—	2,085
60	$CaSO_4'' \cdot 2\,H_2O + CaSO_4$	1,996
151	$CaSO_4$	0,490
180	,,	0,270
200	,,	0,160
245	,,	0,180

Die Löslichkeit des Gipses ist von der Korngröße des Bodenkörpers abhängig (Hulett[3]); sie wird durch gleichionige Salze vermindert (s. S. 150ff.) und durch Alkalichloride (NH_4Cl, NaCl) erhöht. Nach W. M. Fischer[4] ist die Ausscheidungsgeschwindigkeit des $CaSO_4 \cdot 2\,H_2O$ sehr groß. Seine Induktionsperioden beginnen erst bei einer (unstabilen) Übersättigung von annähernd 12 aufzutreten. Der Gips neigt zur Übersättigung, jedoch gelang es Fischer nicht, stabile Gipslösungen von einem höheren Übersättigungsgrad als 5 herzustellen. Der Gips wird allgemein als der gefährlichste Kesselsteinbildner angesehen, da er einen sehr harten, schwer entfernbaren Steinbelag von geringer Wärmedurchlässigkeit bildet.

[1] Bodländer: Zeitschr. f. physikal. Chem. **35**, 1900. S. 23.
[2] Landolt-Börnstein.
[3] Hulett: Zeitschr. f. physikal. Chem. **37**, 1901. S. 383.
[4] Fischer, W. M.: Zeitschr. f. anorgan. u. allgem. Chem. **145**, 1925. S. 311.

Aufgabe der nächsten Zeit wird es sein, die Bedingungen, von welchen die Abscheidungsform des Gipses im Kessel abhängig ist, zu erforschen.

4. Das Ionenpaar Mg¨ und SO$_4''$. Die Löslichkeit des Magnesiumsulfates bei verschiedenen Temperaturen ist in nachstehender Tabelle angegeben.

Temperatur °C	Bodenkörper	$MgSO_4$ g/l
10	$MgSO_4 + 7\ H_2O$	236
50	$MgSO_4 + 6\ H_2O$	335
99,4	$MgSO_4 + 1\ H_2O$	406
164	,,	293
188	,,	203

Eine Anreicherung der Magnesium- und Sulfationen im Kessel bis zur Löslichkeitsgrenze ist praktisch ausgeschlossen, besonders deshalb, weil sich schon bei geringer Anreicherung der Mg¨-Ionen erhebliche Kesselanfressungen melden würden.

Die wichtigste Eigenschaft der Magnesiumionen ist neben der Hydrolyse, die sie mit dem Wasser eingehen, ihre Neigung zur Komplexbildung. Sie zählen mit Recht zu den gefährlichsten Verunreinigungen des Kesselwassers. Ihre an sich schon sehr hohe Korrosionsfähigkeit wird durch Temperatursteigerung, Sauerstoff und Sauerstoffüberträger stark erhöht. Aus diesen Gründen treten die Blechanfressungen durch Mg¨-haltiges Kesselwasser mit besonderer Intensität an den heißesten Stellen des Kessels auf, d. h. an Flammrohren, an der untersten Rohrreihe von Wasserrohrkesseln und auch unterhalb des Steinbelages. Die Gegenwart von Nitraten, Humusstoffen erhöht ebenfalls infolge ihrer Sauerstoffabspaltung die korrodierende Wirkung der Mg¨-Ionen. Die schädliche Wirkung der Magnesiumsalze läßt sich durch einen dauernden Alkaligehalt des Kesselinhaltes von etwa 0,5 g Soda pro Liter vermindern.

Es bleibt noch ein Wort über die Ca- und Mg-Silikate, die sich im Kessel abscheiden, zu sagen, jedoch sind unsere Kenntnisse über diese Verbindungen, wie sie im Kessel entstehen und vorliegen, noch allzu spärlich, um uns ein sicheres Urteil über ihre Einwirkungen zu erlauben. Im allgemeinen wird ihnen eine außerordentlich hohe wärmeisolierende Wirkung zuerkannt.

Die Beurteilung der Wirkungen der Ca¨-, Mg¨-, HCO$_3'$- und SO$_4''$-Ionen hat sich nicht nur nach den vorhandenen Mengen dieser Ionen zu richten, sondern auch nach ihren gegenseitigen Mengenverhältnissen. Das Verhalten eines Wassers im Kesselbetrieb ist nun in so starkem Maße von diesen Mengenverhältnissen abhängig, daß man eine allgemeine Einteilung der Wasser nach diesen Mengenverhältnissen aufstellen kann: Bezeichnet man mit eckigen Klammern die äquivalenten Ionenkonzentrationen, so lassen sich sämtliche Wasser in eine der folgenden drei Gruppen einreihen:

$$1.\quad ([Ca^{\cdot\cdot}]+[Mg^{\cdot\cdot}]) > [HCO_3'] \text{ bzw. } \frac{[Ca^{\cdot\cdot}]+[Mg^{\cdot\cdot}]}{[HCO_3']} > 1.$$

$$2.\quad ([Ca^{\cdot\cdot}]+[Mg^{\cdot\cdot}]) = [HCO_3'] \quad „ \quad \frac{[Ca^{\cdot\cdot}]+[Mg^{\cdot\cdot}]}{[HCO_3']} = 1.$$

$$3.\quad ([Ca^{\cdot\cdot}]+[Mg^{\cdot\cdot}]) < [HCO_3'] \quad „ \quad \frac{[Ca^{\cdot\cdot}]+[Mg^{\cdot\cdot}]}{[HCO_3']} < 1.$$

Ein Versuch zur Beurteilung der Kesselspeisewasser nach diesem Einteilungsprinzip wird am Schlusse dieses Abschnittes gegeben werden.

5. Das Chlor-Ion: Cl'. Unter den gewöhnlichen im Speisewasser vorkommenden Anionen besitzt das Chlorion die höchste rostfördernde Wirkung. Der Mechanismus dieser Einwirkung ist bis auf den heutigen Tag noch nicht restlos aufgeklärt. Liebreich[1] führt diesen Effekt auf die Tatsache zurück, daß die Cl'-Ionen eine starke ausfällende Wirkung für die Kolloide haben, wodurch die kolloidalen Eisenhydroxyde sozusagen bei ihrer Entstehung niedergeschlagen werden. Auf diese Weise würde die $Fe^{\cdot\cdot}$-Ionenkonzentration dauernd niedrig bleiben und so verunedelnd auf das Lösungspotential des Eisens wirken.

Die Passivität des Eisens, wie sie etwa durch Laugen oder Oxydationsmittel (Chromate, Dichromate) erzeugt werden kann, wird durch einen Zusatz von Chloriden abgeschwächt. Sind im Kesselwasser Chloride enthalten, so muß dementsprechend auch die rostschützende Konzentration von etwa 0,5 g Soda pro Liter dem Cl'-Gehalt entsprechend erhöht werden.

In Gegenwart von $Mg^{\cdot\cdot}$-Ionen sind die Chloride im Kessel wegen der Hydrolyse (Abspaltung von HCl) doppelt gefährlich.

6. Das Nitrat-Ion NO_3'. Nach übereinstimmenden Angaben verschiedener Fachleute (u. a. Blacher, Bosshard, Eitner, Fischer, Paul, Speller, Splittgerber u. a.) kommen den Nitraten ähnliche Korrosionswirkungen wie den Chloriden im Kessel zu. Über den eigentlichen Mechanismus dieses Vorganges wissen wir ebenfalls noch nichts. Speller[2] vermutet, daß die Wirkung des an Calcium und Magnesium gebundenen Nitrations auf der hydrolytischen Spaltung dieser Verbindung beruht, während Paul[3] außerdem die Nitrate als Sauerstoffüberträger auf Grund der folgenden Reaktion ansieht.

$$4\,FeO + Ca(NO_3)_2 = 2\,Fe_2O_3 + Ca(NO_2)_2.$$

Aus eigenen Betriebserfahrungen kann berichtet werden, daß die Nitrate besonders stark anfressend auf die Kesselbleche wirken, wenn

[1] Liebreich, E.: Rost und Rostschutz. Braunschweig: Vieweg & Sohn 1914, S. 38.

[2] Speller, F. N.: Corrosion, Mc Graw Hill Cy. 1926, S. 407.

[3] Paul, J. H.: Boiler Chemistry and Feed Water Supplies. Longmans, Green & Cy., London 1923.

zugleich organische Stoffe vorhanden sind, daß ihre schädliche Wirkung sich auch dann äußert, wenn ein Steinbelag vorhanden ist, unter dem sie infolge der durch die Wärmestauung bedingten Temperatursteigerung geradezu verheerende Anfressungen hervorrufen können. Durch dauerndes Alkalischhalten des Kesselinhaltes lassen sich diese Anfressungen erheblich herabmindern. Die Nitrate verursachen auch, wie J. A. Jones[1] nachwies, interkristalline Risse in mechanisch beanspruchtem Flußeisen.

5. Einteilung und Beurteilung der natürlichen Kesselspeisewässer.

In richtiger Würdigung der Lehre von der elektrolytischen Dissoziation hat man sich bereits frühzeitig in Chemikerkreisen davon losgesagt, die in dem Wasser vorhandenen Säure- und Basenradikale, bzw. die entsprechenden Anionen und Kationen zu Salzen zusammenzupaaren. Trotzdem die Darstellungsart der Analysenbefunde auf Grund der Ionenlehre seit 20 Jahren von Chemikern befürwortet wird, ist sie in Ingenieurkreisen immer noch nicht richtig durchgedrungen. Hier stützt man sich nach wie vor bei der Beurteilung der Wasser auf den Begriff der Härte. Man hat sich aber im Laufe der Jahre immer mehr von dem ursprünglischen Begriff der Härte entfernt, indem man dazu übergegangen ist, außer den eigentlichen Härtebildnern auch die Mengen der anderen Begleitstoffe des Wassers in Härtegraden auszudrücken. Daß sich dadurch bei chemisch nicht durchgebildeten Kesselfachleuten falsche Vorstellungen von den Eigenschaften des Wassers ausbilden mußten, ist eine Selbstverständlichkeit. Die nach den modernen Anschauungen theoretisch richtige und praktisch auch erfolgreiche Einteilung und Beurteilung der natürlichen Wasser geht von den Konzentrationen und Mengenverhältnissen der vorhandenen Ionen aus. Darüber hinaus finden dann die anderen Verunreinigungen (Grobdispersoide, Kolloide und gasförmige Stoffe) die gebührende Beachtung.

Die Analysenresultate werden dementsprechend in mg/l oder in g/cbm und in Äquivalenten (Val) bzw. in Milliäquivalenten (Millival) angegeben: Das Äquivalent eines Ions ist gleich dem Atom- bzw. Iongewicht in Gramm geteilt durch die Wertigkeit, ein Milliäquivalent ist der tausendste Teil eines Äquivalentes. Die wichtigsten Vorteile, die der Darstellungsweise der Analysenbefunde in Ionäquivalenten entspringen, sind etwa die folgenden: Die mit Leichtigkeit aufzustellende Anionen-Kationenbilanz gestattet eine schnelle Nachprüfung der Analysenwerte, einen Einblick in die Genauigkeit der gefundenen Werte und auch eine annähernd richtige Bestimmung der Alkaliionen, falls diese nicht analytisch ermittelt

[1] Jones, J. A.: Speisewasserpflege S. 169.

wurden. Die Gegenüberstellung der Anionen- und Kationenkonzentrationen (Val) vermittelt eine klare Einsicht in das Verhalten des Wassers im Kessel, da sich durch einfache Additionen und Subtraktionen die Mengen der schädlichen Bestandteile herausziehen lassen. Ferner ist es möglich, auf dieser Basis eine allgemein gültige Einteilung der Kesselspeisewasser in bestimmte Gruppen aufzustellen, was infolge der Willkür der bisherigen Darstellungsweisen nicht möglich war.

Als allgemeines Einteilungsprinzip der Wasser haben wir oben das Mengenverhältnis der Bikarbonationen zu der Summe von Calcium- und Magnesiumionen kennengelernt. Unter Zugrundelegung der Äquivalente bzw. Milliäquivalente kann man drei Grundtypen von Wässern unterscheiden, je nachdem die Summe der Kalzium- und Magnesiumkonzentrationen größer oder kleiner ist als die Bikarbonatkonzentration oder ob sie einander gleich sind.

1. Gruppe: Für die Wasser der ersten Gruppe ist die Beziehung

$$([Ca^{\cdot\cdot}] + [Mg^{\cdot\cdot}]) > [HCO_3']$$

kennzeichnend: Die Summe der Konzentrationen von Calcium- und Magnesiumionen ist größer als die Konzentration der Bikarbonationen. Beim Kochen eines solchen Wassers fällt eine der Bikarbonatkonzentration entsprechende Menge Calcium und Magnesium als Karbonat bzw. als basisches Karbonat aus. Im abgekochten Wasser verbleibt eine der Differenz $[Ca^{\cdot\cdot}] + [Mg^{\cdot\cdot}] - [HCO_3']$ entsprechende Anzahl Äquivalente Calcium- und Magnesiumionen vermehrt um eine dem Löslichkeitsgleichgewicht des Bodenkörpers entsprechende und praktisch zu vernachlässigende Menge dieser Ionen.

Die wichtige Frage, wie sich bei dem Kochprozeß die Calcium- und Magnesiumionen auf die Bikarbonationen bzw. auf die sich bildenden Karbonationen verteilen, ist bisher keiner eingehenden Untersuchung gewürdigt worden. Wohl läßt sich diese Frage ganz allgemein auf Grund der Dissoziationslehre dahin beantworten, daß das Teilungsverhältnis gleich ist dem Verhältnis der Dissoziationsgrade bei der entsprechenden Verdünnung, aber dieser Satz ist streng genommen nur gültig für homogene Gleichgewichte. In unserem Falle, wo wir es mit der Entstehung einer bzw. zweier neuer Phasen zu tun haben, überdecken sich die Einflüsse des Löslichkeitsunterschiedes zwischen $CaCO_3$ und $MgCO_3$ mit den Einflüssen der verschiedenen Dissoziationsgrade und -zustände. In Ermangelung genauer, zahlenmäßiger Daten über die Teilungsverhältnisse ist es daher nicht möglich, die vorliegende Gruppe einwandfrei zu unterteilen. Um trotzdem diese Gruppe, welcher weitaus die meisten natürlichen Wasser angehören, etwas übersichtlich zu ordnen, machen wir die Annahme, daß die Calciumionen, infolge des höheren Dissoziationsgrades der fraglichen Salze und infolge der geringeren Löslichkeit des sich bildenden Karbonates, in bevorzugter Weise von den beim Kochprozeß sich bildenden Karbonationen gebunden und ausgefällt werden. Unter dieser Voraussetzung erhält man dann die folgenden drei Untergruppen:

1. Untergruppe: $[Ca^{\cdot\cdot}] > [HCO_3']$.

In einem solchen Wasser reichen die Bikarbonationen nicht aus, um die Calciumionen vollständig zu binden, es bildet sich also beim Eindampfen im Kessel nur eine der Bikarbonationenkonzentration äquivalente Menge Calciumkarbonat und es bleibt im ausgekochten Wasser eine der Differenz $[Ca^{\cdot\cdot}] - [HCO_3']$ entsprechende Menge Calciumionen übrig. Die Eigenschaften dieses abgekochten Wassers sind nun davon abhängig, welche Anionen das überschüssige Calcium vorfindet. Hinsichtlich der Kesselsteinbildung sind diese Wasser um so bedenklicher, je größer die Differenz $[Ca^{\cdot\cdot}] - [HCO_3']$ ist und je mehr Sulfationen zugegen sind. Sind aber vorzugsweise Chlorionen vorhanden, so entsteht im Kessel eine Anreicherung des sehr löslichen Calciumchlorids, dessen korrosionsfördernde Eigenschaften zu befürchten sind.

2. Untergruppe: $[Ca^{\cdot\cdot}] = [HCO_3']$.

Die Bikarbonationen reichen gerade dazu aus, um die Kalziumionen als Karbonat auszufällen. Es besteht demnach nicht die Gefahr einer primären Gipsabscheidung im Kessel. Sind Sulfationen im Wasser vorhanden, so kann trotzdem bei höheren Temperaturen die Reaktion

$$CaCO_3 + SO_4'' = CaSO_4 + CO_3''$$

vor sich gehen. Die Umsetzung muß sogar erfolgen oberhalb der Temperatur, bei der die Löslichkeit des Gipses anfängt kleiner zu werden als die des Calciumkarbonates. Diese Temperatur liegt in reinen Lösungen etwa bei 220° C, d. h. bei einem Druck von 25 atü. Ist gleichzeitig im Kesselwasser ein Überschuß an Sulfat- und an Karbonationen vorhanden, so wird infolge der Wirkung gleichartiger Ionen die Löslichkeit von $CaCO_3$ und $CaSO_4$ herabgesetzt, und die obige Umsetzung, die man im Zusammenhang mit den früher entwickelten Anschauungen über die Kesselsteinbildung als ternäre Gipsabscheidung auffassen kann, setzt bereits bei niederen Temperaturen ein. Diese Ergebnisse sind wohl von grundlegender Bedeutung für die Hochdruckkessel, so daß sich die genaue Durchprüfung der fraglichen Gleichgewichtsbeziehungen offenbar lohnen wird. Eine wichtige Frage ist z. B. die folgende: Wie gestaltet sich die ternäre Gipsabscheidung in Gegenwart von Natriumsulfat und wie in Gegenwart von Magnesiumsulfat? Die ternäre Gipsabscheidung ist kein ausschließliches Merkmal der Wasser dieser 2. Untergruppe, sie kann vielmehr in allen Wassern, die Calciumkarbonat abscheiden und die Sulfationen in Lösung haben, auftreten. Immerhin ist sie für diese Untergruppe besonders wichtig, da anscheinend alle Calciumionen als Karbonat ausgefällt werden und man daher am allerwenigsten mit einer Gipsausscheidung rechnen wird.

3. Untergruppe: $[Ca^{\cdot\cdot}] < [HCO'_3]$.

In diesen Wassern ist ein Bikarbonatüberschuß vorhanden und es wird demgemäß beim Kochprozeß eine dem Überschusse $[HCO'_3] - [Ca^{\cdot\cdot}]$ entsprechende Menge Magnesiumkarbonat ausgefällt.

Ziehen wir nun systematisch die Magnesiumionen in den Kreis der vorstehenden Betrachtungen hinein, so erhalten wir das folgende Bild:

Die Wasser der ersten Untergruppe enthalten nach dem Einkochen eine der Differenz $[Ca^{\cdot\cdot}] - [HCO'_3]$ entsprechende Menge der im Ausgangswasser vorhandenen Magnesiumionen. Ist das Wasser reich an Chlorionen, so wirkt es infolge der auftretenden hydrolytischen Spaltungen stark rostfördernd. Sind keine oder nur wenig Magnesiumionen zugegen und ist auch die Menge der vorhandenen Sulfationen gering, so bewirkt die Gegenwart des Ionenpaares $Ca^{\cdot\cdot}$ und Cl' ebenfalls eine Förderung der Abrostungen.

In den Wassern der zweiten Untergruppe sind die Eigenschaften im abgekochten Zustande in erster Linie von der Konzentration der vorhandenen Magnesiumionen abhängig, da diese als hydrolysierbare Chloride und Sulfate wirksam werden.

Die Wasser der dritten Untergruppe endlich enthalten nur mehr eine der Differenz $([Ca^{\cdot\cdot}] + [Mg^{\cdot\cdot}]) - [HCO'_3]$ entsprechende Menge Magnesiumionen und daher ist das Wasser in erster Linie nach dieser Differenz und den gleichzeitig vorhandenen Anionen zu beurteilen, wozu natürlich, wie in allen anderen Fällen, die vorhandenen Nebenbegleitstoffe (Gase, Kolloide usw.) besonders beachtet werden müssen.

2. Gruppe:

$$([Ca^{\cdot\cdot}] + [Mg^{\cdot\cdot}]) = [HCO'_3].$$

Die Summe der Calcium- und Magnesiumäquivalente ist gleich der Bikarbonationenkonzentration. Obwohl der Verfasser bisher über Tausend verschiedene Speisewasserproben untersucht hat, ist ihm noch kein Wasser dieser Gruppe vorgekommen. Immerhin läßt sich aus der obigen Beziehung ableiten, daß ein solches Wasser sich durch einfaches Kochen vollständig, bzw. bis auf die durch die Löslichkeit des Bodenkörpers bedingte geringe Härte, enthärten lassen muß. Dementsprechend sind die Eigenschaften eines solchen Wassers in stärkerem Maße von den anderen Begleitstoffen abhängig. In dieser Hinsicht ist ein derartiges Wasser zuerst auf die vorhandenen grobdispersen, kolloidalen und gasförmigen Verunreinigungen hin zu beurteilen, und dann, im Hinblick auf die ternäre Gipsabscheidung, auch auf die vorhandenen Sulfate.

3. Gruppe:

$$([Ca^{\cdot\cdot}] + [Mg^{\cdot\cdot}]) < [HCO'_3].$$

Beim Abkochen eines Wassers dieser Art werden nicht nur die Calcium- und Magnesiumionen vollständig in Karbonat bzw. in basisches Karbonat übergeführt und ausgefällt, sondern es entsteht ein Überschuß an Karbonationen: das Wasser wird sodahaltig und bei andauerndem Kochprozeß ätznatronhaltig. Die Wasser dieser Gruppe haben neuerdings durch die Parrsche Theorie der Laugensprödigkeit ein sehr großes Interesse erregt. Sie kommen in der Tat zahlreicher vor, als man bisher annahm, und sie sind im Kesselbetrieb auch nicht so einfach zu behandeln, wie es den Anschein erweckt. Infolge der Anreicherung von Soda und der Hydrolyse dieses Bestandteiles zu Ätznatron, bedingen die Wasser, außer der Laugenempfindlichkeit kalt gereckter Kesselteile, eine Reihe von bereits erörterten Mißständen, z. B. Schäumen, Stoßen, Anfressungen von kupferhaltigen Legierungen usw. Die Entstehung von naszierender Kohlensäure im Kessel selbst kann trotz alkalischer Reaktion des Kesselwassers zu Anfressungen führen, wozu allerdings noch andere, bisher nicht näher bekannte Begleitumstände notwendig sind, z. B. Gegenwart von Schlamm.

Aus dieser Einteilung der Wasser kann man, wie dies kurz angedeutet ist, sehr viel für die Beurteilung herausholen. Es besteht aber kein Zweifel, daß bei planmäßiger Durchführung dieses Einteilungsprinzips sich die Verhältnisse noch durchsichtiger darstellen lassen werden; immerhin muß aber nochmals betont werden, daß vorerst verschiedene noch offenstehende Fragen durch entsprechende Versuche geklärt werden müssen.

Vierter Teil.

Das Verhalten der Kesselbaustoffe im Betriebe.

A. Die Eigenschaften der Kesselbaustoffe.

Es liegt nicht im Rahmen der vorliegenden Arbeit, eine Darstellung der einzelnen Herstellungsstadien vom Stahlwerk an bis zur Fertigstellung in der Kesselschmiede zu geben. Vielmehr sollen hier nur jene Fragen berührt werden, die, mit Rücksicht auf die Betriebssicherheit, im Zusammenhang mit dem behandelten Stoffe stehen.

Die Anforderungen, die an die wichtigsten Baustoffe, Kesselbleche, Rohre und Niete, gestellt werden, sind im allgemeinen die folgenden: Die chemische Zusammensetzung soll die gewünschten Fertigkeitseigenschaften gewährleisten, der Baustoff soll frei sein von makroskopischen und mikroskopischen Fehlern, er soll eine gute Warm- und Kaltbearbeitbarkeit und eine einwandfreie Schweißbarkeit besitzen. Die Prüfung der Baustoffe erfolgt nun vorschriftsmäßig bei gewöhnlicher Temperatur, und wir übertragen die hierbei gewonnenen Resultate auf die höheren Wärmegrade des Betriebes. Der weitere Ausbau des Hochdruckwesens wird früh oder spät eine Abänderung der Prüfvorschriften unter Berücksichtigung der Festigkeitseigenschaften bei höheren Wärmegraden mit sich bringen. In nachstehender Tabelle sind daher die neuesten Angaben über die Festigkeitseigenschaften verschiedener Blechqualitäten bei steigender Temperatur angegeben. Die Werte entstammen der Arbeit von G. Urbanczyk[1], der die vier Blechsorten der neuen Werkstoff- und Bauvorschriften für Landdampfkessel (1926) untersucht hat. Die Tabelle ist unter Berücksichtigung der üblichen Bauvorschriften, daß nur die an der unteren Grenze liegenden Werte den Berechnungen zugrunde gelegt werden sollen, zusammengestellt.

Berechnungsunterlagen für Kesselbauteile bei höheren Temperaturen.

Temperatur	Blechsorte I (35—44 kg/mm²)		Blechsorte II (41—50 kg/mm²)		Blechsorte III (44—53 kg/mm²)		Blechsorte IV (47—56 kg/mm²)	
	Streckgrenze	Festigkeit	Streckgrenze	Festigkeit	Streckgrenze	Festigkeit	Streckgrenze	Festigkeit
°C	kg/mm²	kg/mm²	kg/mm²	kg/mm²	kg/mm²	kg/mm²	kg/mm²	kg/mm²
20	18,0	35,0	21,0	41,0	24,0	44,0	25,0	47,0
100	17,0	36,0	20,5	39,0	22,0	43,0	24,0	47,5
200	16,5	45,0	19,0	48,0	21,0	52,0	23,0	54,0
225	16,0	46,0	18,5	49,0	20,5	52,5	23,0	55,0
250	15,5	45,5	18,0	50,0	19,5	53,5	22,0	55,0
275	15,0	45,0	17,0	50,0	19,0	53,0	21,0	54,5
300	14,5	44,0	17,0	48,0	18,0	50,5	20,0	54,0
325	13,5	42,0	16,0	45,0	17,0	48,0	18,0	52,0
350	13,0	38,0	14,0	43,0	16,0	44,0	17,0	50,0
400	11,0	33,5	12,0	37,0	13,0	38,0	14,0	44,0
500	8,0	22,0	9,0	26,0	9,5	27,0	10,0	31,0
600	6,0	13,5	6,5	14,0	8,0	15,0	8,5	16,0

B. Das Verhalten der Kesselbaustoffe im Betriebe.

1. Allgemeines.

Die Güte des Baustoffes und damit das Verhalten des Kessels selbst im Betriebe ist naturgemäß weitgehend von dem Herstellungs- und Verarbeitungsverfahren abhängig. In der nachfolgenden Zusammenstellung sind die wichtigsten Umstände, die auf die Qualität des Enderzeugnisses von Einfluß sind, angegeben.

I. Herstellung des Stahles.

1. Reinheit des Einsatzes.
2. Temperaturverhältnisse beim Schmelzen und Frischen.
3. Schlackenzusammensetzung.
4. Art der Desoxydation.
5. Zustand und Temperatur des Metalls vor dem Abstich.

II. Gießen und Erstarren des Stahles.

6. Gießverfahren.
7. Form und Wandstärke der Kokillen
8. Zustand und Temperatur der Kokillen.
9. Abmessungen der Brammen.
10. Gießtemperatur.
11. Gießgeschwindigkeit.

[1] Urbanczyk, S.: Stahleisen **47**, 1927. S. 1128.

III. Verhalten des Stahles bei der Erstarrung.

12. Lunker.
13. Seigerungen.
14. Gasblasen.
15. Risse und Schalen.

IV. Verarbeitung der Brammen im Walzwerk.

16. Anheizverfahren.
17. Walzverfahren.
18. Temperatur der Wärmöfen.
19. Zustand der Walzen.
20. Walztemperatur.
21. Abkühlung der Bleche.

V. Glühbehandlung der Bleche.

22. Art und Zustand des Glühofens.
23. Glühtemperatur.
24. Glühdauer.
25. Abkühlungsverhältnisse.

VI. Verarbeitung der Bleche in der Kesselschmiede.

26. Zurichterei (Schneiden, Kantenbearbeitung, Hobeln).
27. Preßarbeit (Böden).
28. Biegearbeit (Mantelschüsse).
29. Bördeln und Flanschen (Flammrohre).
30. Schweißarbeit.
31. Schmiedearbeit.
32. Bohren.
33. Nieten.
34. Einwalzen.
35. Verstemmen.

Man erkennt ohne weiteres aus dieser Aufeinanderfolge der Arbeitsstadien, daß die Ursachen für das Auftreten von Kesselschäden äußerst mannigfaltig sind, und daß die Güte des Enderzeugnisses von einer großen Reihe von sich zum Teil überdeckenden Einflüssen abhängig ist.

Obschon wir zugeben müssen — und diesen Punkt hat Fry[1] in letzter Zeit besonders hervorgehoben —, daß wir alle Eigenschaften der Baustoffe bisher noch nicht in vollem Maße beherrschen, hat die Erfahrung gelehrt, daß die Ursachen der Kesselschäden und Kesselunfälle nur zu einem verhältnismäßig geringen Teil auf die Stahlqualität zurückgehen, sondern daß sie eher — und das ist eine der wichtigsten Errungenschaften der Metallographie — ihren Ausgangspunkt in der Weiterverarbeitung haben. Dies gilt im besonderen für die unter dem Namen Altern bekannten Eigenschaftsänderungen der flußeisernen Kesselteile im Betriebe. Es hat sich nämlich durch die Untersuchung schadhaft gewordener Kesselbleche herausgestellt, daß sich die mechanischen Eigenschaften unter den Betriebseinflüssen verschlechtert hatten, was sich insbesondere durch eine auffallend hohe Sprödigkeit äußerte. Diese Vorgänge sind in den letzten Jahren sehr eingehend untersucht worden, wobei zwei Eigenschaften des Flußeisens aufgedeckt und auch schon grundsätzlich klargestellt wurden, die von der Kaltverarbeitung abhängen, nämlich das Altern und die Rekristallisation. Die chemische Zusammensetzung und auch die Festigkeitseigenschaften bei verschiedenen Wärmegraden sind dementsprechend nicht ausreichend, um die Güte und das Verhalten des Werkstoffes im Kesselbetriebe zu kennzeichnen.

[1] Fry, A.: Kruppsche Monatshefte 7, 1926. S. 183.

2. Kaltverformung des Flußeisens.

Als Temperaturgrenze zwischen der Kalt- und Warmverformung nimmt man gewöhnlich die A_3-Umwandlung des Eisens an, weil im γ-Gebiet des Eisens das Korn seine Gestalt nicht verändert, während unterhalb A_3 eine Kornverzerrung stattfindet. Obwohl die genaue Festlegung dieser Grenze noch zum Gegenstand neuerer Forschungen gemacht werden muß, erscheint es einstweilen zweckmäßig, die A_3-Umwandlung als Grenze beizubehalten.

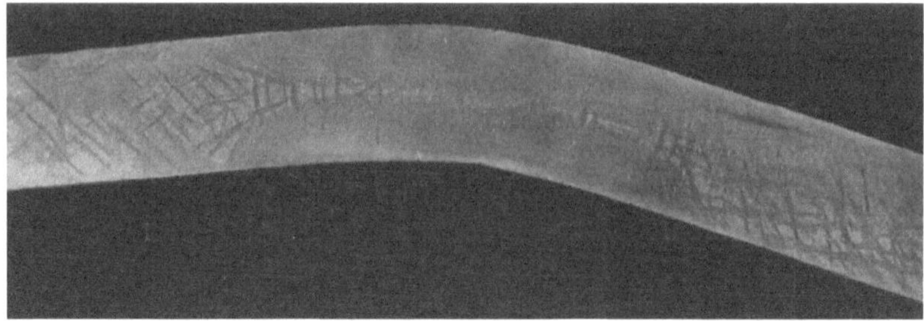

Abb. 31. Kraftwirkungslinien in einem kalt gebogenen Kesselblech (Fry-Ätzung). (1× vergr.)

Abb. 32. Gleitlinien.

Mit dem Überschreiten der Streckgrenze unterhalb A_3 treten im Flußeisengefüge bleibende Formänderungen auf, die sich auf metallographischem Wege nachweisen lassen, und innere Spannungen im Material hinterlassen, die sich bei der nachträglichen mechanischen Prüfung in typischer Weise kennzeichnen.

Von den makroskopischen Merkmalen der Kaltverformung sind vorerst die bekannten Hartmannschen oder Lüderschen Linien zu erwähnen, die beim Zug- und Druckversuch auftreten und die sogenannten Kraftwirkungslinien, die mittels des Fryschen Ätzverfahrens auf den bis 200° angelassenen Schliffen entwickelt werden. Dieses Ätzmittel färbt die über die Streckgrenze hinaus beanspruchten Zonen des weichen

Flußeisens dunkel an, so daß die hierbei hervortretenden Kraftwirkungsfiguren, auch Gleit- oder Fließlinien genannt, eine Vorstellung von der Spannungsverteilung in ebenen Schnitten und durch Kombination verschiedener Schnitte auch von dem räumlichen Spannungsverlauf vermitteln. Abb. 31 zeigt einen mit Fryschem Ätzmittel behandelten, schwach gebogenen Kesselblechstreifen.

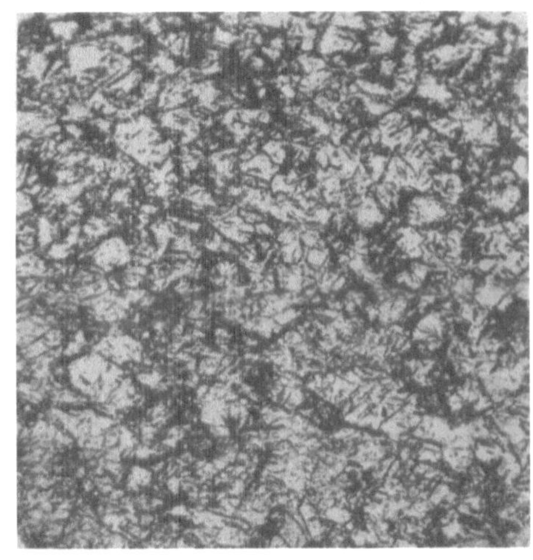

Abb. 33. Kornzerfall in kaltgerecktem Flußeisen (Niet). (200 × vergr.)

Die mikroskopischen Merkmale der Kaltverformung bestehen in dem Auftreten von geraden, parallelen Gleitlinien oder Translationslinien innerhalb der Kristalle, die bei starker Deformation den geradlinigen Verlauf verlieren und krummlinig oder wellenförmig werden (Abb. 32). Das kaltverformte Flußeisen zeigt außerdem Kornstreckungen in der Richtung der Beanspruchung. Der Streckungsgrad, d. h. das Verhältnis der Kornlänge zur Kornbreite, gibt ein Maß für die stattgefundene Verformung ab. Eine Abänderung des Fryschen Ätzmittels erlaubt die durch Kaltverformung hervorgerufenen, feinen Gefügestörungen sichtbar zu machen. Hierbei finden sich Gefügeerscheinungen von der in Abb. 33 dargestellten Art. Zum Vergleich diene die Abb. 34, die einen einfach geätzten (Pikrin-Salpetersäure) Schliff derselben Probe, und zwar in der Nähe der in der Abb. 34 wiedergegebenen Stelle darstellt. Beide Bilder beziehen sich auf ein gealtertes sprödes Niet mit Rissen. Die tiefgreifende Schädigung (Kornzerfall) der kaltgereckten Kristalle ist deutlich zu erkennen.

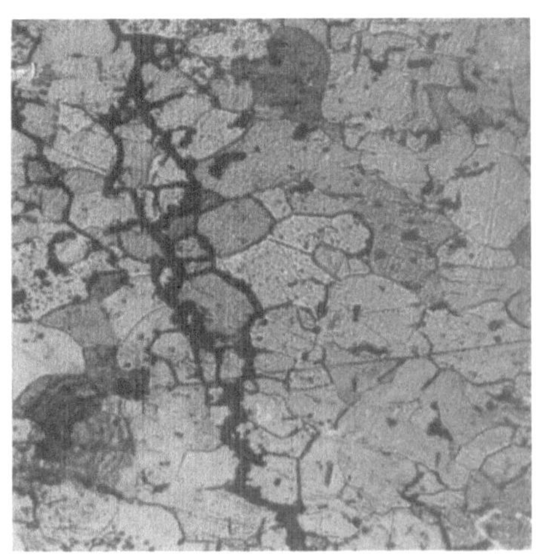

Abb. 34. Gefüge des auf Abb. 33 wiedergegebenen Nietkopfes in normaler Ätzung. (200 × vergr.)

Die mechanischen Eigenschaftsänderungen des Eisens infolge Kaltreckung sind im allgemeinen die folgenden: Streckgrenze, Zugfestigkeit und Härte nehmen mit steigendem Verformungsgrad zu, die Dehnung dagegen ab. Von großer Wichtigkeit ist die Tatsache, daß kaltverformtes Eisen ein höheres elektrolytisches Lösungspotential und dementsprechend eine höhere Säurelöslichkeit und Korrosionsfähigkeit zeigt als unbeanspruchtes, gleiches Material.

3. Altern[1].

Unter Altern ist die allmähliche Veränderung der Festigkeitseigenschaften des kalt gereckten Flußeisens zu verstehen, die sich namentlich in einer Verminderung der Kerbzähigkeit ausprägt. Die Alterungserscheinungen werden durch ein Erhitzen auf 100—300° wesentlich gesteigert, eine Tatsache, die für den Kesselbetrieb, wo dieses Temperaturintervall geradezu als normal anzusehen ist, von grundlegender Bedeutung ist. Mit dem Altern hängt auch die Blausprödigkeit des Eisens eng zusammen.

4. Rekristallisation[2].

Die Kaltverformung bewirkt im Eisen Störungen des strukturellen Gleichgewichtszustandes; die einzelnen Körner haben demnach das Bestreben, den normalen Gleichgewichtszustand wieder einzunehmen, und so genügt schon eine verhältnismäßig geringe Energie- (Wärme-) zufuhr, um weitgehende Gefügeänderungen im kaltdeformierten Eisen hervorzurufen. Diese Veränderungen bestehen nicht nur im Verschwinden aller Merkmale der Kaltverformung, sondern in einer Neubildung von Kristallen mit entsprechenden Eigenschaftsänderungen. Unter bestimmten, den sogenannten kritischen Bedingungen wird das Korn in außerordentlich hohem Maße vergrößert, was natürlich eine Verschlechterung der mechanischen Eigenschaften, insbesondere der Zähigkeit, zur Folge hat. Diese kritischen Bedingungen bestehen in einem Verformungsgrad von 10% (kritische Formänderung) mit nachfolgender Ausglühung zwischen

---

[1] Oberhoffer, P.: Das technische Eisen, 2. Aufl. Berlin: Julius Springer 1925. — Goerens, P.: Einführung in die Metallographie. Leipzig: Knapp. — Baumann, R.: Z. V. d. I. **59**, 1915, S. 623. — Bauer, O.: Mitt. Materialpr.-Amt Berlin **35**, 1917, S. 194. — Fettweis: Stahleisen **39**, 1919, S. 1. — Bauer, O.: Mitt. Materialpr.-Amt, Berlin 1921, S. 251. — Körber, F. und Dreyer, A.: Mitt. K. W. Inst. f. Eisenforsch. **2**, 1921, S. 60. — Goerens, P.: Hochdruckdampf. Verlag V. d. I. 1924, S. 15.

[2] Chapell: Ferrum 1915/16, S. 6. — Czochralski: Int. Zeitschr. f. Metallogr. **8**, 1916, S. 36. — Wüst und Huntington: Stahleisen **37**, 1917, S. 829. — Pomp, A.: Ebenda **40**, 1920, S. 1261. — Körber, F.: Mitt. K. W. Inst. f. Eisenforsch. **4**, 1922, S. 31. — Oberhoffer und Jungbluth: Stahleisen **42**, 1924, S. 1513. — Oberhoffer, P. und Oertel: Ebenda **44**, 1924, S. 590. — Körber, F. und Pomp, A.: Mitt. K. W. Inst. Eisenforsch. **6**, 1925, S. 33. — Hanemann: Werkstoffbericht Nr. 84 d. Ver. dtsch. Eisenhüttenl. — Ders.: Stahleisen **45**, 1925, S. 1117.

700 und 800° (kritisches Temperaturintervall). Wie stark die Korngröße auf diese Weise erhöht werden kann, beweisen die Versuche von Pomp, der eine Vergrößerung der rekristallisierten Körner um 24000% gegenüber normalisiertem Korn feststellte. Das in Abb. 35 wiedergegebene Gefügebild zeigt das rekristallisierte Grobkorn eines kaltgebogenen Bleches in Gegenüberstellung mit dem auf Abb. 36 dargestellten normalisierten Gefüge. In sehr vielen Fällen ist ein sehr schroffer Übergang vom gröbsten rekristallisierten zum feinsten Korngefüge innerhalb einer und derselben Probe zu beobachten, wovon Abb. 37 ein Beispiel aus einem kritisch geglühten abgesprungenen Nietkopf ist. Dieser plötzliche Übergang hängt damit zusammen, daß die Rekristallisation an einen bestimmten Verformungsgrad geknüpft ist, außerhalb dessen sogar Kornverfeinerung eintreten kann. Es ist für die Rekristallisation gleichbedeutend, ob die kritische Verformung bei gewöhnlicher Temperatur mit nachfolgender kritischer Glühbehandlung, oder ob die Ver-

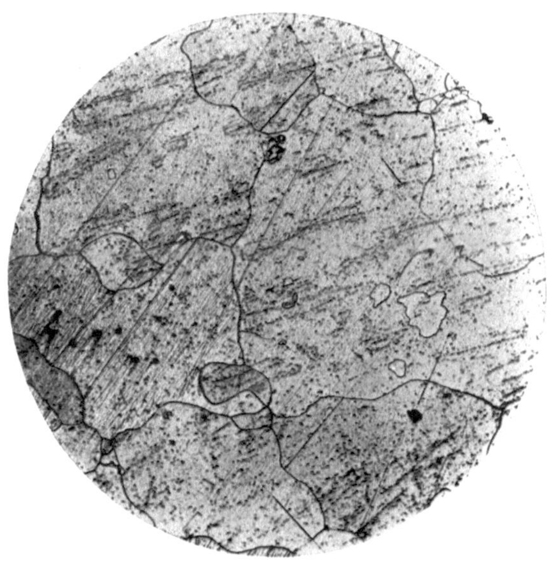

Abb. 35. Grobkornrekristallisation eines Kesselbleches.

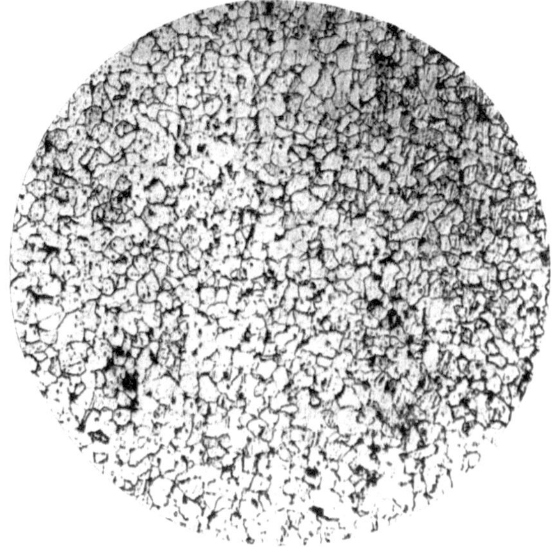

Abb. 36. Normalisiertes Gefüge des auf Abb. 35 wiedergegebenen Bleches.

formung im kritischen Temperaturbereich selbst erfolgt ist. Eine sehr oft an Kesselblechen festzustellende Erscheinung ist die Grobkornbildung an den Oberflächen; während in der Mitte das Gefüge feinkörniger wird. Den Übergang von Grobkorn zum Feinkorn eines solchen Bleches (bis zur Blechmitte) zeigt Abb. 38. Als Ursachen dieser Erscheinung ist offenbar eine unter kritischen Bedingungen erfolgte Formänderung anzunehmen (Endwalztemperatur unterhalb A_3, verbunden mit einer Querschnittsverminderung von etwa 8—16%).

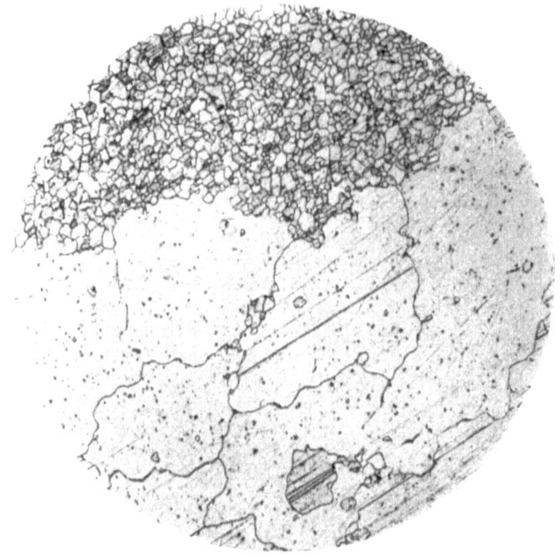

Abb. 37. Korngrößenverschiedenheit bei der Rekristallisation.

Ein typisches Merkmal des rekristallisierten Flußeisens ist der Zerfall des Perlits in Ferrit und freien, an den Korngrenzen abgelagerten Zementit.

Die mit der Rekristallisation verbundenen Eigenschaftsänderungen bestehen in einer starken Abnahme des Formänderungswiderstandes, die sich vor allem in einer Sprödigkeitszunahme ausprägt[1].

5. Überhitzung.

Bei der Warmverformung und besonders beim Schweißen des Eisens besteht die Gefahr, daß der Werkstoff zu stark erwärmt wird, wodurch er überhitzt und verbrannt werden kann. Die hierbei auftretenden Änderungen der Festigkeitseigenschaften und des Gefügeaufbaues sind von der Höhe der Glühtemperatur und von der Glühdauer abhängig. Nach Pomp[2] ändert sich die Härte des weichen Flußeisens von etwa 0,1% C mit steigender Glühbehandlung nicht. Dagegen fällt die Kerbzähigkeit von 600° an erst langsam und von 1100° an rasch auf sehr niedrige Werte. Die Korngröße fängt von 700° an langsam an zu

[1] Ein gewisser Widerspruch zwischen den Ergebnissen der wissenschaftlichen Forschung und den praktischen Erfahrungen bleibt noch zu klären: Kaltverformung ist bei verschiedenen Kesselteilen nicht zu umgehen, und doch treten die mißlichen Folgeerscheinungen an diesen Teilen nur sporadisch zu Tage, während sie doch hier eher die Regel sein sollten. (Einwalzen von Siederohren, Nieten usw.)

[2] Pomp, A.: Ferrum 1916, S. 49.

Abb. 38. Unter A_3gewalztes Flußeisenblech. (Gefüge des Querschnitts einer Grobkornbildung am Rand.)

wachsen, oberhalb 1100° nimmt sie sehr rasch zu. Bei weiterer Erhitzung und längerer Glühdauer wird Sauerstoff aufgenommen: der Werkstoff verbrennt. Als Beispiel zeigt Abb. 39 das bereits erheblich überhitzte Gefüge eines nahtlos gezogenen Siederohres.

Die erörterten nachteiligen Wirkungen einer fehlerhaften Verarbeitung des Werkstoffes lassen sich durch eine Glühbehandlung knapp oberhalb Ac_3 zum Verschwinden brin-

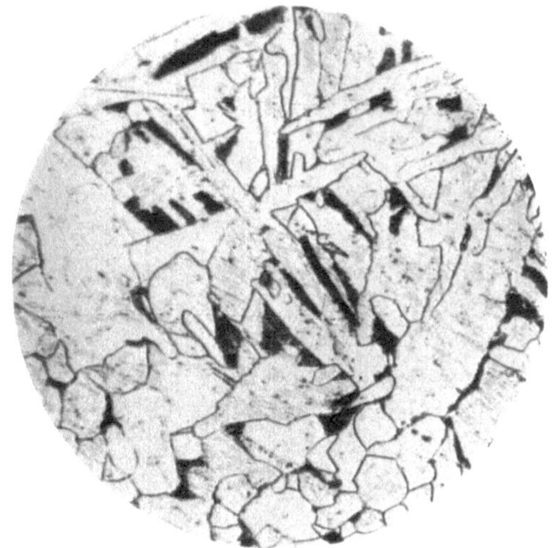
Abb. 39. Überhitzungsgefüge eines nahtlos gewalzten Siederohres.

gen, soweit das Material noch keinen Sauerstoff aufgenommen hat, also direkt verbrannt ist. Durch die Erhitzung ins Temperaturgebiet der homogenen festen Lösung erzielt man eine vollständige Umkristallisation. Eine derartige Glühbehandlung, gefolgt von einer Luftabkühlung, nennt man Regenerieren oder Normalisieren eines Werkstoffes.

Hiermit dürften wohl die wichtigsten schädlichen Gefüge- und Eigenschaftsänderungen, denen der Kesselbaustoff im Laufe seiner Weiterverarbeitung ausgesetzt ist, genügend gekennzeichnet sein.

Es sei noch hervorgehoben, daß die bei gewöhnlichem Material die Regel bildende Alterungsempfindlichkeit des weichen Flußeisens Ausnahmen zuläßt, und daß es Krupp gelungen ist, unlegiertes Flußeisen (das sogenannte Izett-Flußeisen) herzustellen, das alle an guten Kesselbaustoff zu stellenden Anforderungen erfüllt und außerdem die Eigenschaft besitzt, selbst durch kritische Reck- und Glühbehandlung nicht spröde zu werden[1].

C. Materialfehler und Kesselschäden.

1. Materialfehler.

a) Allgemeines. Die Ursachen der Kesselschäden und -unfälle liegen endweder in Unzulänglichkeiten des Werkstoffes oder in einer fehlerhaften Weiterverarbeitung oder schließlich im Betriebe selbst. Es sollten eigentlich hier nur jene Fehler und Schäden zur Sprache gebracht werden, die in den Rahmen des zu behandelnden Sondergebietes hineinpassen, nämlich die durch chemische Einflüsse bedingten Fehler. Eine solche Begrenzung des Stoffes ist aber nicht statthaft, denn vielfach überschneiden sich die Wirkungen von mechanischen und chemischen Einflüssen. Man braucht sich in diesem Zusammenhange nur der erhöhten Korrosionsfähigkeit und der erhöhten Laugenempfindlichkeit des kalt gereckten Flußeisens zu erinnern.

Die bei der Erzeugung des Flußeisens auftretenden Fehler können nur soweit berücksichtigt werden, wie sie als Ursache von Kesselschäden wirksam werden. Das sind Lunker, Seigerungen, Schlackeneinschlüsse, Gasblasen und ferner die durch guß- und walztechnische Einflüsse bedingten Oberflächenfehler, wie Splitter, Schalen, Sandflecken, Risse und ähnliches. Die letzteren Fehler, sowie auch die durch unausgegartes Flußeisen hervorgerufenen Blasen im Fertigblech werden hier übergangen.

b) Lunker. Während der Erstarrung des flüssigen Eisens in der Kokille nimmt das Volumen des Metalles ab, und es entsteht im Blockkopf der bekannte Schwindungshohlraum oder Lunker. Beim Blechwalzen wird die Hohlstelle wieder zusammengedrückt. Metallisch blanke Lunkerwände werden dabei zusammengeschweißt; in der Regel sind die Lunkerwände oxydiert bzw. mit Schlacke bedeckt, wodurch eine Zusammenschweißung unmöglich gemacht wird. Es entstehen auf diese Weise die sogenannten doppelten Bleche. Den Ausläufer einer solchen

[1] Fry, A.: Kruppsche Monatshefte 7, 1926. S. 185. Bezüglich der Alterungsempfindlichkeit des weichen Flußeisens sei hier erwähnt, daß nach den neuesten Forschungen diese unangenehme Eigenschaft durch höhere Mangan- und Siliziumgehalte sowie auch durch geringe Vanadin- und Molybdänzusätze herabgemindert wird.

Doppelung in einem außerdem unterhalb A_3 gewalzten Blech zeigt Abb. 40.

c) **Seigerungen.** Die Erstarrung des in großen Blöcken vergossenen Flußeisens beginnt an der Kokillenwandung durch Abscheidung der durch einen höheren Schmelzpunkt gekennzeichneten, reineren Kristalle. Es tritt mithin eine Entmischung ein, wodurch die Begleitstoffe, namentlich Kohlenstoff, Phosphor und Schwefel, in die Mittelzone verdrängt werden und hier als unreine Mischkristalle zuletzt erstarren. Im Querschnitt des Fertigbleches findet man dann eine verunreinigte Mittelzone

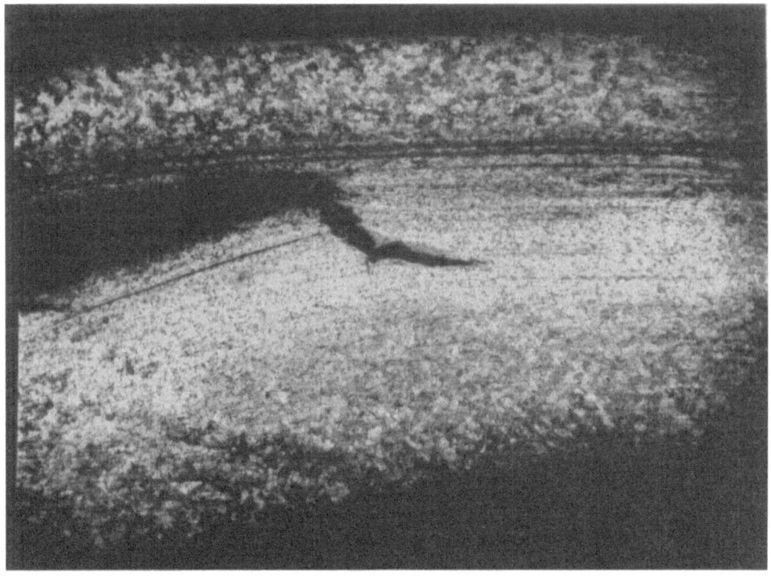

Abb. 40. Doppeltes Blech. (Außerdem Grobkorn infolge zu niedriger Walztemperatur.) (8× vergr.)

und zwei reinere Randzonen. Die normale Ausbildung der Seigerung im Kesselblech ist aus Abb. 41 ersichtlich. Die abnehmende Reihenfolge für das Seigerungsvermögen der normalen Legierungsbestandteile ist die folgende: Schwefel, Phosphor, Kohlenstoff, Sauerstoff, Silizium und Mangan. Mangan und Silizium geben in den praktisch vorkommenden Konzentrationsgrenzen eine homogene feste Lösung mit dem Eisen und seigern dementsprechend am wenigsten. Bei der normalen Seigerung ist die Mittelzone des gewalzten Werkstoffes also am meisten verunreinigt; es treten aber auch umgekehrte Seigerungen auf, deren Ursachen bislang noch nicht klargestellt sind. Auf einen anderen Sonderfall der Entmischungsvorgänge hat K. Neu[1] hingewiesen: Wird ein ungenügend ab-

[1] Neu, K.: Stahleisen 32, 1912. S. 397 u. 1363.

gekühlter und daher im Innern noch nicht ganz erstarrter Rohblock ausgewalzt, so zeigen sich im Endprofil drei deutlich abgegrenzte Zonen: 1. Eine verhältnismäßig sehr reine Mittelzone; 2. eine etwas weniger reine Randzone und 3. zwischen beiden ein eingelagertes, mehr oder weniger schmales, stark verunreinigtes Seigerungsband. Die Ausbildung dieser Seigerungsart kommt dadurch zustande, daß durch den Walzdruck die im teigigen Kern schwimmenden reinen Kristalle zusammengepreßt werden, und die verunreinigte Mutterlauge an den Rand der normal erstarrten Kristalle verdrängt wird. Aus diesem Grunde kann man diese Erscheinungsart als umgekehrte Walzdruckseigerung bezeichnen. Sie tritt zwar mit besonderer Deutlichkeit bei härterem Material ($C \geq 0,30\%$) auf, jedoch findet sie sich auch in weichen Blechen und in Siederohren vor. Mit der Erstarrung des Flußeisens hängen auch die Kristallseigerungen zusammen.

Die Schädlichkeit der Seigerungen besteht in der durch die Anreicherung von Phosphor und Schwefel bedingten Erhöhung der Sprödigkeit,

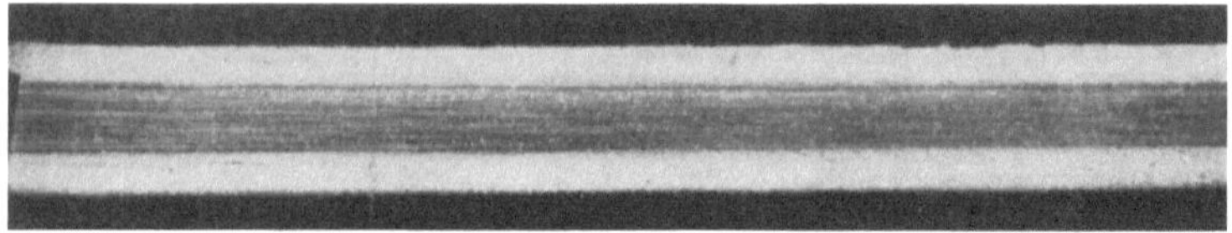

Abb. 41. Seigerung. (1× vergr.)

Verminderung der Schweißbarkeit und in der erhöhten Korrosionsfähigkeit der Seigerungszonen.

d) Gasblasen. Das flüssige Eisen besitzt eine gewisse, mit fallender Temperatur und besonders beim Übergang in den festen Zustand abnehmende Löslichkeit für Gase. Wenn auch der größte Teil der gelösten Gase bei der Erstarrung entweicht, so verbleibt dennoch im festen Eisen eine beträchtliche Menge Wasserstoff, Kohlenoxyd und Stickstoff, deren Gesamtgewicht nach P. Goerens und J. Paquet[1] zwischen 0,01 und 0,2 Gewichtsprozenten ausmacht. Bei der Erstarrung wird ein Teil der Gase von den vom Blockrand ins Innere hineinwachsenden Kristallen festgehalten. Man findet in der Regel in einem erstarrten Block einen Blasenkranz in der Nähe des Randes und im Innern eine Anzahl von unregelmäßig verteilten Gasblasen. Die hier angesammelten Gase bestehen aus Kohlenoxyd, Wasserstoff und Stickstoff; die Wände der Blasen sind daher metallisch blank und verschweißen beim Walzen. Je näher aber der Blasenkranz an den Rand heranreicht, desto größer wird auch die Gefahr, daß die Blasen beim Walzen aufplatzen, wodurch die Wände oxydiert und ein Zusammenschweißen verhindert wird. Auf

[1] Goerens, P. und Paquet, J.: Ferrum **12**, 1915, S. 57.

diese Weise entstehen im Fertigprodukt Oberflächenfehler, wie Risse, Narben und ähnliches.

In unmittelbarer Nähe der Gasblasen befindet sich, wie Oberhoffer[1] nachwies, eine kleine verunreinigte Zone, die dadurch zustande kommt, daß beim Abkühlen die sich zusammenziehende Gasblase etwas von der verunreinigten Mutterlauge nachsaugt. Diese sogenannten Gasblasenseigerungen werden beim Auswalzen flach gedrückt und treten auf dem geätzten Schliff als Linien oder Bänder hervor[2].

e) **Schlackeneinschlüsse.** Als selbständige Gefügebestandteile kommen im Eisen Verbindungen vor, die keine oder nur eine begrenzte Löslichkeit im Eisen haben. Nach J. P. Arend[3] teilt man diese nichtmetallischen Einlagerungen ein in Segregations- und Suspensionseinschlüsse.

Die Segregationseinschlüsse besitzen eine begrenzte Löslichkeit im flüssigen Eisen und scheiden sich mit sinkender Temperatur nach den physikalisch-chemischen Gesetzen ab. Sie sind gekennzeichnet durch ihre regelmäßige, oftmals eutektoide Verteilung und ihre kleinen Abmessungen.

Die Suspensionseinschlüsse entstehen durch die unvermeidliche Aufnahme von metallurgischen Zusätzen und von feuerfesten Materialien. Ihre Merkmale sind: Unregelmäßige Verteilung, kugelförmige oder aderförmige Ausbildung und, bei härterem Material, Anwesenheit von Ferrithöfen.

Diese Einteilung der Schlackeneinschlüsse rechtfertigt sich dadurch, daß sie wichtige Anhaltspunkte für den Verlauf der Desoxydation abgibt. Man unterscheidet ferner sulfidische (FeS, MnS) und oxydische Einschlüsse (FeO, MnO, Al_2O_3, SiO_2). Ein wichtiges Unterscheidungsmerkmal für diese beiden Arten ist das Verhalten beim Ätzen nach dem Künkeleschen Verfahren[4].

Die Schädigung der mechanischen Eigenschaften des Werkstoffes durch die Schlackeneinschlüsse besteht in der Störung des Materialzusammenhanges. Diese Wirkung ist in erheblichem Maße von der Form und der Verteilung der Einlagerungen abhängig. Sind sie schichtenartig an den Korngrenzen abgelagert, so bilden sie regelrechte Spaltflächen. Diese Ausbildungsart, die beispielsweise für Schwefeleisen charakteristisch ist, setzt die mechanischen Eigenschaften natürlich stark herunter. Im Gegensatz hierzu neigt das Schwefelmangan mehr zu einer feinen, kristallinischen und daher weniger schädlichen Ausbildungsform. Die Tonerdeeinschlüsse ballen sich oft zu gestreckten Schwärmen zu-

---

[1] Oberhoffer: Stahleisen 1916, S. 798.
[2] Wimmer, A.: Werkstoffbericht Nr. 88 d. Ver. dtsch. Eisenhüttenl. 1926.
[3] Arend, J. P.: Stahleisen 37, 1917. S. 393.
[4] Künkele, H.: Werkstoffbericht Nr. 75 d. Ver. dtsch. Eisenhüttenl. 1925.

sammen, eine Ausbildungsart, die ebenfalls als ungünstig zu bezeichnen ist.

Die Schlackeneinschlüsse bilden auch, wie schon wiederholt erwähnt wurde, mittelbare und unmittelbare Angriffspunkte für chemische Einwirkungen.

2. Kesselschäden.

a) Allgemeines. Die in diesem Abschnitt zur Sprache kommenden Kesselschäden sind die Formänderungen und besonders die Materialtrennungen. Wir haben gesehen, daß die Ursachen der Kesselschäden im allgemeinen nicht so sehr in fehlerhaften Baustoffen liegen, sondern eher in unsachgemäßer Weiterverarbeitung. Eine besondere Würdigung verlangen natürlich die mannigfaltigen Betriebseinflüsse. Die allgemeinen Anforderungen, die zur Vermeidung von Kesselschäden an die Herstellung gestellt werden, kann man etwa folgendermaßen zusammenstellen: Voraussetzung ist selbstverständlich ein einwandfreier gesunder Baustoff. Bei der Herstellung sollen Verformungen in der Blauwärme und Überhitzungen vermieden und Kaltbearbeitungen auf das notwendige Mindestmaß beschränkt werden. Im besonderen gelten ferner die nachstehenden Bearbeitungsvorschriften, die sich aus den hervorragenden, im Laufe der letzten Jahrzehnte getätigten Untersuchungen von C. Bach und R. Baumann[1] herausnehmen lassen:

Die Kanten müssen soweit abgehobelt bzw. abgesägt werden, daß die Einwirkungen des Scherenschnittes oder des Brennschnittes beseitigt werden ($\sim$ zweimal die Blechdicke muß abgenommen werden).

Das Biegen der Mantelschüsse erfolgt normalerweise auf kaltem Wege, obwohl ein einwandfreies Warmbiegen vorzuziehen wäre. Die Krümmung der Bleche soll gleichmäßig ausfallen. Eine Bearbeitung der Blechkanten mit dem Hammer ist unzulässig.

Das Bördeln und Flanschen erfolgt in rotwarmem Zustand; ein nachträgliches Ausglühen soll dafür Sorge tragen, daß die Wirkungen der Kaltbearbeitung und die Spannungen beseitigt werden.

Die Nietlöcher müssen gebohrt und auch die Heftlöcher sollen auf diese Weise hergestellt werden.

Das Nieten selbst ist eine der empfindlichsten Arbeiten beim Kesselbau. Der Nietdruck soll 6500—8500 kg/qcm nicht übersteigen; die Nieten müssen ferner in durch und durch glühendem Zustande eingezogen

---

[1] Bach, C.: Zeitschr. f. Dampfkessel- u. Maschinenbetrieb 1912, S. 221. — Ders.: Z. V. d. I. 1913, S. 461. — Ders. und Baumann, R.: Ebenda 1912, S. 1890. — Dies.: Festigkeitseigensch. u. Gefügebilder der Konstruktionsmater. 2. Aufl. Berlin: Julius Springer 1921. — Baumann, R.: Z. V. d. I. 1907, S. 1982. — Ders.: Ebenda 1912, S. 1890. — Ders.: Stahleisen **33**, 1913, S. 1554. — Ders: Z.V.d.I. 1915, S. 528. — Ders.: Ebenda 1918, S. 637. — Ders.: Forschungsarbeiten. V. d. I. Nr. 252. — Ders.: Wärme 1923, S. 188. — Ders.: Z. V. d. I. 1923, S. 1109.

werden. Es ist durch sorgfältige Arbeit auf möglichste Schonung der Bleche (Abgraten, Entfernen der Bohrspäne) und Fernhalten zusätzlicher Spannungen hinzuwirken. Im Nietschaft dürfen keine Schub- und Biegebeanspruchungen sondern nur Zugbeanspruchung auftreten, wozu gut aufeinander passende Löcher und richtig sitzende Nietknöpfe notwendig sind. Quetschungen der Bleche müssen vermieden werden, desgleichen hohe lokale Anwärmungen. Daher darf kein unnötig hoher Nietdruck verwendet und die Entfernung der Nieten vom Rande nicht zu klein werden.

Für ein sachgemäßes Verstemmen ist natürlich auch Sorge zu tragen (Vermeidung von Scharfkerben).

Die Betriebseinflüsse[1] sind mechanischer, thermischer und chemischer Natur; die letzteren werden im nächsten Abschnitt näher behandelt. Die Spannungen, Formänderungen usw., welche durch die mechanischen und thermischen Einwirkungen entstehen, liegen außerhalb des Rahmens dieser Arbeit; erwähnenswert sind nur die durch Kesselsteinablagerungen hervorgerufenen Wärmestauungen und ihre Folgeerscheinungen, d. h. Beulen, Aufreißen, Durchbrennen usw. Die Frage des Verhaltens der Kesselbleche unter den Folgen des Betriebes konnte nach R. Baumann noch bis vor kurzem als geklärt gelten: „Wo gute Behandlung stattfand (reines Wasser, keine Mißhandlung der Bleche durch Hammerhiebe), Fernhalten zu großer Hitze an dampfberührten Flächen, sei es im Dampfraum, sei es an den von Dampfblasen besetzten Heizflächenteilen, Rohren usw., Vermeidung zu rascher Abkühlung (beim Speisen und Ablassen des Kessels), Vermeidung der Einwirkung hocherhitzten Mauerwerkes auf Teile der Heizfläche, war, wenn die Beobachtungen kritisch gesichtet wurden, eine Schädigung nicht beobachtet worden, es sei denn, daß ganz außerordentliche Wasser- oder Kohlenverhältnisse vorgelegen hatten[2]." Die neue Entwicklung des Kesselwesens, mit den unvermeidlichen gewaltigen Temperatursteigerungen, hat allerdings diese Sachlage wesentlich geändert.

Von den mannigfaltigen Kesselschäden verdienen, aus bereits dargelegten Gründen, die Risse und Brüche unser volles Interesse. Beide Schäden sind nicht scharf voneinander zu trennen, da in der Regel die Brüche von Rissen eingeleitet werden.

b) Krempenrisse. Durch die neueren Arbeiten von F. Körber und seinen Mitarbeitern[3] sind die Zusammenhänge zwischen Spannungsvertei-

---

[1] Meerbach, K.: Die Werkstoffe für den Dampfkesselbau. Berlin: Julius Springer 1922. [2] Baumann, R.: Z. V. d. I. 1923, S. 1112.

[3] Strauß und Fry: Stahleisen 1921, S. 1133. — Siebel, E. und Körber, F.: Mitt. K. W. Inst. f. Eisenforsch. 7, 1925, S. 113. — Dies.: Ebenda 8, 1926, S. 1. — Siebel, E. und Pomp, A.: Ebenda 8, 1926, S. 63. — Körber, F. und Pomp, A.: Ebenda 8, 1926, S. 135. — Körber, F. und Siebel, E.: Ebenda 9, 1927, S. 13.

lung, Flußlinienbildung und Entstehung von Rissen in Kesselböden näher verfolgt worden: Bei Vollböden treten an der Innenseite der Krempe und außen an der Wölbung Spannungsmaxima auf; bei Mann-

Abb. 42. Nietlochrisse.

lochböden übertreffen die am Mannlochrand feststellbaren, außerordentlich hohen Spannungswerte die an entsprechenden Vollböden entstehenden Höchstspannungen.

Abb. 43. Nietloch- und Kantenrisse.

Die Verteilung der Hauptspannungen kann durch das Frysche Ätzverfahren verfolgt werden. Die hierbei entwickelten dunklen Linien und Zonen stellen diejenigen Schichten des Eisens dar, die über die Streckgrenze hinaus verformt worden sind. Eine Aufteilung der kalt beanspruchten Stellen in Kraftwirkungsfiguren bzw. -linien entsteht bloß bei verhältnismäßig geringer Formänderung; je stärker die Verformung ist, desto ausgedehnter werden die dunkel angeätzten Bänder und Figuren, um schließlich bei weiterer Deformation einer mehr oder weniger gleichmäßigen Schwärzung der ganzen Schliffläche Platz zu machen. Der Umstand, daß die Krempenrisse mit Vorliebe den Fryschen Ätzfiguren folgen bzw. auch dort entstehen, wird leicht verständlich, wenn man bedenkt, daß diese Gleitlinien Zonen mit veränderten physikalischen und chemischen Eigenschaften darstellen: Sie besitzen im Vergleich mit den anliegenden, nicht über das elastische Gebiet hinaus beanspruchten Metallteilen erhöhte Sprödigkeit, stärkeres Alte-

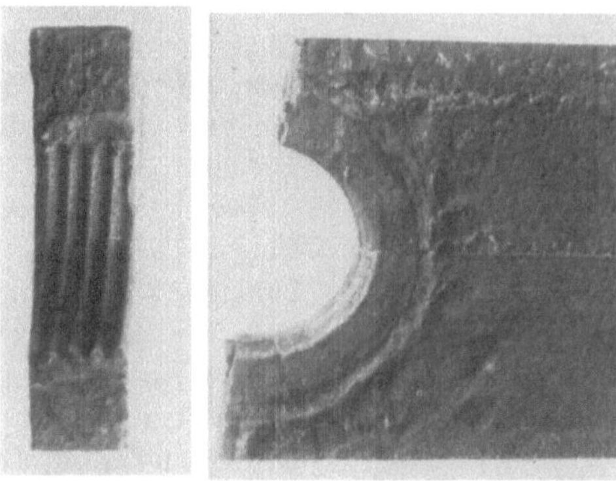

Abb. 44. Nietlochriß.

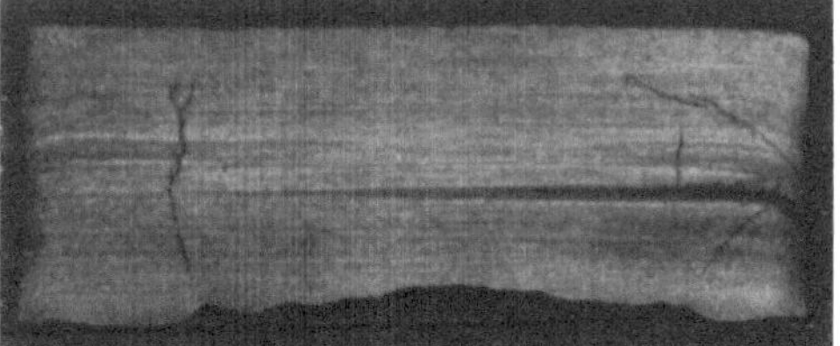

Abb. 45. Anrisse zu einem Stegbruch infolge gestanzten Nietlöchern.

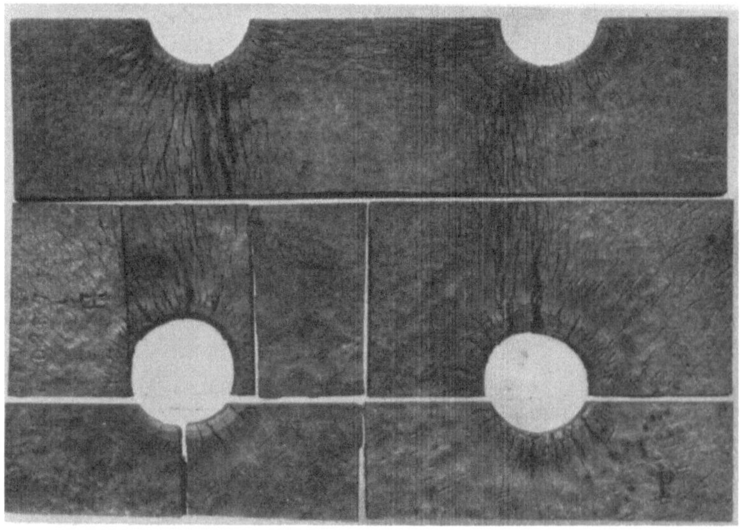

Abb. 46. Nietlochrisse infolge Wärmespannungen.

rungsvermögen, unedleres Lösungspotential, vermehrte Säurelöslichkeit und auch stärkere Rostlust. Aus diesen mannigfachen Ursachen können also leicht kleine Anrisse sowohl im Dampf- wie im Wasserraum an den Krempen und Bördelungen eintreten; infolge der am Grunde dieser Risse auftretenden örtlichen Kerbspannungen wird dem Fortschreiten des Risses in der spröden Zone Vorschub geleistet.

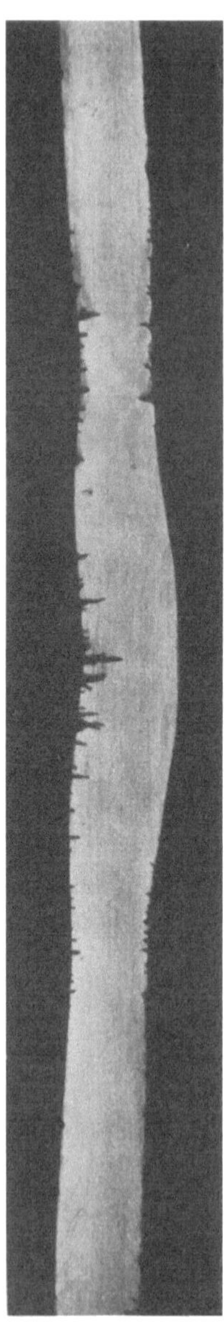

Abb. 47. Risse infolge Wärmespannungen.

Der Gefahr der Krempenrisse kann etwa durch folgende Maßnahmen entgegengearbeitet werden: Wahl eines Werkstoffes mit höherer Streckgrenze, sorgfältige Arbeit beim Biegen und Bördeln, sachgemäßes Ausglühen, Herabmindern der zusätzlichen Spannungen bei der Konstruktion und im Betrieb, Vermeidung von Druckschwankungen und von großen Temperaturunterschieden in dem im Betrieb befindlichen Kessel.

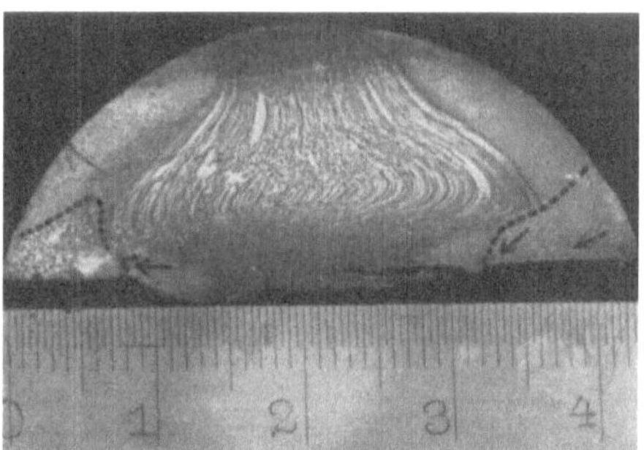

Abb. 48. Abgesprungener Nietkopf.

c) Nietlochrisse. Die Nietlochrisse zählen zu den häufigsten und bedenklichsten Kesselschäden. Man unterscheidet Stegrisse, die sich von Nietloch zu Nietloch erstrecken und Kantenrisse, die vom Nietloch zur Blechkante verlaufen. Über die Ursachen der Nietlochrisse sind die Ansichten noch geteilt.

Die Ergebnisse der Untersuchungen von Bach und Baumann gipfeln in der allgemein anerkannten Anschauung, daß die Nietlochrisse eine Folge unsachgemäßer Nietarbeit einschließlich der Vor- und Nacharbeiten ist (Herstellung der Nietlöcher, ungleichmäßiges Anwärmen der Niete, zu hoher Nietdruck, brutale Verstemmarbeit usw.). In amerikanischen Fachkreisen macht man seit den Untersuchungen von **Parr** die kaustische Sprödigkeit für die Nietlochrisse verantwortlich. Neuerdings vertritt W. Otte[1] die Ansicht, daß die lediglich durch thermisch-mechanische Wirkungen an den Nieten auftretenden zusätzlichen Spannungen genügen, um die Rißbildung einzuleiten und bei genügend langer Einwirkungsdauer den Bruch zu vollenden. Allerdings werden diese zusätzlichen Spannungen unterstützt durch gelegentliche Nichtumkehrbarkeit der Zustandsänderungen beim periodischen Anwärmen und Abkühlen des Kesselkörpers und auch durch die sich keilartig in die Anrisse hineinschiebenden chemischen Anfressungen. Überblickt man die bisherigen Arbeiten über die Nietlochrisse, so gewinnt man den Eindruck, daß die Gegensätze in allerletzter Zeit zu verschwinden beginnen, und daß daher beim Zustandekommen der Nietlochrisse verschiedene Ursachen neben- und übereinander wirksam werden können.

Eine Übersicht über die Ausbildungsarten von Nietlochrissen geben die beifolgenden Abbildungen. Abb. 42 zeigt den Stegbruch eines alten Niederdruck-Flammrohrkessels. Der Werkstoff ist phosphorreiches Schweißeisen mit außerordentlich vielen und bisweilen sehr groben Schlackeneinschlüssen. Als Ursache dieses Schadens wurde ungeeigneter, alterungsfähiger Baustoff erkannt. Auf Abb. 43 ist ein Blech mit Rißbildung an dem gestanzten Nietloch und an der geschnittenen Kante wiedergegeben; während ein Riß, ausgehend von einer Stemmfurche, auf Abb. 44 ersichtlich ist. Einen Schnitt durch gestanzte Nietlöcher mit Anrissen zeigt die nächstfolgende Abb. 45. Die Entstehungen von Quetschungen und Rissen in einer Feuerbüchse infolge von Wärmestauungen ist auf Abb. 46 und 47 sichtbar gemacht.

d) Nietsprödigkeit. In engem Zusammenhang mit den Nietlochrissen steht die Nietsprödigkeit. Beide Schäden haben, abgesehen von Besonderheiten, gemeinschaftliche Ursachen. Die bedenklichste Äußerung der Nietsprödigkeit besteht in dem Abplatzen der Nietköpfe, besonders wenn an derselben Naht dieser Schaden an Umfang zunimmt. Abb. 48 zeigt den Quer-

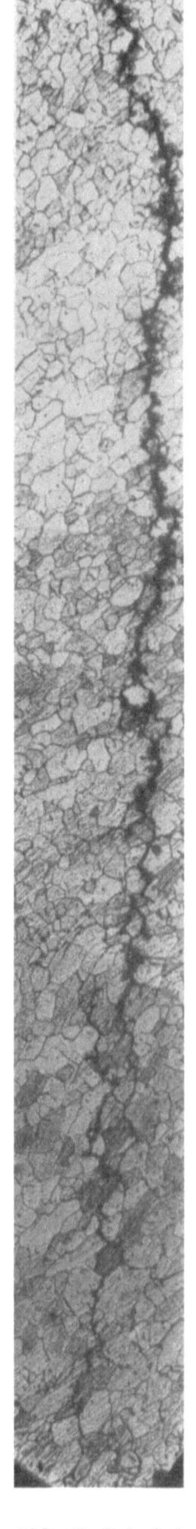

Abb. 49. Interkristalliner Riß.

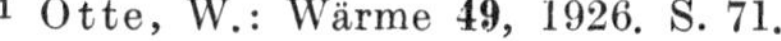

[1] Otte, W.: Wärme **49**, 1926. S. 71.

schliff eines infolge unsachgemäßen Einziehens glatt abgesprungenen Setzkopfes. Den interkristallinen Verlauf der in diesen Nietkopf hineingehenden Risse erkennt man aus Abb. 49.

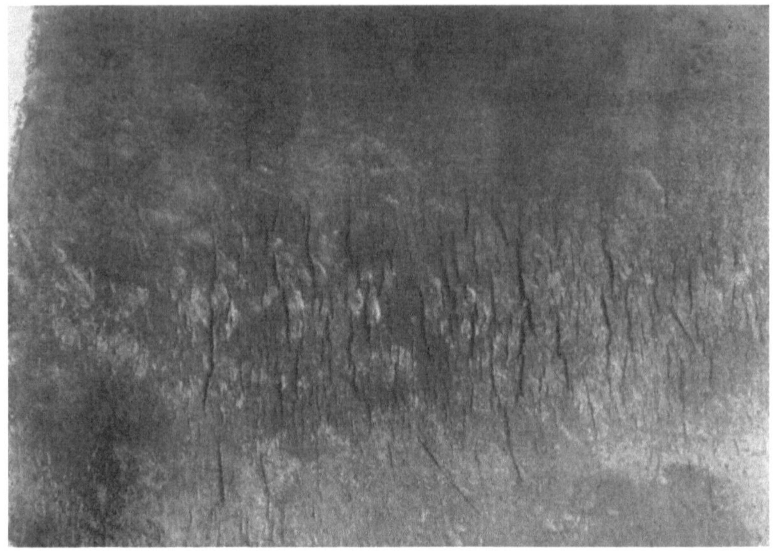

Abb. 50. Rissiges Wellflammrohr.

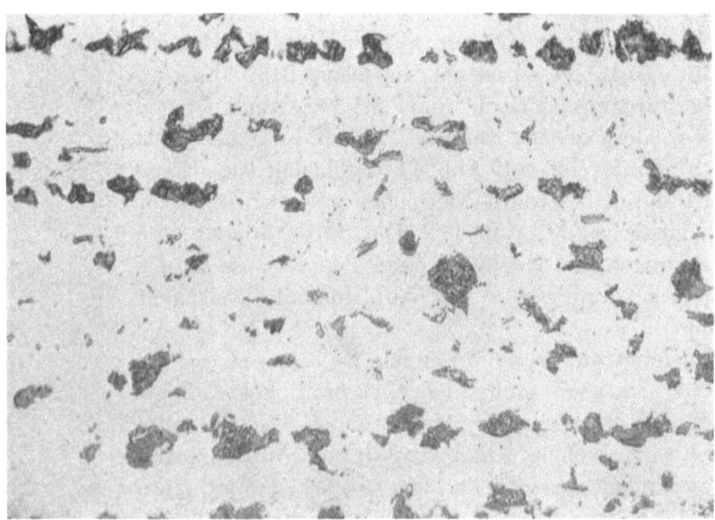

Abb. 51. Normales Gefüge des rissigen Wellflammrohres (Abb. 50).

e) Rißbildung an Wellrohren. In Flammrohrkesseln treten häufig in Höhe der Brennstoffschicht Risse auf, und zwar mit Vorliebe an den dem Feuer zugekehrten Wellenbergen. Die Ursache dieser Rißbildung ist auf örtliche Überhitzung zurückzuführen. Eine Folge von Wärmestauungen ist ebenfalls die auf Abb. 50 wiedergegebene Rißbildung eines Wellflammrohres. Die Risse treten in jeder zweiten Welle auf, wo Wärmestauungen durch Versteifungsringe auftreten konnten. Das normale Gefüge des Wellrohres (Abb. 51) besteht aus Perlit und Ferrit, während das veränderte Gefüge der Stellen, wo Wärmestauungen auftraten, körnigen Zementit (Abb. 52) aufzeigt, ein Zeichen, daß die örtliche Temperatur etwa den Perlitpunkt (720°) erreicht hatte.

f) **Rohrschäden.** Infolge der gesteigerten Verwendung des Wasserrohrkessels hat naturgemäß die Beachtung der Siederohrschäden eben-

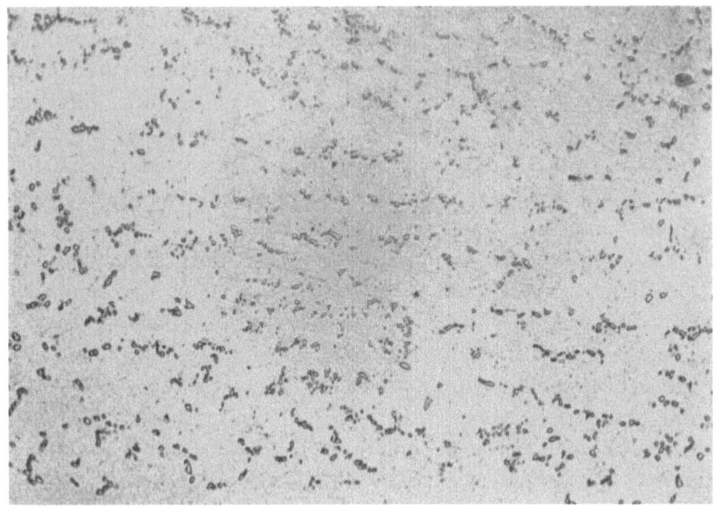

Abb. 52. Verändertes Gefüge der Rißstellen des auf Abb. 50 abgebildeten Flammrohres.

falls zugenommen. Diese Schäden gehen teils auf das Ausgangsmaterial, teils auf den Walzvorgang und teils auf den Einbau der Rohre zurück. Aus den bisher gewonnenen Ergebnissen[1] läßt sich schlußfolgern, daß die zum Auswalzen gelangenden Rundeisen besonders rein sein müssen. Die Gegenwart von starken Blockseigerungen bedingt Materialtrennungen beim nahtlosen Auswalzen und bringt eine unreine Zone des Werkstoffes mit dem Kesselwasser in Berührung, wodurch die Abrostungen gefördert werden. Die Gasblasenseigerungen fördern die Schalenbildung. Um diese Fehler zu vermeiden, verwendet man in der Regel ein schwach siliziertes, beruhigtes Flußeisen.

[1] Baumann, R.: Zur Sicherheit des Dampfkesselbetriebes 1927, S. 56.

D. Die Korrosionsschäden im Dampfkesselbetriebe.

1. Abrostungen an der Außenseite des Dampfkessels.

Korrosionen an der Außenseite können nur dann auftreten, wenn tropfbar flüssiges Wasser mit den Metallteilen in Berührung kommt. Daß bei Ruheperioden alle freien Blechmäntel einer allgemeinen langsamen Abrostung anheimfallen, ist unausbleiblich; sie läßt sich aber durch öfteres Abbürsten und Einfetten vermeiden.

Rostanfressungen an der Außenseite entstehen in erheblichem Umfang an undichten Nietverbindungen. Befinden sich diese im Wasserraum, so sickert beständig Wasser durch, das vom Mauerwerk aufgesaugt wird. Auf diese Weise werden Blechteile in dauernde Berührung mit Wasser versetzt und die Stärke des Rostvorganges hängt nur mehr von den gegebenen Bedingungen ab (Temperatur, Sauerstoffzufuhr, Elektrolyt usw.). Undichte Nietnähte im Dampfraum rufen zwar vorerst keine chemischen Abnutzungen hervor, sondern nur Einfurchungen infolge der mechanischen Schleifwirkung des Dampfstrahles. Liegt eine solche Fehlstelle im Mauerwerk, so kann der ausblasende Dampf sich natürlich kondensieren und so die zur Korrosion notwendige flüssig-feste Berührungsfläche schaffen.

Die Undichtigkeiten der Nietnähte haben ihre Ursachen in Konstruktionsfehlern, unsauberer Nietarbeit, ungleichen Wärmeausdehnungen im Betriebe und in Betriebsfehlern, wie falsche Speisung, starkes Anheizen, hoher Verschmutzungsgrad, Wassermangel usw. Zur Vermeidung der Abrostungen durch feuchtes Mauerwerk ist es ratsam, bei Stillegung eines Kessels auf längere Zeit die Ummauerung zu beseitigen und die Bleche nach vorhergehendem gründlichem Abbürsten mit einem Teeranstrich zu versehen. Dieses Schutzverfahren ist allerdings umständlich und etwas teuer; dagegen ist es aber auch erfolgreich. Die heftigsten Anfressungen der Kessel auf der Außenseite entstehen in den Heizzügen, wo die Metallteile mit den schwefeldioxyd- und wasserdampfhaltigen Verbrennungsgasen in Berührung sind. Die Korrosion setzt ein, wenn der Taupunkt der Abgase unterschritten wird und flüssiges Wasser sich an den Metallteilen niederschlägt, was in den Betriebspausen die Regel ist. Je öfter also ein Kessel außer Betrieb gesetzt wird und je mehr Schwefeldioxyd in den Abgasen enthalten ist, desto stärker sind diese Anfressungen. Dem abgelagerten Ruß und den gebildeten Eisenverbindungen kommt hierbei eine indirekte katalytische Rolle zu, indem die schwächere schwefelige Säure durch Kontaktwirkung in die starke Schwefelsäure überführt wird. Aus diesem Grunde findet man in dem abgelagerten Ruß und in der Flugasche fast immer freie Schwefelsäure. Ein besonders heftiger Fall dieser Korrosionsart trat an den Vorwärmern einer mit ungereinigtem Koksofengas beheizten Kesselbatterie auf[1]. Die Vorwärmerrohre waren innerhalb eines Jahres bis auf 1—2 mm Wandstärke angefressen und mit einer 10—15 mm dicken, kristallinischen Schicht von Eisensulfat umgeben. Die chemische Zusammensetzung dieser Salzschicht war wie folgt:

Feuchtigkeit	3,52%
Unlösliche Flugasche	0,82%
Eisen Fe	29,82%
Schwefelsäureanhydrid	45,82%
Kohlenstoff (Ruß usw.)	4,56%

Das unter dieser Eisensulfatkruste übriggebliebene Gußeisen zeigte die Merkmale der graphitischen Korrosion, die durch das selektive Herauslösen des Eisens durch den Elektrolyten unter entsprechender Anreicherung der nichtmetallischen Begleitelemente (C, P, Si, S) in den übrigbleibenden Korrosionsprodukten gekennzeichnet ist. Die Kondensation des Wassers an Ekonomiserrohren („Schwitzen“) ist deshalb stets ein bedenklicher Umstand, der noch bedenklicher wird, wenn die Abgase reich an Schwefeldioxyd sind. Herabminderung dieser Ekonomiseranfressungen bis zu praktisch zulässigen Grenzen erreicht man durch Vorwärmen des Speisewassers vor dem Eintritt in den Ekonomiser, sei es durch heißes Kondenswasser, durch Abdampf, Zwischendampf oder Frischdampf oder durch zurückgeführtes Kesselwasser. Ein anderer Fall äußerer Anfressung an den Überhitzerkammern und ihren Verschlußpfropfen konnte darauf zurückgeführt werden, daß während der Betriebspausen Undichtigkeiten in den Gewinden der Pfropfen infolge ungleicher Ausdehnungskoeffizienten auftraten, und daß der austretende sich niederschlagende Wasserdampf, verbunden mit dem Schwefeldioxyd, eine direkte Säurewirkung auslösten[2].

2. Abrostung im Kesselinnern.

Die elektrochemische Rosttheorie ist für das gewöhnliche Temperaturgebiet von 0—100° sehr erfolgreich gewesen. In das Gebiet der im Dampfkessel obwaltenden Verhältnisse übertragen, verliert sie zwar an Anschaulichkeit, jedoch liegen keine genügenden Gründe vor, um sie für diese Verhältnisse als ungültig zu erklären. Unseren Anschauungen liegt der Gedanke zugrunde, daß die Abrostungen im Dampfkessel vorerst von dem elektrochemischen Verhalten des Eisens in dem gegebenen Elektrolyten und von dem Sauerstoff- und Kohlensäurezutritt zur metallischen Grenzfläche geregelt werden. Über diese Grundbedingungen lagern sich dann weitere, meist noch ungeklärte Einflüsse mechanischer, thermischer, elektro-, thermo- und kolloid-chemischer Natur von richtungs- und stärkebestimmender Bedeutung.

---

[1] Stumper, R.: Feuerungstechnik **15**, 1927, S. 243.

[2] Ders.: Feuerungstechnik **14**, 1925/26, S. 121.

a) Anfressungen durch freie Säuren. An freier Säure ist im Speisewasser stets die flüchtige Kohlensäure vorhanden; freie Mineralsäuren treten nur selten auf: Grubenwässer aus Kohlenbergwerken enthalten manchmal freie Schwefelsäure; durch Unachtsamkeit können ferner freie Säuren ins Speisewasser gelangen (chemische Industrien, Akkumulatorfabriken, Blechwalzwerke, Drahtziehereien usw.). Ferner ist an die Huminsäuren von Oberflächenwassern zu erinnern. Im Kessel selbst entstehen organische Säuren infolge des oxydativen Abbaues von Kohlenhydraten und anderen Pflanzenstoffen.

Die Anfressungen durch freie Säuren sind durch eine über die ganze mit Wasser bedeckte Blechfläche verteilte, mehr oder weniger gleichmäßige Auflösung des Eisens gekennzeichnet. Ein anderes Merkmal dürfte in der Abwesenheit von Rostpusteln bestehen. Diese Korrosionen treten vornehmlich in Kohlenbergwerken, Brauereien, Gerbereien und Zuckerfabriken auf. Die durch die Kohlensäure hervorgerufenen Anfressungen gehören zu den Gaskorrosionen.

Das wirksamste Verhütungsmittel gegen die Säureanfressungen ist ein dauerndes Aufrechterhalten einer Alkalität des Kesselwassers von rund 0,5 g Ätznatron pro Liter.

b) Anfressungen durch gelöste Gase. Als wichtigste Merkmale der Gaskorrosionen sind die Rostpusteln und die pockenartigen Vertiefungen anzusehen. Auf dem Grunde dieser Vertiefungen befindet sich ein schwarzer Oxydbelag, der als sicheres Anzeichen für das Weiterschreiten des Angriffes gilt.

Man kann sich den Vorgang der Gaskorrosionen folgendermaßen vergegenwärtigen: Die im Speisewasser gelösten Gase setzen sich im Kessel als Blasen an der Kesselwandung ab. Die schädlichen Gase, Sauerstoff und Kohlendioxyd, zu denen die aus den gelösten Bikarbonaten und Karbonaten und die aus dem karbonathaltigen Bodenkörper freiwerdende Kohlensäure hinzukommt, bedingen durch ihre örtliche Sättigung im Kesselwasser einen lokalen Rostangriff, der durch alle Umstände, die das Anhaften der Gasblasen am Blech begünstigen, gefördert wird. Es entsteht auf diese Weise vorerst ein ringförmiger Rostbelag, der sich beim Weiterfressen zu einer mit Rost gefüllten Grube ausbildet. Befinden sich viele dieser Pusteln nebeneinander, so kommt die pockenartige Oberfläche des Bleches zustande, deren Ausdehnung und Tiefe ein Maß für die Stärke des Rostangriffes abgeben. Ob dem einmal gebildeten Rostbelag eine rostbeschleunigende, also autokatalytische Wirkung zukommt, bleibt noch zu klären; immerhin scheint dies der Fall zu sein, sei es durch Betätigung des Lokalelementes Rost/Eisen, sei es durch kolloid-chemische Adsorptionswirkungen von korrosionsfördernden Stoffen (O_2, CO_2, $H^{\cdot}$, Cl'), sei es durch elektrochemische Vorgänge infolge differentieller Belüftung oder durch Ausbildung eines sauerstoffübertragenden Kreisprozesses über den Weg unbeständiger Eisenperoxyde. Aber alle diese Einflüsse sind nicht genügend untersucht, als daß man darauf fußenden Erklärungen als stichhaltig annehmen dürfte. Eine große Rolle kommt der Einführung des gashaltigen Speisewassers in den Kessel zu. Das kalte Wasser ist spezifisch schwerer als das (nicht konzentrierte) Kesselwasser; es sinkt an Stellen geringer Zirkulation nieder, wo es womöglich Schlammanhäufungen antrifft, die den Auftrieb der Gasblasen erschweren. Hier sind demnach die Bedingungen für das Auftreten von Gaskorrosionen erfüllt. Speisung in den Dampfraum bringt in diesen Fällen schon wirksame Abhilfe. Die Anfressungen in der Wasserlinie entstehen während der Betriebspausen entweder durch Nachspeisen von kaltem Wasser nach dem Löschen des Feuers[1] oder durch Eindringen von Luft infolge des Druckabfalles[2]. Nach vorstehendem müßte man erwarten, daß die Gaskorrosionen vorzugsweise in Kesseln mit langsamer Wasserzirkulation, z. B. in Walzen- und Flammrohrkesseln, auftreten, und daß ferner im einzelnen Kessel vornehmlich die kälteren, nicht stark verdampfenden Blechteile von ihnen befallen werden. Im allgemeinen trifft dies zu; aber auch Kessel mit starker Wasserzirkulation, z. B. Wasserrohrkessel, zeigen Gaskorrosionen. Hier überdecken sich die Einflüsse der gelösten Gase mit Temperatur- und Elektrolyteinwirkungen.

Die Bekämpfung dieser Anfressungen hat am meisten Aussicht auf Erfolg, wenn man deren Urheber von dem Kessel fernhält, mit anderen Worten, durch Entgasung und Gasschutz des Speisewassers mit der Vorbedingung einer sorgfältigen Betriebsüberwachung.

c) Anfressungen durch Wärmestauungen. Diese Korrosionen treten unterhalb von wärmeisolierenden Ablagerungen (Stein und Öl) auf. Sie entstehen nur in Gegenwart von thermisch zersetzbaren Stoffen, z. B. hydrolytisch spaltbaren Salzen, wie Magnesiumchlorid, sauerstoffentwickelnden Stoffen wie Nitraten, organischen Verbindungen usw. Ferner können im Kesselstein selbst chemische Reaktionen auftreten, die korrodierende Stoffe freisetzen, z. B. Reduktion von Sulfaten (Gips) durch organische Stoffe, Ausbildung von Kreisprozessen mit Säureentwicklung usw. Bis jetzt kann man allerdings über diese Fragen nur Mutmaßungen äußern, die der versuchsmäßigen Grundlage noch entbehren. Die auf der hydrolytischen Spaltung der Magnesiumsalze beruhenden Anfressungen treten zwar auch an sauberen Blechen auf, jedoch in ungleich stärkerem Maße unter Kesselstein, wo einerseits die Wirkungen der Temperatursteigerung hinzukommen und andererseits das Wegdiffundieren der $H^{\cdot}$-Ionen erschwert wird. Obschon die Hydrolyse der Ionenpaare $Ba^{\cdot\cdot}$-Cl' und $Ca^{\cdot\cdot}$-Cl' entfernt nicht so stark wie jene des

[1] Herman, P.: Arch. Wärmewirtsch. 1924, S. 177.

[2] Blacher, C.: Das Wasser usw. S. 228.

Magnesiumchlorids ist, treten in Gegenwart dieser Ionen erhebliche Anfressungen der Bleche, besonders unterhalb der Ablagerungen auf. Aus diesem Grunde ist die Anwendung von baryumchloridhaltigen Kesselsteinverhütungsmitteln streng zu verwerfen.

Die Anfressungen durch Wärmestauungen sind durch eine entsprechende Wasserreinigung zu beheben.

d) Anfressungen durch elektrische Lokalströme. Befinden sich innerhalb des Kesselwassers Kesselteile in metallischer Verbindung mit Metallen, Legierungen oder anderen elektromotorisch wirksam werdenden Stoffen, deren Lösungsdruck edler ist als der des Flußeisens, so bilden sich galvanische Elemente aus, in denen das Eisen zur lösenden Anode und dementsprechend besonders rasch zerstört wird. Dieser Angriff ist um so stärker, je größer der Potentialunterschied der beiden Pole und je leitfähiger, d.h. salzreicher, der Elektrolyt ist.

Im Dampfkesselbetrieb sind derartige galvanische Verbindungen keine Seltenheit. In diesem Sinne wirksame Stoffe sind z. B. Kupfer, Messing, Rotguß, Nickelchromlegierungen, Koks, Kohle, Graphit, Schwefeleisen usw. Es sollen im folgenden zwei Fälle besprochen werden, die nicht nur diese Korrosionsform veranschaulichen, sondern auch deshalb interessant sind, weil sie sich scheinbar gegenseitig widersprechen[1]. Der erste Fall betrifft die elektrolytische Korrosion der Stehbolzen von Lokomotiv-, Feuerbuchskesseln mit kupfernen Feuerbuchsen. Diese aus Eisen gefertigten Stehbolzen dienen bekanntlich dazu, die Feuerbuchse gegen die äußeren Kesselwände zu versteifen. Nach den obigen Erörterungen ist es ohne weiteres verständlich, wenn die Stehbolzen in kurzer Zeit angefressen und untauglich werden. Der Schaden äußert sich naturgemäß am stärksten in unmittelbarer Nachbarschaft

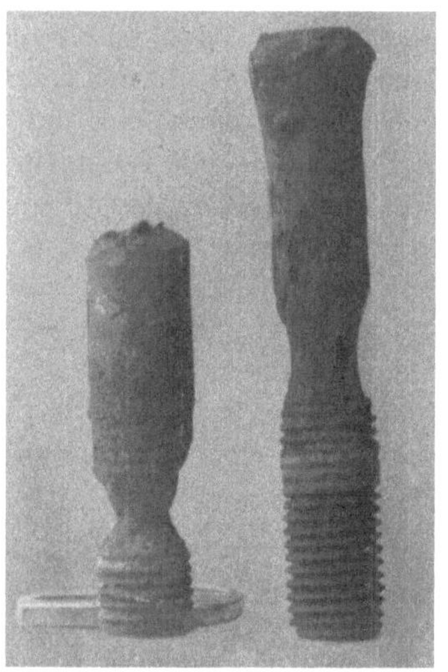

Abb. 53. Korrosion von Stehbolzen durch Lokalströme Fe → Cu.

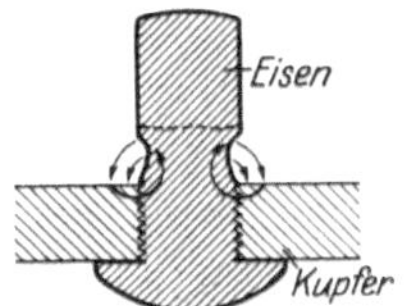

Abb. 54. Erläuterung zu Abb. 53.

[1] Stumper, R.: Feuerungstechnik 14, 1925/26, S. 97.

der Feuerbuchse, weil hier der Widerstand der galvanischen Kette Eisen → Elektrolyt → Kupfer am geringsten ist. Aus dieser Ursache zeigt dieser Korrosionsschaden der Stehbolzen die aus Abb. 53 ersichtliche Ausbildungsform. Der Mechanismus des Vorganges wird auf Abb. 54 schematisch veranschaulicht.

Im zweiten Falle handelt es sich um einen aus Rotguß hergestellten Sicherheitsschmelzpfropfen eines Flammrohrkessels. Trotzdem der Rotguß edler ist als das Eisen, ist hier der Schmelzpfropfen der schadhafte Teil. Die Anfressung des Stopfens beschränkt sich, ähnlich wie dies bei den Stehbolzen der Fall ist, auf die unteren, dem Flammrohrblech anliegenden Teile, wie aus Abb. 55 zu ersehen ist. Der Stromverlauf erfolgt, der schematischen Abb. 56 entsprechend, in umgekehrter Richtung, wie bei dem vorhergehenden, normalen Falle. Die chemische Zusammensetzung des Rotgusses erwies sich als einwandfrei, höchstens war der gefundene Zinkgehalt von 2,40% um eine Kleinigkeit zu hoch. Das untersuchte Kesselwasser enthielt 0,500 g Soda pro Liter und dieser Sodagehalt war durch ein sodaabgebendes Speisewasser der Gruppe $[(Ca^{\cdot\cdot}) + (Mg^{\cdot\cdot})] < (HCO'_3)$ bedingt. Nach den bisherigen theoretischen und praktischen Erfahrungen wird das Eisen in stark konzentrierten alkalischen Lösungen und vermutlich in verdünnten alkalischen Lösungen erst bei hohen Temperaturen passiviert, so daß eine Umkehrung des normalen Stromverlaufes in der Eisen-Kupferkette eintreten kann. Die näheren Bedingungen dieser Erscheinungen sind noch zu untersuchen.

Abb. 55. Korrosion eines Schmelzpfropfens aus Rotguß. (Lokalelement.)

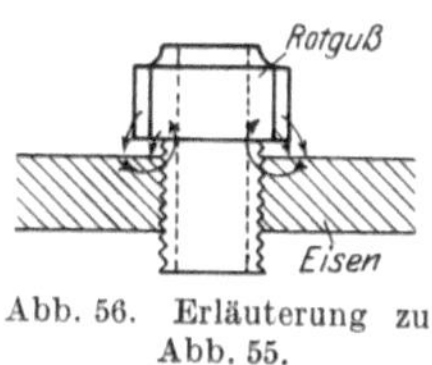

Abb. 56. Erläuterung zu Abb. 55.

e) Anfressungen durch Kaltbearbeitung. Es sei an dieser Stelle bloß auf den bereits erörterten Zusammenhang zwischen Kraftwirkungslinien und Rißbildungen bzw. Anfressungen durch Kesselwasser zurückverwiesen. Erwähnenswert ist noch, daß die Empfindlichkeit des kalt gereckten Eisens gegen Säureeinwirkung erheblich höher zu sein scheint als gegen Rostangriff[1].

[1] Friend, J. N.: The Corrosion of Iron. Carnegie Schol. Mem. Iron and Steel Inst. Vol. IX. 1922.

f) Anfressungen in Rauchgasvorwärmern und Speiseleitungen. Als Baustoff für diese Teile der Kesselanlagen wird vorzugsweise Gußeisen angewendet. Der heterogene Gefügeaufbau dieses Materiales bewirkt, unter Betätigung der rostfördernden mikroskopischen Lokalelemente Eisen-Graphit und Eisen-Sulfide, eine Anfressung, die unter Umständen sehr bedenklich wird, weil die übrigbleibenden Korrosionsprodukte ein gesundes Material vortäuschen, obwohl sie nur mehr aus einer porösen Anreicherung der metalloidischen Begleitstoffe des Gußeisens, vermengt mit den Oxydationsprodukten, bestehen. Diese Masse behält in der Regel die äußere Gestalt und sogar die Abmessungen des unbeschädigten Ausgangsmateriales bei, ist aber weich, spezifisch leichter und, unter Hinterlassen einer graphitisch glänzenden Schnittfläche, mit dem Messer schneidbar. Diese eigenartige Anfressungserscheinung

Abb. 57. Korrosion eines Ekonomiser-Verschlußdeckels.

des Gußeisens ist schon lange unter den Namen Eisenkrebs, Spongiose, Graphitierung, graphitische Zersetzung bekannt; sie galt aber immer als eine Ausnahmeerscheinung. Sie tritt fast ausnahmslos an graphithaltigem Grauguß auf, weshalb der Schluß berechtigt ist, der heterogene Aufbau dieses Materiales sei die primäre Ursache. Nach den Untersuchungen des Verfassers[1] ist diese Korrosionsart keineswegs ein Ausnahmefall, sondern sie ist eher als die normale Anfressung für den Grauguß anzusehen. Allerdings tritt sie unter abnorm ungünstigen Bedingungen wie: salzreiche Elektrolyte, hohe Wasserstoffionenkonzentration, elektrische Lokalströme, vagabundierende Ströme usw. besonders deutlich hervor, aber in fast allen Fällen von Graugußkorrosionen kann man die typischen Erscheinungen der Spongiose feststellen. Wenn man den beschädigten Baustoff genauer untersucht, so findet man eine mehr oder weniger dünne Zone mit den typischen Merkmalen der Gra-

[1] Stumper, R.: Feuerungstechnik **15**, 1926/27. S. 241 und 253.

phitierung. Daß sie auch im Dampfkesselbetrieb vorkommen muß, wird aus Vorstehendem ohne weiteres klar. So zeigt Abb. 57 den halbierten Verschlußdeckel eines Ekonomisers mit narbenförmiger Anfressung. Der Deckel bestand aus Thomas-Gußeisen mit 3,57% Kohlenstoff (fast ausschließlich Graphit), 1% Mangan, 0,56% Phosphor, 0,050% Schwefel und 1,50% Silizium. Die graphitisch zersetzte Schicht enthielt dagegen 11,81% Kohlenstoff, 6,97% Kieselsäure, 33,08% Eisenoxydul und 43,24% Eisenoxyd. Die metallographische Untersuchung gewährte einen sehr anschaulichen Einblick in den Korrosionsvorgang. Auf Abb. 58 ist eine Übergangsstelle des metallischen Teiles zu der fest anhaftenden Oxydschicht wiedergegeben. Man erkennt deutlich die beginnende Zersetzung des Metalles längs der Graphitlamellen. Die Graphiteinlagerungen haben demnach eine dreifache Rolle bei diesem Korrosionsvorgang: Zuerst machen sie den Baustoff porös, erleichtern also den Eintritt der angreifenden Elektrolyten, sodann bildet der elektromotorische Gegensatz zwischen dem Eisen und dem Kohlenstoff ein korrosionsförderndes Lokalelement aus, und schließlich vergrößern die Graphitadern die Berührungsfläche zwischen dem Metall und dem Elektrolyten in sehr hohem Maße. Abb. 59 zeigt den Querschnitt eines Stückes aus einer gußeisernen Kondensatleitung mit innerer graphitischer Zersetzung. Daß auch hier der Graphit der Hauptschuldige ist, beweist die Abb. 60. Ferrit und Perlit werden zuerst herausgelöst, während Zementit und die Phosphideutektika widerstandsfähiger sind, so daß man Gefügeausbildungen von der auf Abb. 61 ersichtlichen Art antreffen kann: Ein Netzwerk von unangefressenem Zementit und Phosphid ist in der oxydischen Grund-

Abb. 58. Graphitische Zersetzung des Gußeisens. (Spongiose.) Übergangsstelle zwischen Metall und graphitisch zersetztem Gußeisen.

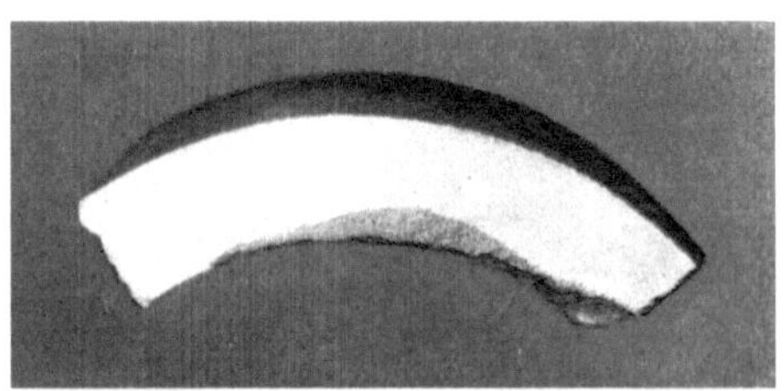

Abb. 59. Graphitische Zersetzung des Gußeisens. (Spongiose.) Kondensatleitungsrohr mit graphitischer Zersetzung.

masse eingebettet. Bei weiter fortgeschrittener Korrosion verschwinden auch diese Gefügebestandteile und es bleibt nur mehr eine durch ver-

Abb. 60. Graphitische Zersetzung des Gußeisens. (Spongiose.) Gefüge der Übergangsstelle zwischen Metall und Oxydationsprodukten. (100 × vergr.)

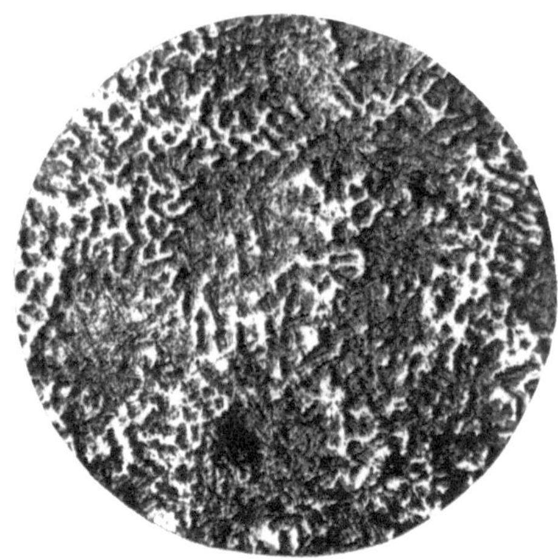

Abb. 61. Graphitische Zersetzung des Gußeisens. (Spongiose.) Netzwerk von Zementit bzw. Phosphideutektikum in oxydischer Grundmasse. (100 × vergr.)

filzte Graphitlamellen zusammengehaltene oxydische Masse übrig (Abb. 62). Die Spongiose ist also ein bevorzugtes Herauslösen der metallischen Teile aus dem Grauguß, das nur durch den heterogenen Gefügeaufbau dieses Materiales ermöglicht wird und selbstverständlich, je nach den Bedingungen, Unterschiede in der Stärke und der Ausbildungsart zuläßt.

Abb. 62. Graphitische Zersetzung des Gußeisens. (Spongiose.) Gefüge der gänzlich graphitierten Zone. (100 × vergr.)

3. Die Abnutzung der Roststäbe im Feuer.

a) Allgemeines. Die Faktoren, die den Verschleiß der Roststäbe im Feuer bedingen, lassen sich folgendermaßen zusammenstellen:

1. Konstruktion des Rostes und der Roststäbe.
2. Güte des Werkstoffes.

3. Chemische Beschaffenheit des Brennstoffes.
4. Beanspruchung der Feuerung.
5. Art der Feuerbedienung.

Die Konstruktion des Rostes und der Roststäbe liegt außerhalb der in diesem Werke zu behandelnden Fragen; es genügt daher hier der Hinweis, daß die Haltbarkeit der Roststäbe nur dann gewährleistet ist, wenn sie genügend große Abkühlungsflächen zur Verhinderung unzulässiger Temperatursteigerungen besitzen.

Die bisherigen, theoretisch begründeten Forderungen gehen dahin, für gußeiserne Roststäbe möglichst niedrigen Phosphor- und Schwefelgehalt und keinen übermäßig hohen Kohlenstoff- und Siliziumgehalt anzustreben. Durch die neuesten Untersuchungen von Kühnel[1] wird allerdings diese theoretische Anforderung in Frage gestellt und manche Fachleute gehen schon soweit, zu behaupten, die chemische Zusammensetzung und damit der Gefügeaufbau der Roststäbe sei überhaupt von untergeordneter Bedeutung. Demgegenüber betonen Piwowarsky und Hammermann[2] die Wichtigkeit der chemischen Zusammensetzung. Im Anschluß an die früheren Erörterungen (S. 26ff.) sei hier der Einfluß der einzelnen Begleitelemente auf die Feuerbeständigkeit des Gußeisens zusammengestellt:

Der Phosphor wirkt deshalb in ungünstigem Sinne, weil er ein leicht schmelzendes ternäres Phosphideutektikum bildet, wodurch bei höheren Temperaturen der Materialzusammenhang natürlich vermindert werden muß. Kühnel kommt auf Grund seiner Untersuchungen zu dem Ergebnis, daß die Leichtflüssigkeit des Phosphideutektikums vielleicht gar nicht so gefährlich für Roststäbe sei, wie theoretisch zu erwarten ist, um so mehr als es, wie Jungbluth und Grummert[3] nachweisen konnten, durch Erhitzen zersetzt wird und, wie Kühnel selbst zeigen konnte, es in den oberen Teilen des Roststabes mehr und mehr verschwindet. Wenn trotzdem eine obere Grenze des Phosphorgehaltes von 0,5% beizubehalten ist, so geschieht dies mit Rücksicht auf die Zunahme der Sprödigkeit des Gußeisens mit steigendem P-Gehalt.

Der schädliche Einfluß des Schwefels besteht darin, daß er wegen seiner leichten Oxydierbarkeit das Gefüge des Roststabes bei höheren Temperaturen auflockert. Da aber der Schwefel aus der Brennstoffschicht in die Brennbahn des Roststabes einzuwandern bestrebt ist, muß man, nach Kühnel, wohl annehmen, daß die alte Forderung nach einem möglichst schwefelarmen Werkstoff für Roststäbe wenig Wert hat.

Mangan und Silizium sind im Eisen als feste Lösung vorhanden; über ihren Einfluß auf die Haltbarkeit der Roststäbe ist nichts Näheres bekannt.

---

[1] Kühnel: Gieß. **13**. 1926. 809.

[2] Aussprache anschließend an den Vortrag von Kühnel: Gieß. **13**. 1926, S. 816.

[3] Jungbluth und Grummert: Kruppsche Monatshefte 1926.

Was jetzt den Kohlenstoff anbetrifft, so ist er von ausschlaggebender Bedeutung für die Feuerbeständigkeit.

Von den Gefügebestandteilen des Gußeisens sind der Perlit und der Zementit die wichtigsten. Letzterer scheint widerstandsfähiger gegenüber thermischer Beanspruchung zu sein; allerdings wird er bei längerer Erhitzung unter Bildung von Temperkohle und Ferrit zerlegt. Auch der Perlit erleidet oberhalb 850° einen Zerfall in Graphit und Ferrit. Diese Zerfallserscheinungen können im gebrauchten gußeisernen Roststab metallographisch mit Leichtigkeit nachgewiesen werden, und sie können später, wenn die Temperaturverhältnisse besser geklärt sind, wichtige Anhaltspunkte über die Temperaturverteilung im Roststab abgeben.

Der Verschleiß der Roststäbe ist in erster Linie ein Oxydationsvorgang: die Verzunderung des Eisens. Diese Oxydation erfolgt durch den Luftsauerstoff und führt zu einer Zunderschicht ($FeO + Fe_2O_3$), welche die oberen Teile des Roststabes bedeckt. Das weitere Fortschreiten der Oxydation wird durch das Schüren und Abschlacken begünstigt, da hierbei die Oxydkrusten abgestoßen und frische Metallflächen bloßgelegt werden. Wie bei allen heterogenen, chemischen Umsetzungen ist auch hier die Oxydation des Eisens um so stärker, je größer die Grenzflächen zwischen den reagierenden Phasen sind. Auch steigt die Oxydation mit erhöhter Temperatur, deren Höhe von der Natur des Brennstoffes, der Dicke des Brennstoffbettes, dem Luftüberschuß usw. abhängig ist. Am nachteiligsten wirkt wohl die Dicke und die Dichte der auf dem Rost gelagerten Brennstoffschicht: Sobald die Luft nicht mehr durch den Rost durchziehen und ihn dadurch abkühlen kann, schmelzen die Roststäbe durch Oberhitze ab. Hieraus geht auch der Einfluß der Beanspruchung, der Bauart und der Bedienung des Feuers auf die Haltbarkeit des Rostes hervor.

Die Bildung von Eisenoxyden auf der Brennbahn der Roststäbe führt zu einer weiteren ungünstigen chemischen Wechselwirkung dieser Oxyde mit der Schlacke. Die Aschenbestandteile des Brennstoffes, besonders die Kieselsäure, bilden mit den Eisenoxyden leicht schmelzende Verbindungen, besonders Eisensilikate, die als Flußmittel für das Eisen dienen. Über die hier uns interessierenden Zustandsdiagramme Eisenoxydul-Kieselsäure bzw. Eisenoxyd-Kieselsäure ist leider nur wenig bekannt[1].

Je leichter schmelzbar die Asche des Brennstoffes ist, desto größer ist auch der Verschleiß. Der wichtigste Punkt bei den zukünftigen Untersuchungen wird zweifellos die Frage der Schlackenzusammensetzung der Kohlen unter Berücksichtigung der Eisenoxyde sein. Der Einfluß des Brennstoffes auf die Feuerbeständigkeit ist in erster Linie von dem Gehalt und

---

[1] Whitely und Hallimond, Ref. in Stahleisen **40.** 1926. S. 1133. — v. Keil und Dammann: Ebenda **45.** 1925, S. 890.

der Zusammensetzung der Asche, sodann aber auch von seinem Gehalt an Schwefel abhängig. Die Rolle der Asche ist durch ihren Schmelzpunkt bedingt, und dieser ist vornehmlich von dem Verhältnis der sauren ($SiO_2 + Al_2O_3$) zu den basischen Bestandteilen (CaO, MgO, FeO, Fe_2O_3, $Na_2O + K_2O$) abhängig.

Was den Einfluß der Bauart des Kessels und der Feuerung, sowie die Rolle der Beanspruchung angeht, so dürfte die Angabe genügen, daß der Verschleiß des Rostes zunimmt mit steigender Beanspruchung, mit fallendem Wirkungsgrad des Kessels, mit ungünstigem Verhältnis Heizfläche : Rostfläche, mit unsorgfältiger Bedienung usw.

Aus den vorhergehenden Erörterungen ist zu entnehmen, daß der Verschleiß der Roststäbe in der Feuerung ein kombinierter Oxydations- und Schmelzvorgang ist, der durch die mechanische Bearbeitung beim Schüren und Abschlacken gefördert wird. Die Hauptursachen der Zerstörung sind, neben einem fehlerhaften Aufbau der Roststäbe, die Roststabtemperatur und die Einwirkung der Kohlenasche. Über den näheren Mechanismus der Zerstörung geben die Untersuchungen von Hopfelt[1], Stumper[2] und Kühnel[3] Aufschluß.

b) Untersuchungen über das Verhalten gußeiserner Roststäbe im Betrieb. Bis jetzt ist die Frage unbeantwortet geblieben, ob dem grauen oder dem weißen Gußeisen der Vorzug als Werkstoff für Roststäbe zu geben ist. In diesem Abschnitt soll deshalb ein Beitrag zur Lösung dieser Frage auf Grund von eigenen Untersuchungen gegeben werden. Die Untersuchungen erstrecken sich über Roststäbe für Normal- und Schmalspurlokomotiven, die mit Saarkohlen beheizt werden. Ferner muß vorausgeschickt werden, daß als Werkstoff nur Thomasgußeisen in Frage kam. Infolgedessen sind, streng genommen, die Untersuchungsergebnisse nur für diese Verhältnisse gültig.

Die Untersuchung ergab als erste Tatsache, daß sämtliche angelieferten Roststäbe aus phosphor- und schwefelreichem Thomasgußeisen bestanden, was also den Anschein erweckt, als ob man sich in den Herstellerkreisen wenig an die Vorschläge des Normenausschusses hielte. Auch konnte festgestellt werden, daß innerhalb einer Lieferung sehr große Schwankungen in Bezug auf die chemischen Zusammensetzungen der Gattierungen und auf das Herstellverfahren auftreten können. Diese Feststellungen beweisen, daß der Roststabfrage wohl nicht immer eine genügende Aufmerksamkeit sowohl von seiten der Verbraucher, wie auch von seiten der Hersteller entgegengebracht wird. Die bisherige Geringschätzung der Rostfrage hat hauptsächlich ihren Grund darin, daß von Hersteller und Verbraucher stillschweigend angenommen wird, die Ab-

---

[1] Hopfelt: Z. V. d. I. 1925, S. 411. [2] Stumper: Chal. Ind. 1925, Nr. 12 u. Arch. f. Wärmew. 8. 1927. S. 335. [3] Kühnel: Gießerei 13, 1926, S. 809.

nutzung der Roststäbe sei eben eine unabwendbare Tatsache, mit der man sich abfinden müsse, und deshalb sei der billigste Werkstoff auch der zweckentsprechendste. Dieser Standpunkt kann aber als überwunden angesehen werden, und es vermehren sich allerorts die Forderungen nach einer Gütesteigerung der Roststäbe.

Die chemische Zusammensetzung der vom Verfasser untersuchten Roststäbe schwankt innerhalb folgender Grenzen:

Gesamtkohlenstoff	3,40—3,80%
Graphit	2,60—3,50%
Gebundener Kohlenstoff	0,10—1,15%
Silizium	2,15—2,60%
Mangan	0,50—0,55%
Phosphor	0,80—1,25%
Schwefel	0,140—0,180%

Es handelt sich dementsprechend um silizium-, phosphor- und schwefelreiches Thomasgußeisen. Unter den untersuchten Stäben befanden sich solche, die ganz aus Grauguß und andere, die ganz aus weißem Gußeisen bestanden, ferner auch solche mit abgeschreckter Brennbahn. Die Abnutzung äußerte sich bei allen auf dieselbe Weise, allerdings erweckten die aus weißem Gußeisen den Eindruck einer besseren Haltbarkeit. Der Verschleiß besteht in einer Abrundung der Brennbahn, verbunden mit einer Vergrößerung der Fugenweite des Rostes. Eine ziemlich lockere Oxydschicht bedeckt das obere Drittel des Stabes. Unter dieser Oxydkruste ist das Material sehr hart, spröde und zeigt etwa 10 mm tief ein oxydisch verändertes Bruchgefüge. In dem oberen Teil des Stabes tritt eine außerordentliche Schwefelanreicherung auf, die bis zu 5,90% S ansteigen kann. Der Kohlenstoffgehalt sinkt auf den fünften bis zehnten Teil des Ausgangsgehaltes herab, während Phosphor, Mangan und Silizium sich nur unwesentlich verändern. Die Ursache der Schwefelanreicherung liegt in der Einwanderung dieses Elementes aus der Brennstoffschicht in das Eisen, wobei sich fast ausschließlich Schwefeleisen bildet. Nach Kühnel erstreckt sich die Schwefeleinwanderung nur auf denjenigen Teil des Roststabes, der offenbar unter der Hitzeeinwirkung einen schon beinahe flüssigen Zustand angenommen hat. Die Versuche des Verfassers über den Mechanismus der Schwefelaufnahme des Eisens aus der Kohle beweisen hingegen, daß schon bei 500—600° C etwa 60% des Schwefels einer Kohle von Eisen (Eisenpulver) als Sulfid gebunden werden können. Die Entkohlung der Brennbahn im Feuer erfolgt entweder durch direkte Verbrennung des Graphits oder auch durch indirekte Oxydation:

$$FeO + C = Fe + CO.$$

Das Fortschreiten der Oxydation ins Innere des Roststabes, sowie auch die Gefügeveränderungen des Materiales lassen sich auf metallographischem Wege verfolgen. Sie nimmt ihren Ausgang von den Graphitblättern, die einerseits das Gußeisen porös bzw. gasdurchlässig machen und anderseits die Berührungsfläche zwischen Metall und Sauerstoff in ungeheueren Massen vergrößern. Die Graphitverteilung in einem der untersuchten Roststäbe ist auf Abb. 63 zu ersehen. Das erste Stadium der Oxydation zeigt die nachfolgende Abb. 64, welche eine beginnende Verfärbung infolge Oxydbildung der um die Graphitlamellen liegenden Metallränder erkennen läßt. Als folgende Phase sieht man auf Abb. 65 das stärker hervortretende Weiterfressen der Oxydation von den Graphitadern aus. Schließlich bleibt nur eine mit angenagten Graphitlamellen durchsetzte oxydische Grundmasse übrig (Abb. 66). Die Graphitreste werden dann auch verbrannt, und es bleibt zuletzt nur eine poröse, lockere Masse übrig, deren Kleingefüge auf Abb. 67 ersichtlich ist. Die mechanische Widerstandsfähigkeit dieser porösen Oxydschicht der Brennbahn ist sehr gering; sie bröckelt beim Schüren und Abschlacken des Feuers mit Leichtigkeit ab, wodurch alsdann die Oxydation immer

Abb. 63. Oxydation der Grauguß-Roststäbe. Verteilung des Graphits im gesunden Werkstoff längs der Graphitlamellen.

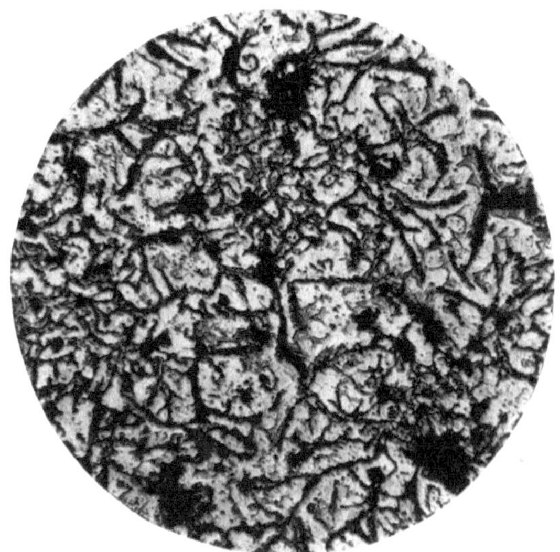

Abb. 64. Oxydation der Grauguß-Roststäbe. Beginn der Oxydation.

weiter ins Innere des Metalles vordringen kann. Außer dem eben geschilderten Oxydationsvorgang treten im Metall auch Gefügeveränderungen auf, die im wesentlichen in dem Zerfall des Perlits und Zementits und der Phosphideutektika bestehen dürften. An der Berührungsfläche der Oxydschicht mit der Schlackenschicht treten beide miteinander in chemische Wechselwirkung unter Bildung von leichtschmelzenden Silikaten, Eisenverbindungen usw. So lehrt z.B. das Zustandsdiagramm Eisenoxydul-Eisensulfid, daß diese beiden Stoffe ein schon bei 950° schmelzendes Eutektikum bilden. Diese Fragen sind aber noch nicht genügend geklärt, um den wirklichen Mechanismus der Verzunderung der Roststäbe verständlich zu machen.

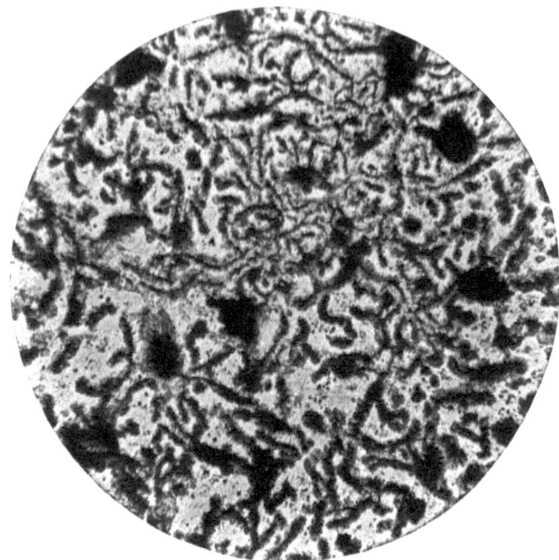

Abb. 65. Oxydation der Grauguß-Roststäbe. Fortschreiten der Oxydation.

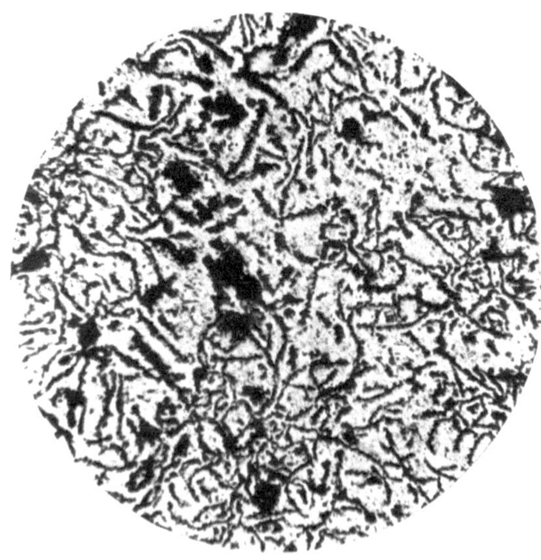

Abb. 66. Oxydation der Grauguß-Roststäbe. Fortschreiten der Oxydation.

Wie verhält sich nun hier das weiße Gußeisen? Diesem Werkstoff fehlt die ungünstige Wirkung des Graphits, und man muß deshalb von ihm eine höhere Feuerbeständigkeit erwarten. Dies wird von der Praxis bestätigt. Wenn auch der Zerfall des Zementits eine unausbleibliche Folge der Hitzeeinwirkung ist, so kommt dennoch der ausgeschiedenen Temperkohle nicht die ungünstige Wirkung des primär ausgeschiedenen Graphits zu, weil die knotenförmige Temperkohle das Material nicht porös macht. Allerdings muß auf die erhöhte Sprödigkeit des weißen Gußeisens gegenüber dem Grauguß hingewiesen werden.

c) Veredelung der Roststäbe. Eine Hauptursache des Verschleißes der Roststäbe ist die Verzunderung, d. h. die direkte Oxydation. Die Technik verwendet daher seit wenigen Jahren hitzebeständige (unoxydierbare) Legierungen und hat auch seit kurzem versucht, die Lebensdauer der thermisch beanspruchten Metallgegenstände durch Schutzüberzüge zu verlängern. Letztere Verfahren sind unter dem Namen Kalorisieren, Alitieren, Schoopieren, Chromalisieren bekannt. Die Oberflächenveredelung der beiden ersten Verfahren besteht darin, daß eiserne Gegenstände in einem aluminhaltigen Pulver geglüht werden, wobei das Aluminium, in ähnlicher Weise wie der Kohlenstoff bei der Zementierung, in das Metall eindringt. Die Erhöhung der Hitzebeständigkeit kommt dadurch zustande, daß die Aluminiumoberfläche sich in das sehr hoch schmelzbare Oxyd Al_2O_3 (Schmelzpunkt 2200°) umwandelt und so die tieferliegenden Schichten vor weiterer Oxydation schützt. Während das amerikanische Kalorisieren eine sehr dünne Aluminiumschicht (0,1 mm) auf dem Metall niederschlägt, ist es Krupp durch das Alitieren gelungen, diese Schicht auf etwa 1 mm Dicke zu bringen[1].

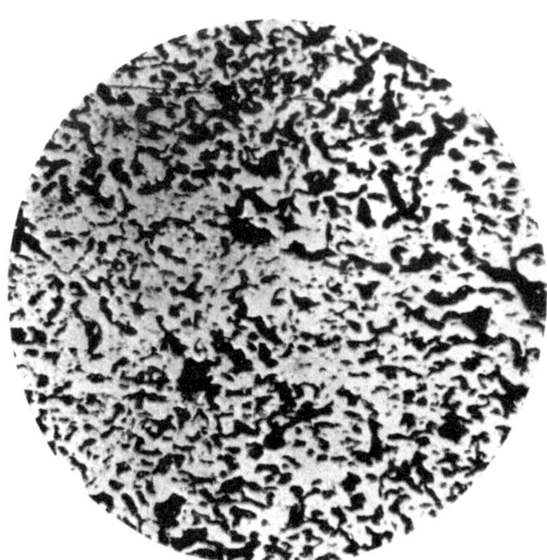

Abb. 67. Oxydation der Grauguß-Roststäbe. Endstadium der Zerstörung.

Betriebserfahrungen über solche veredelte Roststäbe liegen schon vor[2]. Es scheint diesem Verfahren eine hohe praktische Bedeutung zuzukommen.

Das Schoopieren besteht in einer mechanischen Auftragung des Schutzmetalles (Aluminium oder Chrom) vermittels einer speziellen Auf-

[1] Fry: A.: Kruppsche Monatshefte 1925, S. 27.
[2] Z. V. d. I. 1924, S. 813.

spritzpistole. Nähere Angaben über Vor- und Nachteile des angegebenen Verfahrens liegen bislang nicht in genügender Anzahl vor, um sich ein Urteil zu erlauben[1].

Fünfter Teil.

Die Aufbereitung des Speisewassers.

I. Allgemeines.

Die neuzeitlichen Anschauungen über das Kesselspeisewasser gipfeln wohl in der Erkenntnis, daß bei der Beurteilung des Wassers nicht mehr, wie bisher üblich, die Härte allein die ausschlaggebende Rolle spielt, sondern daß auch die anderen Eigenschaften des Wassers weitgehendst berücksichtigt werden müssen. Die an das Speisewasser gestellten Anforderungen lassen sich kurz folgendermaßen zusammenfassen: Das Wasser muß frei sein von jedweden schädlichen und störenden Beimengungen. Es soll also weder mechanische Verunreinigungen, noch kolloidale Begleitstoffe enthalten; es muß absolut frei von Mineralsäuren sein; sein Gehalt an steinbildenden und korrosionsfördernden Stoffen muß möglichst niedrig und sein Gesamtsalzgehalt ebenfalls gering ein.

Diese Richtlinien haben selbstverständlich nur eine relative Bedeutung, denn die Anforderungen werden je nach den Betriebsverhältnissen mehr oder weniger scharf gefaßt werden müssen. Bei der Aufstellung von Richtlinien für die anzustrebende Beschaffenheit des Wassers wird man sich daher von dem Kesselsystem, der Verdampfungsziffer, den Spitzenbelastungen, der Betriebsdauer und anderen Betriebsverhältnissen leiten lassen müssen. Es ist deshalb begreiflich, daß bisher für die obigen Richtlinien noch keine qualitativen und quantitativen Normen festgelegt worden sind. Nachstehend sind einige allgemeine Gesichtspunkte für die Aufstellung von solchen Güteanforderungen des Speisewassers gegeben.

Die Flammrohrkessel sind verhältnismäßig am unempfindlichsten gegen hartes Wasser, da ihr Inneres leicht zugänglich und leicht zu reinigen ist. Sie vertragen 10—12 Härtegrade, allerdings nur bei niedriger Beanspruchung und kurzer Betriebsdauer. Es muß aber vor dem Abklopfen des Kesselsteines gewarnt werden, wodurch sehr leicht Beschädigungen des Bleches (lokale Kaltverformungen, Kerbwirkungen usw.) entstehen können.

Die Heizrohrkessel, besonders die Lokomotivkessel, verlangen ein weicheres Wasser: zulässige Höchstgrenze der Härte etwa 8—10° d. H.

[1] In Feuerungstechn. 1926, Jahrg. 14, S. 127 wird ein neuer hitzebeständiger Guß, Alferon genannt, empfohlen.

Obschon die Siederohre leicht herausgezogen und der Steinansatz abgeklopft werden kann, ist dennoch ein weicheres Wasser anzuraten, da der Steinansatz und die öfters zu wiederholende mechanische Reinigung zu dem störenden Leckwerden führen. Auch ist hier besonders auf die Salz- und Laugenkonzentration des Kesselinhaltes zu achten. Die Gesamtsalzkonzentration soll 15—20 g/l und die Alkalität 2 g/l an Ätznatron bzw. 5 g/l an Soda nicht überschreiten, anderenfalls das besonders bei Lokomotiven so gefürchtete Spucken und Überkochen eintritt.

Für Walzen- und Batteriekessel ist wegen der schwierigen Reinigung der mittleren und unteren Walzen ein weicheres Wasser (5—8° d. H.) als vorher anzuempfehlen.

Die Wasserrohrkessel bis etwa 15 atü und gewöhnlicher Leistung (bis etwa 300—400 qm Heizfläche) verlangen ein reines, öl-, gas- und kieselsäurefreies Wasser, dessen Härte 4—5° d. H. nicht übersteigen soll.

Die als Höchstleistungskessel bezeichneten Wasserrohrkessel (Schräg- oder Steilrohrkessel, Kammerkessel, Sektionalkessel), vor allem die Kessel mit gebogenen Wasserrohren, wegen der besonders großen Schwierigkeiten der Reinigung, müssen mit reinem und noch weicherem Wasser betrieben werden.

Für Hochdruckkessel aller Systeme stellen sich die Anforderungen noch schärfer: Für diese Anlagen ist das reinste Wasser eben gut genug, weshalb auch hier in der Regel entgastes Kondensatwasser unter Zusatz von gasfreiem Destillat verwendet wird.

Wenn es auch für alle Verhältnisse ratsam ist, ein in jeder Beziehung einwandfreies Wasser in die Kessel zu speisen, so sind dennoch in vielen Fällen dem Reinheitsgrad des Wassers Grenzen gezogen, mit denen sich die Betriebe eben abfinden müssen. Dies trifft vornehmlich in der Kleinindustrie zu, wo die Wasserfrage sehr oft als Nebensache betrachtet und wo vor der Anschaffung einer Aufbereitungsanlage aus falschen Sparsamkeitsrücksichten zurückgeschreckt wird. Wieviel in dieser Beziehung noch gesündigt wird, geht daraus hervor, daß kaum 50% der Kleinkraftanlagen die hochwertigen Kondenswasser zurückgewinnen. Die gründliche, interesselose Aufklärungsarbeit der Kesselüberwachungsvereine oder anderer neutraler Behörden und Anstalten kann hier aber viel Gutes tun und der Volkswirtschaft Tausende von Tonnen Kohle sparen.

Manchmal liegen in der Praxis Wasser vor, die schon von Natur aus ziemlich rein sind und die daher ohne Vorbehandlung gespeist werden. Wieweit dies zulässig ist, wird von den jeweiligen Verhältnissen abhängig sein. In der Regel muß das Rohwasser durch entsprechende Aufbereitungsverfahren von einem niedrigen in einen höheren Gütegrad übergeführt werden. Die Aufbereitung umfaßt die Entfernung 1. der grobdispersoiden Verunreinigungen, 2. der kolloidalen Begleitstoffe, 3. der Steinbildner und 4. der korrosionsfördernden Gase und Ionen.

II. Entfernung der grobdispersen Verunreinigungen (Mechanische Reinigung des Wassers).

Je nach dem spezifischen Gewicht S der suspendierten Verunreinigungen kann man unterscheiden (unter der Annahme, daß das spezifische Gewicht des Wassers gleich 1 ist):

a) die Schwimmstoffe . . . . . $S < 1$,
b) die Schwebestoffe . . . . . $S = 1$,
c) die Sinkstoffe . . . . $S > 1$.

Bei abnehmender Teilchengröße wird das disperse System beständiger; es strebt der erhöhten Stabilität der kolloiden Systeme zu, wodurch die Trennung der aufgeteilten Stoffe nach den spezifischen Gewichten erschwert wird. Die wichtigsten Verfahren zur Abscheidung der grobdispersen Verunreinigungen sind die Sedimentation und die Filtration.

A. Das Absetzverfahren.

Für die Sinkgeschwindigkeit u eines kugelförmig gedachten Teilchens im Wasser gilt die Stokessche Formel:

$$u = \frac{2}{9} \frac{r^2 (S - s) g}{\eta}.$$

Hier ist S das spezifische Gewicht des Teilchens, r sein Radius, s das spezifische Gewicht und η die Viskosität der Flüssigkeit. Aus der Formel ist ersichtlich, daß die Absetzgeschwindigkeit desto größer ist, je größer der Durchmesser des Teilchens, je größer der Unterschied der spezifischen Gewichte der dispersen Phase und des Wassers und ferner, je geringer die Viskosität des Wassers ist. Die Steigerung der Temperatur verringert die Zähigkeit und auch das spezifische Gewicht des Wassers; beide Änderungen wirken in ein- und demselben, die Absetzgeschwindigkeit erhöhenden Sinne. Hieraus folgt für die Praxis, daß zur Beschleunigung der Sedimentation und zur Vermeidung allzu großer Abmessungen der Klärbehälter, das trübe Rohwasser anzuwärmen ist. Die Absetzverfahren können nun diskontinuierlich oder kontinuierlich arbeiten. In ersterem Falle besteht das Klärgefäß in der Regel aus einem niedrigen Behälter, in dem sich infolge des kleinen zurückzulegenden Weges die Teilchen relativ schnell absetzen. In den kontinuierlichen Verfahren wird das Rohrwasser ununterbrochen durch einen Behälter geleitet, in dem sich die Teilchen absetzen sollen. Bedingung hierfür ist, daß die Wassergeschwindigkeit stets kleiner als die Sinkgeschwindigkeit der groben Verunreinigung bleibt. Eine Erhöhung des Kläreffektes sucht man durch Einbauen von Scheidewänden zu erreichen, die den Weg des Wassers verlängern und durch Prallwirkung ein beschleunigtes Absetzen der Sinkstoffe herbeiführen. Auf der Ausnutzung der Massenbeschleunigung beruhen fast alle Klärbehälter der Wasserreiniger. Hier wird der Wasserstrom senkrecht nach unten geleitet und durch Querschnittsvergrößerung verbunden mit Richtungswechsel eine plötzliche Verminderung der Durchflußgeschwindigkeit bewerkstelligt. Die spezifisch schwereren Sinkstoffe behalten wegen ihrer Massenbeschleunigung die frühere Richtung bei, gelangen aus dem fließenden Strom heraus und können sich in einem ruhigen Wassersack absetzen.

B. Das Filterverfahren.

Wesentlich für die Leistungsfähigkeit eines Filters sind 1. die Porenweite des Filtermateriales, 2. die Durchflußgeschwindigkeit des Wassers. Die Filterwirkung wird nicht allein vom Filtermaterial ausgeübt, sondern vor allem durch die Schwebestoffe selbst, die sich in den Poren festsetzen, deren Weite verringern und dadurch den Reinigungseffekt erhöhen. Die Filtrationsgeschwindigkeit ist im allgemeinen abhängig von dem jeweiligen Verunreinigungsgrad des Wassers und auch von dem Verschmutzungsgrad des Filters. Verschlammte Filter müssen durch Reinigung, Auflockerung oder teilweise Erneuerung der Filtermasse wieder wirksam gemacht werden. Als Filtermasse kommen in Betracht: Sand, Kies, Koks, Holzwolle, Sägespäne usw.

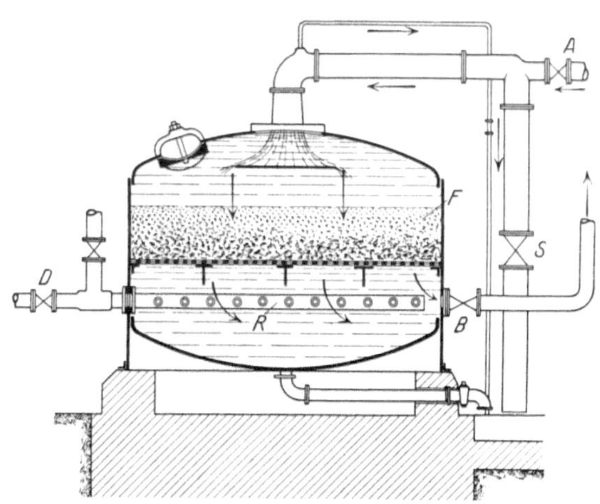

Abb. 68. Geschlossenes Schnellfilter nach Reisert.

Die Schnellfilter zeichnen sich durch eine 25—70fache Erhöhung der Filtergeschwindigkeit und eine entsprechende Verkleinerung der Abmessungen gegenüber den gewöhnlichen Sandfiltern aus. Sie sind vor allem mit verbesserten Waschvorrichtungen versehen. Die Schnellfilter werden entweder offen oder geschlossen ausgeführt; die offenen Filter arbeiten unter gewöhnlichem Druck, während die geschlossene Bauart für Druckfiltration hergestellt wird. Für den Dampfkesselbetrieb kommen vorzugsweise die geschlossenen Filter in Frage.

Es seien jetzt einige gangbare Schnellfiltertypen beschrieben.

Die Reisert-Schnellfilter arbeiten ohne Rührwerk; Abb. 68 stellt im Schnitt ein geschlossenes Filter dieser Firma dar. Das trübe Rohwasser wird durch das Rohr *A* zugeführt, durchdringt von oben nach unten das Filtermaterial (Perlkies) *F* und fließt durch das Rohr *B* ab. Zum Auswaschen des Filters wird der Rohwasserzulauf *A* geschlossen und der Entschlammungsschieber *S* geöffnet. Durch Öffnen des Dampfventils *D* wird der Luftinjektor in Tätigkeit gesetzt. Die Reinwasserdruckleitung (*B*) bleibt geöffnet, so daß beim Auswaschen auf der ganzen Ebene des Filterbettes zugleich Waschwasser und (durch das Rohr *R* gleichmäßig) verteilte Luft das Filtermaterial von unten nach oben durchströmt. Der Luftstrom wirbelt letzteres auf und spült dadurch den Schlamm ab, der durch das Schlammrohr *S* fortgeführt wird.

Abb. 69 zeigt ein von Halvor-Breda konstruiertes, geschlossenes Schnellfilter mit Rührwerk. Es besteht aus einem zylindrischen Mantel mit zwei gewölbten Böden. Das trübe Wasser fließt bei *a* zu, durchdringt die Kieselschicht *b*, den Siebboden *c* und gelangt durch *d* in die Druckleitung *e*. Zur Reinigung des Filters wird *a* geschlossen, das Abflußrohr *f* geöffnet und der Wasserstrom unter Betätigung des Rechenrührwerkes in umgekehrter Richtung durchgeleitet. Ähnlich arbeiten die Filter der Hanomag und der meisten Herstellerfirmen von Wasserreinigern, wie W. Lehmann, Berlin, Bühring A.-G., Landsberg, A. L. G. Dehne, Halle, L. C. Steinmüller, Gummersbach und andere mehr. G. Bollmann, Hamburg, steigert die Spülwirkung durch ein Strahlgebläse, das den gesamten Kies durch ein Rohr treibt, wobei er durch gegenseitige Scheuerwirkung der Kieskörner gründlich entschlammt wird.

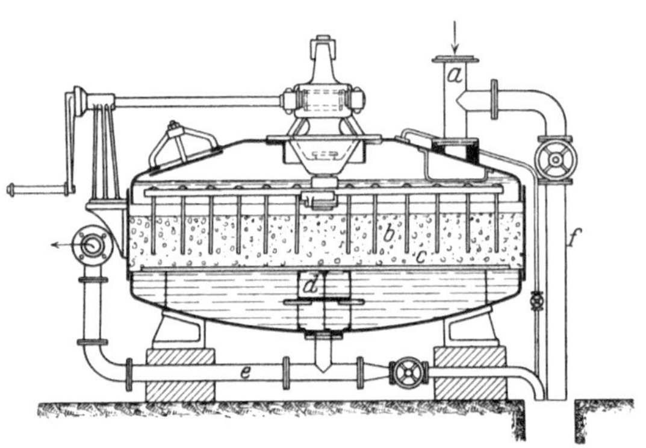

Abb. 69. Geschlossenes Schnellfilter. Bauart: Halvor-Breda.

Zu erwähnen ist schließlich die Anwendung von Filterpressen bei der Wasserenthärtung durch A. L. Dehne, Halle.

III. Entfernung der kolloidalen Verunreinigungen.

Zur Entfernung der kolloiddispersen Verunreinigungen, also vor allem der organischen Kolloide (Humusstoffe), und der Kieselsäure des Rohwassers, sowie der im Maschinenkondensat emulgierten Öle und Fette sind folgende Verfahren möglich: 1. Ultrafiltration, d. h. Filtration durch eine Kollodiummembran, 2. Aussalzung, 3. Adsorption an kolloidalen Niederschlägen, und 4. elektrolytische Ausflockung. Das Aussalzverfahren kommt wegen der benötigten hohen Salzkonzentrationen praktisch nicht in Frage. Auch dürfte der Ultrafiltration keine große praktische Bedeutung zukommen, denn sie ist einerseits teuer und andererseits beseitigt sie, nach eigenen Versuchen, die Kieselsäure nicht. Letztere läßt sich dagegen durch Zusatz von Aluminiumsulfat in alkalischer Lösung vollständig entfernen. Nach der Reaktion:

$$Al_2(SO_4)_2 + 2\,Na_2CO_3 + 3\,H_2O = 2\,Al(OH)_3 + 3\,Na_2SO_4 + 3\,CO_2$$

scheidet sich kolloidales Tonerdehydrat $Al(OH)_3$ aus, das die Kieselsäure adsorbiert bzw. als Tonerdesilikat chemisch bindet. Die obige Gleichung zeigt aber, daß bei diesem Verfahren Natriumsulfat und freie Kohlensäure ins Wasser gelangen. Um emulgiertes Öl zu entfernen, kann man ebenfalls die $Al(OH)_3$-Fällung benutzen und das Wasser nachher filtrieren. Die Maschinenfabrik A. L. G. Dehne, Halle, entfettet das Wasser durch Zugabe eines fein verteilten Tonerdesilikates. Die Entölung durch einfache Filtration mittels Holzwolle, Putzwolle, Sägespäne, Badeschwämme scheint ungenügende Resultate zu ergeben. In letzterer Zeit verspricht man sich daher viel von den elektrolytischen Entfettungsverfahren (Hanomag, Halvor-Breda). Das zu entölende Wasser wird nach einer ersten groben mechanischen Ölabscheidung dem elektrischen Strom ausgesetzt. Durch die elektrolytische Wirkung (Kataphorese) ballen sich die Ölteilchen flockig zusammen und werden von einem dahinter geschalteten Kiesfilter zurückgehalten.

IV. Die Enthärtung des Speisewassers.

Die Entfernung der Härtebildner aus dem Speisewasser erfolgt entweder auf thermischem oder auf chemischem Wege, oder auch nach kombinierten thermo-chemischen Verfahren. Die letzteren sind sehr verbreitet, da die Vorgänge bei der chemischen Reinigung durch Temperaturerhöhung beschleunigt und die thermische Aufbereitung in der Regel durch eine chemische Vorbehandlung wirkungsvoller gemacht werden.

A. Die thermische Enthärtung.

Das Prinzip der thermischen Enthärtung besteht darin, die Bikarbonate durch Erhitzen des Wassers zu zersetzen und auf diese Weise die entsprechenden Steinbildner — Calcium- und Magnesiumkarbonat — auszufällen. Bei diesem Verfahren wird also nur die Karbonathärte des Wassers beseitigt. Das Verfahren leistet dann gute Dienste, wenn das Rohwasser keine bleibende Härte hat, also wenn die Bikarbonationenkonzentration gleich oder größer ist als die Summe der Konzentrationen der Calcium- und der Magnesiumionen:

$$[HCO_3'] > ([Ca^{\cdot\cdot}] + [Mg^{\cdot\cdot}]).$$

Gilt für das Wasser die Beziehung $[HCO_3'] = ([Ca^{\cdot\cdot}] + [Mg^{\cdot\cdot}])$, so entspricht die Resthärte nur mehr der Löslichkeit der ausgefallenen Karbonate. Bei magnesiareichem Rohwasser ist es angebracht, die thermische Enthärtung durch eine Kalk- oder eine Ätznatronbehandlung zu ergänzen, um das etwas lösliche Magnesiumkarbonat rascher in das unlösliche Hydrat zu verwandeln als dies durch die Hydrolyse erfolgt. Gilt für das Wasser die nur selten anzutreffende Beziehung $(HCO_3') > ([Ca^{\cdot\cdot}] + [Mg^{\cdot\cdot}])$, d. h. ist Alkalibikarbonat vorhanden, so entsteht bei der Erhitzung des Wassers Alkalikarbonat, wodurch die Löslichkeit von Calcium- und Magnesiumkarbonat vermindert wird.

Die Temperaturenthärtung ist ferner angebracht, wenn die vorübergehende Härte im Verhältnis zur bleibenden Härte sehr hoch ist, oder wenn es aus betriebstechnischen Gründen vorteilhaft erscheint, die chemische Reinigung durch thermische Vorbehandlung zu entlasten. Als Heizquelle für das Anwärmen des Wassers kommt vor allem die Abwärme von Dampfmaschinen, Speisepumpen (ölfreier Abdampf), Kochern, heißen Abwässern, auch Frisch- bzw. Anzapfdampf in Betracht. Am wirtschaftlichsten gestaltet sich die thermische Entfernung der vorübergehenden Härte in Kesselanlagen mit weitgehender Rückgewinnung des Dampfes als Kondensat, die deshalb nur einen geringen Bedarf an thermisch zu reinigendem Zusatzwasser haben.

Die praktische Durchführung dieses Verfahrens soll den Gesetzen der chemischen Kinetik Rechnung tragen. Wir haben oben gesehen, daß die Zersetzung des Calcium- und Magnesiumbikarbonates eine monomolekulare Reaktion ist, und daß daher ihre Zersetzungsgeschwindigkeit unabhängig von der Ausgangskonzentration sein muß. Das Zeitmaß, in dem sich die $CaCO_3$- und die $MgCO_3$-Ausscheidung vollziehen, ist verschieden, und zwar verläuft der Zerfall des Magnesiumbikarbonates etwa zweimal langsamer als der des Calciumbikarbonates. Der theoretische Verlauf der thermischen Karbonatfällung wird durch die Gegenwart von Verunreinigungen, insbesondere von organischen Schutzkolloiden, sowie auch, aber in geringer Weise, von überschüssiger Kohlensäure verlangsamt. Dagegen steigt die Reaktionsgeschwindigkeit mit zunehmender Durchwirbelung (Intensität des Kochens). Ferner darf die Erhitzung des Rohwassers nicht unterhalb 75° liegen, da sonst die Karbonatfällung praktisch schon zu langsam verläuft. Ein weiterer Vorteil der Vorerwärmung des Rohwassers besteht in der Austreibung der gelösten Gase. Auch darf hier die folgende wichtige, aber bisher unerklärliche Beobachtung Blachers[1] nicht unerwähnt bleiben: Beim Kochen von Wasser fallen nicht nur die Karbonate aus, sondern bereits auch ein Teil des Gipses. (Vielleicht trifft dies nur für $CaSO_4$-reiche Wasser zu.)

[1] Blacher, C.: Das Wasser in der Dampf- und Wärmetechnik, S. 155.

Die thermische Enthärtung kann nun außerhalb des Kessels erfolgen, sie kann aber auch in den Kessel selbst verlegt werden.

Die Verlegung der thermischen Enthärtung in den Kessel selbst besteht darin, das Speisewasser in den Dampfraum einzuführen, wo der Wasserstrom durch einfache oder mehrfach übereinander gelagerte Teller oder Prallkästen zerteilt und schon soweit erhitzt wird, daß ein Teil der Karbonate ausfällt. Die einfachste Ausführung dieses Gedankens zeigt die in Abb. 70 wiedergegebene Konstruktion, die in Belgien sehr häufig in Kleinbetrieben mit Erfolg angewendet wird [1]. In letzter Zeit wird diese Einrichtung auch zur Entgasung (im Kessel) empfohlen. Ein verbesserter Apparat dieser Art ist der Kesselsparschoner „Vapor“ (Hülsmeyer, Düsseldorf [2]). Ein Nachteil dieser thermischen Enthärtung ist der Umstand, daß die Schlammbildung im Kessel selbst erfolgt, und die ausgetriebenen Gase mit dem Dampf fortgeführt und nicht aus dem Kreislauf entfernt werden.

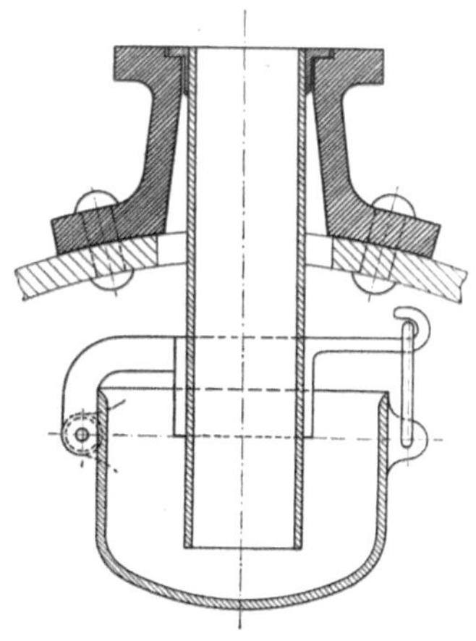

Abb. 70. Speisewassereinführung in den Dampfraum.

Als Beispiel der thermischen Enthärtung außerhalb des Kessels seien die älteren Apparate von Chevalet, Wagner-Nolden und Lemaire angeführt. Von neuen Bauarten sei der Plattenkocher der Maschinen-A.-G. Balcke, Bochum, erwähnt. Dieser Apparat besteht, wie Abb. 71 erkennen läßt, aus einem Behälter, in dem das Rohwasser mittels Heizdampf im vorderen Teil auf 100° erhitzt und dann zwangsläufig an den eingehängten Plattenelementen vorbei geleitet wird. Die Karbonate setzen sich zum Teil an den Platten als Stein fest, während der Restteil sich als Schlamm in den Trichtern ansammelt und hier abgeblasen wird. Die Plattenelemente sind leicht herausnehmbar und wegen ihrer elastischen Fassung springt der Stein beim Abklopfen leicht ab. Als Heizdampf kann Abdampf, Anzapfdampf, Frischdampf oder, wenn der Plattenkocher einer Verdampferanlage vorgeschaltet wird, auch überschüssiger Brüdendampf verwendet werden. Die Abscheidung der Karbonathärte geschieht unter atmosphärischem Druck. Der Plattenkocher wirkt gleichzeitig als Entgaser, die ausgeschiedenen Gase werden durch ein Entlüftungsventil ins Freie befördert. Balcke kombiniert den Plattenkocher auch mit einer chemischen Enthärtungsanlage, die je nach den Verhältnissen mit Kalksoda, Soda oder Ätznatron arbeitet.

[1] Eine ähnliche Speisewassereinführung ist in Amerika vielfach verbreitet (Speller, F. N.: Corrosion S. 423). [2] Töller: Dt. Färber-Zg. 1926, Nr. 28.

Die thermische Kesselsteinabscheideanlage der Bühring-A.-G., Landsberg, arbeitet in zwei Stufen: In der ersten Reinigungsstufe werden die Karbonate durch Erwärmung nahe an 100° ausgeschieden und in der zweiten Stufe gelangen die bei höheren Temperaturen ausfallenden Stoffe zur Ausfällung. Zur Vorstufe kann niedrig gespannter Dampf (Abdampf, Zwischendampf) verwendet werden, während die zweite Stufe unter Kesseldruck arbeitet. Die Anlage ist schematisch in Abb. 72 wiedergegeben.

Zu den thermischen Enthärtungsverfahren sind gewissermaßen auch die Vorwärmer des Rohwassers bei den chemischen Enthärtungsanlagen zu rechnen. Jedoch ist man hier bisher nicht so sehr auf den Enthärtungseffekt der Vorwärmung, als auf die Reaktions- und Sedimentations-

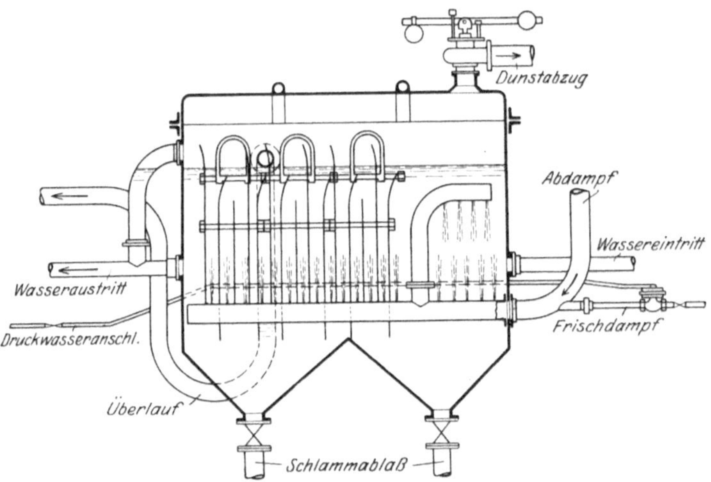

Abb. 71. Balckescher Plattenkocher.

beschleunigung bedacht gewesen. Aus diesem Grunde haben diese Vorwärmer auch nur einen geringen Enthärtungseffekt, der aber durch geeignete Konstruktion des Apparates und durch entsprechende Bemessung des Heizdampfes leicht zu erhöhen ist.

Manche Rohwasser, insbesondere magnesia- und humusreiche Wasser, lassen sich sogar durch andauerndes Kochen nicht bis zu dem erwünschten Maße enthärten; in diesen Fällen ist eine chemische Nachbehandlung erforderlich, wenn der Reinigungseffekt unvereinbar mit den Betriebsanforderungen ist.

Die thermische Enthärtung (und Entlüftung) des Wassers gestaltet sich außerordentlich günstig und wirtschaftlich in großen Kraftzentralen, wo sie sich mit der Vorwärmung durch Anzapfdampf verbinden läßt. Die Dampfentnahme für diesen Zweck kann erfolgen durch Anzapfen der Hauptturbinen selbst, durch Anzapfen besonderer Vorwärmeturbinen oder, bei Verbunddampfmaschinen, durch Dampfentnahme aus dem Receiver. Wärmewirtschaftlich arbeitet die Anzapfvorwärmung um so günstiger, in je mehr Stufen sie erfolgt: Bei unendlich vielstufiger Vorwärmung wird der theoretische Carnot-Wirkungsgrad erreicht. In der Praxis begnügt man sich mit ein bis vier Stufen, da der Hauptanteil der erzielbaren Wärmeersparnis bereits durch die ersten Stufen verwirklicht wird. Die Wärmeersparnis wächst ferner mit dem Kesseldruck.

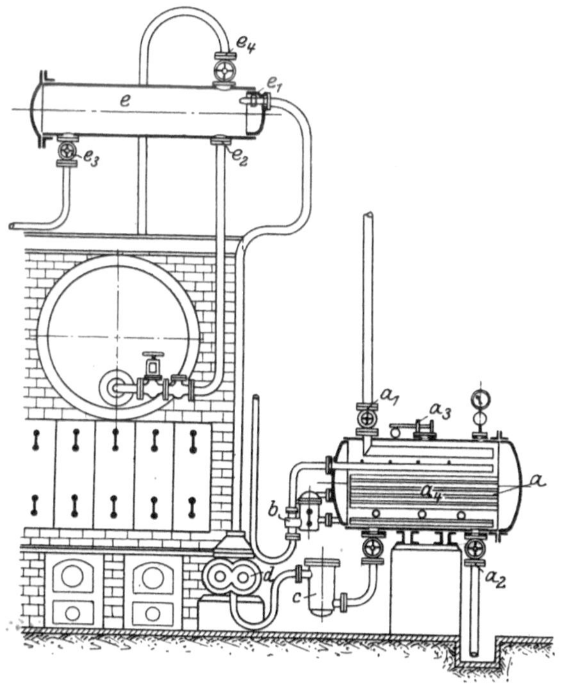

Abb. 72. Thermische Kesselsteinabscheider. Bauart Bühring.
a = erste Reinigungsstufe (Rinnenapparat), a_1 = Dampfeintritt, a_2 = Schlammblase, a_3 = Entlüftungsventil, a_4 = herausfahrbares Rinnensystem, b = Wasserstandsregler mit Rohwassereintritt, c = Speisewasserfilter, d = Speisepumpe, e = zweite Reinigungsstufe (Düsenapparat), e_1 = Wassereintritt mit Düse, e_2 = Reinigungswasseraustritt, e_3 = Schlammablaß, e_4 = Dampfeintritt.

Die Anzapfvorwärmung (auch Kraftdampf- und Regenerativvorwärmung genannt) des Speisewassers erfolgt in besonderen Wärmeaustauschern, die entweder nach dem Mischprozeß oder nach dem Oberflächenaustauschprinzip arbeiten. Einzelheiten über Konstruktion und Anordnung der Anzapfvorwärmer sind in der Arbeit von H. Queißer[1] nachzulesen.

[1] Queißer: Wärme **50**, 1927, S. 279, 301 und 320. Siehe auch Münzinger: Höchstdruckdampf S. 108. Berlin: Julius Springer 1926. — Suabedissen, F.: Wärme **50**, 1927, S. 229.

Zur Erläuterung der Arbeitsweise ist in Abb. 73 die Durchführung des Vorwärmungsverfahrens der Atlas-Werke schematisch wiedergegeben: Diese Schaltung sieht als erste unter Luftleere arbeitende Vor-

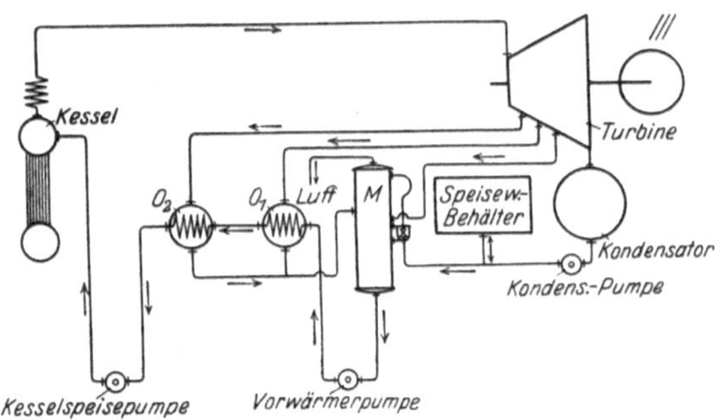

Abb. 73. Schaltschema des Vorwärmverfahrens der Atlas-Werke.

wärmerstufe den Entgaser M vor, der als Mischvorwärmer wirkt, und dem die Kondensate der hintereinander geschalteten Oberflächenvorwärmer O_1 und O_2 zulaufen.

B. Die Wasserreinigung durch Verdampfen.

Die vollständige Entfernung aller Fremdstoffe aus dem Rohwasser wird durch die Destillationsverfahren ermöglicht, die das reinste Wasser liefern und im Hochdruckwesen eine hervorragende Rolle zu spielen beginnen. Der öfters gemachte Einwand, daß die Kosten für die Erzeugung des Destillates keineswegs in Einklang stehen mit den erzielten Ersparnissen, mag zwar zutreffen für Kesselanlagen mit ungenügender Kondensatrückführung, die also mit Zusatzwassermengen von 30—50% und darüber arbeiten müssen. Es ist aber schon stark anfechtbar für Anlagen mit Zusatzwassermengen von 5—15%, die für Turbinenbetrieb als normal anzusehen sind. Infolge der Einführung der Speisewasservorwärmung durch Anzapfdampf, verbunden mit Vorwärmung der Verbrennungsluft durch die Rauchgase, dürfte aber die Wirtschaftlichkeit der Verdampferanlagen innerhalb von Hochleistungsanlagen nicht mehr ernstlich angezweifelt werden[1].

Die Verdampfung des Rohwassers kann bei Unter-, bei Atmosphären- oder bei Überdruck erfolgen, unter Verwendung von Frischdampf, Abdampf oder Anzapfdampf. Wird Frischdampf verwendet, so empfiehlt es sich, Sattdampf zu gebrauchen, da der überhitzte Dampf eine schlechtere Wärmeübertragungsziffer hat als der Naßdampf.

Die Verdampferanlagen arbeiten grundsätzlich wie Dampfkessel, so

[1] Münzinger, F.: Höchstdruckdampf, 2. Aufl. Berlin: Julius Springer 1926. — Blaum, R.: Z. V. d. I. 71, 1927, S. 285.

daß die Enthärtung des Verdampferspeisewassers eine ebenso wichtige Forderung wie die des Kesselspeisewassers ist. Die Verdampfung ist in manchen Fällen also kein Ersatz für die chemische Reinigung, sondern ein Apparat zur Verbesserung der Güte des bereits vorgereinigten Wassers.

Die einfachste Ausführung einer Verdampferanlage (Einkörperverdampfer) ist aus der schematischen Abb. 74 ersichtlich: Das Rohwasser wird in einem Verdampfer durch Frischdampf in Dampf übergeführt und der erzeugte Brüdendampf in einen Kühler, den Kondensator, geleitet, wo er niedergeschlagen wird. Der Frischdampf wird im Verdampfer niedergeschlagen und als Kondensat abgeführt. Diese Einrichtung ist zwar sehr einfach, aber wärmetechnisch äußerst unwirtschaftlich, da die gesamte Verdampfungswärme und der größte Teil der fühlbaren Wärme des Brüdendampfes an das Kühlwasser abgegeben wer-

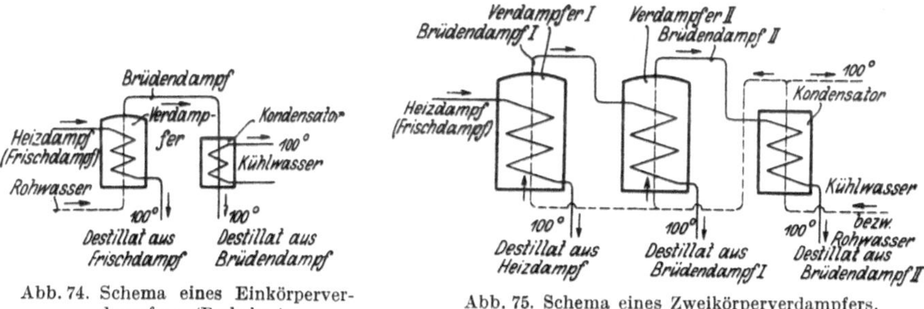

Abb. 74. Schema eines Einkörperverdampfers. (Balcke.)

Abb. 75. Schema eines Zweikörperverdampfers. (Balcke.)

den und so der Anlage verloren gehen. 1 kg Frischdampf erzeugt nach diesem Verfahren höchstens 0,9 kg Destillat.

Die Wirtschaftlichkeit der Verdampferanlagen kann durch Hintereinanderschaltung mehrerer Verdampfer gesteigert werden. Eine solche zweistufige Anlage zeigt die Abb. 75 schematisch. Hier dient der im ersten Verdampfer erzeugte Brüdendampf zur Beheizung eines zweiten Verdampfers. Aber auch bei dieser Anordnung bleibt der Wirkungsgrad klein, denn der Wärmeinhalt des im letzten Verdampfer entwickelten Brüdendampfes geht an das Kühlwasser verloren. Eine bessere Wärmeausnutzung von Verdampferanlagen dieser Art ließe sich zwar durch Hintereinanderschaltung von möglichst vielen Verdampferkörpern in praktische Grenzen bringen, jedoch werden dann die Anlagekosten sehr hoch und die Platzfrage akut. Man ist deshalb von diesem Wege abgegangen und hat mit der Einführung des Brüdenkompressors von Prache und Bouillon einen wesentlichen Fortschritt erreicht. Der Brüden- oder Thermokompressor ist eine mit Frischdampf betriebene Strahlpumpe, die den im Verdampfer erzeugten Brüdendampf absaugt und ihn wiederum dem Verdampfer als Heizdampf zuführt. Auf Abb. 76 ist diese Anordnung schematisch wiedergegeben. Abb. 77 stellt die Gesamtanordnung einer Verdampferanlage, System Balcke, dar[1]. Das Rohwasser tritt in den Plattenkocher ein, in dem es durch überschüssigen Brüdendampf auf 100° erwärmt und dadurch thermisch enthärtet und entgast wird. Die Karbonate fallen teils schlammartig aus, teils setzen sie sich an den Platten fest, während die Gase durch den Entlüfter entweichen. In dem Nachentkalker wird das Wasser von dem mitgeschwemmten Schlamm befreit und gelangt dann in die Verdampfer I und II, wo es durch Umwälzpumpen in dauernder Zirkulation gehalten wird. Durch diesen Vorgang reichert es sich an Salzen an, setzt auch weiterhin Schlamm ab. Die beiden selbsttätigen Schlammwasserablasser leiten ständig eine bestimmte Menge der Lauge ab, unter Rückgewinnung ihres Wärmeinhaltes mittels eines Wärmeaustauschers. Die beiden Verdampfer sind hintereinander geschaltet und werden durch Brüden unter Zusatz von Frischdampf beheizt. Der Brüdenkompressor saugt mit vollem Kessel-

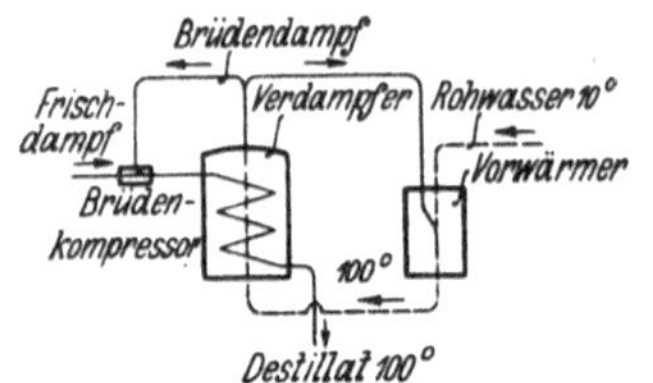

Abb. 76. Schema eines Verdampfers mit Brüdenkompressor. (Balcke.)

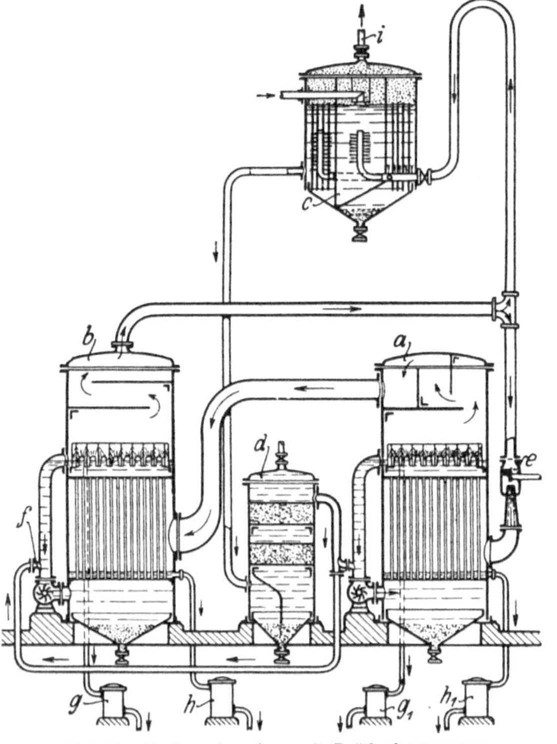

Abb. 77. Verdampferanlage mit Brüdenkompressor. (Bauart Balcke.)

[1] Klein, R.: Zeitschr. f. Dampfkessel- u. Maschinenbetr. **44**, S. 25, 34, 41 und 1920, S. 151. — Ders.: Wärme 1922, S. 204, 519 und 534. — Vgl. auch die Mitteilungen von Splittgerber, Haak, Mathias, Klein, Nover: Speisewasserpflege 1926.

druck die Brüden aus dem Niederdruckverdampfer II (0,1 atü) an, wodurch die angesaugten Brüden von 0,1 atü auf 0,5 atü verdichtet, in den Hochdruckverdampfer I hineingedrückt und infolge der Temperaturerhöhung zur Verdampfung weiterer Wassermengen geeignet gemacht werden. Die aus dem Verdampfer I entweichenden Brüden verrichten ihre Verdampfarbeit in dem Niederdruckverdampfer II. Im unteren Teil des Heizraumes sammelt sich das Destillat an und wird durch geeignete, selbsttätige Vorrichtungen abgeleitet.

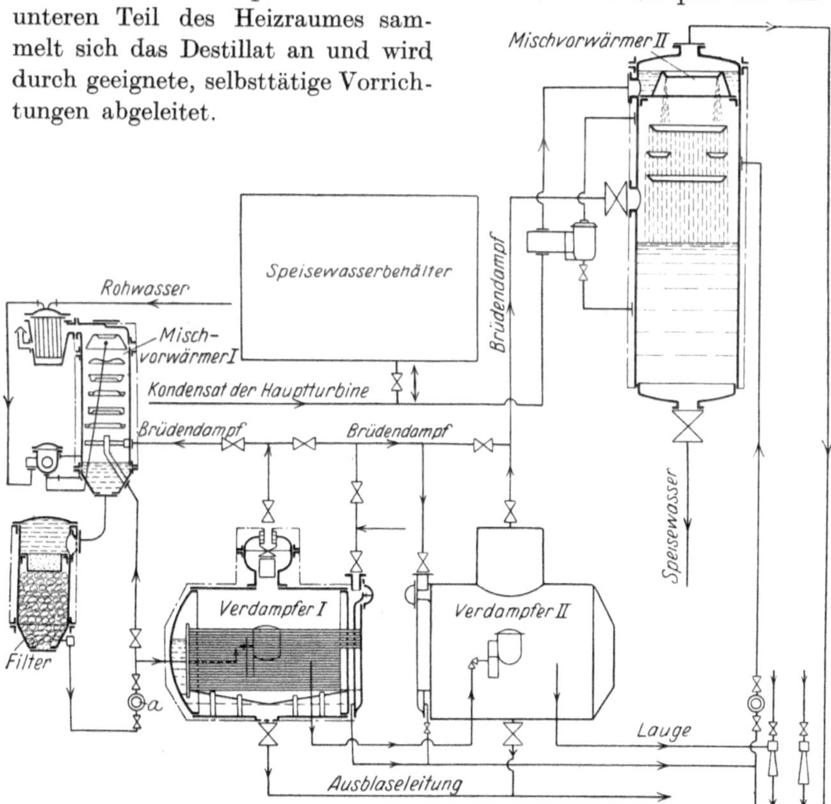

Abb. 78. Schaltbild einer Verdampferanlage der Atlas-Werke.

Das Schaltbild einer Verdampferanlage der Atlas-Werke-A.-G. Bremen[1] zeigt die Abb. 78. Sie arbeitet in folgender Weise: Das Rohwasser geht vor dem Eintritt in den Verdampfer durch einen Mischvorwärmer und ein Filter hindurch. In dem Mischvorwärmer wird es durch Brüdendampf der Verdampfer vorgewärmt und dadurch thermisch enthärtet und entgast. Das Wasser tritt dann in den zweistufigen Verdampfer ein, wo es bei möglichst niedriger Spannung verdampft wird. Die Brüden werden in den Mischvorwärmer und Entgaser II für Speise-

[1] Blaum, R.: Z. V. d. I. **71**, 1927, S. 285.

wasser geleitet, wo das ganze Kondensat bei Unterdruck erwärmt und entgast wird. Die Kesselspeisepumpen entnehmen das Wasser unmittelbar diesem Mischvorwärmer II.

Was die Konstruktion der Verdampfer anbetrifft, so sei kurz erwähnt, daß sie aus einem meist mit einem domartigen Dampfsammler versehenen, liegenden oder stehenden Kessel bestehen, in welchem ein herausnehmbares Heizröhrensystem eingebaut ist. Baustoff für die Kesselmäntel und Böden ist Guß- oder Flußeisen, für die Heizschlangen Flußeisen, Kupfer oder Messing.

Aus den bisherigen Betriebserfahrungen[1] scheint hervorzugehen, daß die mit den Destillierverfahren überhaupt erzielbaren Vorteile sowohl in Bezug auf die Beschaffenheit des Wassers, wie auf ihre Wärmewirtschaftlichkeit bisher noch nicht ganz verwirklicht worden sind.

C. Die chemische Enthärtung.

Die Enthärtungsreaktionen.

Die Aufgabe der chemischen Enthärtung besteht darin, dem Speisewasser die steinbildenden Verunreinigungen durch geeignete chemische Behandlung zu entziehen. Je nach der Natur der hierbei stattfindenden Umsetzungen sind zu unterscheiden: 1. Die Ausfällungsverfahren und 2. die Austauschverfahren. Zu der chemischen Wasserenthärtung im weiteren Sinne gehören auch: das Impfverfahren, der elektrolytische Kesselschutz und die Anwendung von Geheimmitteln. Das Impfverfahren nach Balcke verhindert das Ausfällen der Karbonate, indem die vorübergehende Härte in bleibende Härte umgewandelt wird. Für den Kesselbetrieb dürfte sich dieses Verfahren ohne nachherige Reinigung mit Soda zum Ausfällen der bleibenden Härte nicht eignen, denn anderenfalls bewirken die $Ca^{\cdot\cdot}$- und SO_4''-Ionen nach wie vor das Ansetzen eines Gipskesselsteines, der nur durch eine zweite Reinigung verhindert werden kann. Der elektrolytische Kesselschutz besteht kurz in folgendem: Mehrere Anoden werden in das Wasser, sei es im Kessel selbst oder außerhalb desselben, etwa im Speisewasserbehälter, eingehängt. Die Metallteile des Kessels bilden die Kathode eines niedrig gespannten Gleichstromes. Der die Anoden speisende Strom geht durch das Wasser zu den Kessel- (bzw. Kondensator-) wänden, wo sich die Kationen des Kesselwassers entladen. Durch die kathodische Wasserstoffentwicklung soll die Ausbildung einer festen, anhaftenden Steinkruste verhindert und sogar bestehender Steinansatz abgesprengt werden. Sehr wesentlich ist, daß keine Umkehrung des Stromes auftritt, wodurch die Kesselteile zu in Lösung gehenden Anoden würden. Um diese Gefahr zu beseitigen,

[1] Speisewasserpflege. Selbstverlag Verein. d. Großkesselbesitzer 1915. — Zur Sicherheit des Dampfkesselbetriebes, herausgeg. von der Verein. d. Großkesselbesitzer S. 152. Berlin: Julius Springer 1927.

wird vorgeschlagen, Umkehrspulen in den Stromkreis einzuschalten. Die elektrolytischen Kesselschutzverfahren scheinen bisher in der Praxis den Erwartungen noch nicht entsprochen zu haben[1].

Die Kesselsteinverhütung durch Geheimmittel ist nicht mehr als zeitgemäß zu bezeichnen. Außerdem werden die Universalmittel zu viel zu hohen Schwindelpreisen vertrieben. Diese Mittel lassen sich in drei Gruppen, die sich durch ihre Zusammensetzung unterscheiden, einteilen:

1. Mineralische Stoffe.
2. Organische Stoffe.
3. Gemische anorganischer und organischer Stoffe.

Zu den ersten gehören Soda, Ätznatron, Baryt, Chlorbaryum, Bariumaluminat und phosphorsaure Salze, die teils in fester, teils in gelöster Form unter den abenteuerlichsten Bezeichnungen in den Handel kommen. Meistens werden die Stoffe durch allerhand Zusätze unkenntlich gemacht. Zu den Stoffen der zweiten Gruppe gehören: Dextrin, Stärkemehl, Melasse und vor allem Gerbsäure (Tannin) und gerbstoffhaltige Pflanzenextrakte. Schließlich kommen auch Gemische anorganischer und organischer Stoffe vor[2].

Die Enthärtung des Wassers durch Ausfällen beruht auf der Überführung der Calcium- und Magnesiumionen in unlösliche Verbindungen; der Kalk soll als Kalziumkarbonat $CaCO_3$ und die Magnesia als Hydrat $Mg(OH)_2$ gefällt werden. Man erreicht dies durch Behandlung des Wassers mit Ätzkalk (CaO), Ätznatron ($NaOH$), Soda (Na_2CO_3); seltener werden Ätzbaryt [$Ba(OH)_2$], Bariumkarbonat ($BaCO_3$) oder Bariumaluminat [$Ba(AlO)_2$] angewandt. Ein mit dem Namen Tartrizid bezeichnetes Verfahren empfiehlt als Enthärtungschemikal das Dinatriumphosphat Na_2HPO_4, während neuerdings von amerikanischer Seite[3] das neutrale Trinatriumphosphat Na_3PO_4 vorgeschlagen wurde. Über die letzteren Verfahren liegen aber bisher keine genügenden Betriebserfahrungen vor. Einer weiten Verbreitung der Barium- und Phosphatenthärtungsverfahren steht jedenfalls der hohe Preis dieser Chemikalien im Wege.

Die Wirkungsweise der einzelnen Reagenzien ist in nachstehenden Angaben über die auftretenden Enthärtungsreaktionen zusammengestellt. Es sei aber darauf hingewiesen, daß unsere Erkenntnis dieser

---

[1] Vgl. Pothmann, Reutlinger und Schöne: Speisewasserpflege 1925, S. 70—76.

[2] Bunte, H., Eitner, P. und Eckermann, G.: Berichte über Geheimmittel zur Verhütung und Beseitigung von Kesselstein. Hamburg: Boyssen & Maasch 1905.

[3] Hall, E.: Mechanic. Engineer. 48, 1926, S. 317. — Ders.: Power **65**, 1927, S. 322.

Vorgänge keineswegs soweit vorgeschritten ist, daß wir den Mechanismus der Reaktionen vollkommen beherrschen. Man muß sich stets vor Augen halten, daß die Enthärtungsreaktionen in sehr verdünnten Lösungen und dazu noch in Gegenwart anderer Stoffe ablaufen, deren Einfluß im allgemeinen überhaupt nicht einmal bekannt ist. Die chemischen Reaktionen bei der Enthärtung sind in der Zeichensprache der Dissoziationslehre geschrieben; die ausfallenden Stoffe und auch das Wasser sind als undissoziierte Moleküle angenommen. Zur Unterscheidung der praktisch unlöslichen Niederschläge, wie $CaCO_3$ von den etwas löslichen Niederschlägen, wie $MgCO_3$, sind erstere mit voll ausgezogener und letztere mit unterbrochener Linie unterstrichen. Außerdem sind zur Vereinfachung der stöchiometrischen Berechnungen die Molekulargewichte unter die wichtigeren Gleichungen gesetzt.

a) Enthärtung mit Ätzkalk. Die Wirkung des Ätzkalkes (gelöschter Kalk, $Ca(OH_2)_2$ beruht auf den folgenden Umsetzungen:

In erster Reaktionsstufe werden die Bikarbonationen durch die Hydroxylionen des Ätzkalkes zu Karbonat umgesetzt:

$$HCO_3' + OH' = CO_3'' + H_2O.$$

Alsdann erfolgt die Fällung der Calcium- und Magnesiumionen durch das Karbonation:

$$Ca^{\cdot\cdot} + CO_3'' = \underline{CaCO_3}$$
$$Mg^{\cdot\cdot} + CO_3'' = \underset{\cdots\cdots}{MgCO_3}.$$

Die Gesamtumsetzungen sind:

$$\underbrace{Ca^{\cdot\cdot} + 2\,HCO_3'}_{162,1} + \underbrace{Ca^{\cdot\cdot} + 2\,OH'}_{74,1} = \underbrace{\underline{2\,CaCO_3}}_{200,2} + \underbrace{2\,H_2O}_{36}. \qquad (1)$$

$$\underbrace{Mg^{\cdot\cdot} + 2\,HCO_3'}_{146,3} + \underbrace{Ca^{\cdot\cdot} + 2\,OH'}_{74,1} = \underbrace{\underset{\cdots\cdots}{MgCO_3}}_{84,3} + \underbrace{\underline{CaCO_3}}_{100,1} + \underbrace{2\,H_2O}_{36}. \qquad (2)$$

Das etwas lösliche Magnesiumkarbonat wird durch die Hydroxylionen des Ätzkalkes in zweiter Reaktionsstufe in das unlöslichere Magnesiumhydrat überführt:

$$\underbrace{\underset{\cdots\cdots}{MgCO_3}}_{84,3} + \underbrace{Ca^{\cdot\cdot} + 2\,OH'}_{74,1} = \underbrace{\underline{Mg(OH)_2}}_{58,3} + \underbrace{\underline{CaCO_3}}_{100,1}. \qquad (2a)$$

Die Reaktionen (2) und (2a) verlaufen gleichzeitig, aber mit verschiedener Geschwindigkeit, so daß als erstes Reaktionsprodukt eigentlich ein basisches Magnesiumkarbonat gefällt wird, das erst nachträglich in Hydrat überführt wird. Das Magnesiumion verlangt demnach zu seiner vollständigen Ausfällung die doppelte Menge Ätzkalk des $Ca^{\cdot\cdot}$-Ions und verlangsamt den Enthärtungsvorgang. Außer der enthärteten Wirkung des Ätzkalkes kommt seinen Hydroxylionen selbstverständlich auch ein entsäuernder Einfluß zu, indem die freie Kohlensäure neutralisiert und als Calciumkarbonat gefällt wird:

$$\underset{44}{CO_2} + \underset{74,1}{\underbrace{Ca^{\cdot\cdot} + 2\,OH'}} = \underset{100,1}{CaCO_3} + \underset{18}{H_2O}. \tag{3}$$

b) Enthärtung mit Soda. Die Soda fällt die Calcium- und Magnesiumionen als Karbonate:

$$Ca^{\cdot\cdot} + CO_3'' = CaCO_3$$
$$Mg^{\cdot\cdot} + CO_3'' = MgCO_3.$$

Da diese Umsetzungen Ionenreaktionen sind, so ist es formal dasselbe, ob man sich $Ca^{\cdot\cdot}$- und $Mg^{\cdot\cdot}$-Ionen an Cl', SO_4', NO_3' oder HCO_3' gebunden denkt. Ob den Anionen Cl', NO_3', HCO_3' und SO_4'' ein Einfluß auf den Verlauf der Reaktion bzw. auf die Ausbildungsform der Niederschläge zukommt, mag dahingestellt bleiben; es geht aber aus den Reaktionsgleichungen hervor, daß diese Anionen nicht aus dem Wasser entfernt werden, sondern als entsprechende Natriumsalze darin gelöst bleiben:

$$\underset{136,1}{\underbrace{Ca^{\cdot\cdot} + SO_4'}} + \underset{106}{\underbrace{2\,Na^{\cdot} + CO_3''}} \rightleftarrows \underset{100,1}{CaCO_3} + \underset{142,1}{\underbrace{2\,Na^{\cdot\cdot} + SO_4'}}. \tag{4}$$

$$\underset{95,2}{\underbrace{Mg^{\cdot} + 2\,Cl'}} + \underset{106}{\underbrace{2\,Na^{\cdot} + CO_3''}} \rightleftarrows \underset{84,3}{MgCO_3} + \underset{106,9}{\underbrace{2\,Na^{\cdot} + 2\,Cl'}} \tag{5}$$

Die im Rohwasser enthaltenen Anionen werden also bei der Sodaenthärtung mit einer entsprechenden Menge Natriumionen in den Kessel gespeist. Während die Sulfate und Chloride des Natriums sehr leicht löslich sind und auch keine Zersetzung erleiden, sich also im Kessel anreichern können, wird das Bikarbonation thermisch zersetzt:

$$\underset{162,1}{\underbrace{Ca^{\cdot\cdot} + 2\,HCO_3'}} + \underset{106}{\underbrace{2\,Na^{\cdot} + CO_3''}} = \underset{100,1}{CaCO_3} + \underset{168}{\underbrace{2\,Na' + 2\,HCO_3'}}. \tag{6}$$

$$\underset{168}{\underbrace{2\,Na^{\cdot} + 2\,HCO_3'}} \rightleftarrows \underset{106}{\underbrace{2\,Na^{\cdot} + CO_3''}} + \underset{44}{CO_2} + \underset{18}{H_2O}. \tag{7}$$

Wenn man das Speisewasser nur mit Soda reinigt, so reichert sich die Soda im Kessel an und wird dort hydrolytisch in Ätznatron gespalten:

$$2\,Na^{\cdot} + CO_3'' + H_2O = 2\,Na^{\cdot} + 2\,OH' + CO_2.$$

Die Anreicherung des Kesselinhaltes an Soda und Ätznatron führt zu Unzuträglichkeiten, so daß häufig abgeblasen werden muß, oder auch der Kesselinhalt selbst zur Enthärtung des Rohwassers herangezogen werden muß. Das letztere wird durch die sogenannten Sodareinigungsverfahren mit Kesselwasserrückführung erreicht. In vielen kleineren Anlagen, wo die Aufstellung von Reinigungsapparaten nicht angängig ist, wird die Soda in den Kessel eingeführt und dort ein dauernder schwacher Sodaüberschuß aufrecht erhalten. Die Kesselsteinbildner werden im Kessel selbst gefällt und sollen stets als lockerer Schlamm ausfallen. Da jedoch nach eigenen Versuchen die Reaktion:

$$CaSO_4 + Na_2CO_3 \rightleftarrows CaCO_3 + Na_2SO_4$$

umkehrbar verläuft und sogar nach Basch[1] im Kessel von rechts nach links verlaufen soll, ist eine Gipsabscheidung nicht zu verhindern und daher die direkte Verwendung von Soda im Kessel tunlichst zu vermeiden. Aus der Tatsache, daß die bei der Sodareinigung stattfindenden chemischen Umsetzungen umkehrbare Reaktionen sind, ist ferner abzuleiten, daß die vollständige Ausfällung der $Ca^{\cdot\cdot}$- und $Mg^{\cdot\cdot}$-Ionen einen Überschuß an Soda verlangt. Andererseits ist aber ein allzu großer Sodaüberschuß unzuträglich für den Kessel, so daß die überschüssige Sodamenge sehr klein gehalten werden muß. Auf der Umkehrbarkeit der angegebenen Reaktionen beruht ferner die Tatsache, daß in der Praxis die Kalk-Sodareinigung das Wasser nicht unter 3—5° Härtegrade zu bringen vermag, ohne zu einem Sodaüberschuß von 50% und mehr Zuflucht zu nehmen.

c) Enthärtung mit Ätznatron. Ätznatron wirkt auf die Härtebildner in folgender Weise ein:

$$\underbrace{Ca^{\cdot\cdot} + 2\,HCO_3'}_{162,1} + \underbrace{2\,Na^{\cdot} + 2\,OH'}_{80} = \underbrace{CaCO_3}_{100,1} + \underbrace{2\,Na^{\cdot} + CO_3''}_{106} + \underbrace{2\,H_2O}_{36}. \quad (8)$$

$$\underbrace{Mg^{\cdot\cdot} + 2\,HCO_3'}_{146,3} + \underbrace{4\,Na^{\cdot} + 4\,OH'}_{160} = \underbrace{Mg(OH)_2}_{58,3} + \underbrace{4\,Na^{\cdot} + 2\,CO_3}_{212} + \underbrace{2\,H_2O}_{36}. \quad (9)$$

Durch die Einwirkung der kaustischen Soda auf die Bikarbonate wird Natriumkarbonat gebildet, das in zweiter Reaktionsstufe die bleibende Härte nach (4) und (5) ausfällt.

d) Enthärtung mit kohlensaurem Baryt. Dieses Verfahren hat den Vorteil, daß es außer den Härtebildnern auch noch die Sulfationen ausfällt:

$$\underset{136,1}{CaSO_4} + \underset{197,4}{BaCO_3} \rightleftarrows \underset{233,4}{BaSO_4} + \underset{100,1}{CaCO_3}.$$

e) Enthärtung mit Ätzbaryt. Die Enthärtung mit Ätzbaryt $Ba(OH)_2$ beruht auf folgenden Reaktionen:

$$\underbrace{Ca^{\cdot\cdot} + SO_4''}_{136,1} + \underbrace{Ba^{\cdot\cdot} + 2\,OH'}_{171,4} = \underbrace{BaSO_4}_{233,5} + \underbrace{Ca^{\cdot\cdot} + 2\,OH'}_{74,1}. \quad (10)$$

$$\underline{Ca^{\cdot\cdot} + 2\,HCO_3'} + \underline{Ca^{\cdot\cdot} + 2OH'} = 2\,CaCO_3 + 2\,H_2O. \quad (11)$$

$$\underbrace{Ca^{\cdot\cdot} + 2\,HCO_3'}_{161,2} + \underbrace{Ba^{\cdot\cdot} + 2\,OH}_{171,4} = \underbrace{CaCO_3}_{100,1} + \underbrace{BaCO_3}_{197,4} + \underbrace{2\,H_2O}_{36}. \quad (12)$$

$$\underbrace{Mg^{\cdot\cdot} + 2\,Cl}_{95,2} + \underbrace{Ba^{\cdot\cdot} + 2\,OH'}_{171,4} = \underbrace{Mg(OH)_2}_{58,3} + \underbrace{Ba^{\cdot\cdot} + 2\,Cl'}_{208,3}. \quad (13)$$

Man sieht aus diesen Gleichungen, daß der Ätzbarytzusatz eine ganze Reihe von Nebenreaktionen bedingt, so daß dieses Verfahren eigentlich

[1] Basch: Chem.-Zg. 1910, S. 645.

eine Kombination der Wirkungen von $Ba(OH)_2$, $Ca(OH)_2$ und $BaCO_3$ darstellt. Nach Noll[1] kompliziert die umgekehrte Reaktion:

$$CaCO_3 + Ba'' + 2\,OH' \rightleftarrows BaCO_3 + Ca + 2\,OH' \qquad (14)$$

noch weiterhin diese Enthärtungsvorgänge.

f) Enthärtung mit Bariumchlorid. Das Bariumion fällt das Sulfation als $BaSO_4$ und verhindert dadurch die Gipsabscheidung. Die Bikarbonathärte wird überhaupt nicht durch das Bariumchlorid beeinflußt:

$$\underbrace{Ca^{\cdot\cdot} + SO_4''}+\underbrace{Ba^{\cdot\cdot}\,2\,Cl'} = BaSO_4 + \underbrace{Ca^{\cdot\cdot} + 2\,Cl'}. \qquad (15)$$

g) Enthärtung mit Bariumaluminat. Nach Blacher[2] findet bei dieser Enthärtung die folgende Umsetzung statt:

$$CaSO_4 + Ca(HCO_3)_2 + BaAl_2O_4 + 2\,H_2O = \underline{BaSO_4} + 2\,\underline{CaCO_3} + 2\,\underline{Al(OH)_3}. \qquad (16)$$

h) Enthärtung mit Permutit. Das Permutit ist ein natürliches oder künstlich hergestelltes komplexes Silikat von der Gruppe der Zeolithe. Es besitzt die Eigenschaft, die Härtebildner des Wassers gegen seine Alkalien auszutauschen. Nach dem Erfinder Gans entspricht das Permutit folgender Analyse:

$$SiO_2 = 34\%$$
$$Al_2O_3 = 25\%$$
$$Na_2O = 14{,}75\%$$
$$H_2O = 25{,}40\%.$$

Die molekulare Zusammensetzung entspricht der Formel:

$$2\,SiO_2 \cdot Al_2O_3 \cdot Na_2O.$$

Bezeichnet man das Permutit mit $P-Na_2$, so erfolgen bei der Enthärtung die Austauschreaktionen:

$$P-Na_2 + Ca^{\cdot\cdot} + 2\,HCO_3' \rightleftarrows P-Ca + 2\,Na^{\cdot} + 2\,HCO_3'. \qquad (17)$$
$$P-Na_2 + Ca^{\cdot\cdot} + SO_4'' \rightleftarrows P-Ca + 2\,Na^{\cdot} + SO_4''. \qquad (18)$$
$$P-Na_2 + Mg^{\cdot\cdot} + 2\,Cl' \rightleftarrows P-Mg + 2\,Na^{\cdot} + 2\,Cl'. \qquad (19)$$

Das permutierte Wasser enthält keine Härtebildner mehr, dagegen in entsprechenden Mengen die Ionen der Natriumsalze.

D. Die technische Ausführung der Wasserenthärtung.

1. Allgemeines.

Die vorstehenden chemischen Gleichungen geben den idealen Reaktionsverlauf bei den einzelnen Enthärtungsverfahren an. In der Praxis gestalten sich die Verhältnisse vielfach anders und verwickelter. So werden fast immer verschiedene Verfahren miteinander kombiniert, wodurch natürlich Nebenreaktionen entstehen, die den Enthärtungsvorgang un-

[1] Noll: Zeitschr. f. angew. Chem. 1910, S. 2025.

[2] Blacher: Das Wasser in der Dampf- und Feuerungstechnik S. 72.

günstig beeinflussen. Über die Verbreitung der verschiedenen Verfahren gibt nachfolgende statistische Zusammenstellung, die Splittgerber über 2849 Kesselanlagen veröffentlicht hat, Aufschluß[1]. Von diesen Anlagen speisen rund 10% chemisch ungereinigtes Wasser, während in den anderen Anlagen das Speisewasser folgendermaßen enthärtet wird:

Kalk-Sodaverfahren	55,0%
Sodaverfahren mit Kesselwasserrückführung	19,0
Permutitverfahren	8,3
Verdampfung	3,5
Verdampfung mit vorhergehender chemischer Behandlung	1,4
Kalksoda mit Permutit	1,0
Andere Kombinationen	1,8

Das Kalk-Sodaverfahren ist demnach das verbreitetste, jedoch ist ihm in den letzten 20 Jahren durch die Sodareinigung mit Kesselwasserrückführung und durch das Permutitverfahren eine ganz empfindliche Konkurrenz entstanden.

Die Aufgaben der Wasserenthärtung gipfeln in der Forderung nach einem in jeder Beziehung einwandfreien Speisewasser. Es muß hier auf die bedauerliche Tatsache hingewiesen werden, daß diese Forderung bisher noch von keinem chemischen Enthärtungsverfahren erfüllt worden ist. Die immer wiederkehrenden Klagen über diese Verfahren deuten jedenfalls darauf hin, daß das Versagen der Apparate nicht nur auf eine unsachgemäße Betriebsüberwachung zurückzuführen ist, sondern daß den Enthärtungsanlagen grundsätzliche Mängel anhaften. Damit soll nur ausgesagt werden, daß wir die chemischen Prozesse bei der Enthärtung noch immer nicht vollständig beherrschen, und daß dadurch die besten bisherigen Konstruktionen nicht allen Anforderungen gerecht werden.

Die allererste Bedingung, die eine Enthärtungsanlage zu erfüllen hat, besteht darin, daß das Verfahren den jeweiligen Verhältnissen angepaßt sein muß. Es muß also auf Grund der Wasseranalyse, des Kesselsystems und der näheren Betriebsverhältnisse ausgewählt worden sein. Einige Richtlinien hierfür sind zu Anfang dieses Kapitels zusammengestellt worden. Außer dieser, im Grunde genommen selbstverständlichen Vorbedingung hat die Enthärtung nach dem Ausfällungsverfahren noch die folgenden Bedingungen zu erfüllen:

1. Herstellung der Chemikalienlösungen von gleichmäßiger und passender Zusammensetzung.

2. Dauernde und gleichmäßige Dosierung dieser Lösungen. Der Fällmittelzufluß muß stets im richtigen Verhältnis zur jeweiligen Zusammensetzung und zur Menge des durchfließenden Wassers stehen.

3. Geringe Reaktionsdauer.

---

[1] Nach Splittgerber: Speisewasserpflege S. 16.

4. Vollständige Ausfällung der Härtebildner.
5. Abwesenheit von Nachreaktionen.
6. Möglichst große Klärgeschwindigkeit.
7. Abwesenheit von unzuträglichem Reagenzüberschuß.

Eine einwandfrei arbeitende Enthärtungsanlage muß diesen Anforderungen gerecht werden, und zwar geschieht dies im allgemeinen folgendermaßen:

Die Fällmittel werden mit Ausnahme von Bariumkarbonat dem Rohwasser als Lösung zugesetzt: der Ätzkalk als Kalkwasser, seltener als Kalkmilch und die anderen Chemikalien als Laugen, deren Konzentration von der chemischen Zusammensetzung des Wassers und vom Reinheitsgrad des anzuwendenden Fällreagens abhängig ist. Aus den Ergebnissen der Wasseranalyse errechnet man sich unter Zuhilfenahme der oben angegebenen stöchiometrischen Beziehungen die theoretisch benötigte Menge an Chemikalien pro 1 cbm. Anderseits ist der Speisewasserverbrauch pro Tag oder Schicht bekannt, so daß sich der Tages- bzw. Schichtbedarf an Chemikalien errechnen läßt. Während die Kalkwasserzubereitung (gesättigte Lösung) kontinuierlich und selbsttätig erfolgt, wird die Lauge so hergestellt, daß der Vorratsbehälter den Tages- oder Schichtbedarf aufnimmt. Aus diesen Angaben geht schon hervor, daß ein zufriedenstellender Reinigungseffekt nur dann erreicht werden kann, wenn die Menge der Fällmittel in jedem Augenblick genau der Zusammensetzung des Rohwassers und auch den Betriebsbedingungen entspricht.

Bei gleichbleibender chemischer Zusammensetzung des Rohwassers und einer angepaßten konstanten Konzentration des Fällmittels muß die Dosierung der letzteren in jedem Augenblick dem Wasserdurchfluß genau proportional sein. Die Dosierungsvorrichtung muß also derart mit dem Rohwasserzufluß gekuppelt sein, daß Kalkwasser- und Laugenzufluß sich zwangsläufig nach dem Rohwasserzufluß einstellen: Bezeichnet man mit Q den Wasserzufluß in der Zeiteinheit, mit q_1 den Kalkwasser- und mit q_2 den Laugenzufluß, so müssen in jedem Augenblick die Beziehungen $\frac{Q}{q_1}$ und $\frac{Q}{q_2}$ = Konstanten erfüllt sein. Die Erbauer haben diese Bedingung durch die verschiedenartigsten Anordnungen zu erfüllen gesucht: Regulierbare Ventile und Hähne, Überlaufwehre mit verstellbaren Schiebern, Proportionalitätsschneiden, Kippschaufeln mit Gegengewicht, Doppelkippschaufeln, Tauchventile, Schwimmer, Siphons, Schöpfräder und anderes mehr.

Ein typisches Merkmal aller Enthärtungsreaktionen ist ihre Trägheit, d. h. ihre geringe Geschwindigkeit. Die Ursache liegt aber in der Natur der Dinge selbst, nämlich in dem hohen Verdünnungsgrad der angewandten chemischen Systeme. Daß diese Trägheit ein Nachteil für den Kesselbetrieb ist, braucht nicht näher begründet zu werden, und es fragt sich, wie man die eigentliche Reaktionsdauer der Enthärtung abkürzen kann. Hierzu stehen praktisch zwei Wege offen: Steigerung der Temperatur oder Zusatz von spezifischen Katalyten. Letztere sind noch aufzufinden und von einer Speisewasservorwärmung lediglich zur Enthärtungsbeschleunigung hat man bisher sehr oft aus wärmewirtschaftlichen Gründen abgesehen. Die Enthärtung des vorgewärmten Wassers ($> 70°$) hat aber soviel Vorteile, daß ganz allgemein zu einer Kombination der thermischen und chemischen Enthärtung geraten werden darf. Die geringe Geschwindigkeit der Enthärtungsreaktionen verlangt ferner große Reaktionsräume, damit dem Wasser genügend Zeit gelassen wird, um das chemische Gleichgewicht zu erreichen.

Die vollständige Enthärtung des Speisewassers bei den Ausfällungsverfahren ist nur durch Zugabe von unzuträglichen Reagenzüberschüssen bis auf 0 bzw. 1 Härtegrad herabzudrücken. Das theoretische Gleichgewicht der Kalk-Sodaenthärtung liegt etwa bei 3—4° Härtegraden, und in der Praxis kommt das nach diesem Verfahren enthärtete Wasser auch nicht unter diesen Gleichgewichtswert.

Das gereinigte Wasser soll beim Verlassen des Reinigers vollständig klar sein und darf keine Nachreaktionen mehr zeigen. Gerade diesem letzten Punkte müssen wir unsere volle Aufmerksamkeit schenken, denn die Nachreaktionen können ganz empfindliche Störungen veranlassen. Verfasser konnte öfters feststellen, daß ein vollständig klares, gereinigtes Wasser infolge von Nachreaktionen in relativ kurzer Zeit soviel Stein ablagerte, daß die Leitungen total verstopft wurden. Die Nachreaktionen sind eine Folge der geringen Geschwindigkeit der Enthärtungsreaktionen, die durch negative Katalyte wie Humusstoffe sogar noch mehr verlangsamt werden können.

Gelegentlich der Darlegung einer Theorie über die Kesselsteinbildung ist der Mechanismus der Niederschlagsbildung eingehend erörtert worden. Dieselben Überlegungen gelten auch für die Abscheidung der Kesselsteinerreger bei der Enthärtung. Die Ausfällung der Niederschläge durchläuft, von der iondispersen bis zur grobdispersen Verteilung, eine Reihe von Zwischenstufen, von denen eine jede ihre spezifische Geschwindigkeit hat. Die Nachreaktionen sind nicht nur eine Folge der geringen Reaktionsgeschwindigkeit, sondern auch der geringen Ausfällungsgeschwindigkeit. Letztere wird durch die spezifischen Geschwindigkeiten der Teilprozesse bedingt, die aber bisher noch nicht zum Gegenstand eingehender Forschung gemacht wurden. Solange diese Verhältnisse nicht genügend geklärt sind, können die Nachreaktionen nur durch eine entsprechende Größenbemessung der Reaktions- und Klärbehälter auf ein Minimum reduziert werden, d. h. dem Wasser muß *vor* seinem

Eintritt in die Kesselleitung genügend Zeit gelassen werden, um die Enthärtungsreaktionen vollständig zum Abklingen und die Niederschläge zum Absetzen zu bringen. Die Reiniger werden in der Regel derart dimensioniert, daß das Wasser 2—3 Stunden darin verbleibt. Diese Zeitspanne ist zweifellos ungenügend; es gibt im Schrifttum Hinweise darauf, daß die Reaktionen 4—6 Stunden dauern. Zur Beschleunigung der Enthärtung und der Ausscheidung sind verschiedene Mittel vorgeschlagen worden, von denen die auf Impfwirkung beruhende Schlammzirkulation die bekannteste ist. Aus diesen Angaben geht schon zur Genüge hervor, daß wir der Reaktions- und Abscheidungsgeschwindigkeit bei der Enthärtung und den sich daraus ergebenden Folgerungen eine besondere Aufmerksamkeit zuwenden müssen.

2. Kalk-Soda-Reinigung.

Bei diesem Verfahren wird die Karbonathärte durch gelöschten Kalk und die Nichtkarbonathärte durch Soda ausgefällt. Aus den entsprechenden Reaktionsgleichungen ist ersichtlich, daß bei der Einwirkung des Kalkes auf die Karbonathärte keine löslichen Reaktionsprodukte entstehen, während bei der Ausfällung der Nichtkarbonathärte durch Soda eine äquivalente Menge Natriumionen und damit die entsprechenden Natriumsalze NaCl, Na_2SO_4 im Reinwasser hinterbleiben. Der Kalk fällt außerdem: die freie Kohlensäure, die Eisen, Mangan- und Aluminiumionen. Die im Schrifttum häufig anzutreffende Angabe, daß die Kieselsäure durch die Kalk-Sodabehandlung ebenfalls aus dem Wasser entfernt wird, kann Verfasser auf Grund von Versuchen und Betriebsergebnissen nicht bestätigen. So werden beispielsweise nur 30—60% der im Saarwasser vorhandenen Kieselsäure im Kalk-Sodareiniger beseitigt; allerdings fällt im Kessel noch weiterhin Kieselsäure aus, so daß der SiO_2-Gehalt des Kesselinhaltes sich ziemlich konstant auf 4—7 mg/l hält.

In vielen Fällen des Versagens der Kalk-Sodaenthärtung ist die Ursache in den Magnesiumionen zu suchen.

Die Enthärtungsreaktionen des Mg-Ions verlaufen langsamer als jene des Ca-Ions, ferner ist die Löslichkeit des Magnesiumkarbonates etwa 6—10 mal höher als jene des Calciumkarbonates, Umstände, welche sowohl Nachreaktionen wie ungenügenden Enthärtungseffekt bewirken.

Bei zu reichlicher Zugabe der Fällmittel tritt die Nebenreaktion auf:

$$Ca(OH)_2 + Na_2CO_3 \rightleftarrows \underline{CaCO_3} + 2\,NaOH.$$

Ein geringer Reagenzienüberschuß ist erwünscht, einerseits um die umkehrbare Ausfällung der Nichtkarbonathärte möglichst weit in günstigem Sinne verlaufen zu lassen und andererseits aber auch, um die Abscheidung der Magnesiumionen als unlösliches Hydrat zu gewährleisten.

Was die praktische Durchführung der Kalk-Sodaenthärtung angeht, so lassen sich drei Haupttypen unterscheiden:

1. Das veraltete Kaltverfahren,
2. die Kalk-Sodaenthärtung mit Vorwärmung des Rohwassers,
3. das Kalk-Sodaverfahren mit Kesselwasserrückführung.

Bei den kalten Verfahren treten die Reaktionsträgheit und ihre Folgeerscheinungen besonders ungünstig zu Tage, weshalb in letzter Zeit sämtliche Herstellerfirmen zu den Warmverfahren übergegangen sind. Jedoch wird wohl in den meisten Fällen die Vorwärmung nicht hoch genug getrieben, um den Namen eines richtigen thermo-chemischen Enthärtungsverfahrens zu verdienen. Die zukünftige Vervollkommnung des Kalk-Sodaverfahrens wird voraussichtlich in dem Ausbau zu einem kombinierten thermo-chemischen Verfahren bestehen, wobei auf die gleichzeitige Entgasung Gewicht gelegt wird.

Das Kalk-Sodaverfahren mit Kesselwasserrückführung geht von dem Gedanken aus, die Nachreaktionen aus dem Kessel in einen Zwischenreiniger zu verlegen und damit auch die Entschlammung in diesem Behälter vorzunehmen. Nachteile dieses Verfahrens sind: die Einführung von Natriumbikarbonat in den Kessel, der hohe Salzgehalt des gereinigten Wassers und schließlich die Nichtberücksichtigung des Sauerstoffes.

Nachstehend werden verschiedene Bauarten von Kalk-Sodareinigern besprochen. Im allgemeinen bestehen sie aus dem Chemikalienauflösungsbehälter (Kalksättiger und Sodalösungstrog), den Dosierungsvorrichtungen und den Reaktions- und Klärbehältern. In den meisten Fällen beschließt ein eingebautes oder ein separat aufgestelltes Klärfilter die Anlage. Die Verfahren mit Vorwärmung benutzen dieselbe Apparatur wie die kalten Verfahren, es kommt lediglich der Vorwärmer hinzu, der mit Abwärme bzw. Abdampf betrieben wird.

Wasserreiniger der Büttner-G. m. b. H. Ürdingen a. Rh. (Bamag-Meguin-A. G). Dieser Reiniger besteht aus Kalkwassersättiger, Laugenbehälter, Verteilungs- und Dosierungsvorrichtung und Klärbehälter. Der Laugenzumeßapparat arbeitet nach dem Prinzip der Kippschaufelwassermessung. Das Rohwasser fließt, nachdem es das vom Wasserstande im Reiniger beeinflußte Schwimmerventil passiert hat, in eine zweiteilige Meßschaufel. Ist eine ihrer beiden Abteilungen mit Wasser gefüllt, so kippt die Schaufel um und entleert ihren Inhalt in den Reiniger. Beim Umkippen kommt die andere Abteilung der Meßschaufel unter das Zuflußrohr und wird gefüllt, wodurch sich das Spiel wiederholt. Die Bewegung der Kippschaufel wird mittels eines Gestänges auf einen Kreuzkopf und von diesem auf einen Hebel übertragen, der bei jedesmaligem Umkippen der Schaufel gehoben wird. Durch diese Bewegung wird ein Klinkwerk betätigt, dessen Drehungen sich auf eine Kettenrolle übertragen; über die Kettenrolle läuft eine Kette, an der in dem Laugenbehälter ein kleiner Eimer mit durchlöchertem Boden hängt. Der Eimer ist mit einem Spiralrohr verbunden, durch das die zugemessene Laugenmenge zum Reiniger abfließt. Sobald also das Rohwasser zufließt und die Meßschaufel in Bewegung setzt, wird die Kettenrolle um ein geringes gedreht, der Eimer und damit die Mündung des Spiralsrohres sinkt und eine entsprechende Menge Sodalösung fließt zum Reiniger ab. Der Kalkwasserzufluß wird durch den Rohwasserverteiler geregelt. Der Rohwasserzufluß wird mittels eines Ventils durch den Schwimmer Z beeinflußt. Neben diesem Hauptventil ist ein kleines Ventil angebracht, dessen Querschnitt bei einer bestimmten Hubhöhe sich zum Querschnitt des Hauptventils bei gleicher Hubhöhe verhält wie die Menge des nach der Analyse erforderlichen Kalkwassers zur Gesamtmenge des zu reinigenden Wassers. Beide Ventile werden von einem Ventil (Z) gesteuert und der Querschnitt des Ventils g ist noch regulierbar.

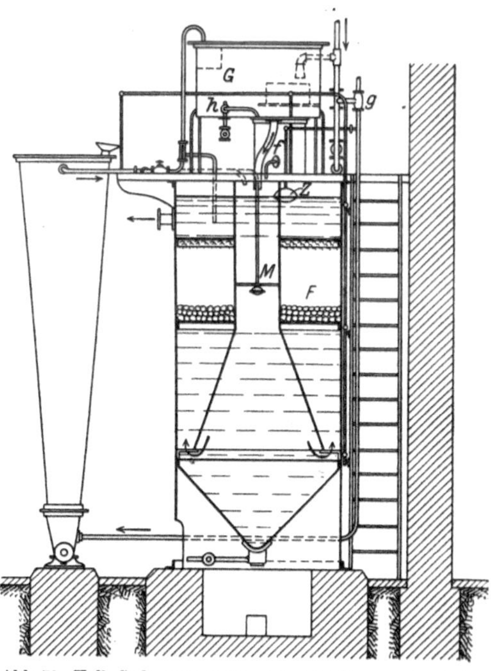

Abb. 79. Kalk-Sodawasserreiniger der Büttner-G. m. b. H., Ürdingen a. Rh.

Abb. 79 zeigt die Gesamtansicht des Büttnerschen Reinigers. Das Wasser fließt aus dem Wassermesser durch das Rohr g in den inneren Zylinder des Reinigers, wo auch die Soda und das Kalkwasser zugesetzt werden. Die Sodalauge wird im Gefäß G hergestellt und fließt durch den Hahn h dem Laugenbehälter zu. Das Wasser wird durch die Mischdüse M mittels Dampf auf 80—90° angewärmt, wodurch gleichzeitig eine innigere Durchmischung und eine Reaktionsbeschleunigung bewirkt wirkt. Der innere Zylinder erweitert sich nach unten, wodurch die Geschwindigkeit des Wassers vermindert und das Absetzen des Schlammes erleichtert wird. Beim Aufsteigen des Wassers zwischen der Blechhaube und dem Mantel des Reinigers wiederholt sich dieser Vorgang. Der Schlamm sammelt sich auf dem trichterförmigen Boden des Reinigers, von wo er durch ein Ablaßventil entfernt wird. Die mechanische Reinigung des behandelten Wassers wird noch durch ein Koksfilter verbessert.

18*

Wasserreiniger der Halvor-Breda-A.-G., Berlin-Charlottenburg. Die Anlage besteht aus Wasserverteiler, Kalkwassersättiger, Laugenbehälter, Laugendosierung, Klärbehälter und Feinkiesfilter. Bei warmer Reinigung kommt ein Vorwärmer für Frisch- und Abdampf hinzu. Die Breda-Dosierung der Chemikalien arbeitet nach dem Prinzip der Kippschalenmessung. Die Kippschaufel ist durch ein Gestänge mit einem Schwimmkörper verbunden, der bei jeder Entleerung der Schaufel in die Lauge untergetaucht wird und eine konstante Menge Lauge verdrängt. Der Reiniger (Abb. 80) ist mit einer Schlammzirkulation versehen, die ein beschleunigtes Abklingen der chemischen Reaktionen, eine weitergehende Enthärtung, eine schnellere Schlammsedimentierung und eine Entlastung der Filter herbeiführen soll. Dieser Effekt beruht auf der schon erwähnten Impfwirkung der Kristalle. Das Rohwasser tritt in den Trichter der Schlammzirkulationsvorrichtung ein und reißt auf seinem Wege kontinuierlich kristallinischen Kalk durch eine Saugleitung aus dem Schlammtrichter mit empor und gelangt in die obere Mischschale, in der sich die Chemikalien mit dem Rohwasser mischen.

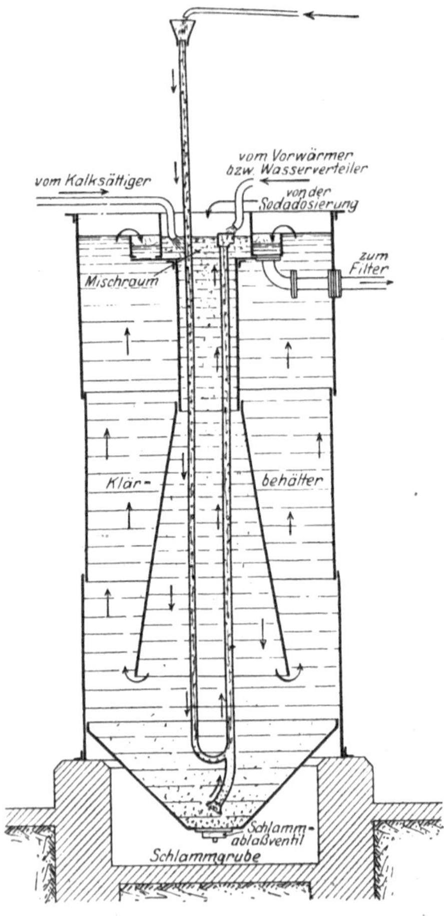

Abb. 80. Klärbehälter des Halvor-Breda-Reinigers.

Kalk-Sodaenthärter der P. Kyll-G. m. b. H., Köln-Lindenthal. Das Rohwasser wird einem Wasserverteilungskasten, der sich oberhalb eines Wasserrades befindet, zugeführt und hier in zwei Teilströme zerlegt (Abb. 81).

Von dem Rohwasser wird durch einen Schieber soviel Wasser in die Spitze des Kalksättigers geleitet, wie Kalkwasser zur Reinigung benötigt wird. Das übrige Wasser fließt durch einen zweiten Schieber auf ein Wasserrad und betreibt auf diese Weise das Rührwerk des Kalksättigers.

Das Wasser gelangt dann in den Mittelzylinder des Klärbehälters, in den ebenfalls ein feiner Strahl Sodalauge geleitet wird, welcher vermittels eines verstellbaren Schwimmers des Verteilungskastens geregelt wird.

Zur weitgehendsten Ausnutzung des Ätzkalkes wird der Kalkschlamm durch ein Rührwerk fortwährend aufgerührt und mit dem unten eintretenden Wassersteilstrom innig durchmischt. Oberhalb des Rührwerkes sind senkrecht zur Rotationsrichtung sternförmig angeordnete Bleche eingebaut, welche die rotierende Bewegung des Wassers aufheben und so eine Klärwirkung hervorrufen. Das täglich benötigte Quantum Kalk wird in einen Löschkasten hinzugegeben und dieser mit Wasser gefüllt. Hier zerfällt der Kalkstein zu Brei, welcher durch das Rohr in den unteren Teil des Sättigers selbsttätig hinunterfließt.

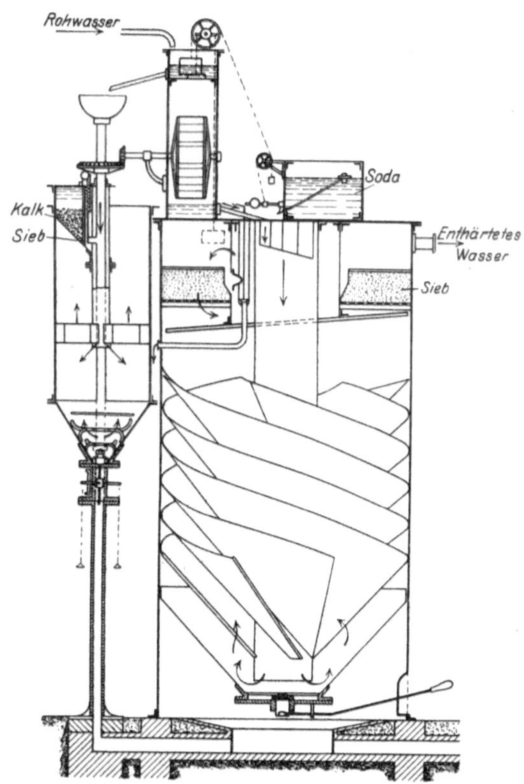

Abb. 81. Kalk-Sodaenthärter der P. Kyll-G. m. b. H., Köln-Lindenthal.

In dem oberen Teil des Mittelzylinders des Klärbehälters befindet sich ein Mischgefäß, worin das Rohwasser mit der Sodalösung und dem Kalkwasser vermisch wird. Das Gemisch fließt in dem Mittelzylinder nach unten, tritt unten in den Klärbehälter aus, in dem es langsam nach oben steigt. In diesem äußeren Teil des Klärbehälters sind konische und spiralförmige Bleche übereinander eingebaut, welche einen verlangsamten Aufstieg des Wassers und damit eine Erhöhung des Kläreffektes bewerkstelligen sollen. Nachdem das Reinwasser durch ein Quarzfilter noch mechanisch gereinigt worden ist, fließt es der Speisepumpe bzw. dem Reinwasserbehälter zu.

Wasserreiniger der Firma Paul Martiny & Co., Dresden. Diese Firma baut die Reiniger, mit Ausnahme der großen Anlagen, in viereckiger Form, weil es bei der runden Form schwerer ist, die Wassergeschwindigkeit im Klärbehälter unter der Absitzgeschwindigkeit des Schlammes zu halten. Die Herstellung der Lösungen erfolgt zu ebener Erde und die gebrauchsfertigen Lösungen werden mit Hilfe einer kleinen Pumpe in den Reiniger gegeben. Der Kalk wird nicht als Kalkwasser zugegeben, sondern als Kalkmilch; dadurch fällt der Kalksättiger natürlich fort und an seine Stelle tritt ein kleiner Behälter zum Löschen des Kalkes. Martiny liefert die Reiniger mit oder ohne Wärmevorrichtung. Abb. 82 zeigt eine Ausführung (Bauart R) der runden Wasserreiniger: Sie unterscheidet sich von den anderen Ausführungen dadurch, daß ein Reinwasserbehälter vorgesehen ist und daß die Rohrleitungen innerhalb des Apparates liegen (Schutz gegen Einfrieren!). Das Rohwasser tritt in den Verteilungskasten, der als regelrechter Wassermeßapparat nach dem Kippschaufelprinzip hergerichtet ist und die Zumessung der Kalkmilch und der Sodalösung betätigt. Das behandelte Wasser sammelt sich in einem Mischkasten, von wo es mit Hilfe einer Hebevorrichtung dem Klärbehälter zugeführt wird.

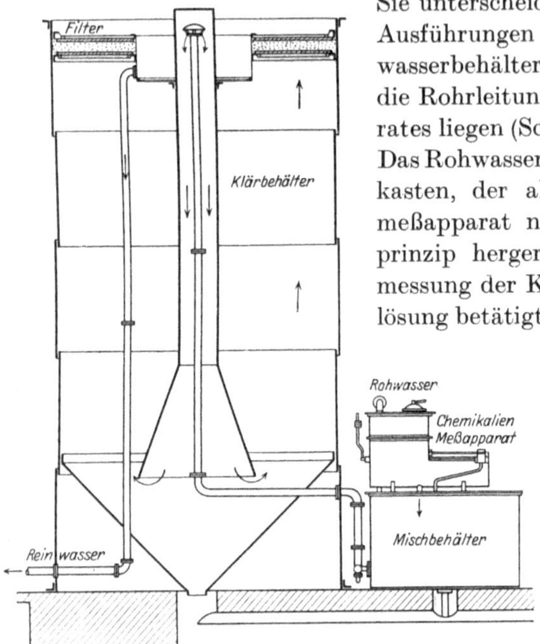

Abb. 82. Wasserreiniger der Firma P. Martiny & Co., Dresden.

Wasserreiniger der Firma Robert Reichling & Co., Königshof-Krefeld. Der Firma Reichling & Co. gebührt das Verdienst, das Wasserreinigungsverfahren mit Schlammzirkulation in Deutschland eingeführt zu haben. Sie bezeichnete es als Regenerativverfahren, weil die für das Ausfällen der an Bikarbonation gebundenen Härtebildner verwandte Soda im Kessel wieder regeneriert wird und von da aus wieder zur Enthärtung nutzbar gemacht werden kann.

Reichling & Co. wenden jetzt grundsätzlich nur noch das Kalk-Soda-regenerativ- und Schlammrückführverfahren an und verzichten nur in besonderen Fällen, bei magnesiaarmen Speisewassern, auf den Kalksatz. Nach Angaben der Firma werden durch die Rückführleitung etwa 5% des Speisewassers dem Reiniger wieder zugeführt. Abb. 83 zeigt die Reinigungsanlage von Reichling & Co.

Das zu reinigende Rohwasser fließt der Rohwasserverteilungsvorrichtung *1* zu. In dieser sind zwei verstellbare Schlitzregulierungen angebracht, durch die das Wasser in einem bestimmten Verhältnis, das dem benötigten Zusatz an Kalkwasser entspricht, auf den Kalksättiger *5* und den Vorwärmer *2* bzw. das Reaktionsgefäß *3* verteilt wird. Das in den Kalksättiger laufende Wasser sättigt sich mit dem an der Spitze des Sättigers lagernden Kalk und steigt, sich allmählich klärend, nach oben, wo es in das Reaktionsgefäß geleitet wird. Die Ableitung des für den Kalksättiger benötigten Wassers muß selbstverständlich vor der Vorwärmung erfolgen — wie dies auch bei den anderen Bauarten der Fall ist — weil die Löslichkeit des Kalkhydrates mit steigender Temperatur abnimmt.

Der Zusatz der Soda erfolgt aus dem Sodavorratsbehälter *6*, der ebenfalls mit einer Schlitzregulierung versehen ist.

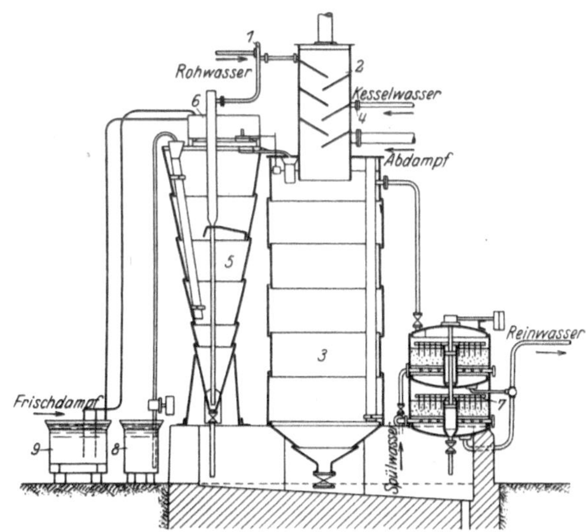

Abb. 83. Wasserreiniger der Firma R. Reichling & Co., Königshof-Krefeld. (Regenerativverfahren.)

Im Vorwärmer *2* rieselt der Hauptteil des Rohwassers die eingebauten Kaskadenbleche hinunter und wird durch den von unten eintretenden Abdampf erwärmt. Gleichzeitig tritt durch die Stutzen *4* das zurückgeführte Kesselwasser in den Vorwärmer frei aus, so daß der bei der Entspannung des Kesselwassers frei werdende Dampf durch das entgegenrieselnde Rohwasser geräuschlos kondensiert wird. Das mit Kalk, Soda und Kesselwasser durchmischte Rohwasser durchfließt das Reaktionsgefäß von oben nach unten und setzt den gebildeten Schlamm in dem Schlammtrichter ab, wo er täglich abgelassen wird. Das Wasser steigt in einem Steigrohr hoch und wird in einer Sandschnellfilteranlage *7* mechanisch gereinigt. Letztere besteht aus zwei parallel geschalteten Feinkiesschichten, zu deren Spülung ein Wasserstrom in umgekehrter Richtung unter gleichzeitigem Umrühren der Rechen und eventueller Preßluftzuführung hindurchgedrückt wird.

Die Bedienung des Reinigers wird dadurch bequemer gestaltet, daß ein Kalkauflösegefäß *8* und eine Sodaaufkochvorrichtung *9* auf Flurhöhe angeordnet wird. Die Kalkmilch wird dann entweder durch Preßluft oder geeignete Förderpumpen und die Sodalauge durch einen Dampfelevator hoch gefördert.

Wasserreiniger der Firma H. Reisert, Köln-Braunsfeld. Das Rohwasser fließt durch *H* in den Verteilungsbehälter, der aus dem Rohwasserabteil *R*, in dem das Wasser im Betriebe stets auf gleicher Höhe gehalten wird, aus dem Kalklöschtrog *I* und dem Sodaauflösungsbehälter *C* besteht (Abb. 84). Unter dem Laugenbehälter *C* befindet sich

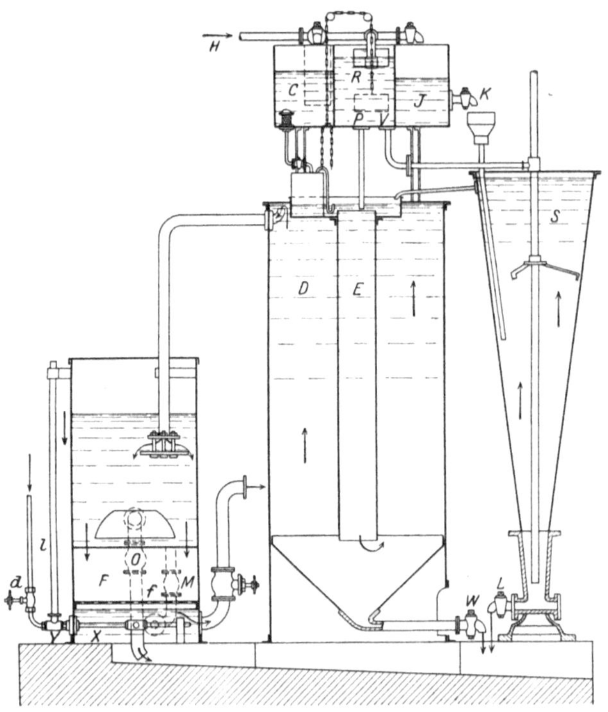

Abb. 84. Reisert-Wasserreiniger.

das Sodareguliergefäß, in dem ein Schwimmer den Stand der durch ein Röhrchen aus dem Behälter *C* einfließenden Lauge auf stets gleicher Höhe hält. Die Sodalösung läuft durch ein Siphon in das Misch- und Reaktionsrohr *E*, in das auch Roh- und Kalkwasser fließen. Das Siphonröhrchen hängt an einer Kette, die an dem Schwimmer des Rohwasserabteiles *R* befestigt ist. Sinkt also der Wasserspiegel in diesem Abteil infolge abnehmenden Wasserzulaufes, so sinkt der Schwimmer und zieht das Siphonrohr in gleichem Maße höher. Die Regulierventile *P* und *V* des Rohwasserabteiles regeln die Verteilung des Wassers zum Kalksättiger. (Dervauxscher Kalksättiger). Dieser besteht aus dem konischen Behälter *S*. Durch den

Hahn *K* fließt die Kalkmilch in ein Trichterrohr, das unten in den Sättiger mündet. Ein dem gesamten Rohwasserzufluß proportionaler Teil Wasser wird durch das Ventil *V* abgezweigt und unten in den Sättiger eingeführt, wo ihm Gelegenheit geboten wird, sich an Kalk zu sättigen. Durch diesen kontinuierlichen Rohwasserzufluß wird dauernd die gleiche Menge Kalkwasser aus dem Sättiger verdrängt und in das Mischrohr *E* geleitet, wo auch der Rohwasser- und der Laugenzufluß münden. Das Gemisch der drei Zuflüsse steigt im Mischrohr *E* nach unten und gelangt in den Klärbehälter *D*, in dem sich ein Teil der Niederschläge absetzt. Der Schlamm wird von Zeit zu Zeit durch Hahn und Rohr *W* abgelassen.

Das gereinigte Wasser wird schließlich in einem hintergeschalteten Kiesfilter *F* noch weiterhin von den Schwebeteilchen befreit. Das Reinigen des Filters soll etwa jeden Tag ein- bis zweimal erfolgen, was auf folgende Weise vor sich geht: Zuerst wird der Schlammhahn *O* geöffnet und dann werden die Hähne so umgestellt, daß das zufließende Wasser anstatt in den Verteilungsbehälter unter das Filter gelangt. Sodann wird der Luftdruckapparat *Y* durch Öffnen des Dampfventiles in Tätigkeit gesetzt. Das Filtermaterial wird auf diese Weise aufgewühlt und vom Schlamm befreit, der durch den Schlammabzug entfernt wird. Nach 2—3 Minuten stellt man den Luftdruckapparat ab und läßt solange Wasser durchfließen, bis es aus *O* nicht mehr schlammig austritt. Daraufhin wird die Richtung des Wasserstromes wieder umgestellt.

Wasserreiniger der Firma Schumann & Co., Leipzig-Plagwitz. Das Rohwasser fließt in einen nach dem Prinzip der Kippschalenmessung arbeitenden Aufgabemechanismus, durch dessen Bewegungen die Meßventile der Chemikalienbehälter zwangsläufig betätigt werden: Einmal wird der Ventilkegel gehoben, so daß in den zylindrischen Teil des Meßventiles eine bestimmte Menge der Lösung eintreten kann; bei der zweiten Kippung der Schale schließt sich der Kegel selbsttätig und das Abschlußorgan des Ventiles öffnet sich, wobei ein abgemessenes Quantum von den Chemikalien in die darunter befindliche Rinne fließt (Abb. 85). Die Zugabe der Chemikalien wird durch einen Kolben genau eingestellt. In zwei auf ebener Erde befindlichen Auflösebehältern werden die Kalk- und Sodalösungen hergestellt und mittels Dampfstrahlelevatoren in die Hochbehälter gedrückt. Das Wasser, das die Kippenschale verläßt, wird vorgewärmt, tritt in das zentral gelegene Reaktionsrohr und steigt dann in dem äußeren Klärraum nach oben, sammelt sich, um ungleichmäßige Strömungen zu verhindern, in einem Sammelring, von wo es dann in einem Sandsäulenfilter von den restlichen mechanischen Verunreinigungen befreit wird.

Wasserreiniger der F. Seiffert A.-G., Berlin-Eberswalde. Abb. 86 zeigt den von dieser Firma konstruierten Wasserreiniger mit separat angeordnetem Filter. Das Rohwasser tritt in den Verteilungskasten, in den ein dreiteiliges Überlaufwehr mit verstellbaren Teilschiebern eingebaut ist. Der Wasserstrom wird dadurch in drei Teile zerlegt, von denen der eine die Sodalösung, der andere das Kalkwasser zumißt. Der Restteil fließt in den Reiniger, nachdem er einen dampfbeheizten Vorwärmer durchquert hat. Die Zumessung der Sodalauge erfolgt durch eine von dem betreffenden Wasserzufluß betätigte Kippschale. An dieser befindet sich ein Hebel, welcher durch ein Gestänge

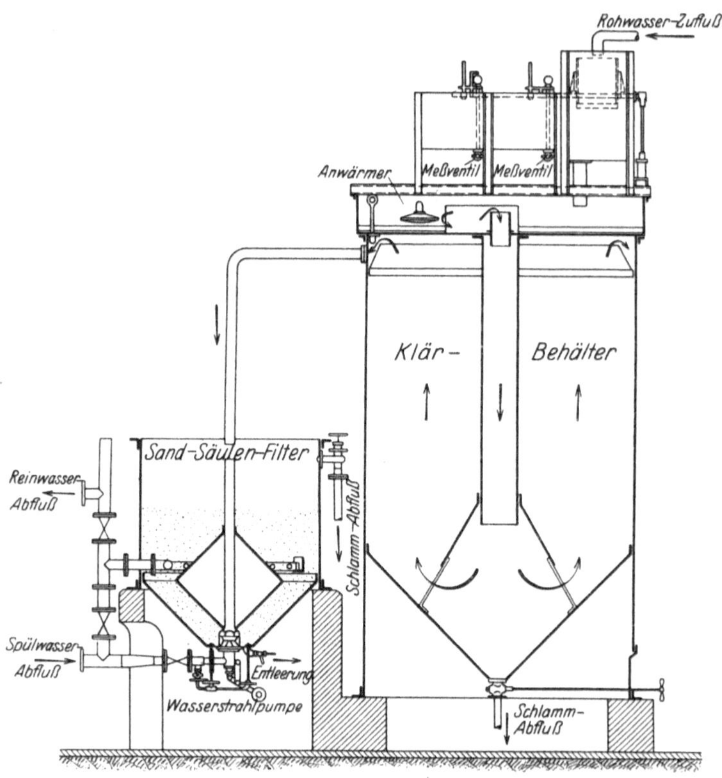

Abb. 85. Wasserreiniger der Firma Schumann & Co., Leipzig-Plagwitz.

mit dem Schöpfbecher verbunden ist und der bei jeder Entleerung der Kippschale in die Sodalösung eintaucht. Beim Zurückschnellen der Kippschale wird der Schöpfbecher emporgehoben und entleert. Das Laugemeßgefäß steht in Verbindung mit einem Laugenvorratsbehälter. Ein im Laugenzumesser befindliches Schwimmerventil hält die Flüssigkeit im Meßbehälter dauernd auf gleichem Niveau. Die Zumessung des Kalkes erfolgt durch den Verteilungskasten. Der Teilschieber mißt einen eingestellten Teil des Rohwassers ab, der in den Schlammtrichter des Kalksättigers geleitet wird, wodurch ein entsprechender Teil gesättigtes Kalkwasser oben austritt und dem Reaktionsbehälter zufließt. Das vorgewärmte Rohwasser und die zugemessenen Mengen Sodalösung und Kalkwasser mischen sich in einem oberhalb des Klärzylinders angebrachten Mischbehälter, in den die Flüssigkeiten in tangentialer Richtung eingeführt werden. In dem sich nach unten erweiternden Reaktionsrohr erfolgen die Umsetzungen, die Absetzgeschwindigkeit wird durch den Geschwindigkeitswechsel des Wasserstromes beschleunigt und der Kläreffekt in dem Kiesfilter noch weiterhin verbessert.

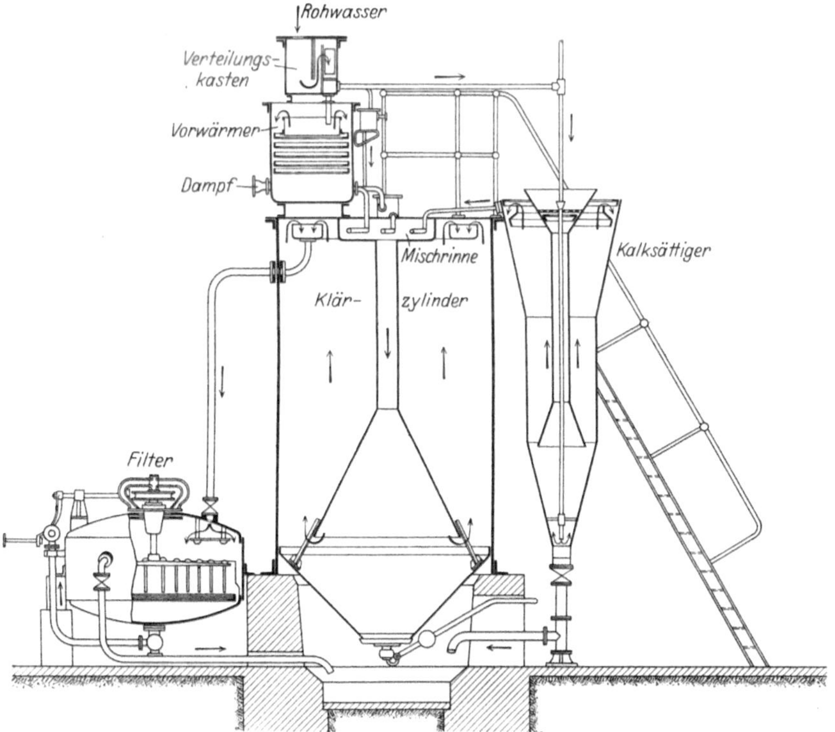

Abb. 86. Wasserreiniger der F. Seiffert-A.-G., Berlin-Eberswalde.

Wasserreinigungsanlage der Firma L. und C. Steinmüller, Gummersbach. (Abb. 87.) Das Rohwasser fließt an der höchsten Stelle dem Wasserverteiler *A* zu, in dem es durch einen Überlauf mit stellbaren Zungenschiebern *a* in drei Ströme geteilt wird. Der Hauptstrom *c* fließt, nachdem er den Vorwärmer *B* durchquert hat, in die Mischschale *e* des Klärbehälters. Der zweite kleinere Strom *d* fließt durch das Rohr *f* in die untere Spitze des Kalksättigers *C*. Durch die eigenartige Form der Einführung wird mit diesem Wasserstrom fortwährend Luft eingesaugt, was den Zweck hat, den durch den Siebboden g zerteilten und am Boden des Sättigers abgelagerten Kalkbrei aufzuwirbeln, um dadurch eine bessere Auslaugung zu bewerkstelligen. Durch das Rohrstück h und das eingeführte Luft- und Wassergemisch wird dazu in dem unteren Teile des Kalksättigers eine Zirkulation erzeugt, um den Kalk möglichst weitgehend auszunutzen. Durch den

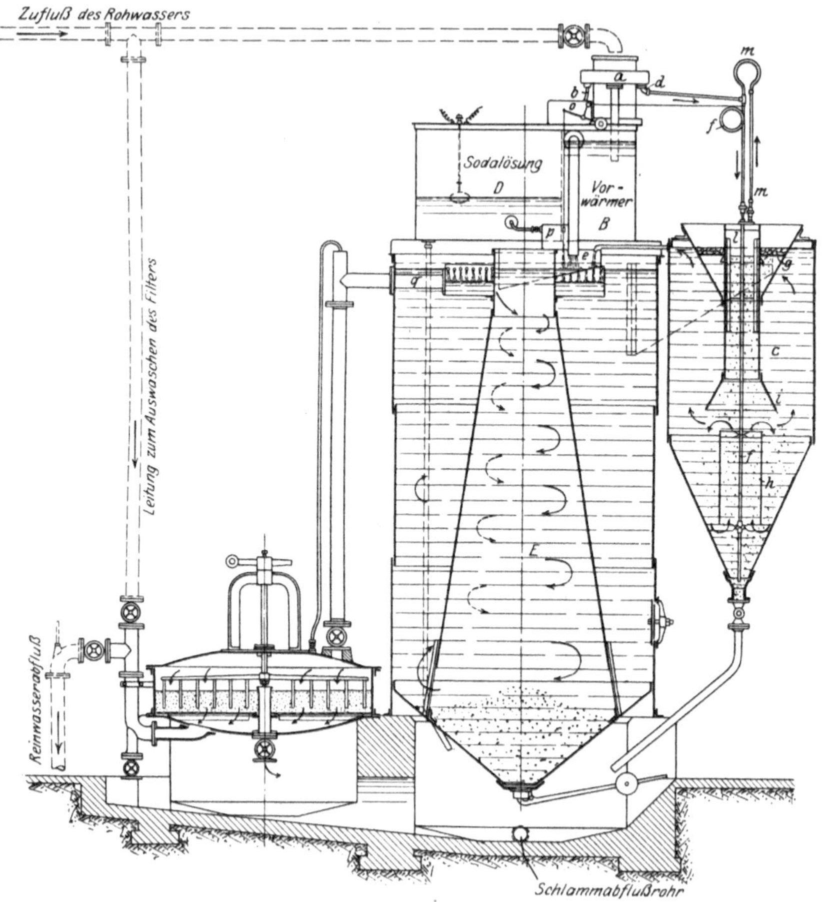

Abb. 87. Wasserreiniger der Firma L. und C. Steinmüller, Gummersbach.

Kohlensäuregehalt der eingesaugten Luft würde beständig ein Teil Kalk als Calciumkarbonat gefällt und dem Reiniger entzogen werden; um dies zu verhindern ist die Lufteinführung so gebaut, daß die einmal durch den Kalk gedrückte und daher kohlensäurefreie Luft nicht entweicht, sondern durch Schirme i und k aufgefangen wird, und sich in der Glocke l sammelt, von wo sie durch das Rohr m von neuem durch den Kalkbrei gedrückt wird.

Das gesättigte Kalkwasser strömt durch das Rohr *n* ebenfalls in die Mischschale *e*. Der dritte kleinere Strom *b* fließt in eine Kippschale *o*, die vermittels eines Meßbechers *p* die Zuführung der Sodalauge regelt. Diese Lösung wird in dem Behälter *D* in einer für mehrere Tage ausreichenden Menge hergestellt. Das abgemessene Quantum Sodalauge fließt nun ebenfalls in die Mischschale, wo sich das Rohwasser mit den Chemikalien vermengt. In dem Klärbehälter *E* durchfließt das Wasser auf schneckenförmigem Wege und mit abnehmender Geschwindigkeit den inneren Hohlkonus und steigt wieder außen hoch, wobei die augeschiedenen Teilchen sich ablagern. Ein auswaschbares Quarzsandfilter beschließt den Reinigungsvorgang. Diese Bauart kommt auch mit Vorwärmung versehen in den Handel.

3. Kalk-Sodaenthärtung mit Kesselwasserrückführung.

Dieses Verfahren bezweckt neben einem verminderten Chemikalienverbrauch eine Verlegung der Nachreaktion aus dem Kessel in einen

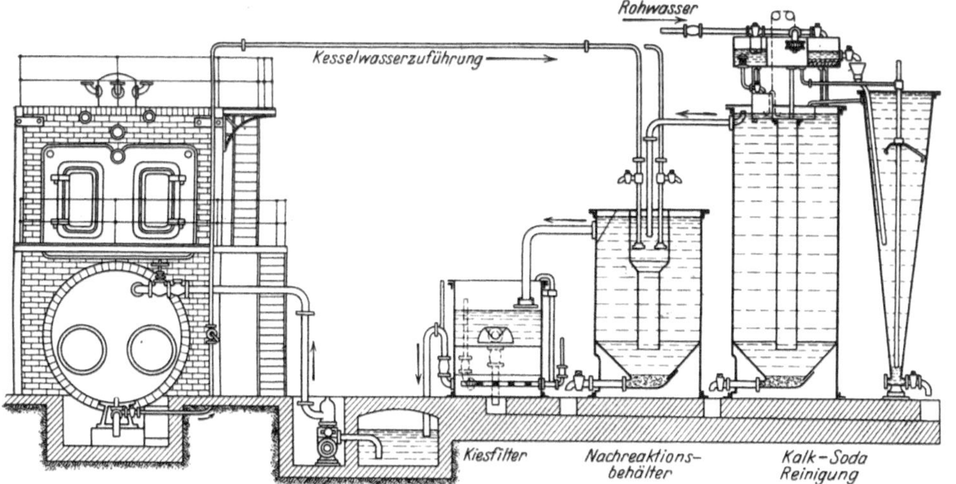

Abb. 88. Kalk-Sodareiniger mit Kesselwasserrückführung. (H. Reisert & Co., Köln-Braunsfeld.)

Zwischenbehälter, der gleichzeitig als Entschlammungsorgan dient. Die Anordnung einer derartigen Reinigungsanlage ist aus Abb. 88, die das Harko-Verfahren der Firma Ho. Reisert & Co., Köln-Braunsfeld, darstellt, ersichtlich. Das im Kalk-Sodareiniger vorenthärtete Wasser gelangt in den Nachreaktionsbehälter, wo es mit einem gewissen Teile von aus dem Kessel kontinuierlich abgezapftem Kesselwasser vermischt wird. Bevor das Reinwasser-Kesselwassergemisch in den Kessel gespeist wird, sorgt ein Kiesfilter für die endgültige Abscheidung der aufgeschwemmten Niederschläge.

Eine weitere Vervollkommnung dieser Verfahren bietet der auf Abb. 89 wiedergegebene Wasserreiniger mit Kesselwasserrückführung und Entgasungsanlage der Firma L. u. C. Steinmüller, Gummersbach. Außer dem bereits beschriebenen Kalk-Sodaenthärter ist diese Anlage mit einem Kaskaden-Abdampfvorwärmer versehen. Das gereinigte und vorgewärmte Wasser durchfließt von oben nach unten, bevor es zum Filter kommt, einen weiteren Sturzblechkasten, durch den ein Dampfgegenstrom eingeblasen wird, der die gelösten Gase austreibt. Der Dampf wird von hier in den Kaskadenvorwärmer geleitet.

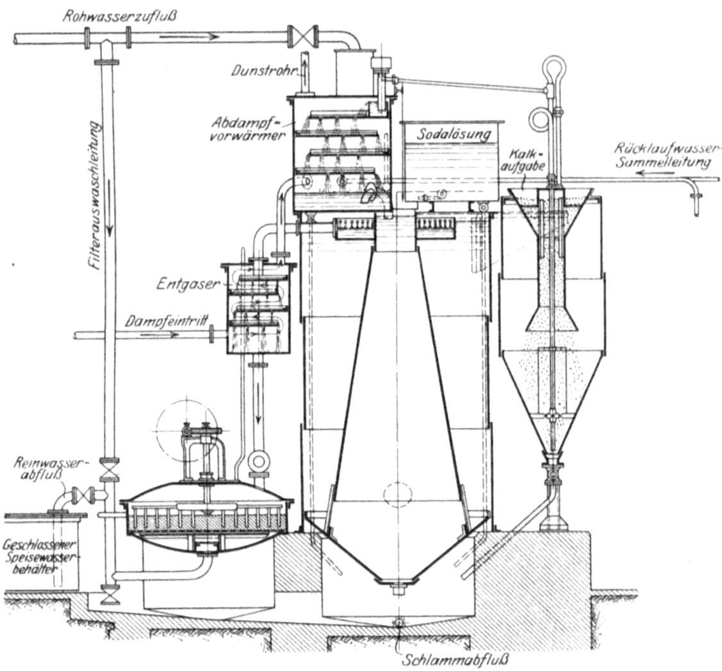

Abb. 89. Kalk-Sodaenthärter mit Kesselwasserrückführung und Abdampfvorwärmer. (L. und C. Steinmüller, Gummersbach.)

Liegt ein Rohwasser vor, das keine Karbonathärte, also nur Nichtkarbonathärte aufzeigt, so ist eine Kalkbehandlung überflüssig und es genügt eine einfache Sodaenthärtung. Die Apparatur ist in diesem Falle ähnlich wie bei dem Kalk-Sodaverfahren, mit dem Unterschied, daß der Kalksättiger wegfällt und die Dosierungsvorrichtung einfacher wird. Die einfache Sodaenthärtung kann auch dann erfolgreich angewendet werden, wenn die Karbonathärte des Rohwassers durch Erhitzen ausgefällt worden ist. Man hat es dann mit dem typischen thermisch-chemischen Verfahren zu tun. Allerdings muß dann das Rohwasser magnesiaarm sein; falls dies nicht zutrifft, ist die Enthärtung mit Kalk-Soda oder mit Ätznatron durchzuführen. Die Sodaenthärtung mit Kesselwasserrückführung beruht auf dem Grundsatz, den im Kessel vorhandenen Laugenüberschuß wieder auszunutzen. Dieser Laugenüberschuß besteht aus dem zugesetzten Sodaüberschuß, aus der im Kessel durch Zersetzung des Natriumbikarbonats entstandenen Soda, und aus dem hydrolytisch abgespalteten Ätznatron.

Die Apparatur besteht aus einem einfachen Sodareiniger, in dessen Klärbehälter eine Kesselwasserrückleitung mündet. Das Kesselwasser wird kontinuierlich durch eine am Ablaßstutzen angebrachte Rücklaufleitung in den Reiniger zurückgeführt, wodurch der Kessel gleichzeitig entlaugt und entschlammt wird. Wesentlich für das gute Gelingen dieses

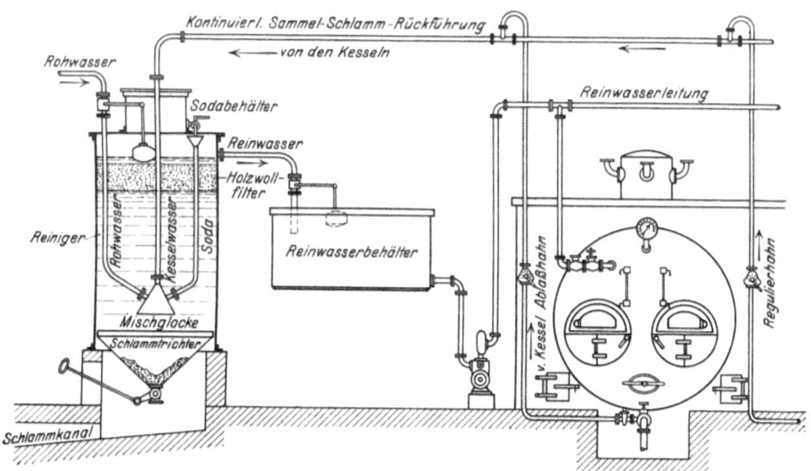

Abb. 90. Neckarreiniger der Firma Ph. Müller, Stuttgart.

Verfahrens ist die richtige Bemessung der zurückgeführten Kesselwassermenge.

Wirkung und Wirtschaftlichkeit der Sodaenthärtung mit Kesselwasserrückführung sind von Zschimmer[1] untersucht worden, wobei das Ergebnis gewonnen wurde, daß dieses Verfahren (Neckarverfahren) billiger und auch wärmewirtschaftlich günstiger ist als das Kalk-Sodaverfahren.

Neckarenthärtungsanlage der Firma Ph. Müller, Stuttgart. Die Anlage besteht, wie Abb. 90 erkennen läßt, aus einem zylindrischen Sodareiniger, in dessen unteren Teil eine Mischglocke eingebaut ist. In die Mischglocke münden die Zuleitungen des Rohwassers, der durch eine Dosierungsvorrichtung geregelten Sodalauge und der Kesselwasserrückführung.

[1] Zschimmer: Z. bayr. Rev.-V. 1916, Nr. 5—11.

Das aus der Mischglocke austretende Wassergemisch steigt in dem Klärbehälter hoch, wobei es ausreagieren und die gebildeten Niederschläge weitgehend absetzen lassen soll; es gelangt dann in ein Filter und von da in einen Reinwasserbehälter, von wo es in die Kessel gespeist wird. Die Kesselwasserrückführung trägt an jedem Kessel einen Regulierbahn zum Einstellen des günstigsten Kesselwassermengen.

4. Permutitverfahren.

Die Entfernung der Härtebildner erfolgt bei diesem Verfahren durch Basenaustausch in einem chemisch wirkenden Filter, dessen Filtermasse aus Permutit und neuerdings aus dem verbesserten Neo-Permutit besteht. Während hierbei die Kationen der Härtebildner durch äquivalente Mengen Natriumionen ausgetauscht werden, werden die Anionen nicht von den Umsetzungen erfaßt, so daß sie zwar unverändert das Filter durchqueren, aber als entsprechende Natriumverbindungen in gereinigtem Wasser wirksam werden. Die gelösten Gase finden sich im gereinigten Wasser in unverminderter Menge vor, ja es scheint sogar dem permutierten Wasser ein erhöhtes Lösungsvermögen für Sauerstoff zuzukommen. Der Umstand, daß im gereinigten Wasser Natriumbikarbonat als Reaktionsprodukt auftritt, ist bei sorgfältiger Betriebsführung ein Vorteil, insofern, als es im Kessel in rostschützendes Natriumkarbonat übergeht. Jedoch muß der Kesselinhalt öfters abgeblasen werden, um unzuträgliche Soda- und Ätznatronkonzentration zu verhindern.

Die Regeneration erfolgt nach Erschöpfung der Filtermasse. Dieser Zeitpunkt wird durch periodische Härtebestimmungen ermittelt: Sobald die Härte des gereinigten Wassers anfängt zuzunehnen, muß die Kochsalzlösung regeneriert werden. Der Verschleiß an Permutitmasse soll dabei 5% pro Jahr nicht übersteigen. Mit dem neuen Neo-Permutit kann die Dauer der Regeneration gekürzt werden, dadurch wird der Salzverbrauch geringer und die Anlagen nehmen weniger Raum ein als früher.

Die Vorteile der Permutitenthärtung bestehen in dem Wegfall von Chemikalienzumeßapparaten, wodurch natürlich die Arbeitsweise vereinfacht wird. Als ganz besonderer Vorteil wird von der Herstellerfirma hervorgehoben, daß die Enthärtung des Wassers stets vollständig und gleichmäßig auf garantiert Null Grad bewirkt werden soll. Als Nachteile des Verfahrens sind anzuführen: Das Rohwasser darf keine mechanischen Verunreinigungen, kein Eisen und Mangan und auch keine freien Säuren (Kohlensäure) enthalten, anderenfalls Filter, bzw. Enteisnungs-Entmanganungsanlagen und Marmorfilter vorgeschaltet werden müssen. Freie Kohlensäure und Kieselsäure werden nicht durch das Permutit entfernt. Der Natriumbikarbonatgehalt das permutierten Wassers kann im Kessel zu nachteiligen Soda- und Ätznatronanreicherungen führen. Der erzeugte Dampf wird infolge der kohlensäureabspaltenden Zersetzung der

Bikarbonate im Kessel natürlich reicher an Kohlensäure, als bei den anderen chemischen Enthärtungsverfahren.

Aus diesen Gründen dürfte das reine Permutitverfahren nicht geeignet sein für Wasser, die reich an freier Kohlensäure, an Kieselsäure und an Karbonathärte sind. Auch dürfte es sich wegen der Salzanreicherung

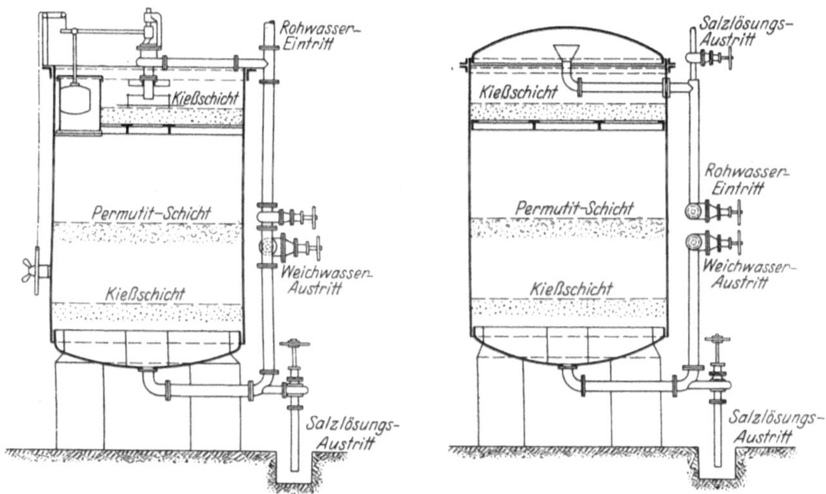

Abb. 91. Offenes Permutitfilter. Abb. 92. Geschlossenes Permutitfilter.

des Kesselinhaltes nicht für Wasserrohrkessel mit hoher Verdampfungsziffer oder sehr starken plötzlichen Belastungsspitzen eignen.

Gute Dienste wird es aber meines Erachtens in Verbindung mit einer Vorenthärtung leisten. Abb. 91 und 92 zeigen die beiden Bauarten von Permutitfiltern.

V. Die Entgasung des Speisewassers.

A. Allgemeines.

Aufgabe der Entgasung ist nicht nur die Entfernung der korrosionsfördernden Gase aus dem Speisewasser, sondern auch der Schutz des gasfreien Wassers gegen erneute Gasaufnahme auf dem Wege zum Kessel. Das erstere wird durch Entgasungsanlagen und das zweite durch entsprechende Gasschutzvorrichtungen erreicht.

Die rostfördernden Gase sind, wie bereits dargelegt wurde, die beiden Luftbestandteile Sauerstoff und Kohlensäure, die sich nach Maßgabe ihrer Partialdrucke im Wasser lösen. Wenn der Kohlensäuregehalt der natürlichen Wasser im allgemeinen etwas höher als der durch seinen normalen Partialdruck bedingte Gleichgewichtswert ist, so liegt das bekanntlich an der Tätigkeit von Mikroorganismen, die Kohlensäure als Stoffwechselprodukt abscheiden. In einem rationell geführten Dampfkesselbetriebe mit Kondensatrückführung bzw. mit Verdampferanlagen muß die Kohlensäure des Dampfes in Betracht gezogen werden, da sie sich sozusagen restlos im niedergeschlagenen Dampf wiederfindet. In dieser Beziehung muß vorerst unterschieden werden zwischen Maschinen- und Turbinenkondensat. Das Kondenswasser der Dampfmaschinen, Pumpen, Dampfheizungen, Kondenstöpfe enthält die Gase des Frischdampfes in nahezu unverminderter Menge. Dagegen enthält das Kondensat der Turbinen, das bei hohem Unterdruck niedergeschlagen wird, nur mehr Spuren von gelösten Gasen; Voraussetzung hierfür ist allerdings eine gut gewartete moderne Kondensationsanlage. Das gasfrei gewonnene Turbinenkondensat sättigt sich begierig wieder mit Luft, wenn es mit dieser in Berührung kommt. Wir wollen zunächst vom Turbinenkondensat absehen und die Verhältnisse bei Normaldruckkondenswasser bzw. -destillat schildern.

Vom Dampf werden aus dem Kessel mitgeführt außer dem Sauerstoff des Speisewassers: 1. Die gelöste freie Kohlensäure, 2. die bei der thermischen Zersetzung der Bikarbonate frei werdende Kohlensäure, 3. die bei der Hydrolyse des Natriumkarbonates abgespaltete Kohlensäure und 4. die Kohlensäure, die im Kessel durch Säurewirkungen aus den Karbonaten freigemacht wird.

Die Menge der im Kondensat vorhandenen Kohlensäure hängt vor allem von dem Gehalt des Speisewassers an freier Kohlensäure und an Bikarbonat-Kohlensäure ab. Der Anteil der hydrolytisch abgespalteten Kohlensäure wird natürlich mit steigendem Sodagehalt des Kesselwassers zunehmen. Da die Hydrolyse mit steigendem Betriebsdruck zunimmt, wird auch der CO_2-Gehalt des Dampfes mit steigendem Betriebsdruck zunehmen müssen. Die im Dampf vorhandene Menge Kohlensäure ist stark davon abhängig, nach welchem Verfahren das Wasser enthärtet wird. Bei der Kalk-Sodaenthärtung werden sowohl freie Kohlensäure wie Bikarbonate aus dem Wasser entfernt, so daß hier eigentlich keine Kohlensäure in den Dampf hineinkommen kann. Wenn in der Praxis dennoch bis zu 15 mg im Liter Kondensat vorgefunden werden, so stammen diese geringen Mengen her von der hydrolytischen Zersetzung des Sodaüberschusses bzw. von einer Säurewirkung auf die Soda (Hydrolyse der Magnesiumsalze, Humussäuren, künstliche Inkohlung) im Kessel.

Bei der Sodaenthärtung mit Kesselwasserrückführung werden dem Kessel zugeführt: Eine dem Gehalt an freier Kohlensäure des Rohwassers entsprechende Menge Natriumbikarbonat, eine der Karbonathärte äquivalente Menge Natriumbikarbonat und schließlich ein gewisser Sodaüberschuß. Folglich muß der CO_2-Gehalt des Dampfes bei diesem Enthärtungsverfahren größer sein als bei dem Kalk-Sodaverfahren. Immerhin muß aber betont werden, daß im Reaktionsbehälter, wo das Rohwasser mit dem heißen Kesselwasser in Wechselwirkung tritt, bereits eine den gegebenen Betriebsverhältnissen (Temperatur, Umlaufgeschwindigkeit) entsprechende Menge Bikarbonat-Kohlensäure ausgejagt wird.

Beim (kalten) Permutitverfahren gelangt die gesamte Menge der im Rohwasser vorhandenen freien und Bikarbonat-Kohlensäure — als HCO_3'-Ion — in den Kessel und von da in den Dampf. Hier liegen die Verhältnisse also noch ungünstiger als bei dem vorhergehenden Verfahren.

Die thermische Enthärtung bewirkt nicht nur eine der erreichten Temperatur entsprechende Verminderung der freien Kohlensäure, sondern auch der Bikarbonat-Kohlensäure.

Der Brüdendampf der Verdampfer enthält die freie und die Bikarbonat-Kohlensäure des Rohwassers. Die vorstehenden Überlegungen gelten naturgemäß nur unter der Voraussetzung, daß keine Entgasungsvorrichtungen vorhanden sind. Sie lassen die Schlußfolgerung zu, daß in Bezug auf den Gehalt des niedergeschlagenen Dampfes an Kohlensäure die thermische Enthärtung am günstigsten gestellt ist. Dann folgen: Kalk-Sodaverfahren mit Kesselwasserrückführung, Kalk-Sodaverfahren mit Vorwärmung, kalte Kalk-Sodaenthärtung, Sodareinigung mit Kesselwasserrückführung und Permutitverfahren. Die modernen Verdampferanlagen nehmen in dieser Hinsicht insofern eine Sonderstellung ein, als sie stets mit Entlüftern versehen sind. Die angegebene Reihenfolge läßt naturgemäß Ausnahmen zu, da der Kohlensäuregehalt des Kondensates auch von dem Rohwasser selbst abhängig ist. Diese Überlegungen werden durch die Praxis bestätigt: Nach Splittgerber[1] enthält der niedergeschlagene Dampf bei dem Kalk-Sodaverfahren rund 10—12 mg CO_2 je Liter, bei dem Neckarverfahren rund 40 mg/l und bei dem Permutitverfahren 50—60 mg/l. Vom Dampf wird im Kessel die gesamte vom Speisewasser eingeführte Sauerstoffmenge, vermindert um die vom Rostprozeß der Kesselbleche gebundene Menge, mit fortgeführt.

Es stellt sich nunmehr die wichtige Frage, welche Höchstgrenzen des Sauerstoff- und des Kohlensäuregehaltes im Speisewasser zulässig sind.

Nach den praktischen Erfahrungen, die bisher in Europa gesammelt worden sind, soll der Sauerstoffgehalt 5 mg/l nicht übersteigen, während in Amerika eine Höchstgrenze von 0,07—1,4 mg/l verlangt wird. Für den Kohlensäuregehalt des Rohwassers läßt sich keine Grenze ziehen, da ja die Rostlust eines Wassers nicht so sehr von der absoluten Menge der vorhandenen Kohlensäure, als durch das Verhältnis $\frac{\text{freie Kohlensäure}}{\text{Bikarbonat-Kohlensäure}}$ bestimmt ist. Aus diesem Grunde wäre es eher angängig, den zulässigen Höchstwert des Säuregrades (in der pH-Stufenreihe) festzulegen. Bedenkt man, daß ein Rostschutz erst von einem pH von 10—11 an eintritt, so erscheint eine Angabe des zulässigen CO_2-Gehaltes wertlos. Ist die Wasserstoffionenkonzentration eines Rohwassers größer, als es dem Neu-

[1] Speisewasserpflege S. 32.

tralpunkt (pH = 7) entspricht (also pH < 7), so ist jedenfalls dafür Sorge zu tragen, daß durch Alkalizusatz die Alkalität erhöht wird. Was nun die Kohlensäure des kondensierten Dampfes anbetrifft, so soll nach übereinstimmenden Angaben von Basch und Chorower[1] zur Vermeidung von Dampfkesselkorrosionen der Gehalt an CO_2 des kondensierten Dampfes 35 mg/l nicht übersteigen. Diesem Kohlensäuregehalt entspricht ein Säuregrad von pH = 4,80, womit die theoretische Unhaltbarkeit dieser Höchstgrenze erwiesen ist. Es muß daher wiederum auf die Forderung zurückgegriffen werden, auch bei Kondensatspeisung die Alkalität des Kesselinhaltes dauernd auf pH > 10—11 und damit die Alkalität des Kondensates selbst höher als pH = 7 zu halten.

B. Die technische Ausführung der Entgasung.

Zur Entfernung der Gase aus dem Speisewasser können verschiedene Wege eingeschlagen werden:

1. Mechanische Entgasung,
2. thermische Entgasung,
3. chemische Entgasung,
4. Entgasung durch Adsorptionswirkungen.

Die Entlüftung auf mechanischem Wege erfolgt in Apparaten, in denen das Wasser zerstäubt oder durch Scheidewände bzw. Prallwände stark durchgewirbelt wird, wodurch die Gase ausgeschieden werden, sich in Windkesseln ansammeln und durch selbsttätige Ventile ins Freie abgeblasen werden.

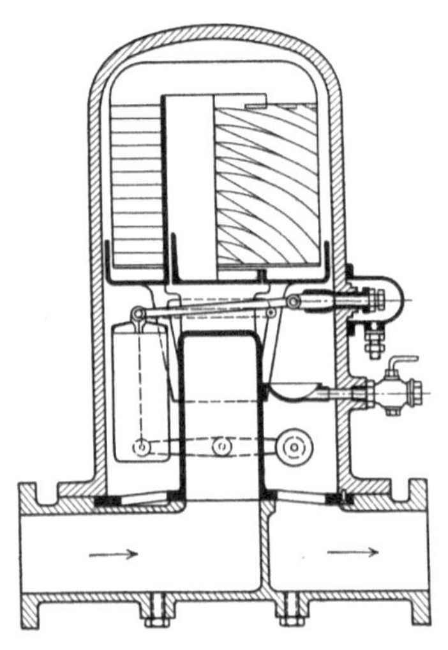

Abb. 93. Aerexentlüfter (Atlas-Werke).

Nach diesem Prinzip arbeitet der Aerexentlüfter der Atlaswerke, Bremen, der besonders für Druckleitungen hergestellt wird. Er besteht, wie Abb. 93 erkennen läßt, aus einem Windkessel, in den spiralförmige Rieselbleche übereinander eingebaut sind. Das Wasser wird durch einen Rohrstutzen in den oberen Teil des Kessels geleitet, rieselt dann in verteiltem Zustande über die Bleche nach unten, indem es die gelösten Gase abgibt. Diese sammeln sich im Dom an, drücken nach und nach den Wasserspiegel nach unten, wodurch bei einem gegebenen Tiefstande ein Entlüftungsventil betätigt wird, das die angesammelten Gase ins Freie befördert

[1] Nach Splittgerber in Speisewasserpflege S. 31 und 32.

und gleichzeitig das Spiel des Entgasers von neuem in Tätigkeit setzt. Diese Entlüfter arbeiten naturgemäß am vorteilhaftesten bei heißem Wasser, also hinter den Vorwärmern.

Ähnlich wie der vorhergehende Entlüfter arbeitet der Speisewasserentgaser System **Bühring**, dessen Konstruktion aus der Schnittskizze Abb. 94 ersichtlich ist. Dieses Entlüftungsventil wird in die Speisewasserdruckleitung eingebaut und zwar hinter den Rauchgasvorwärmer oder bei Verwendung von Dampfvorwärmern hinter diese.

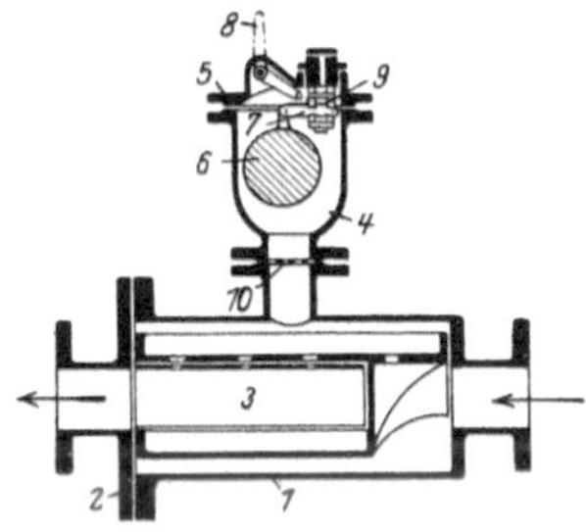

Abb. 94. Bühring-Entlüfter. 1 = Gehäuse, 2 = lösbarer Deckel, 3 = Einbau, 4 = Ventilgehäuse, 5 = Deckel des Ventiles, 6 = Schwimmer, 7 = Hebel, 8 = Anlüftehebel, 9 = Ventil und 10 = Sieb.

Die Löslichkeitsverminderung der Gase bei abnehmendem Druck wird von der Vakuumentgasung ausgenutzt, die entweder kalt oder warm ausgeführt werden kann. Das kalte Verfahren besteht darin, das zu entgasende Wasser in einen Vakuumraum einzustäuben. Abb. 95 zeigt eine solche, von **Balcke**, Bochum, vorgeschlagene Anordnung, in welcher der Kaltentgaser direkt mit dem Kondensator gekuppelt ist. Das Wasser tritt durch einen Verteiler oben in den Entgaser ein, der unter demselben Unterdruck wie der Kondensator steht. Die Gase werden durch das hohe Druckgefälle frei und durch die Vakuumpumpe evakuiert. **Balcke** konstruiert auch ähnliche Anordnungen mit gleichzeitiger Anwärmung. Die Vakuumrieselung

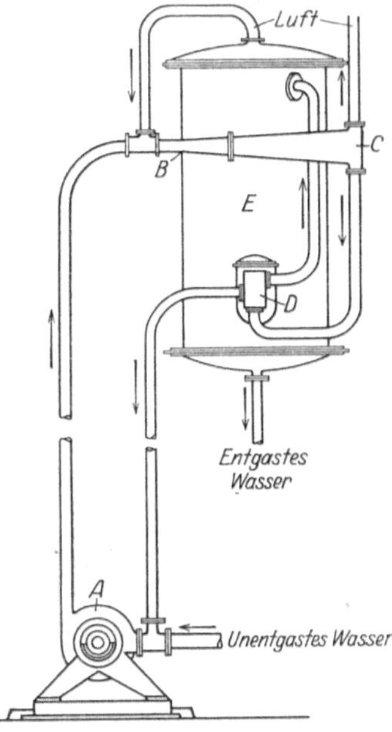

Abb. 96. Vakuumentgaser (Altlas-Werke).

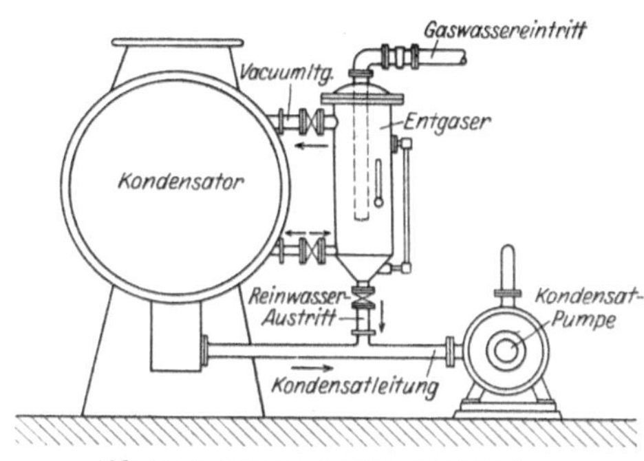

Abb. 95. Vakuumentgasung (Balcke).

bewirkt neben der Entgasung auch eine partielle Enthärtung. Aus den Gesetzen der Ionengleichgewichte kann nämlich, nach **Tillmann** und

Heublein, abgeleitet werden, daß Erdalkalikarbonat aus Wasser ausscheiden muß, sobald der Gehalt des Wassers an freier Kohlensäure die Grenze des zum Bikarbonatgleichgewicht gehörigen Kohlensäuregehaltes unterschritten hat. Dies trifft je nach Maßgabe der örtlichen Verhältnisse (Vakuum, Zirkulationsgeschwindigkeit des Wassers, Belastung) sowohl bei der kalten wie bei der warmen Vakuumrieselung, zu.

Der Vakuumspeisewasserentgaser der Atlaswerke vermeidet Zerstäuber und Dampfstrahlpumpen. Das zu entlüftende Wasser ist hier zugleich Strahlwasser. Diese Anordnung ist in Abb. 96 wiedergegeben. Das gashaltige Wasser wird durch eine Strahlwasserpumpe A dem Luftsauger B zugedrückt, der die im Entlüftungsbehälter E ausgetriebenen Gase abführt. In diesem Behälter sind Siebböden oder Überlaufböden eingebaut, je nachdem, ob es sich um die Entgasung von kondensat- oder von schlammabsetzendem Rohwasser handelt. Der Luftabscheider C trennt die mitgerissenen Gasblasen vom Strahlwasser, das dem Schwimmerregler D zufließt. Letzterer läßt das Wasser je nach den Ansprüchen der Bedarfsstellen ganz oder teilweise in den Entgasungsbehälter eintreten, wobei eventuell das überschüssige Wasser der Saugleitung wieder zur Strahlwasserpumpe A geleitet wird. Im Entgaserbehälter E wird eine Luftleere unterhalten, die durch die Wassertemperatur bedingt ist.

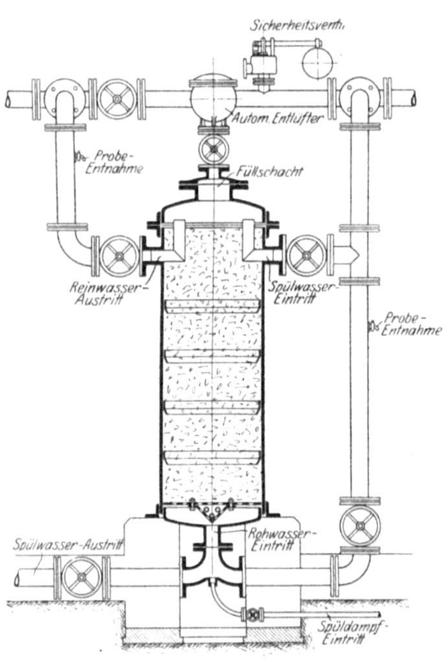

Abb. 97. Eisenspanfilter. (Rostexfilter der Firma Hülsmeyer.)

In anderen Anordnungen dieser Firma wird der Luftsauger von einer besonderen Strahlwasserquelle betrieben, was in der Regel bei den Mischvorwärmern und Entlüftern der von dieser Firma hergestellten Verdampferanlagen der Fall ist.

Eine andere mechanische Entgasungsmethode wird von dem Stickstoffwerk Knappsack, Köln, vorgeschlagen. Sie beruht darauf, einen Stickstoffstrom durch das Wasser hindurchzuschicken, wodurch Sauerstoff und Kohlensäure des Wassers mitgerissen werden. Das über dem

Wasserspiegel lagernde Stickstoffpolster verhindert einen erneuten Luftzutritt[1].

Die chemische Entlüftung erfolgt durch Reaktion der Kohlensäure und des Sauerstoffes mit einer geeigneten Substanz unter Bildung einer unschädlichen Verbindung. Die Kohlensäure wird, wie bereits erwähnt wurde, durch Kalkzusatz ausgefällt und unschädlich gemacht. Sie wird auch von den Alkalien Na_2CO_3, NaOH gebunden, gelangt aber dann als löslische Verbindung in den Kessel und wird durch thermische Zersetzung der entsprechenden Bikarbonate und Karbonate wieder frei gemacht. Die chemischen Entgasungsanlagen gehen alle von dem naheliegenden Gedanken aus, den unvermeidlichen Rostprozeß aus dem Kessel in einen Reaktionsbehälter zu verlegen. Die Ablenkung der Kesselkorrosion wird durch vorgeschaltete Eisenspanfilter verwirklicht, in denen die aggressiven Bestandteile des Speisewassers an das Eisen gebunden und damit entfernt werden sollen. An weiteren Verbesserungen der Eisenspanfilter wurden vorgeschlagen: Verstärkung des Rostangriffes durch Lokalelemente (Eisen-Kupferspäne), Verwendung von besonders rostlustigen Eisenlegierungen (hoher Mangangehalt), gleichzeitige Anwärmung usw.

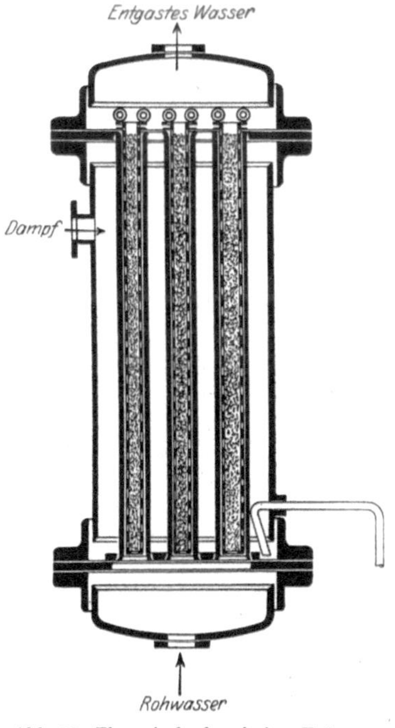

Abb. 98. Thermisch-chemischer Entgaser. (Bauart: Seiffert.)

Abb. 97 zeigt ein solches Entgasungsfilter der Firma Hülsmeyer (Rostexfilter). Es besteht aus einem Behälter, in dem mit Manganstahl-Wolle gefüllte, herausnehmbare Körbe eingesetzt sind. Das gashaltige Wasser tritt unten ein, durchquert das Eisenspanfilter, wo Sauerstoff und Kohlensäure von Eisen gebunden werden. Zur Reinigung des verschmutzten Filters wird das Wasser in umgekehrter Richtung durch den Apparat geschickt.

Seiffert konstruiert Entgaser nach demselben Prinzip mit gleichzeitiger Vorwärmung (Abb. 98). Der Kesselspeisewasserentlüfter der Maschinenfabrik Niederrhein, Duisburg (Abb. 99) arbeitet folgendermaßen: Das Speisewasser tritt in eine Wasserkammer ein und wird in

[1] Hack: Speisewasserpflege S. 55.

zwei Teilströme zerlegt. Der Hauptstrom wird durch ein Desoxydationsfilter geleitet und nach der Entgasung dem Kessel zugeführt. Ein kleiner Teilstrom wird oben aus der Wasserkammer mit den ausgetriebenen Gasen in den offenen Luft-Wasser-scheidetopf geführt. Diese Apparate werden auch mit Beheizung versehen.

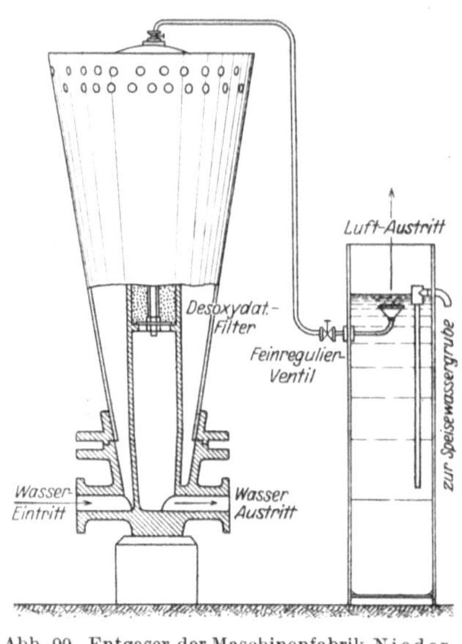

Abb. 99. Entgaser der Maschinenfabrik Niederrhein, Duisburg.

Nach den bisherigen Erfahrungen büßen die Eisenspanfilter nach kurzer Betriebsdauer ihre Wirksamkeit ein, da sich die Eisenspäne mit einer isolierenden Rostschicht überziehen.

Die Entfernung des Sauerstoffes aus dem Wasser läßt sich auch durch Zusatz von leicht oxydierbaren Stoffen erreichen. Bosshard und Pfenninger[1] haben in dem Natriumhydrosulfit eine solche Verbindung erkannt, von anderer Seite wird Natriumsulfit[2] (in Gegenwart von Kupfer) oder auch andere Schwefelverbindungen vorgeschlagen, jedoch scheitern diese Verfahren praktisch an den hohen Betriebskosten und an einer unzuträglichen Erhöhung der Salzkonzentration im Kessel.

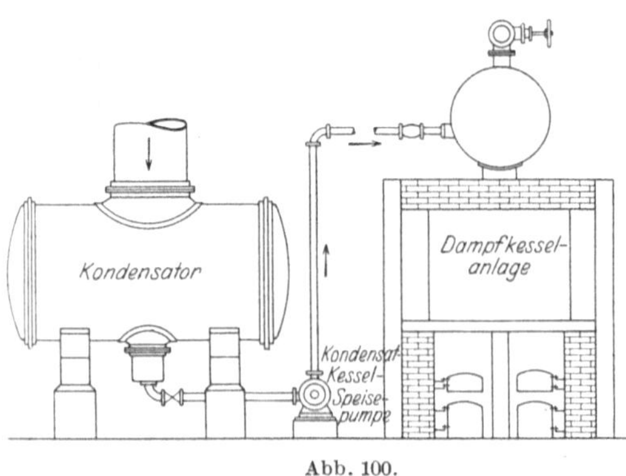

Abb. 100.

Die thermische Entlüftung beruht auf der Löslichkeitsverminderung der Gase bei steigender Temperatur. Diese Entgasung ist also eine natürliche Folgeerscheinung der thermischen Wasseraufbereitung.

Der jeweilige Entlüftungsgrad ist bei den Vorwärmungsverfahren von der erreichten Temperatur und bei den Verdampfungs- und Kondensationsanlagen von dem erzielten Unterdruck abhängig. Bei der thermischen Aufbereitung sorgen durchgängig selbsttätige Entlüftungsventile

[1] Bosshard und Pfenninger: Chem.-Zg. 1916, S. 91.
[2] Mitt. Materialpr.-Amt Berlin-Lichterfelde **33**, 1915, S. 1.

für die Entfernung der abgeschiedenen Gase aus dem Wasserkreislauf (siehe oben Plattenkocher, Mischvorwärmer, Verdampfer).

Die Entgasung des Wassers durch Adsorption der Gase an oberflächenaktiven Stoffen steht erst im Anfangsstadium der Entwicklung. M. Vahle [1] hat vorgeschlagen, das Wasser über Holzkohle zu filtrieren. Vielleicht dürfte sich die Anwendung von aktiver Kohle, verbunden mit einer wirtschaftlichen Regeneration der inaktiv gewordenen A-Kohle, noch aussichtsreicher gestalten als die Holzkohlenfilter.

Es genügt nicht, wie eingangs erwähnt wurde, gasfreies Kesselspeisewasser herzustellen, sondern es muß dafür Sorge getragen werden, daß dem gasfreien Wasser auf dem Wege zum Kessel keine Gelegenheit geboten wird, wiederum Luft aufzunehmen. Gerade in einer absolut luftgeschützten Kesselspeisung liegt eine der Hauptschwierigkeiten der Wasseraufbereitung. Das entgaste Wasser nimmt sehr begierig die Luftbestandteile wieder auf, so daß es genügt, das Wasser nur den Bruchteil einer Sekunde mit Luft in Berührung zu bringen, um den Effekt der Entgasung illusorisch zu machen.

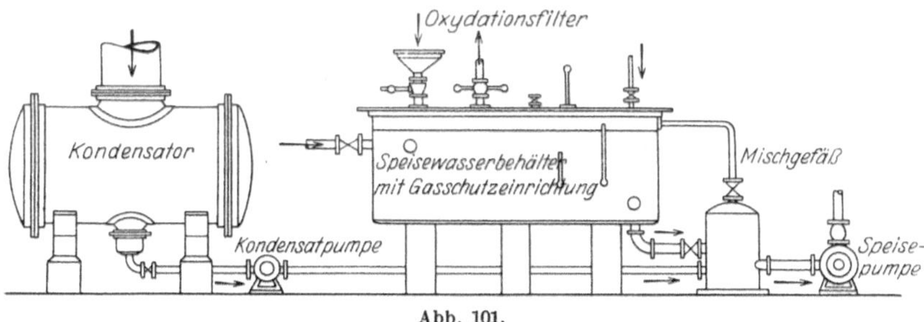

Abb. 101.

Bei der Verwertung von Turbinenkondensat und -destillat ist deshalb auf diese Eigenschaft des hochwertigen Wassers besonders Rücksicht zu nehmen. Die Pumpen und die Saugleitungen sind in dieser Hinsicht die wunden Stellen der Speiseleitungen, da hier die ständige Gefahr besteht, daß Luft eingeschnüffelt wird. Zur Verringerung dieser Gefahr gelten die folgenden allgemeinen Richtlinien: Vermeidung von Saugleitungen bzw. Reduzieren dieser Leitungen auf ein absolut notwendiges Mindestmaß. Direkte Speisung des Turbinenkondensates und des Destillatwassers aus dem Kondensator bzw. dem Verdampfer, unter Vermeidung jeglicher Sammelbehälter. Die direkte Speisung von Kondensat zeigt nach Balcke die Abb. 100. Sind aber Zwischenbehälter für entgastes Wasser unumgänglich notwendig, so verhütet man den Lufteintritt durch ein Dampf- bzw. Stickstoffpolster, die man mit einem kleinen Überdruck über den Wasserspiegel des geschlossenen Behälters lagert. Zur Erhöhung der Sicherheit versieht Balcke seine Speisewasserbehälter mit einem Oxydationsfilter (Abb. 101).

[1] Vahle, M.: Glückauf 1917, S. 403.

Literaturverzeichnis.

1. Dampfkesselwesen und Feuerungstechnik.

Appel, P.: Conduite rationelle des foyers. Paris: Gauthier-Villars 1923.

Frantz, G.: Dampfkesselschäden. Kattowitz: Gebrüder Böhm 1915.

Fuchs, G.: Generator-, Kraftgas- und Dampfkesselbetrieb. Berlin: Julius Springer 1905.

Hartmann, O. H.: Hochdruckdampf. Berlin: V.D.I.-Verlag 1925.

Herberg, G.: Handbuch der Feuerungstechnik und des Dampfkesselbetriebes. III. Aufl. Berlin: Julius Springer 1922.

Hermann, H.: Elemente der Feuerungskunde. Leipzig: O. Spamer 1920.

Jüptner, H. v.: Wärmetechnische Grundlagen der Industrie-Ofen. Leipzig: O. Spamer 1927.

Le Chatelier, H.: Le Chauffage Industriel. II. Aufl. Paris: Dunod 1922.

Münzinger, F.: Leistungssteigerung von Großdampfkesseln. Berlin: Julius Springer 1922. — Ders.: Amerikanische und deutsche Großdampfkessel. Berlin: Julius Springer 1923. — Ders.: Dampfkesselwesen in den Vereinigten Staaten von Amerika. Berlin: V.D.I.-Verlag 1925. — Ders.: Höchstdruckdampf. II. Aufl. Berlin: Julius Springer 1926.

Oelschläger, J.: Der Wärmeingenieur. II. Aufl. Leipzig: O. Spamer 1925.

Ostwald, Wa.: Beiträge zur graphischen Feuerungstechnik. Leipzig: O. Spamer 1920.

Schüle, W.: Leitfaden der technischen Wärmemechanik. Berlin: Julius Springer 1917.

Seufert, F.: Verbrennungslehre und Feuerungstechnik. VI. Aufl. Berlin: Julius Springer 1923. — Ders.: Versuche an Dampf-Maschinen, -Kesseln, -Turbinen und Verbrennungskraft-Maschinen. VI. Aufl. Berlin: Julius Springer 1921.

Spalckhaver-Schneiders-Rüster: Die Dampfkessel. II. Aufl. Berlin: Julius Springer 1924.

ten Bosch, H.: Die Wärmeübertragung. Berlin: Julius Springer 1921.

Tetzner, H.: Die Dampfkessel. VII. Aufl. Berlin: Julius Springer 1923.

Thoma, H.: Hochleitungskessel. Berlin: Julius Springer 1921.

Verein deutscher Ingenieure: Hochdruckdampf. Berlin: V.D.I.-Verlag 1924.

Vereinigung der Großkesselbesitzer E.V.: Zur Sicherheit des Dampfkesselbetriebes. Berlin: Julius Springer 1927.

2. Werkstoffe.

Bach, C. und Baumann, R.: Grundlagen der deutschen Material- und Bauvorschriften für Dampfkesselwesen. Berlin: Julius Springer 1912.

Goerens, P.: Einführung in die Metallographie. V. Aufl. Halle: W. Knapp1926.

Hönigsberg, O.: Kessel- und Maschinenbaumaterialien. Berlin: Julius Springer 1914.

Howe, H. M.: Métallographie de l'acier et de la fonte. Paris: Béranger 1921.

Litinsky, Schamotte und Silika. Leipzig: O. Spamer.

Meerbach, K.: Werkstoffe für den Dampfkesselbetrieb. Berlin: Julius Springer 1922.
Oberhoffer, P.: Das technische Eisen. II. Aufl. Berlin: Julius Springer 1925.
Preuss-Berndt-v. Schwarz: Praktische Nutzanwendung der Prüfung des Eisens durch Ätzverfahren und mit Hilfe des Mikroskopes. III. Aufl. Berlin: Julius Springer 1927.
Schwarz, v.: Metallphysik. Leipzig: A. Barth 1925.
Tammann, Lehrbuch der Metallographie. II. Aufl. Leipzig: L. Voss 1921.
Vereinigung der Großkesselbesitzer E.V.: Richtlinien für die Anforderungen an den Werkstoff und Bau von Hochleistungsdampfkesseln. Berlin: Selbstverlag und Julius Springer 1926.
Wawrziniok, Handbuch des Materialprüfungswesens. II. Aufl. Berlin: Julius Springer 1923.
Werkstoff-Handbuch, Stahl und Eisen, herausgegeben vom Verein deutscher Eisenhüttenleute. Düsseldorf: Stahleisen. 1927.

3. Brennstoffe.

Donath, E.: Verfeuerung der Mineralkohlen. Leipzig: Th. Steinkopff 1924.
Engel, W.: Separation von Feuerungsrückständen. Berlin: Julius Springer 1925.
Fischer, F.: Gesammelte Abhandlungen zur Kenntnis der Kohlen. Bd. 1—7. Berlin: Gebr. Bornträger 1915—1923.
Graefe, E.: Einführung in die chemische Technologie der Brennstoffe. Leipzig: Th. Steinkopff 1927.
Menzel, H.: Theorie der Verbrennung. Leipzig: Th. Steinkopff 1924.
Simmersbach, O.: Koks-Chemie. II. Aufl. Berlin: Julius Springer 1914.
Strache-Laut, Kohlenchemie. Leipzig: Akademische Verlagsgesellschaft 1925.

4. Wasser.

Blacher, C.: Das Wasser in der Dampf- und Wärmetechnik. Leipzig: O. Spamer 1925.
Fischer, F.: Das Wasser. Leipzig: O. Spamer 1914.
Klut, H.: Untersuchung des Wassers an Ort und Stelle. IV. Aufl. Berlin: Julius Springer 1922.
Kolthoff, J. M.: Der Gebrauch von Farbenindikatoren. III. Aufl. Berlin: Julius Springer 1925.
Lunge-Berl, Chemisch-technische Untersuchungsmethoden. Bd. 1—4. VII. Aufl. Berlin: Julius Springer.
Michaelis, L.: Wasserstoffionenkonzentration. II. Aufl. I. Bd. Berlin: Julius Springer 1925.
Paul, J. H.: Boiler Chemistry and Feed Water Supplies. II. Aufl. London: Longmans, Green & Co. 1925.
Tillmans, J.: Die chemische Untersuchung des Wassers und Abwassers. Halle: Knapp 1915.

5. Korrosion.

Creutzfeld, W. H.: Korrosionsforschung vom Standpunkt der Metallkunde. Braunschweig: Vieweg 1924.
Cushman, A. S. and Gardner, H. A.: Corrosion and Preservation of Iron and Steel. New York: Mc.Graw-Hill Book Co. 1910.
Evans, U. R.: Die Korrosion der Metalle (übersetzt aus dem Englischen von Honegger). Zürich: Orell Füssli 1926.

Foerster, F.: Beitrag zur Kenntnis des elektrochemischen Verhaltens des Eisens. Berlin: Chemie 1909. — Ders.: Elektrochemie wässeriger Lösungen. III. Aufl. Leipzig: J. A. Barth 1922.

Friend, J. N.: Corrosion of Iron. Carnegie Scholarship Memoirs Nr. XI.

Kröhnke, O.: Verhalten von Guß- und Schmiederohren in Wasser, Salzlösungen und Säuren. München: Oldenbourg 1911.

Liebreich, E.: Rost und Rostschutz. Braunschweig: Vieweg 1914.

Medinger, P.: Das Rosten des Eisens und seine Verhütung. Luxemburg: Worré-Mertens 1918.

Müller, E.: Das Eisen. Leipzig: Th. Steinkopff 1917.

Müller, P. Th.: Elektrochimie. Paris: Gauthier-Villars.

Speller, F. N.: Corrosion, causes and prevention. New York: Mc.Graw-Hill Book Co. 1926.

Namenverzeichnis.

Sachverzeichnis.

Verlag von Julius Springer in Berlin W 9

Zur Sicherheit des Dampfkesselbetriebes. Bericht aus den Arbeiten der Vereinigung der Großkesselbesitzer E. V., Verhandlungen der Technischen Tagung in Cassel 1926 und Forschungen des Arbeitsausschusses für Speisewasserpflege. Herausgegeben von der **Vereinigung der Großkesselbesitzer E. V.** Mit 311 Textabbildungen. VI, 189 Seiten. 1927. Gebunden RM 28.50

Die Widerstandsfähigkeit von Dampfkesselwandungen. Sammlung von wissenschaftlichen Arbeiten deutscher Materialprüfungs-Anstalten. Herausgegeben von der **Vereinigung der Großkesselbesitzer E. V.** Erster Band: **Stuttgarter Arbeiten bis 1920** mit einem Anhang neuerer Stuttgarter Arbeiten. Mit 176 Textabbildungen. VIII, 81 Seiten. 1927. Gebunden RM 13.50

Kesselbetrieb. Sammlung von Betriebserfahrungen als Studie zusammengestellt vom Arbeitsausschuß für Betriebserfahrungen der **Vereinigung der Großkesselbesitzer E. V.** (Sonderheft Nr. 14 der Mitteilungen der Vereinigung der Großkesselbesitzer E. V., Charlottenburg, Oktober 1927.) IV, 137 Seiten. 1927. Gebunden RM 10.—

Die Werkstoffe für den Dampfkesselbau. Eigenschaften und Verhalten bei der Herstellung, Weiterverarbeitung und im Betriebe. Von Oberingenieur Dr.-Ing. **K. Meerbach.** Mit 53 Textabbildungen. VIII, 198 Seiten. 1922. RM 7.50; gebunden RM 9.—

Nieten und Schweißen der Dampfkessel, dargestellt mit Berücksichtigung von Versuchen des Schweizerischen Vereins von Dampfkessel-Besitzern 1924/25 von Oberingenieur **E. Höhn.** Mit 154 Abbildungen im Text und 28 Zahlentafeln. 148 Seiten. 1925. RM 8.—

Über die Festigkeit der gewölbten Böden und der Zylinderschale. Im Auftrag des Schweizerischen Vereins von Dampfkessel-Besitzern herausgegeben von Oberingenieur **E. Höhn.** Mit 97 Abbildungen im Text und 21 Zahlentafeln. 223 Seiten. 1927. RM 10.—

Die Grundlagen der deutschen Material- und Bauvorschriften für Dampfkessel. Von Professor **R. Baumann** in Stuttgart. Mit einem Vorwort von Professor Dr.-Ing. **C. v. Bach** in Stuttgart. Mit 38 Textfiguren. III, 131 Seiten. 1912. Kartoniert RM 2.90

Anleitung zur Durchführung von Versuchen an Dampfmaschinen, Dampfkesseln, Dampfturbinen und Verbrennungskraftmaschinen. Zugleich Hilfsbuch für den Unterricht in Maschinenlaboratorien technischer Lehranstalten von Dipl.-Ing. **Franz Seufert,** Ober-Ing. für Wärmewirtschaft. Achte, verbesserte Auflage. Mit 55 Abbildungen. VI, 161 Seiten. 1927. RM 3.60

Die Heizerschule. Vorträge über die Bedienung und die Einrichtung von Dampfkesselanlagen. Ein Lehrbuch zur Ablegung der staatlichen Heizerprüfung. Nach den vom Reichswirtschaftsministerium aufgestellten Richtlinien von Regierungs-Gewerberat **F. O. Morgner,** Chemnitz. Vierte, umgearbeitete und vervollständigte Auflage. Mit 165 Textabbildungen. X, 163 Seiten. 1925. RM 3.90